U0218082

Python极简讲义

一本书入门数据分析与机器学习

张玉宏◎著

電子工業出版社
Publishing House of Electronics Industry
北京·BEIJING

内 容 简 介

本书以图文并茂的方式介绍了 Python 的基础内容，并深入浅出地介绍了数据分析和机器学习领域的相关入门知识。

第 1 章至第 5 章以极简方式讲解了 Python 的常用语法和使用技巧，包括数据类型与程序控制结构、自建 Python 模块与第三方模块、Python 函数和面向对象程序设计等。第 6 章至第 8 章介绍了数据分析必备技能，如 NumPy、Pandas 和 Matplotlib。第 9 章和第 10 章主要介绍了机器学习的基本概念和机器学习框架 sklearn 的基本用法。

对人工智能相关领域、数据科学相关领域的读者而言，本书是一本极简入门手册。对于从事人工智能产品研发的工程技术人员，本书亦有一定的参考价值。

图书在版编目（CIP）数据

Python 极简讲义：一本书入门数据分析与机器学习 / 张玉宏著. —北京：电子工业出版社，2020.5
ISBN 978-7-121-38704-3

Ⅰ．①P… Ⅱ．①张… Ⅲ．①软件工具－程序设计②机器学习 Ⅳ．①TP311.561②TP181

中国版本图书馆 CIP 数据核字（2020）第 039554 号

责任编辑：孙奇俏
印　　刷：北京捷迅佳彩印刷有限公司
装　　订：北京捷迅佳彩印刷有限公司
出版发行：电子工业出版社
　　　　　北京市海淀区万寿路 173 信箱　　　　邮编：100036
开　　本：787×980　1/16　　　印张：36.75　　　字数：811.4 千字
版　　次：2020 年 5 月第 1 版
印　　次：2024 年 10 月第 10 次印刷
定　　价：128.00 元

凡所购买电子工业出版社图书有缺损问题，请向购买书店调换。若书店售缺，请与本社发行部联系，联系及邮购电话：（010）88254888，88258888。

质量投诉请发邮件至 zlts@phei.com.cn，盗版侵权举报请发邮件至 dbqq@phei.com.cn。

本书咨询联系方式：010-51260888-819，faq@phei.com.cn。

推荐语

Python 语言是快速实现数据分析、机器学习及相关领域理论与技术的利器。本书以通俗易懂的语言和丰富的实战案例介绍了 Python 基础内容、数据分析和机器学习必备知识，理论结合实战，娓娓道来，是一本难得的入门好书。

知名 Python 讲者、16 本 Python 系列图书作者，董付国

Python 是时下非常值得学习的编程语言，也是从事数据分析和机器学习相关工作的重要基石。张玉宏博士凭借多年的 Python 教学经验，为大家带来了图文并茂、简单易读的 Python 极简讲义，相信能够带领大家轻松学习 Python 语言，入门数据分析与机器学习，建议大家持卷品读。

微信公众号"程序员小灰"作者、《漫画算法》作者，魏梦舒

近几年，随着数据科学领域的发展，越来越多的非计算机专业人士也开始用计算机进行辅助数据处理，Python 无疑是优选语言。这本《Python 极简讲义》有着非常良好的阅读体验，简单明了，案例丰富，手把手引导，非常适合跨界学习。相信它能带给你不同的入门体验。

《白话强化学习与 PyTorch》作者、金山办公 AI 技术专家，高扬博士

本书以掌握"最少必要知识"（MAKE）为写作理念，融合了 Python 编程、数据分析和机器学习等热门领域的入门知识，文笔流畅，语言幽默，对初学者十分友好。相信任何有志于从事数据分析和机器学习相关工作的读者，都能从此书中收获良多。

CSDN 千万级流量博主、七月在线 CEO，July

在数据科技（DT）时代，数据分析与机器学习基本上是每个 DT 职场人士的必备技能。本书以 DT 时代非常流行的编程语言 Python 为抓手，轻松幽默地讲解了数据分析和机器学习的"最少必要知识"。本书中时有体现哲学思想的内容点缀，耐人寻味，是一本很好的入门图书，不仅适合初学者阅读，对于具有一定经验的工程师也颇具参考价值。

SIGAI 创始人、《机器学习：原理、算法与应用》作者、百度前高级软件工程师，雷明

前言

为什么写此书

我们正处于一个数据科技（Data Technology，DT）时代。在这个时代，我们的一举一动都能在数据空间留下电子印记，于是海量的社交、电商、科研大数据扑面而来。然而，太多的数据给人们带来的，可能并不是更多的洞察，反而是迷失。

因为仅就数据本身而言，它们是"一无所知"的。数据的价值，在于形成信息，变成知识，乃至升华为智慧。也就是说，这些数据如果不能进一步被"深加工"，即使数据量再"大"，也意义甚小。

于是，就派生出这么一个问题：这些数据，由谁来深加工？其实，早在 2012 年，《哈佛商业评论》就刊登了一篇文章并给出了答案，进行数据深加工的人就是"数据科学家"。文章还断言，数据科学家是 21 世纪最"性感"的职业。

但如何成为一名数据科学家呢？尤其是一名"性感"的数据科学家？作为一个有点文艺范儿的理工男，我喜欢读书，从书中获得启迪。

我曾读过埃里克·莱斯（Eric Ries）写的一本有关创业的书，书名是《精益创业》（*The Lean Startup*）。在阅读这本书时，有一个概念深入我心，那就是"最小可行产品"（Minimum Viable Product，MVP）。围绕这个概念，创业者在创业初期不可贪多求全，而应该先做出一个最小的可用产品，拿到市场上去检验，然后根据反馈反复迭代，打磨升级，最终做出比较完善、比较成功的产品。

后来，我看到有人提出了类似的概念——最少必要知识（Minimal Actionable Knowledge and Experience，MAKE）。这个概念点醒了我，我觉得自己大概找到了"如何成为一名数据科学家"这个问题的答案：You can MAKE it！

先来说说什么是 MAKE。它指的是入门某个新领域切实可行的最小知识集合。MAKE 说起来好像比较高级，但实际上，它背后有一个支撑它的朴素原则——Pareto 原则（亦称 80-20 原则），即80%的工作问题可以通过掌握 20%的知识来解决。

同样，想成为一名"性感"的数据科学家，一条路自然是按部就班地学习所有技能——十年磨一剑，但这样做的风险在于，当你"携剑下山"时，别人可能已经用上了飞机、大炮。这样的对垒，你胜算几何？

其实还有另一条备选之路，那就是走一走 MAKE 之道。在学习某项技能（如 Python、数据分析、机器学习）时，我们要想办法在最短的时间内，摸索清楚这项技能的"最少必要知识"。一方面，它已然可以帮我们解决工作中的大部分问题；另一方面，入门之后，技能的提升通道可以在实践中寻得，缺啥补啥。有明确的任务导向，学习就会有如神助，这也是当前时代的快节奏学习法。

说到这里，本书的写作初衷就呼之欲出了。是的，这本书的定位就是，为初学者提供关于数据科学的"最少必要知识"，从而让你获得那份最"性感"的工作。这些知识包含了成为数据科学家所需要掌握的基础内容——Python 编程、数据分析、机器学习。

本书内容

本书主要介绍 Python 的基础知识、数据分析的必备技能，以及机器学习相关内容。全书共分 10 章，每章的内容简介如下。

第 1 章　初识 Python 与 Jupyter

Python 是最具人气的编程语言之一，Jupyter 是人气与口碑俱佳的 Python 开发平台。本章将介绍 Python 和 Jupyter 的基本内容，包括 Python 的安装与运行，以及文学化编程利器 Jupyter 的使用方法。

第 2 章　数据类型与程序控制结构

本章将介绍 Python 的基础语法及常见的数据类型，包括数值型、布尔类型、字符串型、列表、元组、字典、集合等。此外，本章还将介绍三种程序控制结构（顺序结构、选择结构和循环结构）和高效的推导式。

第 3 章　自建 Python 模块与第三方模块

本章将介绍 Python 的自定义模块及常用的第三方模块，包括 collection、datetime、json、random 等模块。

第 4 章　Python 函数

本章将讨论 Python 的函数定义、函数参数（关键字参数、可变参数、默认参数等）的"花式"传递、函数的递归调用，以及函数式编程。

第 5 章　Python 高级特性

本章将介绍 Python 中的一些高阶应用，这些高阶应用能让我们更高效地写出更专业的 Python 代码。本章内容涉及面向对象程序设计思想、生成器与迭代器、文件操作、异常处理及错误调试等。

第 6 章　NumPy 向量计算

本章将讨论 NumPy 数组的构建、方法和属性，介绍 NumPy 的广播机制、布尔索引、数组的堆叠，以及爱因斯坦求和约定等。

第 7 章　Pandas 数据分析

Pandas 是数据分析的利器，本章将主要介绍 Pandas 的两种常用数据处理结构：Series 和 DataFrame。同时介绍基于 Pandas 的文件读取与分析，涉及数据的清洗、条件过滤、聚合与分组等。

第 8 章　Matplotlib 与 Seaborn 可视化分析

Matplotlib 和 Seaborn 是非常好用的数据可视化包，本章将主要介绍 Matplotlib 和 Seaborn 的基本用法，并基于此绘制可视化图形，包括散点图、条形图、直方图、饼图等。同时，本章将以谷歌流感趋势数据为例，结合 Pandas 进行可视化分析。

第 9 章　机器学习初步

本章将主要介绍有关机器学习的初步知识，包括机器学习的定义，机器学习的几个主要流派，并讨论机器学习模型的性能评估指标，包括混淆矩阵、查准率、查全率、P-R 曲线、ROC 曲线等。

第 10 章　sklearn 与经典机器学习算法

本章将主要讲解知名机器学习框架 sklearn 的用法，并介绍几种经典机器学习算法的原理和实战，这些算法包括线性回归、k-近邻算法、Logistics 回归、神经网络学习算法、k 均值聚类算法等。

阅读准备

要想运行本书中的示例代码，需要提前安装如下系统及软件。

- 操作系统：Windows、macOS、Linux 均可。
- Python 环境：建议使用 Anaconda 安装，确保版本为 Python 3.x 即可。
- NumPy：建议使用 Anaconda 安装 NumPy 1.18 及以上版本。
- Pandas：建议使用 Anaconda 安装 Pandas 1.0.1 及以上版本。
- sklearn：建议使用 Anaconda 安装 sklearn 0.22.1 及以上版本。

联系作者

数据科学是一个前沿且广袤的研究领域，很少有人能对其每个研究方向都有深刻的认知。我自认才疏学浅，同时限于时间与篇幅，书中难免出现理解偏差和错缪之处。若读者朋友们在阅读本书的过程中发现问题，希望能及时与我联系，我将在第一时间修正并对此不胜感激。

邮件地址：zhangyuhong001@gmail.com。

致谢

这本《Python 极简讲义：一本书入门数据分析与机器学习》，从构思大纲、查阅资料、撰写内容、绘制图片，到出版成书，历时一年有余。图书得以面市，自然得益于多方面的帮助和支持。在信息获取上，我学习并吸纳了很多精华知识，书中也尽可能地给出了文献出处，如有疏漏，望来信告知。在这里，我对这些高价值资料的提供者、生产者，表示深深的敬意和感谢。同时，感谢自然科学基金（项目编号 61705061，61975053，U1904120）的部分支持。

很多人在这本书的出版过程中扮演了重要角色——电子工业出版社博文视点的孙奇俏老师在选题策划和文字编辑上，国网河北电科院计量中心的赵佩、河南工业大学的苏灏等在文稿校对上，都付出了辛勤的劳动，在此对他们一并表示感谢。

张玉宏

2020 年 3 月于美国

读者服务

微信扫码回复：38704

- 获取本书配套代码资源

- 加入本书读者交流群，与本书作者互动

- 获取【百场业界大咖直播合集】（持续更新），仅需 1 元

目录

第 1 章　初识 Python 与 Jupyter

作为最具人气的编程语言之一，Python 获得了很多人的青睐。尤其在数据分析和机器学习领域，Python 更是大放异彩。Jupyter 是人气与口碑俱佳的 Python 开发平台。本章将主要介绍 Python 和 Jupyter 的基本用法，包括 Python 的安装与运行，以及文学化编程利器——Jupyter 的使用。

本章要点（对于已掌握的内容，请在对应的方框中打钩）

☐ 掌握如何下载、安装 Python 开发工具（Anaconda）

☐ 学会编写第一个 Python 程序

☐ 掌握在 Jupyter 下编写 Python 程序和文档的方法

1.1　Python 概要

　　Python 是一种被广泛使用的解释型、通用型、高级编程语言。在本节中，我们将首先介绍为什么要学习 Python，然后介绍 Python 中常用的第三方库。

1.1.1　为什么要学习 Python

　　早在 1991 年 2 月，Python 之父吉多·范罗苏姆（Guido Van Rossum）就发布了 Python 的第一个版本，如今 Python 已近"三十而立"。

　　事实上，Python 不只是"立起来"那么简单，而是在很多领域都口碑颇佳。不论是在初创企业，还是在诸如 Google、Facebook 这样的大型公司，Python 都有众多的拥护者。Python 之所以这么流行，原因并不复杂，就是因为它不仅功能强大，而且易学易用，实为"出工干活、居家编程"之首选。

　　Python 不仅拥有高级数据类型（如列表、元组、字典、集合等），而且能高效实现面向对象编程。此外，它还支持动态输入，再加上它解释型语言（Interpreted Language）的本质——能即时显示代码结果，因此非常便于调试，特别适合快速开发应用程序。

　　简单来说，Python的设计哲学就是：简单、明确、优雅。布鲁斯·埃克尔（Bruce Eckel）[1]曾说过，没有一种语言比得上Python使他的工作效率如此之高。为此，他还为Python创造了一句经典广告语"Life is short, you need Python."国内有人将其翻译为"人生苦短，我用Python。"倒是十分贴切。

1.1.2　Python 中常用的库

　　Python 社区的生态已然非常完备，为我们提供了很多高质量的类库。这时，我们没有必要重复造轮子。对于一些优秀的类库而言，"他山之石，可以攻玉"，采用"拿来主义"，为我所用，不失为上策。下面就介绍一下与机器学习相关的 Python 常用类库。

1.1.2.1　数值计算 NumPy

　　NumPy是"Numeric"（数值）和"Python"的混合简写[2]。顾名思义，它是处理数值计算的Python库。为了提高性能，NumPy参考了CPython（用C语言实现的Python及其解释器）的设计，其本身也

---

[1] 著名科技作家，著有《Java 编程思想》《C++编程思想》等，是 C++标准委员会中拥有表决权的成员之一。

[2] 国外取名也是有讲究的，其中 Py 的发音为[paɪ]，类似于 pie（馅饼），寓意 NumPy 既好用又"好吃"（功能强大）。

是用C语言开发的，也就是说，Numpy的数据处理速度和C语言是同级别的。

NumPy 除了提供一些数学运算函数，还提供与 MATLAB（由美国 MathWorks 公司出品的著名商业数学软件）相似的功能与操作方式，可让用户高效地直接操作向量或矩阵。

但 NumPy 被定位为数学基础库，属于比较底层的 Python 库。如果想快速开发出可用的程序，可采用更为高阶的库——SciPy 和 Pandas，下面分别对它们进行简单介绍。

1.1.2.2　科学计算 SciPy

SciPy 发音为"Sigh Pie"，它的取义类似于 NumPy，是"Science"（科学）和"Python"的组合，即面向科学计算的 Python 库。SciPy 构建于 NumPy 之上，功能更为强大，在常微分方程求解、线性代数、信号处理、图像处理及稀疏矩阵操作等方面，均能提供强有力的支持。

相比于 NumPy 是一个纯数学层面的计算模块，SciPy 是一个更为高阶的科学计算库。比如说，如果要对矩阵进行操作，只用到纯数学的基础模块，可在 NumPy 库中找到对应的模块。但如果想要实现特定功能，如稀疏矩阵操作，那相应模块可能就需要在 SciPy 库中找了。SciPy 库需要 NumPy 库的支持。出于这种依赖关系，NumPy 库的安装要先于 SciPy 库的安装。

1.1.2.3　数据分析 Pandas

Pandas 在这里并不是"熊猫"之意，它的英文全称是"Python Data Analysis Library"。见名知意，Pandas 是一款面向 Python 的数据分析库，它同样基于 NumPy 库构建而成。

Pandas 库提供了操作大型数据集所需的高效工具，支持带有坐标轴的数据结构，这能防止由于数据没有对齐、采用不同索引而产生的某些处理错误。在数据预处理或数据清洗上，Pandas 提供了处理缺失值、转换、合并及其他类 SQL 的功能。这些功能大大减轻了一线机器学习研发人员的负担。在某种程度上，Pandas 是实施数据清洗/整理（Data Wrangling）最好用的工具之一。

1.1.2.4　图形绘制 Matplotlib 与 Seaborn

众所周知，MATLAB、R & gnuplot 等都具有非常出色的绘图功能。事实上，Python 也提供了绘图功能非常强大的类库 Matplotlib。使用它可以很方便地绘制散点图、折线图、条形图、直方图、饼图等专业图形。

类似于 NumPy 是 Pandas 的基础库一样，Matplotlib 也可以作为其他更高阶绘图工具的基础库。Seaborn 就是这样的高级库，它对 Matplotlib 做了二次封装。Matplotlib 功能虽然很强大，但想用好却有较高的门槛。比如，通过 Matplotlib 绘制的图形，如果还想更加精致，就需要做大量的微调工作。

因此，在某些场合，可用 Seaborn 替代 Matplotlib 进行绘图。

1.1.2.5　scikit-learn

机器学习是当下的研究热点，Python 社区更是在此领域引领了潮流，scikit-learn 便是其中的佼佼者。scikit-learn 构建于 NumPy 和 SciPy 之上，提供了一系列经典的机器学习算法，如聚类、分类和回归等，也提供了一些数据集供初学者学习、使用，如鸢尾花分类数据集、波士顿房价预测数据集、手写数字识别数据集等，还提供了统一的接口供用户调用。十多年来，先后有超过 40 位机器学习专家参与 scikit-learn 代码的维护和更新工作，它已成为当前相对成熟的机器学习开源项目。

事实上，除了前面提及的几个常用类库，Python 还提供一些其他实用库。比如，用于网站数据抓取的 Scrapy，用于网络挖掘的 Pattern，用于自然语言处理的 NLTK 和用于深度学习的 TensorFlow 等。

1.2　Python 的版本之争

众所周知，Python 官方同时支持两个版本，Python 2.x 和 Python 3.x。2020 年 7 月以后，Python 2.x 不再维护。一些 Python 发布版本（如 Anaconda）仅提供 Python 3.x 下载。由于一些历史遗留问题，这两个版本无法兼容，甚至部分语法都不一致，这给用户带来了困扰。

大家不禁要问，Python 2.x 和 Python 3.x 到底是什么关系？用 Python 官方的一句话可简明扼要地道出二者的区别："Python 2.x 是过往的历史，而 Python 3.x 则代表当下和未来。"[1]

但鉴于历史的惯性，Python 2.x 还有着庞大的用户群。所以，Python 官方不得不同时维护这两个不同版本的生态系统。但按 Python 官方的说法，Python 3.x 会不断吐故纳新，昂首阔步地大发展，而 Python 2.x 的版本将会定格在 2.7，他们只会对其做补丁级别的小修小补。

可以相信，随着时间的推移，Python 3.x 一定会成为编程世界的主流。有一个标志性事件验证了这一趋势的到来。2017 年 11 月，数据处理领域的股肱之臣——NumPy 项目宣布，在 2020 年已停止对 Python 2.x 的支持，因为继续支持 Python 2.x 正日益成为该项目的巨大负担。无独有偶，大名鼎鼎的 Pandas 也相继宣布，自 2020 年 1 月起不再提供对 Python 2.7 的技术支持。

因此，放眼于未来，本书选择 Python 3.x 作为后续代码演示的载体。

---

[1]　对应的英文为："Python 2.x is legacy, Python 3.x is the present and future of the language."

1.3　安装 Anaconda

安装 Python 的方法有很多，其中利用 Anaconda 来安装，是最为安全和便捷的方法之一。

Python 易学，但用好却不易。在 Python 中安装类库，各个类库之间可能存在相互依赖、版本冲突等问题。为了解决这一问题，Python 社区提供了方便的软件包管理工具——Anaconda。

Anaconda 是一个用于科学计算的 Python 发行版，支持 Windows、macOS 及 Linux 三大系统。各位读者可自行从官方网站下载与自己操作系统匹配的发行版，然后安装。

1.3.1　Linux 环境下的 Anaconda 安装

本节中，我们以 Linux 系统为例来介绍 Anaconda 的安装。首先，在浏览器中访问 Anaconda 的官方网站，然后选择操作系统类型（Windows、macOS 或 Linux），下载 Anaconda 的 Python 3.8 版本（64 bit），图 1-1 是在 Linux 环境下下载 Anaconda 的示意图。

图 1-1　在 Linux 环境下下载 Anaconda

下面我们以 Linux 版本为例来说明 Anaconda 的安装。在下载 Anaconda 时，如果不指定下载路径，它将默认被保存在用户"家目录"下的 Download 文件夹中（/home/**username**/Download，此处 **username** 为用户名，对于不同用户，这个名称也是不同的，读者自行切换即可）。通常，我们用波浪号"~"代替具体的家目录，在终端，我们可以用"ls"命令查看下载的文件。①

---

① 在 macOS 或 Linux 等系统中，命令行中的提示符 $ 代表当前登录用户是普通用户，# 代表当前登录用户是管理员。可以使用 su 命令切换用户，提示符也会相应地发生变化。

```
$ ls
Anaconda3-2021.05-Linux-x86_64.sh
```

其中，Anaconda3-2021.05-Linux-x86_64.sh 就是我们所要安装的文件（需要注意的是，不同时期下载的文件，其名称会稍有不同）。从文件的后缀名".sh"可以看出，这是一个 shell 文件。运行这类文件，通常需要通过 bash（一个为 GNU 计划编写的 UNIX shell）来解释执行，如下所示。

```
$ bash  ~/Downloads/Anaconda3-2021.05-Linux-x86_64.sh
```

在安装过程中，需要按回车键（Enter）来阅读并确认同意 Anaconda 的服务条款，过程中还要手动输入"yes"，明确表示同意该条款，之后才正式进入 Anaconda 的安装过程。

Anaconda 的默认安装路径是"/home/**<username>**/anaconda3"。这里的**<username>**表示用户名，Linux 用户名不同，安装路径也稍有不同。

在安装后期，程序会询问是否将安装路径"/home/<username>/.bashrc"添加到 PATH 环境变量中，这时需要手动输入"yes"指令，这样做是为了将来操作省事，以后就可以在终端命令行直接使用诸如 ipython、spyder 等命令了（这些好用的命令，均来自 Anaconda 环境）。

最后，当屏幕输出"Thank you for installing Anaconda 3!"字样时，就表明 Anaconda 安装完毕了。我们可以用 vim（一种 Linux 下常用的编辑器）打开家目录下的"/.bashrc"文件。

```
vim ~/.bashrc
```

可以发现，这个文件的最后，会有如下所示的环境变量添加记录。

```
export PATH="/home/<username>/anaconda3/bin:$PATH"
```

Anaconda 安装完毕，表明对应版本的 Python 也安装完毕了。

1.3.2　conda 命令的使用

Anaconda 提供了强大且方便的类库管理（拥有超过 1000 个数据处理包）与环境（即包的依赖）管理功能，可以很方便地解决多版本 Python 并存、切换及各种第三方库的安装依赖问题。

Anaconda 通常利用 conda 进行类包和环境的管理。conda 的设计理念是，把所有的工具、第三方包都一视同仁当作包（package）对待，conda 甚至以身作则，把自己也当包处理。安装完 Anaconda 之后，在命令行就可以把 conda 当作一个可执行命令使用。

　　conda 使用最多的参数就是 install 命令。比如，我们要安装前文提到的科学计算库 NumPy（类库名为 numpy，全部小写），则在命令行输入如下命令，并按下回车键即可。

```
$ conda install numpy
```

　　如果想查看已经安装的类库，可使用如下命令。

```
$ conda list
```

　　如果想卸载已经安装的类库，反向使用 uninstall 命令即可，如下所示。

```
$ conda uninstall <类库名>
```

　　值得注意的是，上述命令在 macOS 和 Windows 环境下也是适用的。

　　macOS 版本的 Anaconda 与 Linux 版本的 Anaconda 安装流程类似，这里不再赘述。由于 Windows 版本的发行版用户量较大，因此下面对 Windows 发行版的 Anaconda 安装过程，也给予简单介绍。

1.3.3　Windows 环境下的 Anaconda 安装

　　首先，在图 1-2 所示的下载界面，选择 Windows 版本，下载与自己所用操作系统位数（bit）相适配的发行版。

图 1-2　下载 Windows 版本的 Anaconda

如果你的操作系统是 64 位的，则选择下载 "64-Bit Graphical Installer"。否则，就下载 "32-Bit

Graphical Installer"。需要注意的是，2020 年 7 月以后，Anaconda 最新版本不再提供 2.7 版本的 Python 下载了。

　　假设我们下载的是 64 位的 Anaconda 安装包。下载完毕后，用鼠标左键双击下载的安装包 "Anaconda3-2021.05-Windows-x86_64.exe"，即可进入安装流程，如图 1-3 所示。

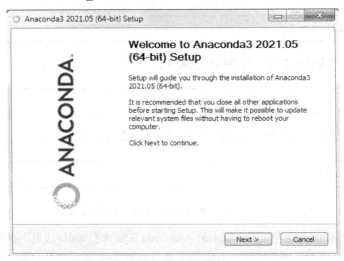

图 1-3　进入 Anaconda 安装流程

然后单击"Next"（下一步）按钮，进入同意协议与条款界面，如图 1-4 所示。

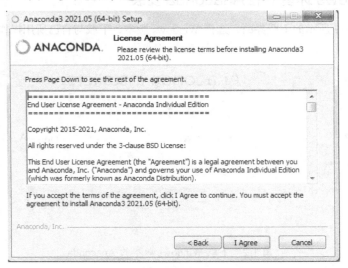

图 1-4　Anaconda 的同意协议与条款

别无选择，你只能单击"I Agree"（我同意）按钮，进入下一步，界面如图 1-5 所示。

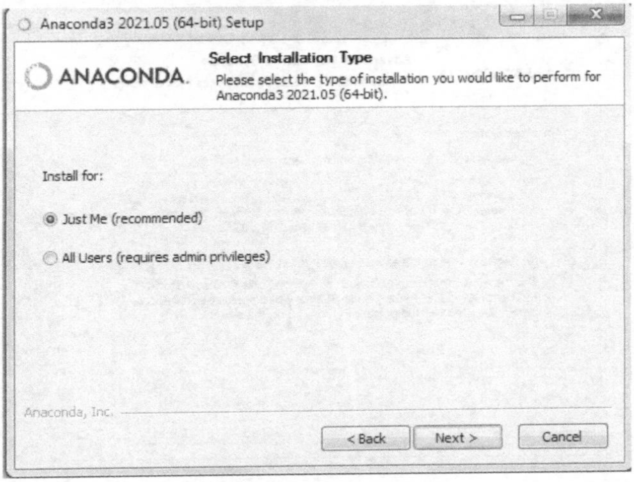

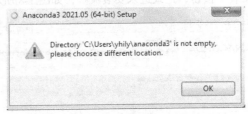

图 1-5　选择适用的用户范围

如果你安装 Anaconda 仅仅是为自己服务的话，就选择"Just Me"（仅仅为我）选项。如果你想"雨露均沾"，让 Anaconda 可以为当前计算机的所有用户服务，那么就选择"all users"选项，这时操作系统需要管理员权限。选择完毕后，单击"Next"（下一步）按钮，进入正式安装流程。

需要注意的是，如果 Anaconda 的默认路径（如 C:\Users**yhily**\Anaconda3）事先安装有 Anaconda 的早期版本，也就是说，该文件夹不为空的话 ①，那么 Anaconda 是不答应的，这时会给出警告信息，如图 1-6 所示。

图 1-6　安装目录被占用的警告信息

这时解决的办法通常有两个：一是手动删除旧的安装路径，保障目前 Anaconda 安装路径的"纯洁性"；二是选择不同的安装路径。

此外，还需特别注意的是，安装路径中一定**不能有空格或中文字符**，因为 Anaconda 暂时不支持间断性（含有空格）的安装路径和 Unicode 编码。

———————————————————

① 请注意，这里"yhily"为用户名，用户名不同，此处的路径也稍有不同。

解决 Anaconda 安装路径的问题之后，即可进入如图 1-7 所示的界面。

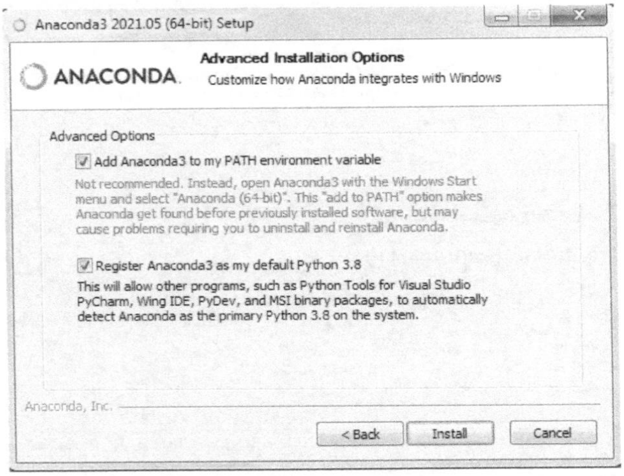

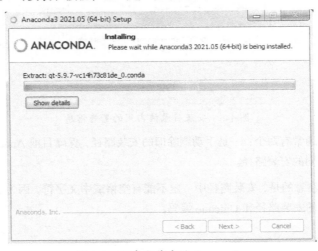

图 1-7　安装时的高级选项

在图 1-7 中，我们建议初学者将两个选项都选上。

第一个选项说的是，它把 Anaconda 的路径设置到系统的 PATH 环境变量中。这很重要，这个设置会给你提供很多方便，比如你可以在任意命令行路径下启动 Python 或使用 conda 命令。

第二个选项说的是，将 Anaconda 选择为默认的 Python 编译器。这个选项会让诸如 PyCharm、Wing 等 IDE 开发环境自动检测到 Anaconda 的存在。

然后单击"Install"（安装）按钮，正式进入安装流程，如图 1-8 所示。

图 1-8　正在安装中的 Anaconda

当图 1-8 所示的安装进度条达到 100%时，安装即将完成，单击"Next"（下一步）按钮，即可出现如图 1-9 所示的界面。一旦出现该界面，那么恭喜你，你的 Anaconda 已经成功安装了！

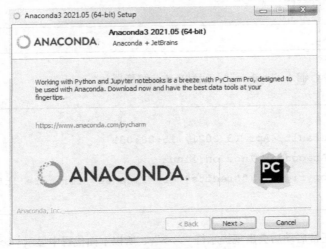

图 1-9 成功安装 Anaconda

1.4 运行 Python

安装完 Anaconda 之后，"是骡子是马，要拉出来遛遛"，那么下面我们就来验证 Python 是否安装成功。然后，开始 Python 基础语法的讲解。

1.4.1 验证 Python

怎样确认 Python 已经成功安装了呢？通常，在打开的终端（对于 Windows 系统而言，在运行窗口使用 CMD 命令；对于 Linux 和 macOS 系统而言，开启一个新的 shell 终端即可）输入"python --version"命令（注意，python 与参数 version 之间有一个空格，version 前有两个短线），会显示 Python 的版本号，如果能正确输出 Python 的版本号，就间接证明 Python 已经安装成功。下面以 Linux 系统为例来说明。

```
$ python --version
Python 3.8.8
```

上面的输出结果显示，我们成功安装了 Python 3.8.8。需要注意的是，由于 Linux 和 macOS 默认安装了 Python 2.7，所以如果我们不更新环境变量的话，运行上述命令的结果可能是 2.7.5。这时，我们需要显式更新环境变量，命令如下。

---

source ~/.bashrc

接下来，在命令行输入"python"，启动Python解释器。①

```
$ python
Python 3.8.5 (default, Apr 13 2021, 15:08:03)
[GCC 7.3.0] :: Anaconda, Inc. on linux
Type "help", "copyright", "credits" or "license" for more information.
>>>
```

Python 解释器正常启动后会出现提示符">>>"，所以上面代码中显示">>>"时，表明 Python 解释器已经"万事俱备"，只待用户输入语句。

1.4.2　Python 版本的 Hello World

通常，学习一门新语言，我们编写的第一个程序都是"Hello World"，它几乎成为迈入编程世界的一种朝拜，以至于"Hello World"程序的开创者西蒙·科恩斯（Simon Cozens）开玩笑地说："它是编程之神留下的咒语，可助你更好地学习语言。"

下面让我们也一起念念这个咒语吧。在Python中，运行程序的第一种方法，就是在IDLE提供的shell窗口 ②中输入Python语句。由于Python是解释型语言，所以在正确输入Python代码之后，按下回车键，就能得到运行结果，交互性非常好。

对于"Hello World"程序而言，在">>>"提示符下输入如下语句，按回车键即可执行。

---

① 需要注意的是，在 Windows 系统中，命令不区分大小写。而在 Linux 和 macOS 系统中则相反，需要严格区分大小写，所以命令行中的"python"字样必须全部小写。

② "shell"的本意是"外壳"，这个外壳是相对于操作系统的内核（kernel）而言的，用户可在 shell 窗口中输入命令，然后解释器会负责解释这些命令，并送达内核执行。因此，shell 本身提供了一种与底层操作系统交互的途径。

```
>>> print("Hello World")          #是的，整个程序只有一条语句
Hello World
```

这种"按下回车即刻执行"的模式，也被称为"交互模式"。在这种模式下，如果用户想询问"1+1 等于几"，只需输入"1+1"，然后按下回车键，Python 解释器马上就会给出答案"2"，代码如下。

```
>>> 1+1
2
```

这里有一些常用的小技巧值得学习，例如，在输入代码时，可先输入部分字符，然后按 Tab 键，让 IDLE 补全（例如，当输入 pri 时，按 Tab 键，系统会自动补全为 print），相信熟悉 Linux 和 macOS 的用户对此技巧早已熟稔于心。要想退出交互式模式，既可以输入 exit()函数退出，也可以按 Ctrl+D 组合键退出。

1.4.3　Python 的脚本文件

在交互式模式下，用户每输入一行代码，一旦按下回车键，Python shell 就会即刻给出解释并执行，这很方便。但有时我们希望编写完若干行代码之后，再一起执行前面编写的代码。在这种情况下，该怎么办呢？

解决的方法也很简单，这时我们需要创建一个以.py 为扩展名的 Python 源文件。然后运行这个源文件。那如何创建一个 Python 源文件呢？

本质上，所有源文件都是文本文件（text）。因此，我们完全可以利用一个纯粹的文本编辑器来编写 Python 程序，然后将其另存为.py 文件。

但一般来说，纯文本编辑器对用户并不友好。比如说，它可能没有代码行号，也缺乏语法高亮功能。此外，它和 Python 的解释器没有关联，因此调试困难。于是，很多集成开发环境（Integrated Development Environment，IDE）应运而生。开发 Python 的 IDE 有很多，除了 Python 自带的集成开发环境 IDLE（Integrated Development and Learning Environment，集成开发与学习环境）、PyCharm（由捷克公司 JetBrains 开发的一款 Python 开发工具）、Anaconda 集成的 Spyder，甚至 Vim、Sublime Text 和 Notepad++经过一番加工配置，都可以成为一款称手的 IDE。读者可根据自己的喜好，选用自己喜欢的 IDE。

"远亲不如近邻，近邻不如对门"。事实上，我们不必求远，Anaconda内部集成的Spyder，已是一个简单易用的集成开发环境。和其他Python开发环境相比，它最大的优点就是能模仿MATLAB[①]的"工作空间"功能，方便观察和修改数组的值。

在命令行输入 spyder 命令（请注意，在 Linux、macOS 环境下，命令要全部小写），即可启动该开发环境（在 Windows 操作系统中，可在【开始】→【所有程序】中找到 Anaconda 菜单，里面就有 Spyder 的专属图标，用鼠标单击即可启动执行）。

启动 Spyder 后，在 Spyder 菜单栏的 File 菜单中，选择 "New File" 命令（或者使用组合键 Ctrl+N 进行选择）。这时弹出的空白代码框可供我们书写多行代码，如图 1-10 所示。

这里，我们暂不解释Python的语法，在后面的章节中，这些语法都会涉及。如果想执行图 1-10 所示的代码，单击菜单栏中的执行按钮（▶）即可。假设该Python文件保存的文件为demo-sum.py，我们还可以在命令行下执行Python的脚本文件[②]。

```
$ python demo-sum.py
```

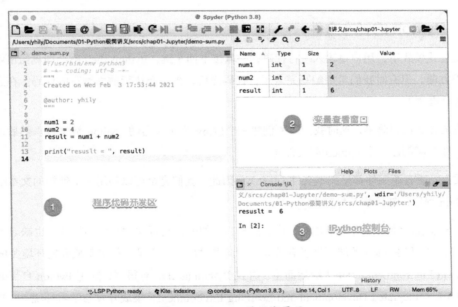

图 1-10 Spyder 的开发界面

---

① MATLAB 是著名的商业数学软件，常用于算法开发、数据可视化、数据分析及数值计算。

② 对于 Python 3.x 而言，可使用 python3 来执行 ".py" 文件，命令为 python3 demo-sum.py。

在 Windows 操作系统下，可用相同的命令行执行上述 Python 脚本文件。不同的是，系统的提示符不一样，这里不再赘述。

1.4.4 代码缩进

学过 C、C++或 Java 的读者都知道，在这类编程语言中，通常需要用一对花括号 "{}" 来界定模块的范围（即作用域）。正是因为有了这一对花括号的界定，编译器才可以很容易地知道各个模块的界限所在，但这样一来，也导致了源码编写风格各异。

风格各异的代码会带来混乱性。这种混乱性是有隐患的，因为编程风格不同的人组建成一支开发团队，很容易造成沟通上的困难，从而为代码缺陷（bug）埋下伏笔。未来即使发现代码有问题，维护起来也会比较困难。

通过前面的描述，我们知道，Python 的设计哲学是 "给我最优，别让我选"。于是 Python 干脆提供了一个 "一刀切" 式的强制解决方案——相同层次的代码，必须有等同的缩进。通常，缩进使用单个制表符 Tab 键、2 个空格或 4 个空格来表示，可界定代码模块的归属。

虽然 Tab 键或空格均可控制缩进关系，但不建议二者混用。这是因为，代码在跨平台解析时，不同平台对 Tab 键占据几个空格，没有统一的规定。如此一来，很容易导致在一个平台上层次井然有序的代码，换到另外一个平台时却显得参差不齐，从而让代码无法正常工作。因此，选择一种缩进风格，然后持之以恒，方为正道。下面我们以【范例 1-1】来说明代码的缩进关系。

【范例 1-1】在 Python 中运行多行代码（ScoreRank.py）

```
01   #这是一个演示 while 循环的范例
02   while True:
03       score = int(input("Please input your score : "))
04       if 90 <= score <= 100:
05           print('A')
06       elif score >= 80:
07           print('B')
08       elif score >= 70:
09           print('C')
10       elif score >= 60:
11           print("D")
12       else:
13           print('''你的分数有点低！''')
```

　　现在简单介绍一下【范例 1-1】中涉及的语法。第 03~13 行都属于 while 循环的管辖范围，这是因为从 while 的下一行开始（第 03 行），这些行都被统一缩进 1 个 Tab 键。

　　再细分一下，第 05 行隶属于第 04 行的管辖范围（因为第 05 行相对于第 04 行有 1 个 Tab 键的缩进），第 07 行隶属于第 06 行的管辖范围，以此类推。一言以蔽之，在 Python 中，等级森严，同一级别的代码必须具备相同的缩进量，如图 1-11 所示。

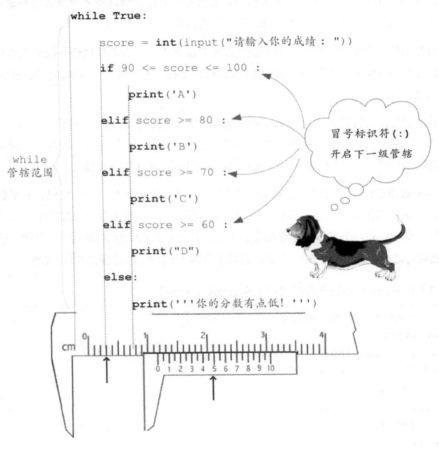

图 1-11　Python 代码缩进关系示意图

　　除了用统一的缩进表明隶属关系，Python 还规定，要在上一行的末尾，用一个半角的冒号 "：" 来彰显自己的 "势力范围"。现在再来仔细观察一下图 1-11 所示的代码，它们都具备这样的特征。

　　正因为如此，在程序员圈子里，流传着这样的笑话：开发 Python 代码，需要购买游标卡尺。事实上，诸如 Spyder、PyCharm 等 IDE 工具都提供了代码自动对齐的功能，即输入正确的冒号并按回车键之后，第二行会自动缩进，所以我们无须过分担心。

1.4.5 代码注释

注释对于增强代码的可读性非常重要。有人开玩笑说，"不写注释的代码，只有一周前的自己能看懂"。良好的注释，对于团队协作非常重要。Python 中的注释方法有多种，这里仅介绍单行注释和多行注释。

单行注释以"#"开头，例如【范例 1-1】中的第 01 行。

进行多行注释时，通常用三个单引号 ''' 将注释部分括起来，如下所示。其中第 01 行和第 05 行分别为多行注释的起点和终点，第 02~04 行为注释部分。在注释部分，不论是什么内容，都会被编译器忽略。第 06 行为正常代码，编译器可见。

```
01    '''
02    这是多行注释，用三个单引号
03    这是多行注释，用三个单引号
04    这是多行注释，用三个单引号
05    '''
06    print("Hello, World!")
```

1.5 Python 中的内置函数

为了方便程序员快速编写 Python 脚本程序，Python 提供了很多好用的功能模块，它们内置于 Python 系统，也称为内置函数（Built-in Functions，BIF）。

比如，前面我们多次用到的 print()，它就是一个内置函数，其功能是把信息输出到标准输出设备上（通常是计算机屏幕）。在【范例 1-1】中，第 03 行的 input()也是一个内置函数，其功能是接受用户从标准输入设备（通常指键盘）中输入的内容。

同样，同一行的 int()也是一个内置函数，它的功能是把输入内容强制转换为整型（int）。比如我们用键盘输入"92"，对于input()函数而言，它采集到的是一个由"9"和"2"构成的字符串。我们可以通过在IPython控制台输入如下语句来测试[1]。

```
In [1]: temp = input("number:")
number:10
In [2]: print(temp)
10
In [3]: type(temp)
Out[3]: str
```

Python 自带的开发环境 IDLE 通常以"＞＞＞"作为输入的提示符，而 IPython 则使用了更加有信息量的输入 In [n]和输出 Out [n]标识，来提示输入指令的编号，这里的 n 会随着输入指令的增加而不断变化，如同"＞＞＞"不是代码的一部分一样，这些编号也不是 Python 指令的一部分，它们仅作为提示信息而存在。

在上述代码的第 1 个输入语句中，temp 是一个临时变量。在 Python 中，使用变量前不需要声明，直接给变量赋合法的值，变量会根据等号（＝）右侧的类型，自动完成类型同步。

在上述代码的第 3 个输入语句中，我们利用另外一个内置函数 type()查询了变量 temp 的类型，从输出结果可以看出，它是一个字符串（str）类型。字符串类型的变量是不便于进行大小比较的，通常需要转换为可比较的数值型（如整数和浮点数）。如果想把字符串"92"转变为整数"92"，就要用到前面的提到的内置函数 int()，代码如下。

```
In [4]: num = int(temp)
In [5]: type(num)
Out[5]: int
```

上面第 4 个输入语句，使用num接收由内置函数int()根据字符对象temp生成的对应整型（int）对象。第 5 个输入语句再次利用内置函数type()来查询num类型，反馈的结果是整型[2]。

---

① 启动 IPython 的方法有很多。第一种方法是先启动 Spyder，在界面右下角的区域就是 IPython 控制台，如图 1-10 所示。第二种方法是，在命令行输入 ipython 指令，启动单独 IPython 控制台，此时类似于 IDLE。对于 Windows 系统，在 Anaconda 菜单里有专门的图标可供选择。

② 需要说明的是，对于 Python 而言，一切皆对象。temp 本身依然是 str 对象，并没有随着 int()函数的作用而发生变化。int()函数利用 temp 作为"原材料"，重新生成了新对象 num，而 num 是一个整型对象。

那 Python 到底提供了多少内置函数呢？我们可以在 IPython（或 IDLE）的控制台中输入 dir(__builtins__)[1] 来查看所有的内置函数（常见的内置函数及功能如图 1-12 所示）。

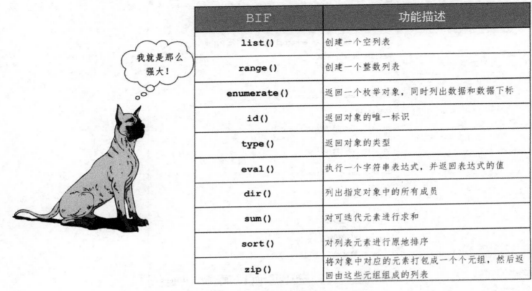

BIF	功能描述
list()	创建一个空列表
range()	创建一个整数列表
enumerate()	返回一个枚举对象，同时列出数据和数据下标
id()	返回对象的唯一标识
type()	返回对象的类型
eval()	执行一个字符串表达式，并返回表达式的值
dir()	列出指定对象中的所有成员
sum()	对可迭代元素进行求和
sort()	对列表元素进行原地排序
zip()	将对象中对应的元素打包成一个个元组，然后返回由这些元组组成的列表

我就是那么强大！

图 1-12　常见的内置函数及功能

如同我们没有必要记住整本字典再去读书一样，我们也没有必要记住所有的内置函数及其用法再去编程。我们只需要知道它们的存在，然后在用到的时候，利用 help() 来查询对应的使用方法就可以了。例如，当我们想查询 type() 的使用方法时，可以在 IPython 的控制台输入如下指令。

```
help(type)
```

需要注意的是，作为内置函数 help() 的参数，我们仅需提供函数名称，而不需要函数后面的一对括号，例如我们想查询 type() 函数的用法，正确的查询格式是 help(type)，而不是 help(type())。

对于内置函数，诸如 IPython 之类的代码编辑器，提供了很好的自动补全功能。也就是说，当我们输入内置函数，或已经在内存中存在的变量名时，只需输入部分字符（例如 print() 函数的前两个字符 pr）并按下 Tab 键，系统就会给出合理的选项，然后我们利用键盘的上（↑）下（↓）方向键，

---

[1] 注意，单词 builtins 左右两侧分别是两个下画线。以双下画线开头和结尾的变量、常量或函数，是 Python 内部的专有标识，如 __builtins__ 表示内置函数集合，而 __init__() 代表类的构造函数。

选择正确的输入即可，如图 1-13 所示。如果输入的提示字符足够多，则后面的备选项就越少。例如，输入 "pr" 并按下 Tab 键就会直接补充为 "print"，这大大提高了代码输入的效率。

图 1-13 按下 Tab 键自动补全

1.6 文学化编程——Jupyter

对于初学者来说，可以采用 Jupyter Notebook（以下简称 Jupyter）来完成代码编写和文档说明。为什么要采用 Jupyter 呢？这里面大有讲究。

1.6.1 Jupyter 的由来

在介绍 Jupyter 之前，我们先介绍一位图灵奖得主、斯坦福大学终身教授——Donald Knuth（高德纳）。这位高德纳和我们今天要介绍的 Jupyter 又有什么关系呢？关系自然是有的！高德纳提出了一个至今看来仍然很有吸引力的编程方式——文学化编程（Literate Programming）。

传统的编程方式，让人们完全"屈就"于计算机的逻辑来编写代码。与此相反的是，文学化编程让人们能按照自己的思维逻辑来开发并描述程序。

简单来说，文学化编程的读者是人，而非机器。

这种方式的转换，让我们从仅写出让机器读懂的代码，过渡到了向人解释如何让机器实现我们的想法。这种解释的内容，除了包括让机器识别的"中规中矩"的代码，还有人自己"喜闻乐见"的叙述性的文字、图表及公式等。而且这些代码的运行和结果展示，并不需要离开当前文档描述的平台。也就是说，文学化编程支持现场交互式呈现。如此一来，这不正是数据分析人员所需要的编程风格吗？！

是的，这种编程风格非常酷！如果说高德纳提出了文学化编程的梦想，那么 Jupyter 就是使"梦想成真"的一种具体方法。Jupyter 可以让我们"左手程序员，右手作家"的梦想更加趋于真实。

Jupyter脱胎于IPython项目 [1]。IPython是一个Python的交互式shell，它比默认的Python shell要好用很多。而IPython正是Jupyter的内核所在，我们可以理解为，Jupyter是网页版的IPython。

1.6.2　Jupyter 的安装

事实上，前面我们安装 Anaconda 时，Jupyter 已被默认安装了（这也是我们选择安装 Anaconda 的重要原因，它会帮我们把常用的库"全家桶式"地安装完毕）。如果你的环境中的确没有安装它，那么在命令行输入如下命令即可安装。

```
conda install jupyter notebook
```

下面，我们先创建一个名为"tf-notebook"的目录，用于存放 Jupyter 的有关文档，然后在控制台用"jupyter notebook"命令启动 Jupyter 的服务器，相关指令如下所示。

```
$ mkdir tf-notebooks          #创建一个存储文档的文件夹，你可以修改这个文件夹名
$ cd tf-notebooks             #进入该文件夹
$ jupyter notebook            #在命令行启动Jupyter服务器 [2]
```

其中第 3 条指令将在默认的网页浏览器中开启一个新的工作空间 [3]。如果想要创建新笔记，用鼠标单击页面右上角的"New"按钮，然后选择Python 3 即可，如图 1-14 所示。

---

① Anaconda 也默认安装了 IPython。可以在命令行输入 ipython 指令来运行。

② 在 Windows 系统中，还可以在【开始】→【所有程序】→【Anaconda】菜单栏中找到 Jupyter Notebook 的启动按钮。

③ 在地址栏中，localhost 表示本机，随后的数字 8888 表示端口号，这是 Jupyter 默认的端口号，可通过必要的设置修来改它。

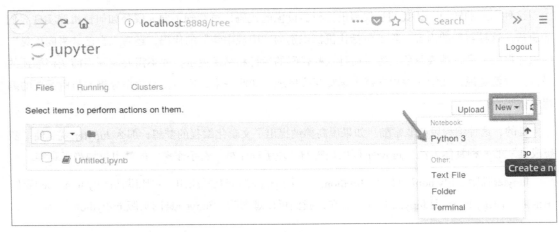

图 1-14　创建新笔记

新创建的笔记自动打开，如图 1-15 所示。此时，笔记并没有被命名，所以被系统自动命名为"Untitled1"（未命名）。

图 1-15　新创建的 Jupyter 笔记

单击"Untitled1"，此时会弹出重命名对话框，如图 1-16 所示，在文本框中输入合适的文件名（如 myFirstBook），然后单击"Rename"（重命名）按钮，即可完成笔记的重命名。Jupyter 笔记文档的扩展名为.ipynb。

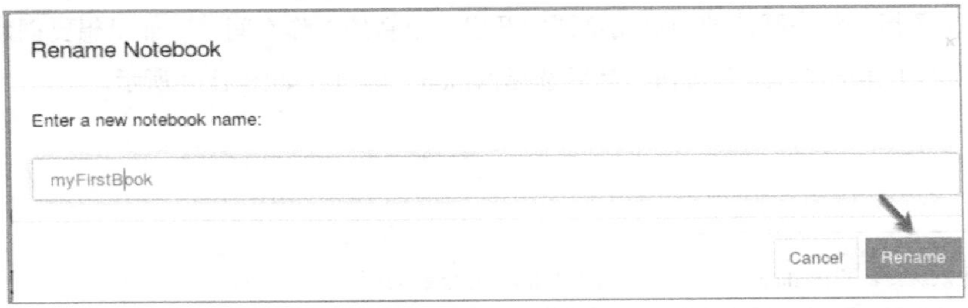

Rename Notebook

Enter a new notebook name:

myFirstBook

Cancel　Rename

图 1-16　Jupyter 笔记重命名对话框

在图 1-15 中，我们注意到左边有一个"In[ ]:"标识，它提示我们这是一个输入代码的区域，我们可以在其中输入任意合法的 Python 语句。

1.6.3　Jupyter 的使用

在如图 1-15 所示的代码单元格（cell）中可以输入相应的代码或文档。在 Jupyter 笔记中，有两种单元格，即代码单元格和文本单元格。每个单元格都有两种模式，即编辑模式（Edit mode）和命令模式（Command mode）。这种分类有点类似于 UNIX 系统中的 Vim 编辑器。在编辑模式下，我们可以在当前单元格输入文本或文档，当前单元格的边框呈现绿色，最左侧的边框会被加粗显示，如图 1-17 所示。

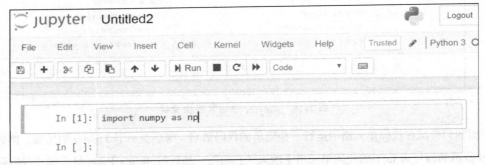

图 1-17　处于编辑模式下的代码单元格边框

我们可以按Esc键，将编辑模式切换为命令模式。在命令模式下，无法输入代码或文档，此时可输入很多有用的快捷键，如按A键表示向上建立一个单元格，按B键表示向下建立一个单元格，按DD（连续按两个D）键表示可删除当前单元格等[①]，更多快捷键功能可参考Jupyter中【Help】菜单栏下的Keyboard Shortcuts选项，单击Keyboard Shortcuts选项后，会显示如图 1-18 所示的常用快捷键。记住常见的快捷键，可大大提高我们的开发效率。

---

① 对于快捷键而言，按键字母处于小写状态即可，无须切换到大写状态。

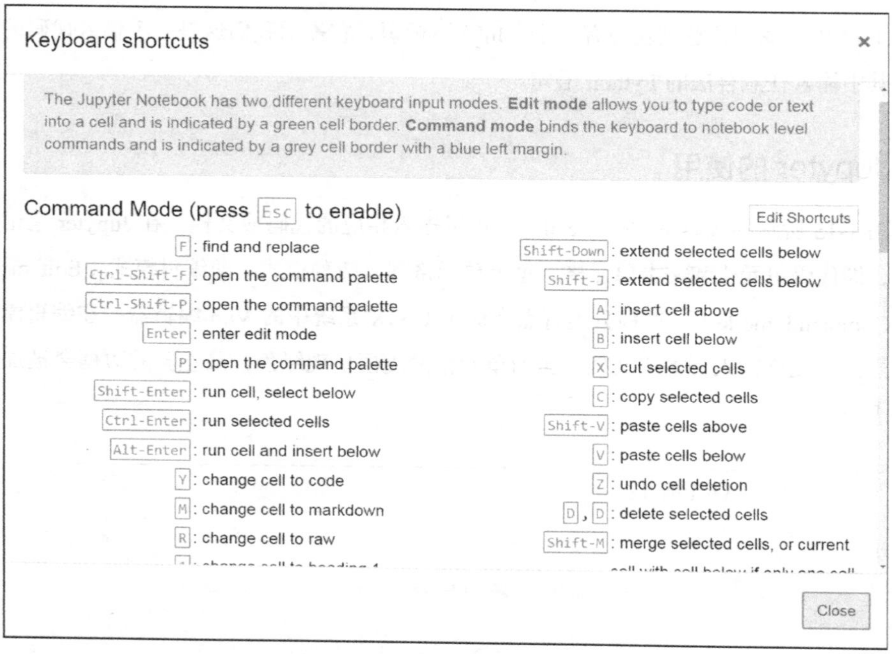

图 1-18 Jupyter 中的常用快捷键

下面我们尝试在代码单元格中运行一些简单的代码语句，来感受一下 Jupyter 的风格。例如，在图 1-19 所示的编号为 In[1]的代码单元格中输入"1 + 1"，然后按 Shift + Enter 组合键或者用鼠标单击图 1-17 中的 ▶|Run 按钮，即可运行这段代码，Out[1]输出的结果为 2。按 Shift + Enter 组合键的好处在于，除了能运行本单元格的代码，还会自动创建下一个单元格 In [2]，我们可以分别在 In [2]处定义一个变量"a = 10"，在 In [3]处输入"a + 1"，于是在 Out[3]处就会输出结果 11。

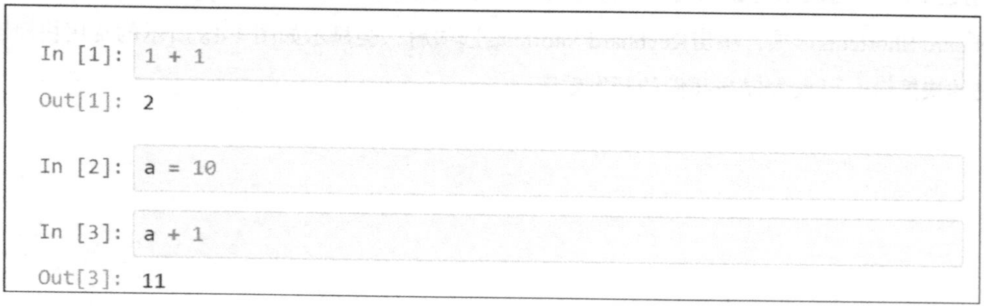

```
In [1]:  1 + 1

Out[1]:  2


In [2]:  a = 10


In [3]:  a + 1

Out[3]:  11
```

图 1-19 在 Jupyter 中输入代码

当然，我们可以一次性在代码单元格中输入大段代码，如【范例 1-2】所示。

【范例 1-2】利用 Matplotlib 包绘图（plot.py） [①]

```
01   #导入 numpy 包，用于计算
02   import numpy as np
03   #导入 matplotlib 包，用于绘图
04   import matplotlib.pyplot as plt
05
06   #设置随机数种子
07   np.random.seed(1)
08   #随机设置点的坐标
09
10   x = np.random.rand(10)
11   y = np.random.rand(10)
12
13   colors = np.random.rand(10)
14   area = (40 * np.random.rand(10))**2
15
16   %matplotlib inline
17
18   #设置散点图参数，参数 s 表示形状（shape）
19   plt.scatter(x,y,s = area, c = colors, alpha = 0.4)
20   #绘制散点图
21   plt.show()
```

　　我们暂不解释上述代码。在 Jupyter 的某个代码块（code cell）中输入上述代码后，同时按下 Shift + Enter 组合键运行这段代码，运行结果如图 1-20 中的内嵌图片所示。我们还可以用鼠标单击 Jupyter 中的 View 菜单，选择 Toggle Line Number（切换到行号），显示代码框中的行号 [②]。

[①] 需要说明的是，本例中最左侧的代码编号，并不是代码的一部分，仅作为便于讲解代码而人为添加的序号。全书同。

[②] 事实上，在命令模式下按下 L（Line 的简写）键时，也可显示行号。该快捷键是一个乒乓键，在命令模式下再次按下 L 键时，Jupyter 就会取消行号。

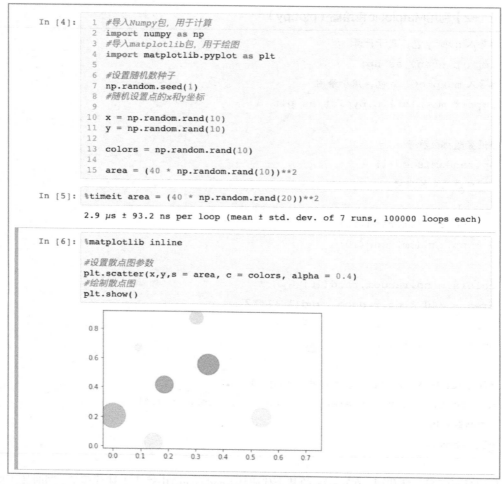

```
In [4]:   1  #导入Numpy包，用于计算
          2  import numpy as np
          3  #导入matplotlib包，用于绘图
          4  import matplotlib.pyplot as plt
          5
          6  #设置随机数种子
          7  np.random.seed(1)
          8  #随机设置点的x和y坐标
          9
         10  x = np.random.rand(10)
         11  y = np.random.rand(10)
         12
         13  colors = np.random.rand(10)
         14
         15  area = (40 * np.random.rand(10))**2

In [5]:  %timeit area = (40 * np.random.rand(20))**2

         2.9 µs ± 93.2 ns per loop (mean ± std. dev. of 7 runs, 100000 loops each)

In [6]:  %matplotlib inline

         #设置散点图参数
         plt.scatter(x,y,s = area, c = colors, alpha = 0.4)
         #绘制散点图
         plt.show()
```

图 1-20　在 Jupyter 中运行代码

　　上面我们简单讲解了 Jupyter 的基本用法。如果 Jupyter 的功能仅限于此，那它和普通的 IDE 开发环境就没有什么本质上的区别。事实上，Jupyter 的"文学化编程"到此并没有体现出来。那如何才能体现呢？这就要用到另外一种单元格——Markdown 单元格。

1.6.4　Markdown 编辑器

　　先来简单介绍一下 Markdown。Markdown 是一种轻量级的可使用普通文本编辑器编写的标记语言，由约翰·格鲁伯（John Gruber）于 2004 年创建。Markdown 通过简单的语法标记，能使普通文本内容具备一定的格式。由于它的功能比纯文本编辑器强大很多，因此也有很多人用它来撰写文档或博客，例如 GitHub、Matplotlib 等网站就用它来呈现文档，知乎、CSDN 及云栖社区等社区网站也支持 Markdown 格式的博客撰写。

在 Jupyter 的文本编辑单元格中，采用的就是 Markdown 的语法规范。在这个 Markdown 单元格中，我们可以设置文本格式，插入链接、图片甚至数学公式（类似于 LaTeX），如图 1-21 所示。同样使用 Ctrl + Enter 组合键运行 Markdown 单元格即可显示格式化的文本。

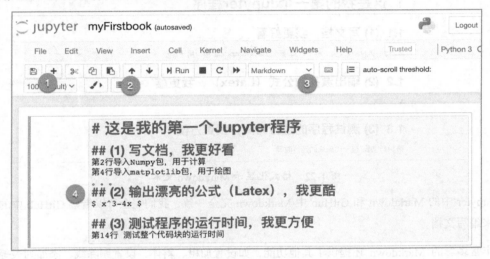

图 1-21　在 Jupyter 中添加 Markdown 单元格

在图 1-21 中，我们按照标号次序，❶先添加一个单元格（+），❷选择模块位置上移（↑），❸单击小按钮，选择单元格格式——Markdown，❹在 Markdown 单元格中输入我们要描述的文档，通过 Markdown 的特定语法让这个文档图文并茂。关于 Markdown 的具体用法，请读者自行参考相关文献。这里仅简单解释一下，在 Markdown 中，一个"#"表示一级标题，两个"#"表示二级标题，以此类推，Jupyter Notebook 中共提供 6 级标题。需要注意的是，"#"与标题正文之间需要用一个空格隔开，否则 Jupyter 无法正确解析。

在文本编辑块中，按下 Ctrl + Enter 组合键即可格式化显示该段文本，如图 1-22 所示。于是，图文+代码并茂的文档便呈现在我们面前。如果我们想再次编辑对应的 Markdown 单元格，只需用鼠标选中对应的单元格，然后直接按回车键即可进入编辑模式。

代码单元格和 Markdown 单元格是可以自由切换的。Jupyter 默认添加的单元格为代码单元格，如果想切换，除了在图 1-21 所示的第❸个按钮处进行切换，还可以在编辑模式下按 Esc 键脱离编辑模式，进入命令模式，然后按 M 键（即 Markdown 的首字母）把代码单元格变成 Markdown 单元格。

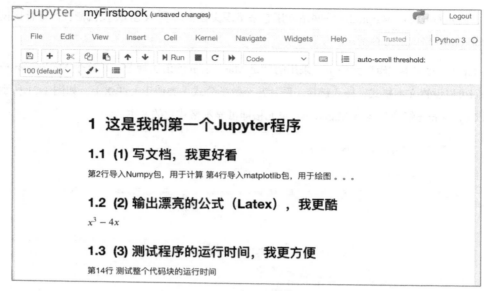

图 1-22　格式化显示 Markdown 文本

Jupyter 中的 Markdown 和 GitHub 中 Markdown 完全一致，我们完全可以借鉴 GitHub 中的参考资料来编写文档。

丰富多彩的 Markdown 还提供了其他功能，如设置加粗、斜体，设置删除线，添加列表等，下面我们进行简单介绍。

在 Markdown 单元格中，如果我们想加粗某段文字，可以使用前后两个星号"**"包围这段文字，如图 1-23 所示。

图 1-23　在 Markdown 中加粗文字

按 Shift+Enter 组合键执行命令，加粗的文字如图 1-24 所示。

图 1-24　显示加粗文字

类似地，我们还可以对文字设置斜体、删除线、加粗斜体混合，以及引用文字等格式，如图 1-25 所示。

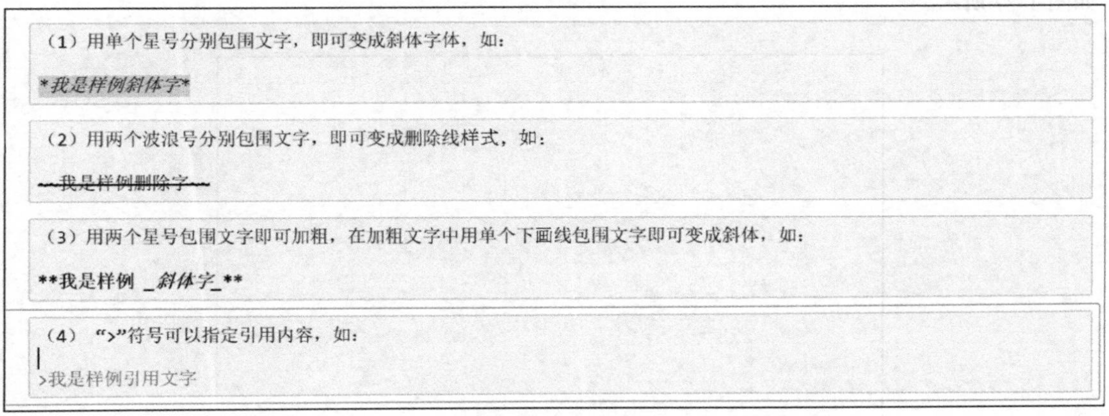

（1）用单个星号分别包围文字，即可变成斜体字体，如：

我是样例斜体字

（2）用两个波浪号分别包围文字，即可变成删除线样式，如：

~~我是样例删除字~~

（3）用两个星号包围文字即可加粗，在加粗文字中用单个下画线包围文字即可变成斜体，如：

**我是样例 _斜体字_ **

（4）"**>**"符号可以指定引用内容，如：

>我是样例引用文字

图 1-25　利用 Markdown 对文字进行格式设置

按 Shift+Enter 组合键分别执行上述 Markdown 单元格，格式化显示的文本如图 1-26 所示。

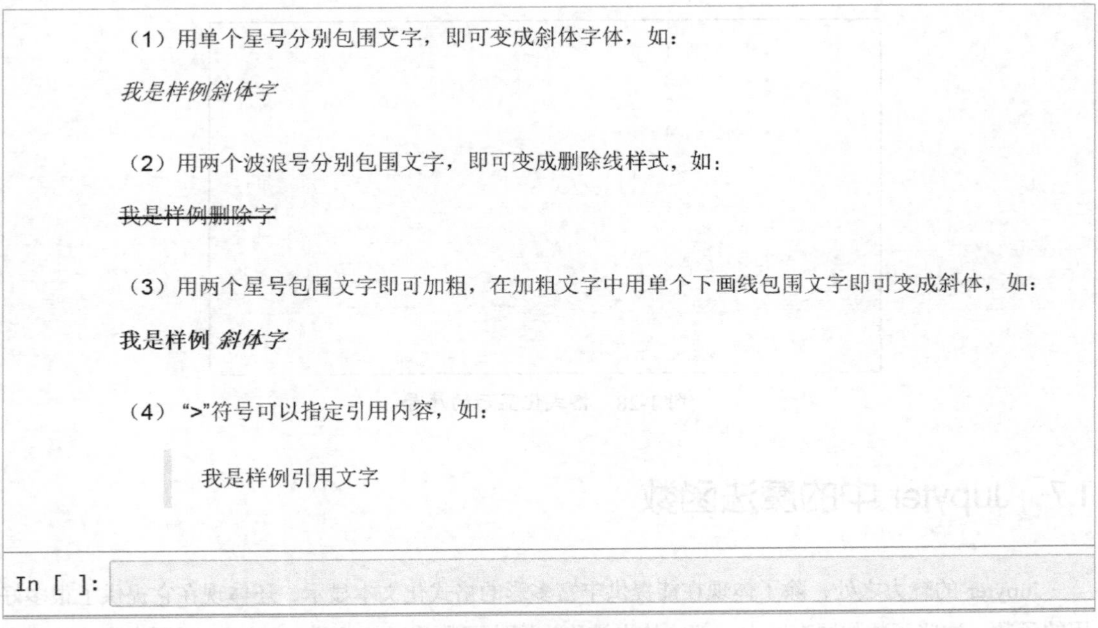

（1）用单个星号分别包围文字，即可变成斜体字体，如：

我是样例斜体字

（2）用两个波浪号分别包围文字，即可变成删除线样式，如：

~~我是样例删除字~~

（3）用两个星号包围文字即可加粗，在加粗文字中用单个下画线包围文字即可变成斜体，如：

**我是样例 *斜体字* **

（4）"**>**"符号可以指定引用内容，如：

> 我是样例引用文字

In [ ]:

图 1-26　格式化显示的文本

我们还可以在一行或多行间使用 "-" 和 "*" 创建项目列表形式。此外，还能使用 1、2、3 等数字生成有序列表。需要注意的是，上述字符或编号后面均要跟一个空格，以示与正文隔开，如图 1-27 所示。

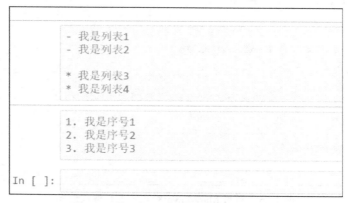

图 1-27　在 Markdown 单元格中使用序号

同样，按 Shift+Enter 组合键分别执行上述 Markdown 单元格，格式化显示的序号如图 1-28 所示。

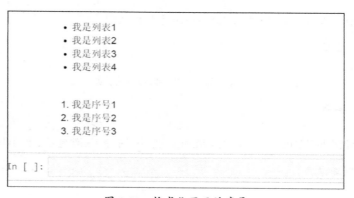

图 1-28　格式化显示的序号

1.7　Jupyter 中的魔法函数

Jupyter 的魅力之处，除了体现在能提供丰富多彩的格式化文本显示，还体现在它提供了很多好用的函数。这些函数如同有魔力一般，故也被称为魔法函数（Magic Function）。所谓魔法函数，实际上是 IPython 预先定义好的具备特定功能的函数被放到 Jupyter 中使用罢了。

请注意，这是 IPython 特有的函数，并非 Python 的内置函数，因此脱离 IPython 的使用环境（如使用 Pycharm 或 Python 自带的 IDLE 开发环境等），这些函数是无法被解析运行的。

图 1-20 中分别涉及了两个魔法函数：%timeit 和%matplotlib inline，后面我们会分别介绍它们。

魔法函数分两种：一种是面向行的（line magic），以一个百分号（%）开头，其作用范围就是使用这个魔法函数的当前行，里面可添加其他正常代码（如图 1-22 中的第 14 行）；另一种是面向整个块的（即 Jupyter 中左侧给出编号 In[n]:的一块区域，这里 n 为某个具体的编号），其作用范围是整个块。

下面我们简单介绍几个最常见的魔法函数。

1.7.1　%lsmagic 函数

%lsmagic 函数可以列出（list，简写 ls）所有魔法函数。如果我们想使用一个魔法函数，却忘记函数名如何写时，就可以使用%lsmagic 来查询（在代码框内输入%lsmagic 后按 Shift+Enter 组合键执行即可），如图 1-29 所示。

```
In [3]:    1  %lsmagic

Out[3]:  Available line magics:
         %alias  %alias_magic  %autocall  %automagic  %autosave  %bookmark  %cat  %cd  %clear  %colors  %conf
         ig  %connect_info  %cp  %debug  %dhist  %dirs  %doctest_mode  %ed  %edit  %env  %gui  %hist  %histor
         y  %killbgscripts  %ldir  %less  %lf  %lk  %ll  %load  %load_ext  %loadpy  %logoff  %logon  %logstar
         t  %logstate  %logstop  %ls  %lsmagic  %lx  %macro  %magic  %man  %matplotlib  %mkdir  %more  %mv  %
         notebook  %page  %pastebin  %pdb  %pdef  %pdoc  %pfile  %pinfo  %pinfo2  %popd  %pprint  %precision
         %profile  %prun  %psource  %pushd  %pwd  %pycat  %pylab  %qtconsole  %quickref  %recall  %
         rehashx  %reload_ext  %rep  %rerun  %reset  %reset_selective  %rm  %rmdir  %run  %save  %sc  %set_en
         v  %store  %sx  %system  %tb  %time  %timeit  %unalias  %unload_ext  %who  %who_ls  %whos  %xdel  %x
         mode

         Available cell magics:
         %%!  %%HTML  %%SVG  %%bash  %%capture  %%debug  %%file  %%html  %%javascript  %%js  %%latex  %%markd
         own  %%perl  %%prun  %%pypy  %%python  %%python2  %%python3  %%ruby  %%script  %%sh  %%svg  %%sx  %%
         system  %%time  %%timeit  %%writefile

         Automagic is ON, % prefix IS NOT needed for line magics.
```

图 1-29　Jupyter 中的各种魔法函数

1.7.2　%matplotlib inline 函数

图 1-22 的第 16 行代码中出现过%matplotlib inline 函数，它的含义就是告诉 IPython，我们的绘图模式是内嵌（inline）模式，即将绘图直接显示在当前的网页上。有了这个魔法函数，图 1-22 所示代码的第 21 行 plt.show()其实是可以省略的，读者朋友将其用注释形式去掉，然后尝试再次运行代码，可查看结果有无变化。

其实，这个魔法函数的后置参数"inline"有一个"对标"参数——qt，如果我们使用这个参数，即%matplotlib qt，则表示代码构造的图形是通过独立窗口显示的。在独立窗口中可支持图形的缩放、拖曳及被另存为多种格式的图形文件（如.jpg、.png 和.pdf 等）。读者朋友可将图 1-22 中的第 16 行代码修改为的%matplotlib qt 并再次运行，感性认识这两个参数带来的不同。

1.7.3 %timeit 函数

魔法函数%timeit的功能是为某行代码的执行提供计时服务[①]，这在评估机器学习算法的性能（特别是评估运行时间）时特别有用。例如，如果我们想对图 1-20 中的In [5]处代码的运行时间进行计时，则可以如下操作。

```
%timeit area = (40 * np.random.rand(20))**2
```

按 Shift+Enter 组合键执行，结果如下。

```
6.6 µs ± 1.28 µs per loop (mean ± std. dev. of 7 runs, 100000 loops each)
```

上述输出结果的意思是，对于代码"area = (40 * np.random.rand(20))**2"运行 7 轮，每轮运行1000 个循环，然后求得均值为 6.6 微秒，方差为 1.28 微秒。

如果我们想运行 10 轮而非 7 轮，该怎么办呢？这时就需要为魔法函数添加参数了，具体如下。

```
%timeit −n10 out = sess.run(a)
```

需要注意的是，参数选项"-n10"中的"-n"和"10"中间并没有空格。图 1-29 列出了如此多魔法函数，我们怎么才能知道某个魔法函数的具体用法呢？最简单的办法就是在 Jupyter 中创建一个新的单元格，然后输入该魔法函数，最后追加一个问号（？），注意函数名和问号之间没有空格，如下所示。

```
%timeit?
```

然后按 Ctrl+Enter 组合键运行这个单元格。

----

① 此处的 time 为动词，表示"对……计时"，这里的"it"是指当前代码行。

假设某个代码块正好就是一个算法的实现，现在我们想对整个代码块的运行进行计时，而不是对某一行代码的运行计时，该如何做呢？

这时，就需要利用%timeit 的姊妹函数——块魔法函数%%timeit，即 timeit 前面有两个%。如前所述，它的适用范围是整个代码块，因此通常会把这个魔法函数放在某个代码块的首行。

1.7.4　%%writefile 函数

我们知道，Jupyter 是一个集才华（代码编写）和颜值（图文文档显示）于一身的编程工具。但有时，如在生产环境中，我们还想把调试好的 Python 代码单独拎出来操作，这时该怎么办呢？

当然，我们可以采用复制的方式，把 Jupyter 代码块中的代码一块一块地复制到一个 IDE（如 Spyder）的新建文件中，然后保存为我们所需要的 Python 源文件。但实际上，Jupyter 已经替我们考虑到这个需求。魔法函数%%writefile 就是做这项工作的。见名知意，这个魔法函数的主要功能是把整个代码块中的 Python 代码保存为一个.py 文件。

通过该魔法函数前端的两个百分号（%%）就可以看出，这是一个作用域为整块代码的魔法函数。%%writefile 后面跟的参数是一个具体的 Python 文件名。假设我们想保存图 1-22 所示的代码块中的 Python 代码，就可以在代码块的首行添加如下代码。

```
%%writefile myFirstBook.py    # 这里，myFirstBook.py 是任意你想保存的文件名
```

然后，按 Ctrl+Enter 组合键运行单元格，这个 myFirstBook.py 源文件就默认保存在与*.ipynb（Jupyter 文件）相同的路径下。当然，我们可以为其添加一个非默认路径，如%%writefile/Users/yhily/Documents/myFirstBook.py，在这种情况下，单元格执行之后，myFirstBook.py 就被存储在"/Users/yhily/Documents/"路径下。读者也可以单击 Jupyter 的菜单栏【File】→【Download as】，有多种文件格式可供选择，可将编写好的代码保存到本地。

1.7.5　其他常用的魔法函数

下面我们列出其他常用的魔法函数，如表 1-1 所示，更多详细使用方法，可参阅 IPython 的官方文档。

表 1-1　其他常用的魔法函数

魔法函数	功能
%run	运行 ".py" 格式的 Python 代码
%load	用外部脚本替换当前单元格。可以是本地文件，也可以是一个 URL（超级链接地址）
%who	后面如果不加任何参数，该命令可以列出所有的全局变量。加上参数 str 将只列出字符串型的全局变量
%pwd	显示当前工作目录。事实上，常见的 cd（进入某个目录）、cd..（返回上一级目录）、mkdir（创建一个文件夹）、ls（显示文件信息）、cp（复制）等 Linux 命令，都可以在前面加上 "%"，当作魔法函数在 Jupyter 中使用

当然，Jupyter 的功能及使用技巧远远不止上面这些，在以后的用得着的日子里，我们还需要边用边摸索，这里就不一一介绍了。

1.7.6　在 Jupyter 中执行 shell 命令

我们知道，shell 是一种在命令行执行的与计算机进行文本交互的命令方式。一般而言，当我们正在使用 Python 编译器且需要用到命令行工具时，要在 shell 和 IDLE 之间不断切换。

但在 Jupyter 环境下，一切都显得浑然天成。在代码单元格里，直接在命令之前添加一个 "!"（注意：请用英文的惊叹号）就能执行 shell 命令，如图 1-30 所示。

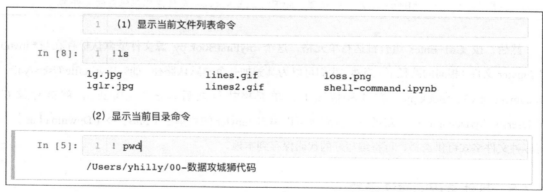

图 1-30　在Jupyter中执行shell命令 ①

---

① 在 Windows 系统中，ls 对应的命令是 dir，pwd 对应的命令是 chdir。在这些命令前面添加英文的感叹号，即可执行只有在 CMD 控制台窗口下才可执行的命令。

我们可以把 shell 命令返回的结果当作参数传递给 Python 变量，如图 1-31 所示。

```
         (3) 将目录返回给Python变量

In [9]:    1  files = !ls
           2  print(files) #输出目录文件

        ['lg.jpg', 'lglr.jpg', 'lines.gif', 'lines2.gif', 'loss.png', 'shell-comm
        and.ipynb']
```

图 1-31 将 shell 命令返回的结果传递给 Python 变量

1.8 本章小结

现在我们来总结一下本章的主要内容。

首先，我们简单介绍了 Python 的信息。以"简单、明确、优雅"为设计哲学的 Python，获得了初学者和大型 IT 公司的广泛认可。目前它有两个并不相互兼容的版本：2.x 和 3.x。2.x 的社区依然庞大（2020 年 1 月 1 日起已不再维护），但 3.x 是 Python 的未来，更值得我们投入更多精力去学习。

然后，我们介绍了 Python 的安装方法。Python 有很多安装方法，其中利用 Anaconda 来安装是最为安全和便捷的。利用 Anaconda 可有效解决 Python 开发者的两大痛点，具体如下。

第一，Anaconda 提供了 Python 环境下若干软件包的管理功能。这一点类似于 pip（或 pip3）。我们知道，在 Python 生态圈中，很多软件包之间相互依赖，如有不慎，弄错了安装次序，就可能导致安装失败，但 Anaconda 可有效防止这些冲突。

第二，Anaconda 可解决多版本 Python 并存的问题。因为它提供虚拟环境管理，其功能类似于 Virtualenv（用来建立虚拟的 Python 环境，提供项目专属的 Python 环境）。

最后，我们较为详细地介绍了 Jupyter 的用法。Jupyter 是一款非常好用的代码编写和文档说明工具，为文学化编程提供了解决方案，值得我们掌握。

有了前面的知识铺垫后，在下一章，我们将正式步入 Python 的学习之旅。

1.9 思考与提高

1. Python 2.x 和 Python 3.x 的主要差别在哪里？

【案例分析】

考虑到 Python 2.x 还被广泛使用，Python 社区也提供了部分方案以解决二者的兼容性问题。下面我们列出 Python2.x 和 Python3.x 的主要区别。

（1）字符编码方式的差异

Python 3.x 中所有字符的编码方式都是 unicode。在 Python 2.x 中，定义 unicode 字符时需要在字符前面显式加上标识符 u，但在 Python 3.x 中则不需要。针对这种差异，可以在 Python 2.x 源文件中导入__future__ "未来包"，妥善处理二者的兼容性问题，具体如下。

```
from __future__ import
```

导入该包以后，Python 2.x 即可使用 Python 3.x 的未来特性，即在 Python 2.x 中定义的普通字符将自动识别为 unicode 字符。

（2）print 操作的差异

在早期的 Python 2.x 中，print 是关键字，到了 Python 3.x 中，print 变成了一个函数。事实上，Python 2.6 以后也提供了 print 函数。既然是函数，输出内容就会被当作函数的参数包裹在一对括号之内。而 Python 2.x 则不需要这对括号。我们可以对比如下代码的差异。

```
# 只能在 Python 2.x 中这么用:
print 'Hello'
# Python 2.x 和 Python 3.x 均可:
print ('Hello')
```

为了同时打印输出多个字符串，我们可以导入 print_function，用来阻止 Python 2.x 把它们解释成一个元组（tuple）。

```
# 只能在 Python 2.x 中使用:
```

```
print 'Hello', 'Guido'
```

在模块的顶部导入新的函数，可提升兼容性。

```
# Python 2.x 和 Python 3.x 均可使用:
from __future__ import print_function
print('Hello', 'Guido')
```

（3）异常处理上的差异

在 Python 3.x 中，对异常的处理也做了更新，这个和 print 处理手法类似，此处不再赘述。

（4）部分模块名和函数名的差异

相比于 Python 2.x，Python 3.x 中似乎 "少" 了很多的模块包，其实在大多数情况下，这些包只是改了个名字而已。部分函数名发生了变化，例如存在 xrange 和 range 的差异。此外，运算规则也发生了变化，例如在 Python 3.x 中，5/2 的结果是 2.5，而不是 Python 2.x 中的整数 2，Python 3.x 会把所有整数之间的除法结果换算成一个浮点数（float）。

以上仅仅给出粗略对比，更多具体细节上的差异，请读者自行参考 Python 3.x 官方文档。

下面给出好用的脚本，通过加载如下脚本，Python 3.x 能完美兼容绝大部分通过 Python 2.7 以上版本编写的代码。

【范例 1-3】Python 2.x 与 Python 3.x 的融合与容错（Py2and3.py）

```
01  #!/usr/bin/env python
02  from __future__ import (division, print_function, absolute_import,
03          unicode_literals)
04  from builtins import int
05  try:
06      from future_builtins import ascii, filter, hex, map, oct, zip
07  except:
08      pass
09  import sys
10  if sys.version_info.major > 2:
11      xrange = range
```

2. 如何让 Python 代码像脚本、命令一样执行？

【案例分析】

有时，我们希望编写的 Python 代码在命令行直接运行，而不需要显式通过 Python 解释器来执行。这时我们可以在类 UNIX 系统下（如 macOS 或 Linux）将.py 文件变成一个可执行文件，步骤如下。

首先，声明解释器。我们需要为 Python 源文件指定解释器，例如在【范例 1-3】中，我们在第 01 行使用 "#!/usr/bin/env python" 进行声明。

在脚本编程中，第 1 行以 "#!" 开头的代码在计算机行业中叫作 "shebang"（也称为 Hashbang），其作用是指定由哪个解释器来执行脚本。整行代码的含义是，从 PATH 环境变量中查找 Python 解释器的位置，然后调用该路径下的解释器来执行脚本。

然后，添加执行权限。在脚本运行前，必须让脚本获得执行权限。

```
$ chmod a+x RankScore.py        #以【范例 1-1】为例 ①
$ ./RankScore.py                #在当前路径下执行该程序 ②
```

3. Jupyter 中的常见快捷键有哪些？

【案例分析】

使用快捷键能够显著提高我们的编程效率。Jupyter 中的常见快捷键如表 1-2 所示。

表 1-2　Jupyter 中的常用快捷键

快捷键	功能
Ctrl+Enter	执行当前单元格（所谓当前，是指光标所在处的单元格）
Shift+Enter	执行本单元格并向下建立一个新单元格
A	向上（above）建立一个单元格（在非编辑模式下，类似于 Vim 编辑器，按 Esc 键可脱离编辑模式）
B	向下（below）建立一个单元格（同上）

---

① Linux/UNIX 的文件访问权限分为三级：拥有者、群组、其他。利用 chmod 命令可以更改文件的访问权限。其中，参数 "a" 表示所有（all），即拥有者、群组、其他三类用户，"+" 表示添加权限，"x" 表示执行（execute）权限。

② 此处 "./" 表示当前路径，通常不可省略。

续表

快捷键	功能
m m（非编辑模式下按两次 m）	把单元格切换至 Markdown 模式（同上）
y y（非编辑模式下按两次 y）	把单元格切换至代码模式（同上）
l l（非编辑模式下按两次 l）	显示行数（同上）
d d（非编辑模式下按两次 d）	删除单元格
选中多个单元格，按 shift + M	合并选中的单元格，形成一个大的单元格

第 2 章 数据类型与程序控制结构

根基不牢，地动山摇。要想成为 Python 的高手，打好基础，尤为重要。在本章中，我们将主要学习 Python 的基础语法，以及常见的数据类型，包括数值型、布尔类型、字符串型、列表、元组、字典、集合等。此外，我们还将讨论程序的三种控制结构，包括顺序结构、选择结构和循环结构。

本章要点（对于已掌握的内容，请在对应的方框中打钩）

☐ 掌握 Python 中不同数据类型间的差异

☐ 掌握推导式的用法

☐ 掌握程序的控制结构：选择结构和循环结构

2.1　为什么需要不同的数据类型

著名计算机科学家、Pascal 之父、1984 年图灵奖得主——尼古拉斯·沃斯（Nicklaus Wirth），有一句名言（其实也是他一本著作的名称）广为流传：

$$算法（Algorithm）+ 数据结构（Data\ Structure）= 程序（Program）$$

简单来说，算法本质上就是解决具体计算问题的实施步骤。它的性能（时间或空间复杂度）与它所处理对象的数据结构高度相关。而所谓的数据结构，简单来说，就是数据及数据之间的关系。

在讲解 Python 中的数据结构之前，我们先讨论一下更为基础的概念——什么是数据类型。学过编程的读者是否思考过这样的问题：为什么一定要定义不同的数据类型呢？如果所有数据都"大一统"地使用二进制形式，岂不更省事？

为何需要数据类型呢？在回答这个问题之前，我们先来温习一下先贤孔子在《论语·阳货》里的一句话："子之武城，闻弦歌之声。夫子莞尔而笑，曰：'割鸡焉用牛刀？'"据此，衍生出了一句中国著名的俗语——杀鸡焉用宰牛刀？这是一个疑问句式。是的，杀鸡的刀用来杀鸡，宰牛的刀用来宰牛，用宰牛的刀杀鸡，岂不"大材小用"？

杀鸡的刀和宰牛的刀，虽然都是刀，但属于不同的类型，如果二者混用，要么出现"大材小用"的情况，要么出现"不堪使用"的情况。由此可以看出，正是有了类型的区分，才可以根据不同的类型实施不同的操作，然后"各司其职"，不易出错，示意图如图 2-1 所示。

图 2-1　"割鸡焉用牛刀"之数据类型比喻

除了不同类型的刀承担的功能不一样，为了安置这两种类型的刀，我们还需要给"杀鸡刀"和"宰牛刀"各配一个刀套。于是，刀套的大小自然也是不同的。

如果将"杀鸡刀"放到"宰牛刀"的刀套里，势必造成空间浪费，而将"宰牛刀"放到"杀鸡刀"的刀套里，必然放不下。在必要时，"宰牛刀"经过打磨可以做成"杀鸡刀"。

是的，在计算机语言中，任何数据类型都需要占据内存，但不同数据类型占据的内存大小是不尽相同的。而在必要时，不同数据类型之间也是可以强制转换的，如前面提到的内置函数 int()。

对于不同的数据类型，除了它们占用内存空间不尽相同，在其之上的操作也可能不同。也就是说，数据和对数据的操作（即函数），通常存在一定的绑定性，这正是定义数据类型的本质原因。比如，对于普通的整型数据，它们能进行加、减、乘、除和求余等多种操作。而对于特殊的整型数据——指针（即内存的地址编号），它只能做加法和减法操作，因为做其他类型的操作没有意义。

2.2　Python 中的基本数据类型

程序，本质上就是针对数据的一种处理流程。正是因为有了各种数据类型，程序才可以"有的放矢"地进行各种不同数据操作而不至于乱套。

下面我们重新回到关于 Python 基本数据类型的讨论上来。如前所述，在 Python 中，变量并不需要事先声明，但在使用前必须赋值。其实，在赋值过程中，该变量的类型及可被允许的操作才会确定下来。

在广义上，数据类型可分为标准数据类型和自定义数据类型。所谓自定义数据类型，就是面向对象编程中提到的概念——类（class）。而标准数据类型就是 Python 提供的 7 种内部数据类型，它们分别是 Number（数值型）、Boolean（布尔类型）、String（字符串型）、List（列表）、Tuple（元组）、Dictionary（字典）及 Set（集合）。下面分别对这几种基本数据类型进行简要介绍。

2.2.1　数值型（Number）

常用的数值型包括 int（整型）、float（浮点型）、complex（复数类型）等。对于数值型的赋值和计算都很直观，就像在大多数编程语言中一样，大部分的变量只能有一个值，当某个变量被赋予一个新值时，旧值就会被覆写掉，代码如下所示。

```
In [1]: x = 1          #变量 x 被赋值为 1
In [2]: x = 5          #变量 x 被重新赋值为 5
In [3]: print(x)        #输出 x 的值，可发现 "新人迎来旧人弃"
5
```

我们可以用 Python 内置的 type() 函数查询对象的数据类型。Python 是一门纯粹的面向对象的程序设计语言，对于不同的对象类型有不同的操作。有时候，我们需要借助 type() 函数为我们 "验明正身"，代码如下所示。

```
In [4]: type(x)        #x 为前面定义的整数 5
Out[4]: int
In [5]: y = 1.0        #定义一个浮点数
In [6]: type(y)
Out[6]: float
```

需要特别说明的是，**在 Python 中，使用变量前并不需要显式声明其数据类型**。诸如上述代码中的变量 x 和 y，它们都是在被赋值时根据等号（＝）右边变量的数据类型，才 "因地制宜" 地变成了相应的数据类型。相比于 C、C++、Java 等强数据类型编程语言，这一点是显著不同的。

在 Python 中，我们可以给多个变量集体赋相同的值，代码如下所示。

```
In [7]: a = b = c = 100
In [8]: print(a, b, c)
100 100 100
```

上述赋值方式并没有特殊之处，很多编程语言都可以做到。但不同于 C、C++ 和 Java 等编程语言的是，在 Python 中，允许在同一行给多个变量分别赋不同的值，代码如下所示。

```
In [9]: a, b, c = 10, 4.7, 3 + 10j      # 给 a、b、c 三个变量赋不同的值
In [10]: print(a, b, c)
10 4.7 (3+10j)
```

下面我们对上述代码做简单解读。

（1）在 Python 中，我们可以同时为多个变量赋值，如 a, b = 1, 2。其实它相当于 a = 1，b = 2。

对于上面 In [9]处输入的代码，其赋值示意图如图 2-2 所示。

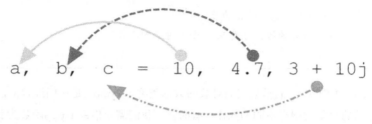

图 2-2　Python 的多变量赋值

同样，我们也可以用 type()函数分别验证上述三个变量的"身份"，代码如下。

```
In [11]: print(type(a),type(b),type(c))
<class 'int'> <class 'float'> <class 'complex'>
```

（2）在 Python 中，一切皆对象。比如前面代码中提到的 a, b, c = 10, 4.7, 3+10j，实际上，等号左右两侧的都是一个对象——元组，每个元组内包含三个元素。当两个元组相互赋值时，实际上就是"丁对丁，卯对卯"，对应位置的元素相互赋值。关于元组的概念，本章后续会详细讨论。

（3）对于复数的表示，虚数部分的表示格式是"数值 j"，而不是数学中常用的"数值 i"。

（4）上面提及的 a、b 和 c 都是变量的标识。对于变量名称，Python 是有讲究的，即标识符只能是字母、数字、下画线（_），但变量名不能以数字开头，并且中间不能包含空格。而且，Python 中的标识符是区分大小写的，如 name 和 Name 是不同的变量。

下面我们再来简单演示一下基于数值型的运算，具体如下。

```
In [12]: 5 + 5         # 加法
Out[12]: 10
In [13]: 3.5 - 11      # 减法
Out[13]: -7.5

In [14]: 3 * 10        # 乘法
Out[14]: 30
In [15]: 2 / 4         # 除法，得到一个浮点数
Out[15]: 0.5
In [16]: 2 // 4        # 注意：双斜杠除法，得到一个整数，功能类似于 C 语言
Out[16]: 0
```

```
In [17]: 15 % 4      # 取余
Out[17]: 3
In [18]: 2 ** 4      # 乘方，相当于 2 的 4 次方，2^4
Out[18]: 16
```

数值型的运算比较简单直观，但需要读者注意的有两点：数值的除法（/）总是返回一个浮点数（如 2/4=0.5），要获取整数需使用双斜线操作符（//），如 2//4=0；在多种数据类型混合计算时，Python 会把整数转换成浮点数，即进行类型转换时趋向于精确化。

2.2.2　布尔类型（Boolean）

Python 中的布尔类型常量有两个，True 和 False（注意首字母要大写），分别对应整型数字 1 和 0。所以在严格意义上来讲，布尔类型属于前面讲到的数值型，可视为整型（int）的子类。例如，语句 True + 2 的计算结果为 3。

Python 语言支持逻辑运算符，表 2-1 以 a 为 100、b 为 200 说明了 Python 中逻辑运算符的使用方法。

表 2–1　Python 中的逻辑运算符

运算符	逻辑表达式	描述	实例
and	x and y	布尔"与"：如果 x 为 False，则 x and y 返回 False，否则返回 y 的计算值	(a and b) 返回 200
or	x or y	布尔"或"：如果 x 非 0，则返回 x 的值，否则返回 y 的计算值	(a or b) 返回 100
not	not x	布尔"非"：如果 x 为 True，则返回 False；如果 x 为 False，则返回 True	not(a and b) 返回 False

需要特别注意的是，在 Python 中，任何非 0 和非 null 的情况都可视为 True（有点类似于 C 或 C++中的"非零即为真"），0 或者 null 为 False。

2.2.3　字符串型（String）

字符串（string，作为类别名称时用 str 表示）是由一系列字符组成的，它对文本数据的处理非常重要。在形式上，将一系列的字符用单引号（' '）或双引号（" "）包裹起来即可得到字符串，同时可用反斜杠"\"表示特殊的转义字符。

例如，"123"和'abc'都是字符串。尽管"123"看起来像一个整数，但一旦被一对单引号或双引号包裹起来，那它就是一个由三个不同字符构成的字符串对象。下面简单演示字符串的应用。

```
In [1]: str1 = '鸿雁来\t 玄鸟归\t 群鸟养羞'          #使用 Tab 键的转义字符 "\t"
In [2]: print(str1,type(str1)))
鸿雁来    玄鸟归    群鸟养羞 <class 'str'>
```

我们可以使用加号运算符（+）将不同的字符串连接在一起，甚至还可以用"* n"操作表示前面的字符串被重复了 n 次，示例如下。

```
In [3]: print('str'+'ing', 'my'*3)      #字符串'str'与'ing'连接，字符串'my'重复 3 次
string mymymy
```

我们可以通过内置函数 len()求得字符串的长度，示例如下。

```
In [4]: s = 'hello, world!'
In [5]: len(s)                  #使用内置函数 len()，求得字符串的长度
Out[5]: 13
```

需要注意的是，len()函数求得的字符串长度包括任意字符。例如在上述字符串对象 s 中，world 前面是有一个空格的，该字符在屏幕上是不可见的，但它也是客观存在的。因此，len()在进行字符计数时也会将其考虑在内。

我们可以通过方括号[]内的索引（从 0 开始）来访问字符串内的某个字符，示例如下。

```
In [6]: s[0]            #访问索引值为 0 的字符
Out[6]: 'h'
In [7]: s[-1]
Out[7]: '!'            #访问倒数第一个（索引值为-1）字符
```

此外，由于字符串对象是不可变的（immutable），所以一旦某个字符串被赋值，该字符串就被视为一个常量。例如，如果我们尝试把索引值为 0 的字符'h'修改为大写字符'H'，以下这种尝试将不会被 Python 解释器允许。

```
In [8]: s[0] = 'H'
```

执行上述代码会返回错误信息"TypeError: 'str' object does not support item assignment"（str 对象是不支持赋值的）。这个提示信息告诉我们，str 对象是不支持变量值更新的，即保持常量属性。

在Python中，字符串作为一种重要的数据类型，提供了很多好用的方法（method）[①]，我们可以通过dir命令来查看这些方法。

```
In [9]:  dir(str)              #查看字符串对象有哪些可用的方法
Out[9]:
[......                        #省略大部分显示
'capitalize','count','format','isalnum','isalpha','isascii',   'isdecimal',
'isdigit',  'isidentifier',  'islower',  'isnumeric',  'isprintable','join',
'ljust', 'lower', 'lstrip', 'maketrans', 'split', 'title','upper']
```

由于可用的方法太多，所以在上述输出结果中，我们省略了大部分不常用的方法。当然，这里所言的"不常用"，也是因人而异的。幸运的是，Python 内置函数的命名方式很好，对于大部分函数，即使我们没有用过，也能见名知意（了解其功能）。假设我们对某个方法的使用的确不熟悉，该怎么办呢？除了查询相关的手册，我们还可以用 help 命令来寻求在线支持。比如说，我们想知道split()方法该如何用，可以如下操作。

```
In [10]: help(str.split)
Help on method_descriptor:
split(self, /, sep=None, maxsplit=-1)
    Return a list of the words in the string, using sep as the delimiter string.
    sep
      The delimiter according which to split the string.
      None (the default value) means split according to any whitespace,
      and discard empty strings from the result.
    maxsplit
      Maximum number of splits to do.
      -1 (the default value) means no limit.
```

通常，help 提供的信息是够用的。上述信息告诉我们，split()方法的功能是，通过指定分隔符

[①] 在 Python 中，全局的、内置的、不依附于对象的功能块，称为函数(function)，而依附于对象的功能块通常称为方法(method)。但在实际应用中，两者区别并不大，经常混称，并无大碍。

（sep）对字符串进行分片（默认的分隔符可以是任意空白字符，包括空格、换行、制表符等）。参数 maxsplit 表示最大分割次数，默认为-1，即分隔所有满足要求的字符串，一般采用默认值即可。split() 方法返回的是分割后的各个子字符串列表。下面我们举例说明它的用法。

```
In [11]:  str_1 = "I love you Beijing"        #定义一个字符串
In [12]:  str_1.split(" ")                    #用空格将 str_1 分开
Out[12]:  ['I', 'love', 'you', 'Beijing']
```

我们再解释一个常用的字符串处理方法 title()，它的功能是"标题化"字符串，也就是说，让所有单词的首字母都为大写形式，其余字母均为小写形式。

```
In [13]:  str_2 = "hello world hello python"
In [14]:  str_2.title()
Out[14]:  'Hello World Hello Python'
```

下面我们简单介绍一下比较常用的 format()方法。该方法通过字符串中的花括号（{}）和冒号（:）这两个符号，尝试代替早期类 C 语言风格的格式化输出界定符号（%）。format()方法可接受不限个数的参数，且其显示位置也可以不同于出现的顺序。

该方法内部的参数就是我们要格式化输出的变量。如果不指定位置，则默认按照顺序依次往{}中"填空"，即 format()中的第 0 个参数，就填在第 0 个{}之内，format()中第 1 个参数，就填在第 1 个{}之内，以此类推。

```
In [15]:  "{} {}".format("Hello", "Python")        #不指定参数索引，变量依次填空
Out[15]:  'Hello Python'
```

此外，我们还可使用花括号和数字 n 搭配的方式（即{n}）在花括号中插入 format()方法中第 n 个参数（n 从 0 计数）。这时，n 出现的顺序可"不按常规出牌"，代码如下所示。

```
In [16]:  "{1} {0}".format("Hello", "Python")      #代码不变，输出参数的索引不同
Out[16]:  'Python Hello'                           #输出结果不同
In [17]:  "{0} {1} {0}".format("Hello", "Python")  #还可以多次重复输出
Out[17]:  'Hello Python Hello'
```

除此之外，我们还可以在参数索引后面添加冒号（:），在冒号之后添加特定的输出格式。

```
In [18]: "{:.2f}".format(3.1415926)        #保留小数点后两位，f 表示浮点数（float）
Out[18]: '3.14'
In [19]: "{:+.2f}".format(3.1415926)       #带符号保留小数点后两位
Out[19]: '+3.14'
In [20]: "{:.0f}".format(3.1415926)        #不显示小数
Out[20]: '3'
```

有关字符串处理的方法有很多，这里就不展开讨论了。读者朋友可以边学边查边用，切不可重造轮子。

上面我们讨论的数据类型，都是 Python 的基本数据类型，它们是数据表达的基础。下面我们将介绍 Python 中另外四种相对复杂但常用的数据类型：列表（List）、元组（Tuple）、字典（Dictionary）和集合（Set）。

2.2.4　列表（List）

列表是 Python 中最常用的。它非常类似于 C、C++、Java 等语言中数组的概念。创建列表并不复杂，只要把不同的数据项用逗号（半角）分隔，并整体使用方括号（[]）括起来即可。如下面的代码所示。

```
In [1]: list1 = []                         #创建一个空列表 list1
In [2]: type(list1)
Out[2]: list
```

不同于 C、C++、Java 中数组的地方是，Python 列表中各个数据项的类型并不需要都是相同的，我们可将其视为一个"大杂烩"数组。在数据处理上，有点类似于孔子说的"有教无类"。

访问列表中的元素非常便利，和访问数组元素类似，可以通过方括号和索引值访问对应的元素。类似于数组，列表中的每个元素都被分配了一个数字，即相对于列表起始位置的偏移（offset），也可称之为索引，索引的起始编号是 0。因此，正向索引时，第 1 个元素的索引是 0，第 2 个元素的索引是 1，以此类推。

```
In [3]: list1 = ['语文', "chemistry", 97, 20.1] #创建一个列表变量 list1
```

```
In [4]: print(list1[0])                          #打印 list1 中索引值为 0 的元素
语文
```

除此之外，列表还支持反向索引：方括号内的偏移量为-1，表示倒数第 1 个元素；偏移量为-2，表示倒数第 2 个元素；以此类推。列表的索引示意图如图 2-3 所示。

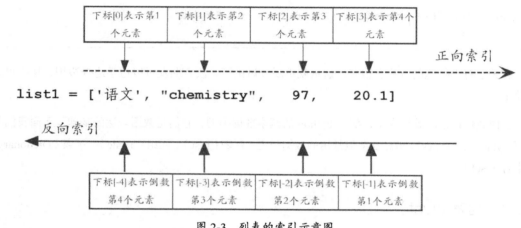

图 2-3　列表的索引示意图

```
In [5]: list1[-2]                                # 读取列表中倒数第 2 个元素
Out[5]: 97
```

在 In [5]处，我们使用了列表的负数索引值，这在 C、C++、Java 等语言中是绝对禁止的，因为这会产生数组越界，但在 Python 中却属稀松平常之举。对于正向索引，索引值与我们的日常编号错 1 位，如索引为 0 表示第 1 个元素，索引为 1 表示第 2 个元素，以此类推。反向索引不存在错位问题，–1 就表示倒数第 1 个元素，–2 表示倒数第 2 个元素，以此类推。

不同于字符串对象的不可变属性，列表内部元素的值是可变的（Mutable），也就是说列表元素的值是可以修改的，代码如下所示。

```
In [6]: list1[0] = "Chinese"                     #修改 list1 中索引值为 0 的元素
In [7]: print(list1[0])                          #输出 list1 中索引值为 0 的元素，其值已经被修改
Chinese
```

鉴于列表的强大功能，也有人将其称为"打了激素的数组"。这么说也有道理，因为利用它还

可以构建出"鱼龙混杂"的嵌套列表，如下所示。

```
In [8]: mix = [2,'Chinese',[1, 2, 3]]        #嵌套列表
In [9]: print(mix)                           #输出列表
[2, 'Chinese', [1, 2, 3]]
In [10]: mix[2]                              #读取索引值为 2 的元素，即内部嵌套的列表
Out[10]: [1, 2, 3]
```

　　利用列表的索引（即下标），我们可以每次从列表中获取一个元素。但如果我们想一次获取多个元素，该怎么办呢？这也很容易解决。在 Python 中，可利用列表分片（slice）来实现这个需求，代码如下所示。

```
In [11]: list1 = [0, 1, 2, 3, 4, 5, 6, 7, 8, 9]    #创建一个包括 10 个元素的列表

In [12]: list1[0:5]                                #获取前 5 个元素
Out[12]: [0, 1, 2, 3, 4]
```

　　通过在列表中插入一个冒号（:）可以分割两个索引值，冒号左边的数值是索引起始值（如前面的 0），冒号右边的数值是索引结束值，但不包括该值（up to but not including），所以分片区间在严格意义上是"左闭右开"的，如上面代码的分片维度实际为[0:5]。

　　需要说明的是，列表分片后并不会破坏原有的列表，而是根据语法规则建立了一个原有列表的部分副本。在分片操作之后，我们可在 IPython 中输入 print(list1) 来查看这个列表是否发生了变化。

```
In [13]: print(list1)
[0, 1, 2, 3, 4, 5, 6, 7, 8, 9]  #原有的列表，并没有发生任何变化
```

　　事实上，以语法简单而称著的 Python，还提供了很多"语法糖"（Syntactic Sugar，即某些对语言功能没有影响但更方便程序员使用的语法）。例如，如果我们省略了冒号前面的数字，分片的索引起始值默认从 0 开始；如果省略冒号后边的数字，则表示分片以列表最后一个元素为终；如果两个边界都省略，只有一个冒号，表示从始到终输出所有元素。代码如下所示。

```
In [14]: list1[:4]        #输出前 4 个元素
Out[14]: [0, 1, 2, 3]
```

```
In [15]: list1[4:]        #输出第 4 个元素以后的所有元素
Out[15]: [4, 5, 6, 7, 8, 9]


In [16]: list1[:]         #从开始到结尾，输出所有元素
Out[16]: [0, 1, 2, 3, 4, 5, 6, 7, 8, 9]
```

实际上，分片操作还可以接收第三个参数，即步长（step）。如果我们使用步长参数，列表方括号中的冒号就变成两个。步长在默认情况下值为 1，有了这个默认值，在前面的代码中，方括号中可省略一个冒号。如果我们把步长改为其他值，这时方括号中的第二个冒号就不可以省略，代码如下所示。

```
In [17]: list1[0:9:2]     #步长为 2，每遍历 2 个元素取出 1 个
Out[17]: [0, 2, 4, 6, 8]


In [18]: list1[::-1]      #列表分片从开始到结束，步长为-1，相当于列表反转输出
Out[18]: [9, 8, 7, 6, 5, 4, 3, 2, 1, 0]
```

列表的功能很强大，这一点还体现在它能实现"加法"与"乘法"操作上，这两种操作能分别完成列表的连接（Concatenate）和整体批量复制，代码如下所示。

```
In [19]: a = [1, 2, 3]    #定义列表 a
In [20]: b = [4, 5, 6]    #定义列表 b


In [21]: a + b            #将两个列表 a 和 b 连接
Out[21]: [1, 2, 3, 4, 5, 6]


In [22]: a * 3            #将列表 a 整体复制 3 遍，并连接为一个新的列表
Out[22]: [1, 2, 3, 1, 2, 3, 1, 2, 3]
```

列表还可以和字符串配合使用，达到神奇的"炸开"效果，代码如下所示。

```
In [23]: list_ = list("hello world")    #将字符串转化为一个个字符列表
In [24]: list_                          #验证：形成单个字符列表
```

```
Out[24]: ['h', 'e', 'l', 'l', 'o', ' ', 'w', 'o', 'r', 'l', 'd']
```

除了上述基本操作，列表本身还封装了很多好用的方法，下面我们列举其中几个方法的用法。

2.2.4.1 添加列表元素

添加列表元素的方法有三个：append()、insert()和 extend()。下面分别给予简单介绍。

- append()：在列表尾部添加一个新元素。

- insert()：在列表中的指定索引位置"插入"一个元素。

- extend()：把一个列表整体"扩展添加"到另外一个列表的尾部。

这三个操作都属于原地（in place）操作。也就是说，被操作的列表，其内存地址（可以理解为列表对象独一无二的标识）不会因为上述三种操作而发生变化，依然原地待命，如图 2-4 中的代码所示。

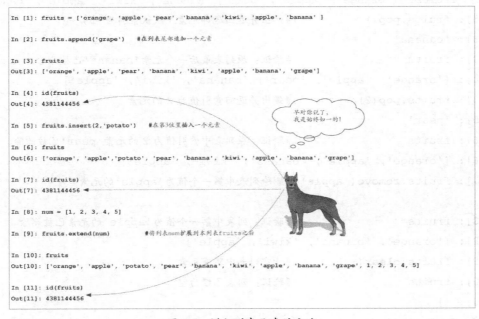

图 2-4 增加列表元素的方法

运行图 2-4 中的程序，观察结果：通过内置函数 id()检测发现，在经过多种方法操作之后，列表对象 fruits 的内存地址始终如一，这就是"原地操作"的内涵。在 Python 中，id()函数是一个常用的内置函数，用于获取对象的内存地址。

2.2.4.2　删除列表元素

删除列表中的元素也有三种常见的方法，它们分别是 pop()、remove() 和 clear()。

使用 pop() 时，如果不指定索引值（index），则默认值为–1，即弹出（删除）列表中最后一个元素。若添加其他索引，则根据给定索引值实施弹出操作。

如果不用索引作为参数，则可采用 remove(x) 方法，此处 x 表示要被删除的数值。该方法用于删除列表中第一个与指定值（x）相同的元素。

列表还有一种将全体元素清空的方法，那就是 clear()。

上述三种方法都属于原地操作范畴。此外，我们还可利用全局内置函数 del() 删除列表中指定位置的元素。该函数不隶属于任何数据类型，可以理解为它是公用的静态函数。它也属于原地操作范畴，示例代码如下。

```
In [12]: fruits = ['orange', 'apple', 'pear', 'banana', 'kiwi', 'apple', 'banana']
In [13]: fruits.pop()            #弹出并返回尾部元素（默认索引为-1）
Out[13]: 'banana'
In [14]: fruits                  #验证：原列表最后一个元素'banana'已被删除
Out[14]: ['orange', 'apple', 'pear', 'banana', 'kiwi', 'apple']
In [15]: fruits.pop(2)           #弹出并返回索引值为 2 的元素
Out[15]: 'pear'
In [16]: fruits                  #验证：原列表中索引值为 2 的元素'pear'已被删除
Out[16]: ['orange', 'apple', 'banana', 'kiwi', 'apple']
In [17]: fruits.remove('apple')  #删除列表中第一个值为'apple'的元素

In [18]: fruits                  #验证：列表中第一个值为'apple'的元素已被删除
Out[18]: ['orange', 'banana', 'kiwi', 'apple']
In [19]: fruits.clear()          #清空列表中所有元素
In [20]: fruits                  #验证：列表已经为空
Out[20]: []
In [21]: fruits = ['orange', 'apple', 'pear', 'banana', 'kiwi', 'apple', 'banana']
In [22]: del fruits[3]           #利用内置函数 del()删除列表 fruits 中索引值为 3 的元素
In [23]: fruits                  #验证：原来索引值为 3 的元素'banana'已经被删除
Out[23]: ['orange', 'apple', 'pear', 'kiwi', 'apple', 'banana']
```

2.2.4.3 列表元素的计数与索引

列表中的 count()方法也很常用,它能够统计某个元素在列表中出现的次数。

如果我们想从列表中找出某个给定值的第一个匹配项的索引位置,则可以采用 index()方法。

如果仅仅是判断某个元素是否存在于列表之中,使用运算符 in(出现)或 not in(不出现)即可,这些方法会返回一个 True 或 False 的布尔值。代码如下所示。

```
In [24]: fruits = ['orange', 'apple', 'pear', 'banana', 'kiwi', 'apple', 'banana']
In [25]: fruits.count('apple')          #元素'apple'在列表 fruits 中出现的次数
Out[25]: 2
In [26]: fruits.index('apple')          #元素'apple'在列表 fruits 中首次出现的索引值
Out[26]: 1

In [27]: 'pear' in fruits              #'pear'在列表 fruits 中吗?
Out[27]: True                          #测试结果:在(True)

In [28]: 'potato' not in fruits        #'potato'不在列表 fruits 中?
Out[28]: True                          #测试结果为:不在(True)
```

2.2.4.4 列表元素的排序与逆序

列表还为我们提供了非常方便的排序和逆序输出功能。前者使用的方法是 sort(),后者使用的方法是 reverse(),示例代码如下。

```
In [29]: fruits = ['orange', 'apple', 'pear', 'banana', 'kiwi', 'apple', 'banana']
In [30]: fruits.sort()              #按字典顺序排序
In [31]: fruits                     #验证
Out[31]: ['apple', 'apple', 'banana', 'banana', 'kiwi', 'orange', 'pear']
In [32]: fruits.reverse()           #按字典逆序排序
In [33]: fruits                     #验证
Out[33]: ['pear', 'orange', 'kiwi', 'banana', 'banana', 'apple', 'apple']
```

在上面代码的 In [30]处,我们使用列表的 sort()方法对原列表元素进行排序,默认规则是直接比较元素大小。如果在 sort()方法内指定参数，则可完成特定规则的排序。sort()方法原型如下。

```
list.sort(cmp=None, key=None, reverse=False)
```

该函数的三个参数都有默认值，也就是说，如果不指定值，它们会启用等号（＝）后面的默认值。其中，cmp 是可选参数，如果指定了该参数（通常是一个指定排序规则的函数），sort()方法会使用该参数描述的规则进行排序。key 用来指定排序比较的元素。reverse 用来指定排序的升降规则，reverse＝True 表示降序，reverse＝False 表示升序（默认）。

除了可用 Python 列表内置的 sort()方法排序，也可以用 Python 内置的全局函数 sorted()对可迭代的列表对象进行排序，从而生成新的列表。

```
In  [1]: fruits = ['orange', 'apple', 'pear', 'banana', 'kiwi', 'apple', 'banana']
In  [2]: sorted(fruits, reverse=True)   #直接返回结果
Out [2]: ['pear', 'orange', 'kiwi', 'banana', 'banana', 'apple', 'apple']
In  [3]: fruits                         #验证 fruits 是否改变
Out [3]: ['orange', 'apple', 'pear', 'banana', 'kiwi', 'apple', 'banana']
```

使用列表的内置方法 sort()对列表排序会"伤筋动骨"，修改列表本身的数据。而全局内置函数 sorted()则不同，它会复制原始列表的一个副本，然后在副本上进行排序操作，在排序后，原始列表依旧"安然无恙"（参考 Out[3]处的输出）。我们可以根据自己的需要来选择更适用于自己问题场景的方法。

列表中还有很多功能强大的内置方法，我们可以用 dir(list)命令列举出来，具体用法读者可以自行查阅，我们会在后续的范例中逐步使用这些方法。

```
In [1]: dir(list)
Out[1]: ['__add__', '__class__', '__contains__', '__delattr__', '__delitem__',
'__dir__', '__doc__', '__eq__', '__format__', '__ge__', '__getattribute__',
'__getitem__', '__gt__', '__hash__', '__iadd__', '__imul__', '__init__',
'__init_subclass__', '__iter__', '__le__', '__len__', '__lt__', '__mul__',
'__ne__', '__new__', '__reduce__', '__reduce_ex__', '__repr__', '__reversed__',
'__rmul__', '__setattr__', '__setitem__', '__sizeof__', '__str__',
'__subclasshook__', 'append', 'clear', 'copy', 'count', 'extend', 'index',
'insert', 'pop', 'remove', 'reverse', 'sort']
```

2.2.4.5　全局内置函数对列表的操作

除了列表这个数据类型本身自带的函数，Python 的内置函数（可理解为脱离具体对象的全局函数）也可以对列表进行操作。部分函数如表 2-2 所示。

表 2-2　部分 Python 内置函数对列表的操作

内置函数	功能描述
cmp(list1, list2)	比较两个列表的元素
len(list)	计算列表元素个数
max(list)	返回列表元素最大值
min(list)	返回列表元素最小值
list(seq)	将元组[1]转换为列表
zip(list1, list2)	将多列表元素组合成一个个元组
enumerate(list)	返回一个可迭代对象，在这个可迭代对象中，每个复合元素都包括两个子元素：list 元素的索引（默认从 0 开始）和 list 元素值，二者一一匹配，类似于学号和姓名的关系

由于表 2-2 中的大部分函数都能见名知意，且使用起来很简单，因此不过多介绍，下面我们主要介绍最后两个函数的使用方法。

先说明 zip() 的用法。我们先构建一个名为 fruits 的列表，它里面有 7 个元素，然后用内置函数 len() 获取列表的长度（即 7），接着以该长度作为内置函数 range() 的参数，返回一个可迭代的序列[0, 1, 2, 3, 4, 5, 6]。

zip 一词本身就有"拉链"的含义，事实上，zip() 的功能就是把两个列表按照"丁对丁，卯对卯"模式，一一对应缝合起来，这样一来，每对"丁–卯"就形成了一个小元组（可理解为常量版的列表），多个小元组汇集在一起，就构成了一个新的列表，其工作流程如图 2-5 所示[2]。

---

[1]　随后，我们会介绍元组的概念。
[2]　在"缝合"过程中，如果两个列表长度不一样该怎么样办呢？zip() 会根据较短列表的长度，实施最大限度的"缝合"。

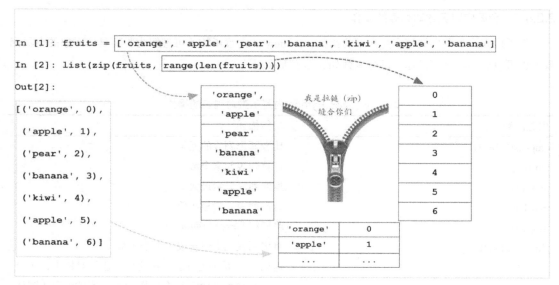

图 2-5 zip()函数的工作流程

下面我们再说明 enumerate()和列表之间如何联合使用。在 Python 中，enumerate() 函数用于将可迭代的数据对象（如列表、元组或字符串等）组合为一个序列，同时列出数据和该数据的下标索引，形成一个个小元组。enumerate()方法的原型如下。

```
enumerate(sequence, [start=0])
```

参数说明：sequence 表示一个序列、迭代器或其他支持迭代对象；start 表示下标起始位置。返回值为 enumerate（枚举）对象。示例代码如下。

```
In [3]: seasons = ['Spring', 'Summer', 'Fall', 'Winter']  #构建一个新列表
In [4]: temp = enumerate(seasons)       #枚举 seasons 及其元素的索引
In [5]: print(temp)                     #枚举对象不能直接输出
<enumerate object at 0x1106f4678>
In [6]: list(temp))                     #转换为列表，则可以直接输出（默认下标从 0 开始）
Out[6]: [(0, 'Spring'), (1, 'Summer'), (2, 'Fall'), (3, 'Winter')]
In [7]: list(enumerate(seasons, start = 1))       #枚举索引下标从 1 开始
Out[7]: [(1, 'Spring'), (2, 'Summer'), (3, 'Fall'), (4, 'Winter')]
```

从上述两个例子来看，zip()和 enumerate()实现的功能好像差不多，但其实不然。zip()能完成任

意两个或多个不同类型的列表的"缝合"，适用面更广。而 enumerate()只能为可迭代的序列（如列表、迭代器等）提供数值类型的索引封装，例如，在 In [4]处为列表 seasons 的第 1 个元素'Spring'分配的索引值为 0，为第 2 个元素'Summer'分配的索引值为 1，以此类推。

其实，enumerate()的索引起始值是可以设定的，例如在 In [7]处，把索引起始值 start 设置为 1，那么第 1 个元素'Spring'的索引值则为 1，第 2 个元素'Summer'的索引值为 2，以此类推。

除能为列表服务之外，事实上，enumerate()函数还适用于元组或字符串等其他可迭代的数据对象，可将这些数据对象组合为一系列的(索引,元素)对，通常用在 for 循环当中。

本节我们简要地讨论了列表的用法，下面我们来讨论一下它的"孪生兄弟"——元组。

2.2.5　元组（Tuple）

法国启蒙思想家孟德斯鸠（Montesquieu）在其著作《论法的精神》中，提出一句名言："一切有权力的人都容易滥用权力，这是万古不变的一条经验。"

或许由于 Python 的设计者们觉得列表的"权力"过大，过于"随心所欲"，于是就发明了它的孪生兄弟——元组。元组与列表非常相似，同样可以用索引访问，也同样可以嵌套。不同之处仅在于，元组中的元素一旦创建，便不能修改，它有点像常量版本的列表。故此，也有人将其称为"带上枷锁的列表"。

不同于列表的标识（一对方括号[]），元组使用一对圆括号"()"将元素囊括其中。创建元组非常简单，只需要在圆括号中添加元素，并用逗号将元素隔开即可。代码如下所示。

```
In [1]: tup1 = ()        #创建空元组
In [2]: type(tup1)       #查询 tup1 类型
Out[2]: tuple
```

如果元组中只包含一个元素，则需要在元素后面添加逗号，代码如下所示。

```
In [3]: tup1 = (100,)            #创建只包含一个元素的元组

In [4]: type(tup1)               #显示 tup1 类型
Out[4]: tuple                    #元组
```

在上述代码的 In [3]处，如果我们忘记了第一个元素后面的"宝贵"逗号，会怎么样呢？请看下

面的程序。

```
In [5]: tup1 = (100)          #尝试创建包含单个元素的元组，但忘记了逗号
In [6]: type(tup1)            #显示 tup1 类型
Out[6]: int                   #整型
```

从上面 Out[6]处的输出可以看出，编译器把 In [5]处的 tup1 当作一个整型对象了，100 的外围括号()仅仅是一个摆设。由此可见，对于元组而言，逗号甚至比圆括号()更具有身份象征意义。

有时，甚至去掉圆括号()，而仅仅保留逗号，也能定义一个元组，代码如下所示。

```
In [7]: tup2 = 'a', 'b', 2, 100   #定义一个没有括号的元组
In [8]: type(tup2)                #显示 tup2 类型
Out[8]: tuple
```

对元组的操作与列表类似，下标索引也是从 0 开始的，也可以进行分片操作等。

```
In [9]: tup2[:2]              #获取元组中的前两个元素
Out[9]: ('a', 'b')
```

需要注意的是，元组的分片操作会临时产生一个新的元组，它不会更改原先的元组。

同样，我们可以用加号（+）操作符连接两个或多个元组，返回一个新的元组，代码如下所示。

```
In [10]: a = (1, 2, 3)        #定义元组 a
In [11]: b = (4, 5, 6)        #定义元组 b
In [12]: c = a + b            #连接元组 a 和 b，将返回结果赋值给元组 c
In [13]: print (a, b, c)      #输出 a、b 和 c 这三个元组
(1, 2, 3) (4, 5, 6) (1, 2, 3, 4, 5, 6)
```

元组和其他序列对象（如列表、字符串等）是可以相互转换的，代码如下所示。

```
In [14]: alist = [11, 22, 33]      #定义一个列表
In [15]: atuple = tuple(alist)     #将列表转换为元组，此处 tuple 为关键字
In [16]: atuple                    #验证输出，圆括号表明它已是一个元组
Out[16]: (11, 22, 33)
```

```
In [17]: newtuple = tuple('Hello World!')   #将字符串转换为元组
In [18]: newtuple                           #验证输出
Out[18]: ('H', 'e', 'l', 'l', 'o', ' ', 'W', 'o', 'r', 'l', 'd', '!')
```

　　由于元组的"常量"属性，其内部元素的值一旦确定下来，便无法修改，示例代码如下。

```
In [19]: tup3 = ('语文', "chemistry", 97, 2.0)     #将一个元组赋值给变量 tup1
In [20]: print(tup3[1])            #打印元组 tup1 中索引值为 1 的元素
chemistry
In [21]: tup3[1] = 'English'     #尝试修改元组 tup1 中索引值为 1 的元素值，失败！
TypeError: 'tuple' object does not support item assignment
```

　　上面的错误信息明确告诉我们，元组内的元素是不支持修改的。但有时候一定要修改元组，这时该怎么办呢？这时可以通过迂回的"曲线救国"策略来完成，请参考如下代码。

```
In [22]: tup4 = ('语文', "chemistry", 97, 2.0)          #创建元组

In [23]: id(tup4)                               #查看原始 tup4 的地址
Out[23]: 143180808
In [24]: tup4 = tup4[:2] + ("zhangsan",) + tup4[2:]  #连接元组
In [25]: id(tup4)                               #再次查看原始 tup4 的地址
Out[25]: 139898952
In [26]: tup4                                   #输出元组 tup4 的值
Out[26]: ('语文', 'chemistry', 'zhangsan', 97, 2.0)
```

　　从上面的代码中可以看出，至少在表面上，原本牢不可变的元组 tup4 中插入了一个新的元素 "zhangsan"。插入工作是这样完成的：在输入行 In [24]处，先通过元组分片技术，以第 2 个元素为基点，将原始元组拆分为两个部分 tup4[:2]和 tup4[2:]；然后在中间插入一个("zhangsan",)。

　　对于多个不同元组的连接，通过加法操作符（+）可以完成。此时，Python 解释器会生成一个新元组（即开辟了新的内存空间），然后将原来的变量名（tup4）指向这个连接好的新元组，旧的同名元组被销毁。

　　再次强调的是，新插入元素外的那对圆括号不可少，而其内部的逗号更不可少，因为它不仅是与后续元素之间的分隔符，还是一个元组的核心标志。也就是说，在 In [24]处，实际上完成了三个

元组的拼接。

这个手法姑且称为"狸猫换太子"，因为此 tup4 已非彼 tup4。我们可以通过获取对象地址的内置函数 id()来查看前后 tup4 的地址，对比输出行 Out[23]和 Out[25]给出的结果，可以发现，二者的地址（可理解为标识对象存在的身份证号码）完全不同，虽然对外宣示的名称都是 tup4，但在 Python 底层，它们早已"物是人非"。

显然，我们也可以通过这种迂回的方式来删除元组中的数据。这个操作就交给"爱折腾、爱进步"的你来完成吧！在"浮光掠影"一般地讨论了元组之后，下面我们来讨论另外一种可变数据类型——字典。

2.2.6 字典（Dictionary）

在中国古代，字典被称为"字书"，直到《康熙字典》问世，才称"字典"。在字典里，为了检索方便，每个字都是独一无二的，而解释部分则比较随意。

借鉴这个结构，在编程语言中，也有"字典"这样的数据类型，它是由多个"键（key）/值（value）对"构成的。为了区分，每个"键"都必须是"独一无二"的，而"值"就好比字典的"解释部分"，内容随意。

在 Python 中，字典可被视为一种可变容器模型，能存储任意类型的对象，它是一种非常实用的数据类型，特别是在数据处理任务中，应用非常广泛。

在语法细节上，字典中的每个键/值对之间都用冒号（:）分隔开，不同的键/值对用逗号（,）分隔，整个字典包括在花括号（{}）之中，格式如下所示 [1]。

```
dict1 = {key1 : value1, key2 : value2 }      #dict1 为字典名称
```

字典中的"键"有点类似于我们的身份证号码，它必须独一无二，但"值"则不必受此约束，可同可不同。但不同于身份证号码的地方是，我们的身份证号码类型要保持一致，比如说，统一由 18 位整型或字符型混合而成，而 Python 字典中的"键"只要保证是"独一无二"的即可，具体是什么类型不做强制要求。它可以是数字、字符串，甚至是其他自定义的数据类型（但不能包含 List、

---

[1] 我们用比较形象的小贴士来辅助记忆列表、元组和字典这三者的不同。
    列表："列"向量用[ ]，方括号如同垂直站岗的队列。
    元组："元"音同于圆，可以联想到圆括号( )。
    字典："字"的上偏旁——宝盖头，将其竖立即为{ }。

Dict 及 Set 等不包含__hash__方法的数据类型）。如下所示的字典示例都是合法的。

```
In [1]: dict1 = {'a':1,  '2020':[1,2,3],  100:('hello','world')}
```

在上述字典 dict1 中，包括三组"键/值对"，其中这三个"键"分别为字符串'a'、'2020'和数字 100，它们彼此是可区分的，因此也就具备独一无二的特性，故都是合法有效的。三个"值"分别为 1（数字）、[1,2,3]（列表）和('hello','world')（元组）。

下面我们列举一个简单的示例说明字典的用法。

```
In [2]: print(dict1)            #输出字典 dict1 中的所有键/值对
{'a': 1, '2020': [1, 2, 3], 100: ('hello', 'world')}
```

除了通过上述方式显示字典内容，还可以通过 items()、keys()和 values()等方法，分别显示字典的所有元素（即键/值对）、所有的键和所有的值，代码如下所示。

```
In [3]: dict1.items()        #获取字典中所有键/值对元素，并一一封装在元组中
Out[3]: dict_items([('a', 1), ('2020', [1, 2, 3]), (100, ('hello', 'world'))])
In [4]: dict1.keys()          #获取字典中所有键
Out[4]: dict_keys(['a', '2020', 100])
In [5]: dict1.values()        #获取字典中所有值
Out[5]: dict_values([1, [1, 2, 3], ('hello', 'world')])
```

如果我们仅想输出字典中某个键对应的值，该怎么办呢？方法很简单，仅需要把键当作索引，放置于方括号[]之中，即可读取出来。

```
In [6]: dict1[100]                    #输出键为 100 的字典元素值
Out[6]: ('hello', 'world')
```

需要注意的是，在 In [6]处，方括号[]中的数字 100 并不是数组的索引值，虽然它们看起来很像，但它仅仅是字典里的一个键，不过是长着一副整型数字的面孔罢了。如果我们想获得键为'a'的值，做类似的操作即可达成目的。

```
In [7]: dict1['a']
Out[7]: 1
```

当然，我们也可以利用字典中的 get()方法，提取给定键对应的值，如果键不在字典中，就返回默认值。如果不显式设定默认值，就返回 None。总之，get()方法一定会返回一个值，让程序不报错。该方法的原型如下。

```
dict.get(key, default=None)
```

应用 get()方法的示例代码如下所示。

```
In [8]: age = {'Bob': 29, 'Carol': 23, 'Alice': 26}    #定义一个名为 age 的字典
In [9]: age.get('Bob')                                 #获取键为 Bob 的值
Out[9]: 29
In [10]: age.get('Zhang','此人不在字典中！')            #如果键不在字典中，返回默认值
Out[10]: '此人不在字典中！'
```

因为字典属于可变的数据类型，因此如果我们想修改某个字典元素的值，是容易做到的，仅仅对某个给定"键"对应的元素，进行二次赋值即可。

```
In [11]: age['Bob'] = 40           #将键为'Bob'的值改为 40
In [12]: age['Bob']                #验证，再次输出键为'Bob'的值
Out[12]: 40
```

如果我们想为字典添加一个元素，该怎么办呢？方法并不复杂，直接在字典中用方括号[]给出新的键，并赋值即可，代码如下所示。

```
In [13]: age['Zhang'] = 35     #为字典添加新的键'Zhang'，然后赋值
In [14]: age                   #验证输出字典中所有元素
Out[14]: {'Bob': 40, 'Carol': 23, 'Alice': 26, 'Zhang': 35}
```

我们还可以利用 update()方法，将一个字典整体更新（添加）到另一个字典中，这个操作相当于列表或元组的连接（+）操作，示例代码如下。

```
In [15]: age2 = {'Zhao': 40}           #构造一个新字典 age2
In [16]: age.update(age2)              #把 age2 的元素（可以是多个）更新到旧字典 age 中
In [17]: age                           #验证输出
Out[17]: {'Bob': 29, 'Carol': 23, 'Alice': 26, 'Zhang': 35, 'Zhao': 40}
```

如果我们想删除某个键对应的字典元素，可以使用 pop()将其弹出。

```
In [18]: age.pop('Zhang')          #弹出键为'Zhang'的元素，并返回该键对应的值
Out[18]: 35
In [19]: age                       #验证输出字典中所有元素，键为'Zhang'的元素已然消失
Out[19]: {'Bob': 29, 'Carol': 23, 'Alice': 26, 'Zhao': 40}
```

前面的 pop()方法通过"指名道姓"（特定"键"）的方式将字典中某个特定元素删除。其实，还有一种可匿名将字典最后一个元素弹出的方法，就是 popitem()，其返回值是一个键/值对，它按照栈（stack）的数据结构，依据 LIFO（Last In First Out，后进先出）规则，将字典最末尾的键/值对弹出（实际上也是一种删除操作），示例代码如下。

```
In [20]: person = {'Name': 'Alice', 'Age': 11, 'Sex': 'Female'}
In [21]: pop_obj = person.popitem()
In [22]: print(pop_obj)
('Sex', 'Female')
In [23]: print(person)
{'Name': 'Alice', 'Age': 11}
```

在讨论完字典之后，下面我们简单介绍和字典长得很像的另外一种数据类型，它就是集合。

2.2.7　集合（Set）

与其他编程语言类似，在 Python 中，集合是一个无序的元素集。正因为它无序，所以我们无法像访问列表一样，通过数字索引来访问集合中的元素。在形式上，集合与字典有类似之处，集合中的所有元素也是被花括号{}括起来的，元素之间用逗号分隔。

与字典的差别在于，字典中的每个元素都是用冒号隔开的键/值对，而集合中的元素只用普通的逗号分隔。

对比而言，集合中的元素都是孤立的，且是唯一的。也就是说，同一个集合中的元素不能重复，即使强制元素重复，集合本身也会自动去重，示例代码如下所示。

```
In [1]: a = {3,4,5}          #创建一个集合a
In [2]: type(a)              #显示a的类型
```

```
Out[2]: set                    #集合
In [3]: print (a)              #显示集合 a 中的所有元素
{3, 4, 5}
In [4]: b = {3,3,4,5,5}        #创建一个集合 b，其中有两对元素故意重复
In [5]: print (b)              #集合 b 会自动把重复的元素过滤掉
{3, 4, 5}
```

此外，也可以使用 Python 的内置函数 set()，将列表和元组等其他可迭代的对象，转换为集合对象。如果原来的列表或元组中有重复元素，则在转换过程中，仅保留一个便可以达到"去重"效果。示例代码如下。

```
In [6]:  list = [1,3,5,5,7]    #列表中有重复元素 5
In [7]:  a_set = set(list)     #使用 set() 函数将列表转换为集合，重复元素被过滤
In [8]: print(a_set)           #显示集合 a_set 中的元素
{1, 3, 5, 7}                   #重复元素果然被删除
```

需要注意的是，集合中的元素只能包括数值、字符串、元组等不可变元素（可视为常量），不能包括列表、字典和集合等可变类型元素。

集合支持一系列标准操作，包括求并集（Union）、求交集（Intersection）等数学运算。示例代码如下。

```
In [9]:  a_set =set ([8,9,10,11])      #由列表转换的集合 a_set
In [10]: b_set = {1,2,3,7,8,9}          #直接创建的集合 b_set
In [11]: a_set | b_set   #求并集，也可以使用 a_set.union(b_set)得到同样的结果
Out[11]: {1, 2, 3, 7, 8, 9, 10, 11}
In [12]: a_set & b_set   #求交集，也可使用 a_set.intersection(b_set)得到同样的结果
Out[12]: {8, 9}
```

集合同样也支持求差集（Difference）和求对称差集（Symmetric Difference）操作。

```
In [13]:  a_set - b_set        #求差集（数据项在 a_set 中，但不在 b_set 中）
Out[13]: {10, 11}
```

除了用减号（-）实现差集功能，也可以用特定方法，In [13]处可使用 a_set.difference(b_set)得到

同样的结果。

```
In [14]:  a_set ^ b_set  #求对称差集（数据项在 a_set 或 b_set 中，不会同时出现在二者中）
Out[14]: {1, 2, 3, 7, 10, 11}
```

对称差集也可以使用特定方法来求得，In [14]处使用 a_set.symmetric_difference(b_set)完全可以得到同样的结果。

2.3　程序控制结构

在前面的章节中，我们讨论了 Python 的基本数据类型。在此基础之上，我们将开始介绍计算机程序常用的控制结构。首先，我们简要回顾一下程序控制结构的发展历史。

2.3.1　回顾那段难忘的历史

结构化程序设计（Structured Programming）是一种经典的编程模式，在 20 世纪 60 年代开始发展，这种思想最早是由荷兰著名计算机科学家、图灵奖得主艾兹格·W·迪科斯彻（E.W. Dijkstra）提出的。Dijkstra 设计了一套规则，使程序设计具有合理的结构，以保证程序的正确性。这套规则要求程序设计者按照一定的结构形式来设计和编写程序，而不是"天马行空"地根据自己的意愿来编写。

1966 年，Böhm和Jacopini等人提出了结构化程序理论 [①]。他们的研究结论是，只要一种编程语言利用三个控制方式组合其子程序及调整控制流程，则每个可计算函数都可以用此种编程语言来表示。这三个调整控制流程的方式如下。

- 运行一个子程序，然后接着运行下一个（顺序）。

- 依照布尔变量的结果，选择运行两个子程序中的一个（选择）。

- 重复运行某个子程序，直到特定布尔变量为 False 才结束（循环）。

早期的程序员可没有结构化编程思想，他们广泛使用 GOTO 语句（即跳转到指定标签位置的一

---

① Böhm C, Jacopini G. Flow diagrams, turing machines and languages with only two formation rules[J]. Communications of the ACM, 1966, 9(5): 366-371.

种程序控制策略）。GOTO 语句也称为无条件转移语句，它的优点在于"指哪打哪"，效率非常高。

但GOTO语句的缺点也很明显，那就是破坏了程序设计的结构性，导致程序流程混乱，使理解和调试程序都产生困难。1966 年 5 月，Dijkstra在著名学术期刊*Communications of the ACM*上发表论文并指出 [①]，任何一个有GOTO指令的程序，都可以改为完全不使用GOTO指令的程序，即"所有有意义的程序流程都可以由三种基本的结构构成"。

1968 年，Dijkstra 发表了著名的论文《GOTO 语句有害论》（*Go To Statement Considered Harmful*）（见图 2-6）。

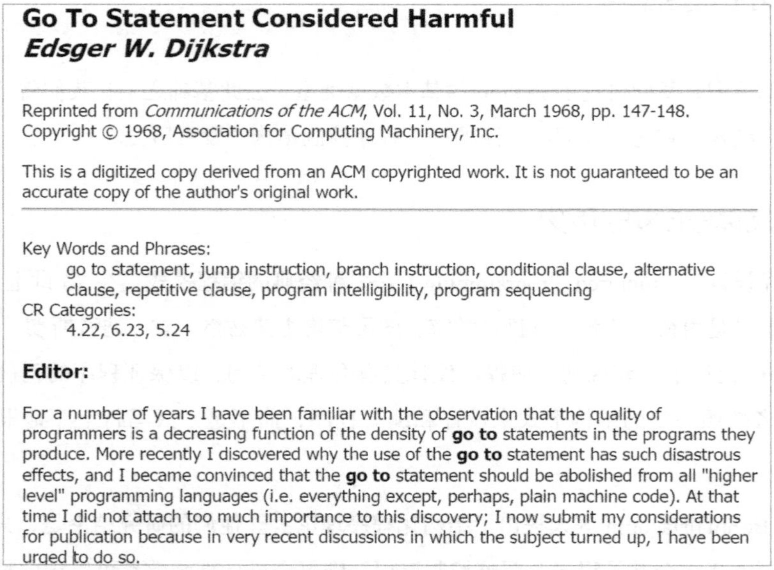

Go To Statement Considered Harmful
Edsger W. Dijkstra

Reprinted from *Communications of the ACM*, Vol. 11, No. 3, March 1968, pp. 147-148.
Copyright © 1968, Association for Computing Machinery, Inc.

This is a digitized copy derived from an ACM copyrighted work. It is not guaranteed to be an accurate copy of the author's original work.

Key Words and Phrases:
    go to statement, jump instruction, branch instruction, conditional clause, alternative
    clause, repetitive clause, program intelligibility, program sequencing
CR Categories:
    4.22, 6.23, 5.24

Editor:

For a number of years I have been familiar with the observation that the quality of programmers is a decreasing function of the density of **go to** statements in the programs they produce. More recently I discovered why the use of the **go to** statement has such disastrous effects, and I became convinced that the **go to** statement should be abolished from all "higher level" programming languages (i.e. everything except, perhaps, plain machine code). At that time I did not attach too much importance to this discovery; I now submit my considerations for publication because in very recent discussions in which the subject turned up, I have been urged to do so.

图 2-6　Dijkstra 与他的经典论文《GOTO 语句有害论》

在这篇论文中，Dijkstra 犀利地指出："几年前我就观察到，一个程序员的质量，与其程序中 GOTO 语句的密度成反比。"他还阐述道："后来我发现了为什么使用 GOTO 语句有这么严重的后果，并相信所有高级语言都应该把 GOTO 废除掉。"

立足现在，回望过往，我们可能觉得 Dijkstra 真是高屋建瓴，具有真知灼见。可是，你知道吗，这篇论文在盲审时也被论文评阅人批得惨不忍睹。

其中一位评阅人的意见就是："发表这样的论文，纯粹就是浪费纸张。这样的论文，它既不会

---

① Dijkstra E W. Go to statement considered harmful[M]//Software pioneers. Springer Berlin Heidelberg, 2002: 351-355.

被引用，也不会被人注意。我敢肯定，从现在起的 30 年内，GOTO语句不仅会活得好好的，而且还会像现在一样应用广泛。"[1]

这段有关 Dijkstra 论文发表的小故事告诉我们，即使你是金子，也有可能有被人误解为破铜烂铁，但结局总是完美的，是金子，终究还是会发光的。

Dijkstra的论文针砭时弊，引起了激烈的讨论。之所以激烈，是因为当时人们正忙于IBM 360系列大型机的研究，IBM 360 使用的主要编程语言是Fortran[2]，而GOTO语句则是Fortran的支柱之一。

但人们还是逐渐意识到，问题的关键不是简单地去掉 GOTO 语句，而是形成一种新的程序设计观念和风格，以期显著提高软件生产率，降低软件维护成本。

自此，人们的编程方式发生了重大变化，每种语言都提供三种基本控制结构的实现，并提供局部化数据访问的能力及某种形式的模块化编译机制。正是这个原因，在 Python 中，压根就没有提供 GOTO 这个程序控制策略。

在现代的编程设计中，不论是顺序结构、选择结构，还是循环结构，它们都有一个共同点——只有一个入口，也只有一个运行出口。在程序中，使用这些结构到底有什么好处呢？答案是，这些单一的入口、出口可以让程序可控、易读、好维护。下面我们分别介绍。

2.3.2 顺序结构

结构化程序中最简单的结构就是顺序结构。所谓顺序结构程序就是由按书写顺序执行的语句构成的程序段，其流程如图 2-7（a）所示。

---

[1] 原文为：Publishing this would waste valuable paper: Should it be published, I am as sure it will go uncited and unnoticed as I am confident that, 30 years from now, the goto will still be alive and well and used as widely as it is today.

[2] Fortran 源自 "公式翻译"（即 FormulaTranslation）的缩写，是世界上最早出现的计算机高级程序设计语言，广泛应用于科学和工程计算领域。

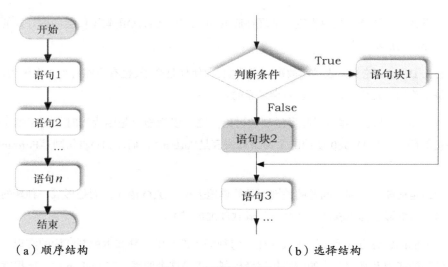

（a）顺序结构　　　　　　　　　　　　（b）选择结构

图 2-7　程序的控制结构

　　通常情况下，顺序结构程序是按照语句出现的先后顺序一句一句执行的。前面的程序，大多数都属于顺序结构程序。

2.3.3　选择结构

　　有一些程序并不按顺序执行，这种情况称为"控制转移"，它涉及另外两类程序控制结构，即选择结构和循环结构。在许多处理实际问题的程序设计中，根据输入数据和中间结果的不同，需要选择不同的语句执行。在这种情况下，必须根据某个变量或表达式的值做出判断，以决定执行哪些语句，不执行哪些语句。

　　选择结构会根据给定的条件进行判断，决定执行哪个分支的程序段。条件分支不是我们常说的"兵分两路"。"兵分两路"是指两条路都有"兵"，而这里的条件分支在执行时"非此即彼"，不可兼得。我们要进行分支选择，由 if 语句和 if-else 语句来实现。

　　如图 2-7（b）所示，if-else 语句可以依据判断条件的结果来决定要执行的语句。当判断条件的值为 Ture 时执行语句块 1；当判断条件的值为 False 时则执行语句块 2。不论执行哪一个语句块，最后都会再回到"语句 3"继续执行。

　　在 Python 中，多个语句构成代码组（suite）。通常，我们把缩进相同的一组语句称为代码组。像 if、while、def 和 class 这样的复合语句（后面的章节将会解释这些关键字），首行以关键字开始，以冒号结束，该行之后的一行或多行代码将构成代码组。

下面说明 if-else 语句的基本形式，如图 2-8 所示。其中"某个逻辑判断条件"成立时（即非零或非空），则执行 if 后面的语句组（后面的冒号":"不可缺少），而执行内容可以为多行，以相同的缩进来区分同一隶属范围。else 为可选语句（如果有该项，后面的冒号":"亦不可少），在条件不成立时执行 else 下属的语句组。

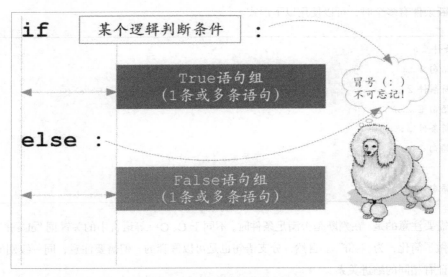

图 2-8 if-else 语句的基本形式

需要注意的是，else 一定要与前面的 if 对应，也就是说具有相同的缩进，以表示它们属于同一个语句组。此外，不同于 C、C++、Java 把逻辑判断条件用一对圆括号括起来，Python 的所有逻辑判断条件（包括后面即将讲到的 while 循环）都不需要用到这对括号。具体参考如下代码的第 03 行。

```
01   flag = False
02   name = 'Java'
03   if name == 'Python':              #判断变量是否为'Python'
04       flag = True                   #条件成立时设置标志为真
05       print ('welcome to Python')   #输出欢迎信息
06   else:
07       print (name)                  #条件不成立时输出变量名称
```

在 if 语句的判断条件中，可以用>（大于）、<（小于）、==（等于）、>=（大于等于）、<=（小于等于）等表示比较对象的逻辑关系。

　　这里需要注意的是，"="和"=="很容易混淆。一个等号"="表示的是赋值，即将等号右侧的值赋给左侧变量（如 a=b，表示把变量 b 的值赋给 a）。相比而言，两个等号"=="表示的是逻辑判断，比较"=="两侧的对象是否相等（如 a==b，表示判定 a 和 b 是否相等，如果相等，返回 True，否则返回 False）。

　　当判断条件有多个时，可以使用以下形式。

```
if 判断条件 1：
    执行语句 1......
elif 判断条件 2：
    执行语句 2......
elif 判断条件 3：
    执行语句 3......
else：
    执行语句 4......
```

　　这里需要注意的是，在判断是否满足条件时，不同于 C、C++等语言中的关键词 "else if"，Python 对关键词做了简化，为 "elif"。自然，分支语句也是可以嵌套的，但需要注意，同一级别的 if-else，一定要保证有相同的缩进关系。

　　此外，由于 Python 并不支持 C、C++中常见的 switch 语句，所以多个条件的判断，只能用 elif 来实现。如果需要依据多个条件来进行逻辑判断，可以借助关键字 and（与）、or（或）及 not（非）等，将多个条件"合纵连横"。例如，and 表示只有多个条件同时成立时判断条件才成立；or 表示多个条件中有一个成立时判断条件成立；not 表示否定原来的逻辑判断，若原来逻辑为 True，经 not 操作后则为 False，反之亦然。请参考【范例 2-1】。

【范例 2-1】多条件判断（if-else.py）

```
01   score = 89
02   if score >= 90 and score <= 100:    # 判断值是否在 90~100 之间
03   #if 90 <= score <= 100:
04       print ('A')
05   elif score >= 80 and score <= 89:
06       print('B')
07
08   num = 10
```

```
09    if num < 0 or num > 20:      # 判断值是否小于 0 或大于 20
10        print ('valid')
11    else:
12        print ('invalid')
13
14    num = 7
15    # 判断值是否在 0~5 或者 10~20 之间
16    if (num >= 0 and num <= 5) or (num >= 10 and num <= 20):
17        print ('valid')
18    else:
19        print ('invalid')
20
21    a_dict = {}   #这是一个空字典
22    if not a_dict:
23        print("这是一个空字典！")
```

【运行结果】

```
B
invalid
invalid
这是一个空字典!
```

【代码解析】

以上代码逻辑简单，注释清楚，无须赘言。需要说明的是，对于第 02 行代码，Python 提供了不错的语法糖，可改用被注释了的第 03 行代码，它的逻辑判断描述就更加接近于数学语言描述了。

此外，还需注意的是，在布尔判断中，除了对数值型变量判断时有"非零即为真"这样的规则，Python 中的 None、空字符串、空列表、空字典、空元组都相当于 False。所以【范例 2-1】中的第 21 行定义了一个空字典，第 22 行通过 not 进行了否定，让逻辑判断变为 True，从而得到对应的输出："这是一个空字典！"

对于简单的if-else语句，推崇"简洁即是美"理念的Python，还提供了条件表达式的三元操作符[①]。

[①] 对于编程语言而言，当我们说"多少元"时，实际上是说某个操作符同时操作了多少个数。比如"–3"中的负号"–"就是一元操作符，因为它只有一个操作数"3"。再比如，"3+4"中的加号"+"是一个二元操作符。

三元操作符的语法如下。

```
a = x if 某条件成立 else y
```

它表示如果某个条件成立，那么 a = x，否则 a = y。下面我们参考【范例 2-2】。

【范例 2-2】if-else 的三元操作符（if-ternary.py）

```
01   x = 10
02   y = 20
03
04   #if x < y :
05   #    small = x
06   #else:
07   #    small = y
08
09   small = x if x < y else y
10   print (small)
```

【运行结果】

```
10
```

【代码解析】

被注释的第 04~07 行，其功效完全等同于第 09 行。客观来讲，只有比较简短的 if-else 语句才值得被这么"简化"，否则，还是回归到常规的 if-else 表达方式，那样更具有可读性。

2.3.4　循环结构

在有些情况下，我们还会重复做一件有规律的事情。比如，我们想逐个输出列表中的元素，然后再据此做一些事情，这时我们就需要利用循环结构。循环结构的特点是，在给定条件成立时，反复执行同一个程序段。

通常，我们称给定条件为"循环条件"，称反复执行的程序段为"循环体"。循环体可以是复合语句，也可以是单个语句。循环体中也可以包含循环语句，实现循环的嵌套。循环结构的流程如图 2-9 所示。

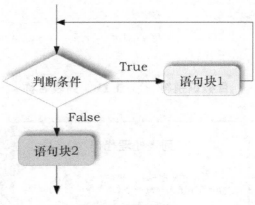

图 2-9　循环结构

循环结构包括 for 循环和 while 循环，还可以使用嵌套循环完成复杂的程序控制操作。下面我们先来介绍 for 循环。

2.3.4.1　for 循环

我们可利用 for 循环依次把列表或元组中的每个元素迭代取出，并做相应的操作。示例代码如下。

```
In [1]: list1 = [1, 2, 3, 4, 5, 6, 7, 8, 9, 10]      #定义一个列表
In [2]: for mylist in list1:                          #利用 for 循环逐个取出并乘以 2
   ...:     temp = mylist * 2
   ...:     print(temp)
   ...:
2
4
……（省略部分输出）
18
20
```

这里简单介绍一下在 Python 中利用 for 循环处理任意大小列表的方式，具体的使用细节如图 2-10 所示（图中的缩进可以是一个 Tab 键，也可以是四个空格，只要保证缩进的尺度相同即可）。

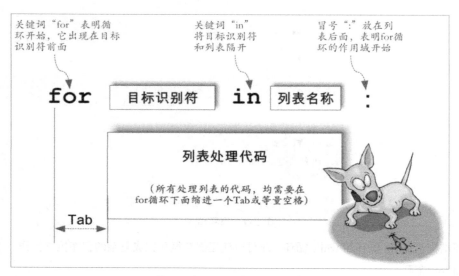

图 2-10　用 for 循环处理列表

这里的关键词 "in" 等同于把列表中的每个元素逐个取出，并赋值给目标识别符所代表的变量。事实上，"for…in" 循环可以作用于任何可迭代的序列，而不仅仅适用于列表，代码如下所示。

```
In [3]: sum = 0
   ...: for x in range(101):
   ...:     sum = sum + x
   ...: print(sum)
   ...:
5050
```

在上述代码中，控制 for 循环次数的是内置函数 range()，该函数可创建一个整数列表，一般用在 for 循环中。该函数的原型如下。

```
range(start, stop[, step])
```

该函数的参数说明如下。

- start：计数从 start 开始，默认是从 0 开始，例如 range(10)等价于 range(0，10)。

- stop：计数到 stop 结束，但不包括 stop，例如 range(0, 10)返回的列表是[0, 1, 2, 3, 4, 5, 6, 7, 8, 9]，并不包含 10。

- step：步长，默认为 1，例如 range(0, 5)等价于 range(0, 5, 1)。

在 Python 的 for 循环中，我们还可以同时提取多个变量来完成给定的操作。下面的示例就用到了前面提到的内置函数 enumerate()，参见图 2-11 中的代码。

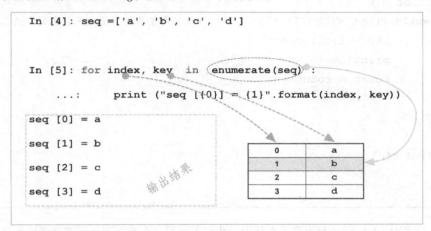

图 2-11　多变量的 for 循环

在图 2-11 的 In [5]处，我们利用 enumerate()函数将一个列表打包成了一个个元组对（索引值，元素值），每个元组中有两个值，如(0, a)、(1, b)等。于是，我们需要两个变量分别来接收这两个值，代码中用到的是 index 和 key，它们分工明确，靠前的 index 接收 enumerate()给出的索引值，靠后的 key 接收原有列表的字符。

这里还涉及另外一个语法点，即 for 循环内部的 print 打印格式。在 Python 中，格式化输出字符串时通常使用字符串类提供的 format()方法。

如前所述，在 Python 中，一切皆对象。所以，在 print 语句中，严格来说，"seq [{0}] = {1}"是一个字符串对象。既然是对象，那么我们就可以通过点（.）操作符访问它的成员方法，这里的方法就是 format()。关于 format()方法的使用，前面的章节中已有讨论，这里不再赘述。

2.3.4.2　while 循环

除了可利用 for 循环来完成需要重复处理的相同任务，我们还可以使用 while 循环来实现类似的功能。它的语法格式如下。

```
while 判断条件:
    执行语句块…
```

示例代码如下。

```
In [1]: list1 = [1, 2, 3, 4, 5, 6, 7, 8, 9, 10]    #定义一个列表
In [2]: count = 0
   ...: while count < len(list1):           #使用内置函数 len()来获取列表的长度
   ...:        tmp = list1[count] * 2
   ...:        print(tmp)
   ...:        count = count + 1
   ...:
2
4
……（省略部分输出行）
18
20
```

为了让读者对 while 循环有更多感性认识，我们再列举一个判断列表元素奇偶性的复合小程序，参见【范例 2-3】。

【范例 2-3】利用 while 循环判断列表元素的奇偶性（while-loop.py）

```
01   numbers = [34,78,13,65,10, -8]
02   even = []
03   odd = []
04   while len(numbers) > 0:
05       num = numbers.pop()
06       if (num % 2 == 0):
07           even.append(num)
08       else:
09           odd.append(num)
10   print ("Even: ", even)
11   print ("Odd: ", odd)
```

【运行结果】

```
Even:  [-8, 10, 78, 34]
Odd:  [65, 13]
```

【代码解析】

本例把前面学到的 if-else 和 while 循环结合起来了。第 02 行和第 03 行分别创建了两个空列表。如果我们利用前面学到的多赋值规则，可以把这两行代码合并为 1 行，具体如下。

```
even, odd = [], []
```

第 05 行利用了列表对象的 pop()方法。该方法的默认索引值 index 为-1，即弹出倒数第 1 个元素，然后赋值为 num。后面的 if-else 框架则根据 num 的奇偶性，利用列表的 append()方法分别将元素添加到 even 或 odd 列表中。

2.3.4.3　跳出循环

在佛教中，常有"超出三界外，不在五行中"的说法，意为摆脱某种循环周始的羁绊，方得解脱。在程序设计中，我们也常有类似的需求。在满足某些条件时，我们希望跳出 for 循环或 while 循环，这时就需要借助 break、continue 等语句。它们都是用来控制程序流程转向的，但在执行细节上是有区别的。

break 语句也称为中断语句，它通常用来在适当的时候直接退出循环，执行循环之外的语句，如图 2-12 所示。

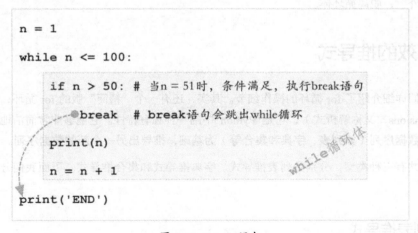

图 2-12　break 语句

对于图 2-12 中所示的代码，其完成的功能是，打印出 1~50 后，紧接着跳转到 print 语句，打印 END，程序结束。由此可见，break 语句的作用是提前结束本层循环。如果是嵌套循环，break 语句可跳出内层循环，执行外层循环。

相比于 break 语句，continue 语句的功能有所不同，它是在满足条件时，仅仅跳过 continue 后面的余下部分，提前进入下一轮循环，如图 2-13 所示。

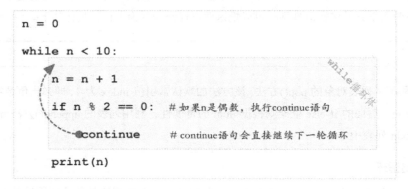

图 2-13　continue 语句

对于图 2-13 中的代码，其功能是输出 1~10 中的奇数，即 1、3、5、7、9。当 n 为偶数时，continue 语句后面的 print(n) 不执行，直接开始下一轮循环。可见 continue 的作用是，提前结束本轮循环，整个循环的次数，其实一次都没有少，不过是部分循环并没有执行完罢了（以 continue 为分割线）。

总结一下，continue 是"向上跳"，跳不出如来掌心，仍然还在循环体内。break 是"向下跳"，跳出"三界外"，脱离循环体。

2.4　高效的推导式

前面我们详细介绍了 for 循环的操作细节。其实，还有一个"精简"版的 for 循环，称为推导式（comprehensions，又称解析式），它是 Python 中的一种独有特性。它能够非常简洁地**按照某种规则，以一个数据序列（如列表、字典和集合等）为基础，推导出另一个新的数据序列。**

推导式共有三种类型，分别是列表推导式、字典推导式和集合推导式。下面我们分别给予简单介绍。

2.4.1　列表推导式

列表推导式的语法形式非常简单，如下所示。

```
[生成表达式 for 变量 in 序列或迭代对象]
```

最外层的方括号是列表的标志性身份，它表明这个表达式的结果是生成一个列表，故称列表推导式（list comprehensions）。在功能上，方括号内描述的列表推导式相当于一个循环，只不过形式更加简洁罢了。图 2-14 给出了代码说明。

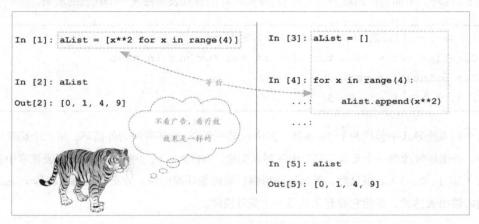

图 2-14　基于 for 循环的列表推导式

下面，我们再用几个示例来说明列表推导式的强大功能。

1. 过滤原始序列中不符合条件的元素

在列表推导式中，我们可以通过 if 语句的逻辑判断，筛选符合条件的元素。例如，如果我们想把一个列表中的整数提取出来，并做平方处理，可以通过如图 2-15 所示的方法来实现。

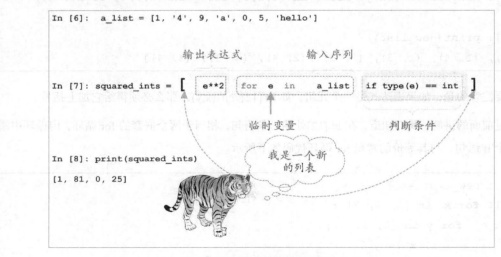

图 2-15　通过列表推导式筛选元素

2. 使用列表推导式实现嵌套列表的平铺

在前面的列表推导式例子里，我们仅使用一层 for 循环来产生新的列表。事实上，我们也可以使用两层 for 循环。下面的代码就是利用两层 for 循环将嵌套列表平铺成一个列表的示例。

```
In [9]: vec = [[1,2,3],[4,5,6],[7,8,9]]
In [10]: flat_vec = [num for elem in vec for num in elem]
In [11]: print(flat_vec)
[1, 2, 3, 4, 5, 6, 7, 8, 9]
```

这个列表推导式中包括两个 for 循环，其中，第一个 for 循环可视为外循环，第二个循环可视为内循环。外循环每读取一个元素（某个内部列表元素，如[1,2,3]），内循环要遍历列表元素中的三个子元素（如 1、2、3）。很显然，外循环跑得慢，而内循环跑得快。方括号最前方的那个 num，就是所谓的输出表达式，虽然它看起来就是一个变量模样。

3. 多条件组合构造特定列表

如前所述，列表推导式包含一对括号，在括号中有一个输出表达式，表达式后面紧跟一条 for 语句，然后是 0 条或多条 for 语句、if 语句，通过各种组合，能够构造出各类高阶列表。例如，下面的列表推导式将两个不同列表中的元素整合到了一起。

```
In [12]: new_list = [(x,y) for x in [1,2,3] for y in [3,1,4] if x != y]

In [13]: print(new_list)
[(1, 3), (1, 4), (2, 3), (2, 1), (2, 4), (3, 1), (3, 4)]
```

需要注意的是，如果表达式是一个元组，如 In [12]处的(x,y)，那么必须得给它加上括号。

通过前面的讲解，我们知道，在 In [12]处的一条语句，相当于两个嵌套的 for 循环，内循环中添加了一个 if 语句，与其等价的常规 for 循环代码如下所示。

```
In [14]: new_list = []
In [15]: for x in [1, 2, 3] :
    ...:     for y in [3, 1, 4]:
    ...:         if x != y :
    ...:             new_list.append((x, y))
```

```
   ...:

In [16]: print (new_list)
[(1, 3), (1, 4), (2, 3), (2, 1), (2, 4), (3, 1), (3, 4)]
```

对比上述两段功能相同的程序，我们要注意两点：第一，在列表推导式所表征的代码中，for 和 if 等逻辑控制关键词出现的顺序，与常规代码中 for 和 if 等关键词出现的顺序是相同的；第二，列表推导式的代码是简单的，但等价的常规代码可读性更强，具体哪种更好，仁者见仁，智者见智。

2.4.2　字典推导式

字典推导式和列表推导式的使用方法比较类似，不过是把列表的标志———一对方括号[]，变更为字典的标记———一对花括号{}。举例说明，下面代码的功能是交换原有字典的键和值。

```
In [1]: mcase = {'a': 10, 'b': 30,'c' : 50}

In [2]: kv_exchange = {v : k for k, v in mcase.items()}

In [3]: print(kv_exchange)
{10: 'a', 30: 'b', 50: 'c'}
```

上述代码的 In [2]处使用了字典的 items()方法，它会返回一个支持遍历操作的列表，列表中是诸如(键 0, 值 0)、(键 1, 值 2)这样的小元组。

2.4.3　集合推导式

集合推导式和字典推导式非常类似，它们都有一个核心标志———一对花括号。但有所不同的是，字典内的元素需要以"键/值对"的形式出现，这里冒号为"键"和"值"的分隔符。而集合则不需要这个冒号，且集合内的元素是不能重复的。换句话说，集合推导式和字典推导式的差别，就是集合和字典之间的差别。示例代码如下。

```
In [1]: squared = {x**2 for x in [1, 1, 2, -2, 3]}   #对每个元素实施平方操作
In [2]: print(squared)    #集合可以达到去重的效果
{1, 4, 9}
```

在上述代码的 In [1]处，由于 1 和-1 的平方都是 1，2 和-2 的平方都是 4，它们都是集合的元素，而集合的眼中容不下相同的元素，所以两个 1 和两个 4，都分别保留了一个。经过这个操作，集合推导式实际实现了元素去重的效果。

2.5 本章小结

在本章中，我们首先讲解了 Python 提供的常用内部数据类型：Number（数值型）、Boolean（布尔类型）、String（字符串型）、List（列表）、Tuple（元组）、Dictionary（字典）及 Set（集合），每种数据类型都有各自的特色。其中，列表、字典和集合是可变序列，它们内部的元素值是可变的，而元组、字符串是不可变序列，一旦初始值给定，后期不能进行二次赋值。

然后我们介绍了 Python 的三种程序控制结构：顺序结构、选择结构和循环结构。顺序结构是最自然的程序设计结构，代码从上到下一行一行执行。选择结构则根据逻辑判断条件的真假"有所为，有所不为"。循环结构也需要进行逻辑判断，如果符合条件（True），它会在循环体内"打转"，直到条件为假（False）"才敢与君绝"。

最后，我们讨论了 Python 中的三种高效推导式：列表推导式、字典推导式和集合推导式。在本质上，推导式都是简化版的 for 循环。for 循环用得好，不如推导式用得巧。

2.6 思考与提高

下面我们列出几道常见的涉及本章知识点的 Python 面试题并附上答案。苏格拉底说，未经审视的人生，不值得一过。类似地，未经独立思考的问题，不值得一做。请读者尝试给出自己的答案，之后再查看参考答案，这样更有价值。

1. 请针对如下两个列表编写一段 Python 代码，实现功能：如果元素不相同则两两封装成一个元组，并将所有这样的元组打包成一个列表。预期的结果是，[(1, 2), (1, 7), (2, 7), (3, 2), (3, 7)]。

```
list_a = [1, 2, 3]
list_b = [2, 7]
```

【案例分析】
这里考察的是列表推导式中的 for 循环嵌套。

【参考代码】

```
In [3]:  list_a, list_b = [1, 2, 3], [2, 7]

In [4]:  different_num = [(a, b) for a in list_a for b in list_b if a != b]

In [5]:  print(different_num)
[(1, 2), (1, 7), (2, 7), (3, 2), (3, 7)]
```

2. 在 Python 里面如何实现元组和列表的转换?

【案例分析】

元素和列表都是一种数据类型,在面向对象编程里,都有构造函数的概念。构造函数里的参数可以接纳元组或列表。所以,分别用 tuple(元组名)或 list(列表名)来实现即可。

【参考代码】

```
In [6]: a_list = [1, 2, 3, 4]              #创建一个列表
In [7]: a_tuple = ('a', 'b', 'c', 'd')     #创建一个元组
In [8]: tuple_a_list = tuple(a_list)       #将列表转换成元组
In [9]: type(tuple_a_list)                 #查看类型
Out[9]: tuple
In [10]: print(tuple_a_list)               #打印新元组元素
(1, 2, 3, 4)
In [11]: tuple_a_list[0] = 100             #尝试修改新元组元素,失败!
---------------------------------------------------------------------
TypeError                          Traceback (most recent call last)
<ipython-input-13-7c8ac682f9b5> in <module>()
----> 1 tuple_a_list[0] = 100

TypeError: 'tuple' object does not support item assignment
---------------------------------------------------------------------
In [12]: list_a_tuple = list(a_tuple)      #将元组转换成列表
In [13]: type(list_a_tuple)                #查看类型
Out[13]: list
```

```
In [14]: print(list_a_tuple)              #显示新列表元素
['a', 'b', 'c', 'd']
In [15]: list_a_tuple[0] = 'aa'           #修改新列表元素，成功！
In [16]: print(list_a_tuple)              #显示新列表元素
['aa', 'b', 'c', 'd']
```

3. 请编写一段 Python 代码，删除一个列表里面的重复元素。

【案例分析】

此题有两种解决方案，分别是集合去重法和字典去重法。

【参考代码】

考察 Python 几个基本数据类型的特性，其中集合的特性就是元素不能重复。所以第一种解决方案就是利用集合的特性。代码如下。

```
In [17]: a_list = [1, 3, 1, 4, 5, 4, 5, 3, 3]

In [18]: a_list = list(set(a_list))    #去重

In [19]: print(a_list)
[1, 3, 4, 5]
```

在 In [18]处，我们先把 a_list 列表集合化，即去重，然后将集合列表化，即把无序的集合重新变成有序的列表，最后把经过"净化"处理的列表重新赋值给 a_list。

细心的读者可以用内置函数 id()来监控"净化"前后两个 a_list 的内存地址有无变化，然后你会发现，二者的地址并不相同。也就是说，事实上编译器完成了一个漂亮的"狸猫换太子"的过程。

我们知道，作为以键/值对为元素特征的字典，它的值是任意的，但键必须独一无二。其实这个特性也可以拿来做列表的去重。参考图 2-16 中所示的代码。

在图 2-16 所示的代码中，在 In [22]处的 for 循环中，我们把列表 a_list 中的元素逐一取出来，作为字典 a_dict 的键，这样可以达到的效果就是"同键归一"，而字典 a_dict 的值等于什么，我们是无所谓的，不过是"格式所迫"，随便赋一个罢了。

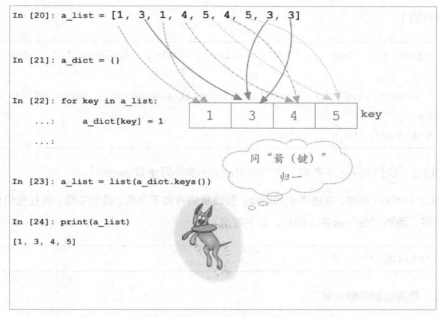

图 2-16　利用字典中的键对列表去重

在 In [23]处，我们利用字典的 keys()方法提取字典中所有元素的键，然后再利用 list()将其转换为列表。

对比这两种方案，显然，方案 1 更加简单。但我们的目的在于，通过不断的"折腾"，让自己对 Python 数据结构的基本特性逐渐熟悉起来。

4. 在机器学习领域，我们经常要做数据的预处理，例如，把不合格的数据删除，或把实际相同但描述不同的对象（比如名字大小写不同）合并。假定我们有如下列表：

```
names = [ 'Bob', 'JOHN', 'alice', 'bob', 'ALICE', 'J', 'Bob' ]
```

现在我们要求将姓名长度小于 2 字符的删除（通常姓名的字符长度大于 3），将写法相同但大小写不一样的名字合并，并按照习惯变成首字母大写，对于上面的列表，我们希望得到的结果如下。

```
{'Alice', 'Bob', 'John'}
```

【案例分析】

本题考察的是集合推导式。

【参考代码】

```
In [25]: names = [ 'Bob', 'JOHN', 'alice', 'bob', 'ALICE', 'J', 'Bob' ]

In [26]: { name[0].upper() + name[1:].lower() for name in names if len(name) >
   ...:  2}
Out[26]: {'Alice', 'Bob', 'John'}
```

在In [26]处，我们利用了字符串的大写函数upper()和小写函数lower()[①]。

5. 请设计 Python 程序，完成要求的功能。假设我们有如下字典，键为字母，现在我们希望"键"不区分大小写，而将"值"合并。例如，以下字典

```
mcase = {'a':10, 'b': 34, 'A': 7, 'Z':3}
```

经过处理后，希望达到的效果如下。

```
{'a': 17, 'b': 34, 'z': 3}
```

【案例分析】

这里考察的知识点是字典推导式。

【参考代码】

```
In [27]: mcase = {'a':10, 'b': 34, 'A': 7, 'Z':3}

In [28]: mcase_frequency = { key.lower() : mcase.get(key.lower(), 0) +
   ...: mcase.get(key.upper(), 0) for key in mcase.keys() }

In [29]: print(mcase_frequency)
{'a': 17, 'b': 34, 'z': 3}
```

在上面的代码中，我们使用了字典中的方法 get(key, default=None)，其功能是返回指定键的值，如果值不在字典中，则返回 default 指定的默认值。在本例中这个默认值为 0。

---

① 上述问题也可以这样解决：{name.title() for name in names if len(name)>2}。title()正是将名字的首写字母变为大写的函数。

通过前面题目的训练，我们能不能实现对第 4 题列表中所有重名人员进行计数，并以字典的形式表示出来呢？要求其输出格式如下。

```
{'Alice': 2, 'Bob': 3, 'John': 1}
```

这个问题的答案，就留给爱思考的你来给出吧！

在前面的题目中，部分知识点或部分函数的使用，我们并没有提及，看起来知识覆盖并不全面。事实上，Python 博大精深，不是任何一本书能囊括的。这里，我们推崇一种学习理念，就是"做中学（learning by doing）"，不要指望学好所有知识再上手 Python 工程，而是应该在掌握基础知识后直接上手，在这期间会发现很多你不知道、不明白的知识点。这时，三位老师的价值，就显得非常重要了。这三位老师分别是谷老师（谷歌）、必老师（必应）和百老师（百度），有事多请教，你会发现，他们几乎什么都知道！

第 3 章　自建 Python 模块与第三方模块

他山之石，可以攻玉。模块是构建 Python 程序的重要基石。为了提高开发效率，我们或需要自行设计模块，或采用第三方开发的模块。在本章中，我们主要学习 Python 的自定义模块及常用的第三方模块，包括 collection、datetime、json 和 random 等。

本章要点（对于已掌握的内容，请在对应的方框中打钩）

☐　掌握模块的导入与使用

☐　创建自定义的模块

☐　掌握常用的第三方模块

英特尔公司曾经有一个著名的宣传口号——Intel Inside（内有英特尔）。其实，Python 也有一个类似的非著名口号——batteries included（内配电池）。这里的 batteries，显然是一个隐喻，它表示的是，在 Python 生态系统中，Python 拥有许多内置的非常有用的模块，能为 Python 快捷开发提供"能源"支持。

随着开发阅历的增加，我们会逐渐体会到，越是复杂的项目，越不大可能从零起步。"他山之石，可以攻玉"，通过多年的积累，Python 的生态圈已拥有大量性能稳定、形式多样的类库，不论是 Python 官方提供的内置库，还是第三方提供的外部库，都可以很方便地被我们拿来即用。

如果采用默认方式安装 Python 时仅仅安装部分核心模块，则在启动 Python 时，也仅仅加载这些核心模块。如果想使用一些特定功能的模块（如数学函数模块、数据处理模块或绘图模块），我们需要先下载这些模块，并在代码中显式加载这些模块。

3.1　导入 Python 标准库

相比于单纯安装Python而言，使用Anaconda安装Python有一个好处，它提前帮我们安装了大量常用的库（如NumPy或Matplotlib等）[①]，我们要做的就是，在用这些库之前，先将它们导入（import）当前工程。

导入其他库的方法很简单，语法如下。

```
import  模块名  [as 别名]
```

比如，当我们想计算某个角的正弦值时，要引用模块 math。这时，就要在 Python 文件开始的地方用 import math 来导入。在调用 math 模块中的函数时，必须遵照如下格式。

```
模块名.函数名
```

当 Python 解释器遇到 import 语句时，如果模块在当前搜索路径下，就会被自动导入。

```
In [1]: import math          #导入数据库 math
In [2]: math.sin(0.4)        #求 0.4 的正弦值
Out[2]: 0.3894183423086505
```

---

① 如果某个特定的库没有被安装，可以在命令行输入"conda install 类库名"进行安装。

为了后面程序引用方便，也可以在导入模块的同时为模块取一个更加简单的别名（这个操作是可选项），然后用"别名.函数（属性）名"的方式来使用其中的函数或属性，示例代码如下。

```
In [3]: import random as rd        #导入随机数库 random，并取一个别名 rd
In [4]: x = rd.random()            #通过别名访问 random()，获取[0,1]区间的随机小数
In [5]: print ("x = ", x)
x =  0.07822125715265305
In [6]: import numpy as np          #导入数据处理库 numpy，并取一个别名 np
In [7]: a = np.array((1, 2, 3, 4, 5))   #通过 array()生成一个一维矩阵
In [8]: print (a)
[1 2 3 4 5]
```

这里，我们简单解释一下 In [7]处的代码。一些初学者可能会困惑，Numpy 库下属的方法 array() 为何会有两层圆括号呢？乍看下，这有违 C、C++、Java 等编程语言的惯例。

事实上，Python 并没有违反常规，array()接收的参数只有一个，而这里的参数恰好是一个元组(1, 2, 3, 4, 5)，碰巧元组的外围装饰就是一对圆括号，放在一起好像这个函数的参数需要用两层括号包裹一样，然而这纯属巧合。类似的误读还可能发生在列表上，读者可以思考一下，在哪些情况下，某个对象索引会出现两层方括号[[]]？

上面使用模块中对象的方法有点烦琐。有没有更简单的方法呢？答案是有的。我们可以通过如下方法从某个模块中导入指定的对象。

```
from 模块名  import 对象名  [as 别名]
```

使用这种方法，可以从较大的类库包中导入某个特定的对象，并为这个对象取一个别名（这是可选项）。这样做的好处在于，减少了对象的查询次数，提高了访问速度，当然也减少了用户的代码输入量。因为在使用这些被导入的对象时，就像使用本地对象一样可以"直呼其名"，代码如下所示。

```
In [9]: from math import cos       #仅从 math 模块中导入余弦函数 cos()
In [10]: cos(3)                    #求 3 的余弦值，此时并没使用 math.来明确 cos()的来源
-0.9899924966004454
In [11]: from math import sin as f #仅从 math 模块中导入正弦函数 sin()，并取别名为 f
```

```
In [12]: f(3)                    #直接使用 f 代替 sin()
0.1411200080598672
```

当然，还有一种极端的方式，即把整个模块中的所有函数一次性地全部导入，如下所示。

```
In [13]: from math import *      #导入math模块中的所有函数 ①

In [14]: sin(5)                  #求正弦值
Out[14]: -0.9589242746631385

In [15]: cos(1)                  #求余弦值
Out[15]: 0.5403023058681398

In [16]: sqrt(2)                 #求 2 的平方根
Out[16]: 1.4142135623730951
```

　　上述代码虽然写起来比较简单（直接使用函数名，不需要用到"模块名.函数名"的形式），但并不推荐使用。这是因为，模块存在的目的之一，就是构建命名空间（namespace）。通过命名空间，可以实现变量作用域的隔离，从而使得相同的变量名也可以在各自区域内自由使用。

　　这就好比我们说"北京的张三"和"上海的张三"是可区分的。如果我们把"北京的"和"上海的"这两个条件去掉，剩下两个同名的"张三"，就无法区分了，而这里的"北京的"和"上海的"就好比编程语言中的命名空间。

　　回到模块加载的讨论上，如果我们使用"import *"来加载某个模块的所有对象，实际上就是去掉了这个模块的命名空间限制，如果多个模块都是通过"import *"来加载的，那么同名的对象，只有最后一个有效，而之前加载的对象，由于没有区分度，便会被后出现的同名对象所覆盖。

3.2　编写自己的模块

　　如果对常见编程语言有所了解，就会知道，对于 C 和 C++而言，不论代码有多少行，它们都有一个相同的程序执行入口——main 函数，而不论 main 函数处于整体代码的头部还是尾部，也不管它

---

① 这里"*"为通配符，表示模块内的所有对象。

在众多源代码文件中的哪一个里，都有一种"纵有代码千万行，唯我独尊最先行"的感觉。类似地，Java 和 C#中会有一个包含 main 方法的主类，作为程序入口。

然而，Python 有所不同，它属于脚本语言，会动态地逐行解释并运行。也就是说，它遵循的逻辑是"先来先到先服务"，即先来的代码先解释、先执行，并没有统一的执行入口。

通过前面的讨论可知，一个 Python 源文件除了可以被直接解释运行，还可以作为模块（Module）被另外一个 Python 文档导入执行。不管直接运行，还是被导入执行，顶层的代码都会被执行。而实际上，在作为模块被导入时，可能会有一部分代码，我们不希望它被第三方执行。这时，该怎么办呢？

下面我们用【范例 3-1】来说明。假设在一个工程中，我们有两个 Python 文件。其中一个是 parameters.py，在这个模块中，我们定义了某些参数的值。另外一个是 calculate.py，该模块需要使用前一个模块中定义的参数。我们先来看看 parameters.py 的代码。

【范例 3-1】自定义模块（parameters.py）

```
01   # 我所在的文件是 parameters.py
02   PI = 3.1415926
03
04   def paraTest():              #定义测试函数
05       print ("PI = ", PI)
06
07   paraTest()                   #调用测试函数
```

仅就这个模块本身而言，不论是直接在 IDE 环境点击执行按钮（▶）来执行程序，还是在命令行使用 python parameters.py 来执行，结果都非常简单，如下所示。

【运行结果】

```
PI = 3.1415926
```

上述代码自娱自乐是没有问题的，但问题往往出现在彼此协作之时。

现在假设另一个文件 calculate.py 想实现求解圆形面积的功能，需要用到 parameters.py 中的参数 PI。于是，很自然地，我们想把 parameters.py 作为第三方模块导入当前程序并为我所用，代码如下所示。

```
from parameters import PI
```

需要注意的是，作为包名，在被第三方程序导入时，不要将 Python 文件的后缀名 ".py" 放到导入参数中。当前文件 calculate.py 的代码如下。

```
01   #我所在的文件是 calcalute.py
02
03   from parameters import PI                          #导入自定义的包 parameters
04
05   def calc_round_area(radius):                       #定义圆形面积求解函数
06       return PI * (radius ** 2)
07
08   def run():
09       print ("圆形面积为: ", calc_round_area( 5 ))  #调用函数
10
11   run()
```

保存 calcalute.py（此时需要确保和 parameters.py 保存在同一个路径下）并执行，得到的运行结果如下。

【运行结果】

```
PI =  3.1415926
圆形面积为:  78.539815
```

从结果中可以看出，圆形面积的确是求解出来了，但在 parameters.py 中写的测试 paraTest() 也被执行了，而这并不是我们想要的。有没有办法解决这个问题呢？其实，办法总比问题多！

Python 解释器在执行代码时有很多内置变量，__name__ 就是其中之一，其意义是"模块名"。这个内置变量很神奇，其神奇之处在于，它的值能够"见风使舵"，懂得"内外有别"，即面对不同的对象将呈现出不同的值。

假设当前模块声明了这个内置变量，如果本模块直接执行，那么这个 __name__ 的值就为 __main__[①]。如果它被第三方引用（即通过import导入），那么它的值就是这个模块名，即它所在Python

---

① 需要注意的是，__name__ 左右两侧都是两个下画线，__main__ 亦同。

文件的文件名（不含扩展名.py）。

有了这个区分，就可以用逻辑判断把不想被第三方模块执行的代码"保护起来"。现在我们来改写 parameters.py（修改了第 07~08 行），如图 3-1 所示。

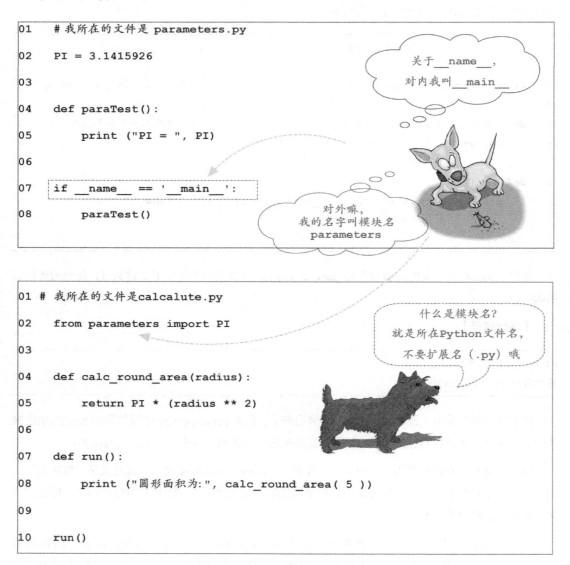

图 3-1　__name__ 属性值的内外有别

再次运行 calcalute.py 程序，结果就如我们所要的，它并没有运行在 parameters.py 中写的测试函数 paraTest()。

【运行结果】

圆形面积为：78.539815

【代码解析】

出现上述结果的原因很简单。对于 calcalute.py 而言，虽然在第 02 行导入了 parameters 模块，但是在 calcalute.py 文件中，作为第三方模块的 parameters，其特有属性__name__的值为 parameters，而不是__main__，也就是说，parameters.py 文件中的第 07~08 行，由于逻辑条件为 False 而不被允许执行。

3.3 模块的搜索路径

在设计好模块之后，它应该放在何处呢？或许你会说，这很容易啊，把这个模块和想使用这个模块的 Python 文件放到同一个文件夹下不就行了吗？就如同前面的案例，parameters（模块）和 calcalute.py（引用模块方）就放在同一个目录下。

的确，上述方法的确是一种解决方案，但并不是必需的。有时候，当项目很大时，我们希望模块能分门别类地处于不同地方，这时模块和引用方就难以共处于同一个目录下。如果还是按照原先介绍的方式，把一个第三方模块（如 parameters）导入当前 Python 文件，就会产生没有找到模块的错误（ModuleNotFoundError）。

这种情况该如何处理呢？要解决这个问题，就需要了解一个重要的概念——模块搜索路径（Module Search Path）。这个路径存储在系统模块 sys 里，该模块中有一个全局变量 path，可以用如下方法查看该变量值。

```
In [1]: import sys              #导入系统模块 sys
In [2]: sys.path               #输出 sys 的属性值 path
Out[2]:
['',
 '/home/yhily/anaconda3/bin',
 '/home/yhily/anaconda3/lib/python37.zip',
 '/home/yhily/anaconda3/lib/python3.7',
```

```
'/home/yhily/anaconda3/lib/python3.7/lib-dynload',
'/home/yhily/anaconda3/lib/python3.7/site-packages',
'/home/yhily/anaconda3/lib/python3.7/site-packages/IPython/extensions',
'/home/yhily/.ipython']
```

从输出可以看出，path 本身是以一个列表的形式存在的，它列出的这些路径都是 Python 在导入模块时搜索的路径。这有点类似于操作系统的环境变量 PATH。

为了加深理解，我们通过一个形象的例子让读者对环境变量有一个感性的认识。比如说，我们喊一句："张三，你妈妈喊你回家吃饭！"可是"张三"在哪里呢？对于人们来说，认不认识"张三"都能给出一定的回应。如果你认识他，可能就会给他带个话；如果不认识他，也可能帮忙吆喝一声"张三，快点回家吧！"

然而，对于操作系统来说，假设"张三"代表的是一条命令，它若不认识"张三"是谁，也不知道他来自何处，便会"毫无情趣"地说："不认识张三。"即返回 not recognized as an internal or external command（错误的内部或外部命令），然后拒绝继续服务。

为了让操作系统"认识"张三，必须给操作系统有关张三的精确信息，如"XX 省 YY 县 ZZ 乡 QQ 村张三"。这就好比某个命令的绝对路径。这种添加绝对路径的方式，无疑是正确的。

但其他问题又来了，如果"张三"代表的命令是用户经常用到的，每次呼叫这个"张三"，用户都在终端敲入"XX 省 YY 县 ZZ 乡 QQ 村张三"，这无疑是非常烦琐的，有没有更加简单的办法呢？

答案是，当然有！聪明的设计人员想出了一个简单的策略，就是使用环境变量。把"XX 省 YY 县 ZZ 乡 QQ 村"设置为常见的"环境"，当用户在终端敲入"张三"时，系统自动检测环境变量集合里有没有"张三"这个人，如果在"XX 省 YY 县 ZZ 乡 QQ 村"中找到了，就自动将"张三"替换为这个精确的描述信息"XX 省 YYY 县 ZZ 乡 QQ 村张三"，然后继续为用户服务。如果整个环境变量集合里都没有"张三"，再拒绝服务也不迟，如图 3-2 所示。

操作系统里没有上/下行政级别的概念，但却有父/子文件夹的概念，二者有异曲同工之处。对"XX 省 YY 县 ZZ 乡 QQ 村"这条定位路径，操作系统可以用"/"来区分不同级别的文件夹，即 XX 省/YY 县/ZZ 乡/QQ 村，而"张三"就像这个文件夹下的可执行命令。

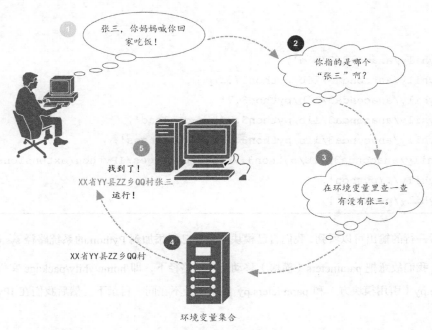

图 3-2 环境变量的比喻

下面我们给出环境变量的正式定义。环境变量是指在操作系统指定的运行环境中的一组参数，它包含一个或多个应用程序使用的信息。环境变量一般是多值的，即一个环境变量可以有多个值。

对于 Windows、Linux 等操作系统来说，它们都有一个系统级的环境变量 PATH（路径）。当用户要求操作系统运行一个应用程序，却没有指定应用程序的完整路径时，操作系统首先会在当前路径下寻找该应用程序，如果找不到，便会到环境变量 PATH 指定的路径集合中寻找。若找到了，就执行它，否则，就给出错误提示。用户可以通过设置环境变量来指定程序运行的位置。

回到 Python 模块搜索路径的讨论上。类似地，按照这个逻辑，如果我们有办法把自己模块的路径告知 sys.path，那么 Python 在导入模块时不就能找到这个模块了吗？

的确是这样。假设我们开发的模块在家目录的 package 下，即/home/yhily/package（这里的 yhily 为用户名，对于不同的用户名，路径也会有所不同），则可通过列表的 append()方法把这个路径添加到 sys.path。延续前面的案例（In [1]处已把 sys 模块导入内存），代码如下所示。

```
In [3]: home_dir = '/home/yhily/package'        #定义自己模块所在的路径
In [4]: sys.path.append(home_dir)               #添加到 sys.path 列表中
In [5]: sys.path                                #输出验证
```

```
Out[5]:
['',
 '/home/yhily/anaconda3/bin',
 '/home/yhily/anaconda3/lib/python37.zip',
 '/home/yhily/anaconda3/lib/python3.7',
 '/home/yhily/anaconda3/lib/python3.7/lib-dynload',
 '/home/yhily/anaconda3/lib/python3.7/site-packages',
 '/home/yhily/anaconda3/lib/python3.7/site-packages/IPython/extensions',
 '/home/yhily/.ipython',
 '/home/yhily/package']
```

从最后一行的输出可以看到，我们自己模块的路径已经添加到 Python 的系统路径 sys.path 中了。

然后，我们故意把 parameters（模块）移动至其他路径下，即/home/yhily/package 文件夹下，此时 calcalute.py（引用模块方）和 parameters.py 程序已经不在同一目录下，然后我们在 IPython 中输入如下命令。

```
In [6]: %run calculate.py
圆形面积为： 78.539815
```

在上面的命令中，%run 是 IPython 的魔法函数（第 1 章已介绍过），可以用它直接运行 Python 文件。从结果可以看出，程序运行无误。

3.4 创建模块包

对于较大型软件的开发，通常会有成千上万的 Python 模块，如果把所有模块都存储在同一个 Python 文件之内，显然是不现实的，因为那样会使代码变得臃肿且难以维护。

一个更好的办法是，按照功能不同，将多个模块分门别类存储在不同文件中，进而实现"物以类聚，'码'以群分"，将功能自成体系、模块彼此支撑的多个 Python 文件打包在一起，将不同功能块分别存储于不同 Python 文件夹中。

于是，就出现了 Python 的"包"（package）的概念。简单来看，一个包就是包含若干模块的文件夹。显然，包是比模块更大的概念（一个模块可简单理解为单个.py 文件），它可视为若干相关模块的集合。

包是 Python 用来组织命名空间（namespace）和类的重要媒介。为了让 Python 能感知到这些模块，只需要让 Python 感知这个文件夹所在的位置即可，相比于模块的告知方式，Python 的包管理更加简单。

创建一个包主要包括如下三步。

1. 创建一个文件夹（文件夹的名字最好能做到见名知意），文件夹的名称即包的名称。

2. 在文件夹中创建一个 __init__.py 文件 [①]。通常 __init__.py 文件的内容为空，其存在的意义就是要告知Python解释器，当前文件夹被标记为一个包。

3. 将相关的模块放置于该文件夹内。

这样一来，一个 Python 包就创建好了。

假设我们有如下的文件分布结构，通过前面的讨论可知，这个包的名称叫 package，它里面包括三个模块，分别为 parameters、urllib 和 test（参见随书源代码）。

```
├─package
│  ├──__init__.py
│  ├──parameters.py
│  ├──urllib.py
│  ├──test.py
```

假设我们想使用包 package 下的模块 parameters，则可以如下操作。

```
In [7]: import package.parameters as pm      #模块名太长，可以取一个别名 pm
In [8]: pm.PI                                #输出导入模块中的参数
Out[8]: 3.1415926
```

需要注意的是，如果想访问包内的模块，正确的格式是"包名.模块名"，如 pm.PI。

当然，我们还可以在 __init__.py 文件中做点文章，增加其他功能。我们在导入一个包时，实际上是导入了它的 __init__.py 文件（有点像 C、C++的头文件）。我们可以在 __init__.py 文件中事先批量导入我们所需的模块，而不再逐个导入。

---

① 这里"init"为英文单词 initialize（初始化）的缩写，表示包的初始化。

比如说，__init__.py 的源代码如下。

```
01  # 我所在的文件夹名为 package
02  # 我是__init__.py
03  import parameters
04  import urllib
05  import test
```

然后我们在另外一个文件中导入这个包，如下所示。

```
01  # 我是另外一个文件 other.py
02  import package
03  print(package.parameters, package.urllib, package.test)
```

然后我们在 IPython 的命令行执行这个程序，输出结果如下。

```
In [9]: %run other.py
<module 'package.parameters' from '/home/yhily/package/parameters.py'> <module
'package.urllib' from '/home/yhily/package/urllib.py'> <module 'package.test'
from '/home/yhily/package/test.py'>
```

从输出可以看出，parameters、urllib 和 test 这三个模块被批量导入了。

实际上，__init__.py 中还有一个重要的变量__all__，其作用是，由它定义的对象可在执行 "from 包名 import *" 命令时，自动把__all__定义的模块，一次性批量导入。__init__.py 中的代码如下。

```
01  # 我所在的文件夹名为 package
02  # 我是__init__.py
03  __all__ = ['parameters', 'urllib', 'test']  #定义导入的模块名称
```

然后在另外一个文件（改写前面的 other.py）中导入这个包中的所有模块，如下所示。

```
01  # 我是另外一个文件 other.py
02  from package import *              #导入包 package 中的所有模块
03
```

```
04    print(parameters, urllib, test)      #输出所有模块的名称
05    print (parameters.PI)                #输出模块 parameters 中的参数 PI
```

上面第 02 行代码会把注册在 __init__.py 文件中的 __all__ 列表中的模块，都导入当前文件（即 other.py）中。然后，我们在 IPython 命令行执行这个程序，输出结果如下。

```
In [10]: %run other.py
<module 'package.parameters' from '/home/yhily/package/parameters.py'> <module
'package.urllib' from '/home/yhily/package/urllib.py'> <module 'package.test'
from '/home/yhily/package/test.py'>
3.1415926
```

从上面的输出结果可以看出，一切正如我们预期的那样。

3.5　常用的内建模块

前面我们讨论了如何自建模块。实际上，在 Python 中，有很多好用的内置（build-in）模块，很多时候，合理地使用它们能让我们的开发效率大幅提高。下面我们就挑选几个常用的模块进行介绍。

3.5.1　collections 模块

通过前面的介绍，我们知道，Python 拥有一些内置的数据类型，如 Number（数值型）、Str（字符串型）、List（列表）、Tuple（元组）、Dict（字典）等， collections（容器）模块基于这些基础数据类型，"站在巨人的肩膀上"提供了几个有用的数据类型。

在 Python 官方文档中，collections 的定位是"高性能容量数据类型"（High-performance container datatypes），其主要数据类型包括但不限于如下五类。

- namedtuple：生成可以使用名字来访问元素内容的元组子类，可理解为加强版的元组。

- deque：双向队列，可从另一侧高效添加和弹出元素，是列表类的有效补充。

- OrderedDict：有序字典，是字典类提供排序功能的定制版。

- defaultdict：带有默认值的字典。

- Counter：计数器，主要用来对某些数据类型（如列表、元组等）中的元素进行计数。

下面分别给予简单介绍。

3.5.1.1 namedtuple

如前所述，元组可视为列表的常量版本，它是一种不变数据类型。创建元组时，在圆括号 "()" 之内添加元素，并用逗号将不同元素隔开即可。例如，一个点的二维坐标可以如下表示。

```
In [1]: p = (3, 4)
```

但是，如果仅仅看到数值(3, 4)，由于缺乏可读性，我们很难看出这个元组表示的是一个二维空间的坐标点。当然，我们可以把这个坐标封装为一个可读性很好的类（在后续的章节中，我们会讨论面向对象编程涉及的议题），但这又有点 "大张旗鼓"，折腾劲太大，性价比不高。这时，namedtuple 就有用武之地了。顾名思义，namedtuple 就是 "命名版的元组"。创建命名元组的示例代码如下。

```
In [2]: from collections import namedtuple
In [3]: Point = namedtuple('Point', ['x', 'y'])
In [4]: p = Point(3, 4)
In [5]: p.x
Out[5]: 3
In [6]: p.y
Out[6]: 4
```

在 In [2]处，我们先得从模块 collections 中将 namedtuple 导入，它可以返回一个新的元组子类，利用这个子类可以创建一个自定义的命名元组对象。

为了构造这样一个子类，namedtuple 的构造方法需要两个参数，分别是元组子类的名字（In [3]处括号内的 Point）和其属性的名字。多个属性可以用列表的方括号括起来，不同属性用逗号隔开，如 In [3]处的['x', 'y']。

In [4]处这个命名给出了元组的实例 p。这时，Point 可理解为一个被 namedtuple 加工出来的简易版的类，然后可以用属性（通过 "对象名.属性" 的方式）而非索引来访问这个命名元组 Point 中的某个元素（见 In [5]和 In [6]）。

由于加上了命名这个特性，代码更易于维护。它既保留元组元素的天然属性——不可变性，又具备由命名带来的可读性，二者结合，相得益彰，十分方便。

实际上，namedtuple 是一个工厂类。什么是工厂类呢？简单来说，通过它 "加工" 出来的依然是元组的子类，只不过不同的类"各有个性"罢了。这个过程有点类似于，由于加工参数不同，工厂使用相同的原材料可以生产出略有不同的零部件，但本质上，这些零部件属于同一个派系。因此，从继承派系上来看，namedtuple 加工出来的个性化的类（如上述代码 In [3]处生成的 Point）依然是元组的子类。我们可以通过如下代码验证创建的对象 p 是否为元组和 Point 的实例（instance）。

```
In [7]: isinstance(p, Point)      #对象 p 是否为类 Point 的实例
Out[7]: True
```

在 In [4]处，对象 p 是由类 Point 定义出来的，所以 p 自然是类 Point 的一个实例。这里用到了 Python 的一个内置函数 isinstance()。该函数的功能是判断一个对象是否为一个已知类型的实例。

```
In [8]:isinstance(p, tuple)       #对象 p 是否为元组实例
Out[8]: True
```

从上面的输出可以看到，isinstance()还可以做到"隔代指认"。严格来讲，Point 应该属于元组的子子类，但依然被认为是元组的一个实例。

既然元组和 namedtuple 有这么密切的关系，二者必然有很多相通的地方。事实也的确是这样，namedtuple 还有一个重要的优点，就是它与元组是完全兼容的。也就是说，我们依然可以用索引下标去访问一个 namedtuple 元素，示例如下。

```
In [9]: p[0]          #访问 p 中的第 0 个元素（下标从 0 开始计数）
Out[9]: 3
In [10]: p[1]          #访问 p 中的第 1 个元素
Out[10]: 4
```

甚至我们还可以像普通元组一样解包（unpacking）namedtuple 中的元素。解包是 Python 的特有属性，其表现形式为，把一个包含多个元素的对象（如列表、元组等）一次性地赋值给多个简单变量，对象内部的元素会被解开，并按照位置顺序，一一赋值给简单变量。

```
In [11]:a, b = p      #解包，用普通变量 a 和 b 接收 namedtuple 中的元素 x 和 y
In [12]: a, b          #输出验证
(3, 4)
```

3.5.1.2 deque

使用列表存储数据时，如果按索引访问元素，即执行只读操作，访问速度会很快。因为列表是线性存储的，因此列表元素的插入和删除操作（即写操作）就很慢。特别是当列表元素数据量很大时，插入和删除操作的效率简直低得令人难以容忍。

deque（双向队列）是为了实现高效插入和删除操作的数据类型，它特别适用于队列和栈的操作，示例代码如下。

```
In [1]: from collections import deque     #导入 deque
In [2]: dq = deque(['a', 'b', 'c'])       #创建双向队列
In [3]: dq.append(1)                       #往队列右边添加一个元素 1
In [4] :print(dq)                          #输出验证
deque(['a', 'b', 'c', 1])
In [5]: dq.appendleft(2)                    #往队列左边添加一个元素 2
In [6]: print(dq)                          #输出验证
deque([2, 'a', 'b', 'c', 1])
In [7]: dq.insert(2,'x')                    #在指定索引位置（2）插入元素'x'
In [8]: print(dq)                          #输出验证
deque([2, 'a', 'x', 'b', 'c', 1])
In [9]:  dq.pop()                          #弹出最右边的一个元素，并在队列中删除
In [10]:  print(dq)                        #输出验证
deque([2, 'a', 'x', 'b', 'c'])
In [11]:  dq.popleft()                      #获取最左边的一个元素，并在队列中删除
Out[11]: 2
In [12]:  print(dq)                        #输出验证
deque(['a', 'x', 'b', 'c'])
In [13]: dq.remove('x')                    #删除指定元素 x
In [14]: print(dq)                          #输出验证
deque(['a', 'b', 'c'])
In [15]: dq.reverse()                       #队列逆序
In [16]: print(dq)                          #输出验证
deque(['c', 'b', 'a'])
```

上述代码仅仅演示了 deque 的部分增、删、改、查功能。有了这些好用辅助方法，我们就可以

在双向列表中高效添加或删除元素了。

3.5.1.3 OrderedDict

我们知道，普通的字典是由一系列的键/值对构成的。在使用字典时，键是无序的。因此，在对字典对象做迭代时，由于无法确定关键字 key 的顺序，因此会带来操作上的不便。

如果想要保持关键字 key 的顺序，可以使用"定制版"的字典——有序字典（OrderedDict）。有序字典的底层是通过双向链表来实现的，内部通过 map()函数对指定字典元素序列做映射，以高效存储"键/值对"，示例代码如下。

```
In [1]: from collections import OrderedDict
In [2]: od = OrderedDict()         #创建有序字典
In [3]: od["a"] = 1                #添加字典元素
In [4]: od["c"] = 2
In [5]: od["b"] = 3
In [6]: print(od)                  #验证输出
OrderedDict([('a', 1), ('c', 2), ('b', 3)])
```

需要注意的是，OrderedDict 中的"键"是按照元素插入的顺序来排列的，而不按照键本身排序，我们可以用如下代码输出有序的键。

```
In [7]: list(od.keys())            #按照插入键的顺序返回
Out [7]: ['a', 'c', 'b']
```

OrderedDict 中有很多方法，下面我们仅挑选几个方法（update()、pop()、move_to_end()）来说明用法。先介绍一下 update()方法的作用，该方法用于向老字典 od 之中追加一个新字典，实际上，相当于合并了两个字典。

```
In  [8]: keys=["apple", "banana", "cat"]
In  [9]: value=[4, 5, 6]
In [10]: od.update(zip(keys,value))
In [11]: print(od)
OrderedDict([('a', 1), ('c', 2), ('b', 3), ('apple', 4), ('banana', 5), ('cat', 6)])
```

下面说明 pop()和 move_to_end()方法的用法。

```
In [12]: od.pop('a')        #将键为'a'的字典元素弹出，并从有序字典中删除它
Out[12]: 1
In [13]: print(od)          #输出验证
OrderedDict([('c', 2), ('b', 3), ('apple', 4), ('banana', 5), ('cat', 6)])
In [14]: od.move_to_end('b')   #将键为'b'的元素移到队尾
In [15]: print(od)              #输出验证
OrderedDict([('c', 2), ('apple', 4), ('banana', 5), ('cat', 6), ('b', 3)])
```

3.5.1.4 defaultdict

使用字典时，如果所引用的键不存在，就会抛出异常——KeyError，从而导致整个程序终止执行。如果希望键不存在时能返回一个默认值，就需要使用提供默认值的字典类型 defaultdict。

```
In [1]: from collections import defaultdict      #导入默认值字典
In [2]: dd = defaultdict(lambda: 'N/A')          #设置默认值
In [3]: dd['key1'] = 'abc'
In [4]: dd['key1']                                #key1 存在，正常输出
Out[4]: 'abc'
In [5]: dd['key2']                                #key2 不存在，返回默认值
Out[5]: 'N/A'
```

需要注意的是，字典 defaultdict 的默认值是在某个键缺位时才会返回的值，这个"默认补位"的值需要在创建 defaultdict 对象时传入。在 In [2]处，我们使用了一个匿名函数 lambda 来设置默认值。除了在键不存在时返回默认值，defaultdict 的其他行为与普通字典类型并无二样。

3.5.1.5 Counter

Counter 一词的中文含义就是"计算器"，在 Python 中它是 collections 包中提供的一个简易计数器类。例如，如果我们想统计某个单词出现的频率，一种简单的办法就是将单词作为字典的"键"，而将次数作为字典的"值"，然后用 for 循环轮询单词列表，每遇到同一个单词就让值+1。其代码如【范例 3-2】所示。

【范例 3-2】利用字典统计词频（for-loop-count.py）

```
01   colors = ['red', 'blue', 'red', 'green', 'blue', 'yellow']
02   result = {}
```

```
03   for color in colors:
04      if result.get(color)==None:     #如果是字典的新元素
05          result[color] = 1           #添加新的键/值对
06      else:
07          result[color] += 1          #如果是字典的老元素，则值 + 1
08   print (result)
```

【运行结果】

```
{'red': 2, 'blue': 2, 'green': 1, 'yellow': 1}
```

现在我们用 Counter 来实现与【范例 3-2】相同的功能，参见【范例 3-3】。

【范例 3-3】利用 Counter 统计词频（Counter-yellow.py）

```
01   from collections import Counter
02   colors = ['red', 'blue', 'red', 'green', 'blue', 'yellow']
03   result = Counter(colors)
04   print (dict(result))
```

【运行结果】

```
{'red': 2, 'blue': 2, 'green': 1, 'yellow': 1}
```

【代码分析】

【范例3-3】的第01行导入了Counter类①。第02行定义了一个列表colors，第03行创建一个Counter对象result，colors是Counter计数的数据源。第 04 行输出统计结果。需要注意的是，Counter并不能直接输出，必须显式地将Counter对象result转换为字典，才能正常输出。

显然，通过使用 Counter，代码更加简单了，也更加易读和易于维护了。

Counter 类中最常用的方法莫过于 most_common(n)了，这里的 n 表示某个数字，它表示出现频率最高的几个对象，它以列表中内嵌元组的形式出现，每个元组对象由两部分构成，前者是对象，

① 请注意：在 Python 中有这样的潜在命名规则，如果导入部分的首字母是大写的，通常表示一个类；如果导入部分的首字母是小写的，通常表示一个函数。

后者是对象出现的频率。例如，如果我们想返回出现频率最高的两个单词，可以在【范例 3-3】中添加如下代码。

```
05  print (result.most_common(2))
```

于是，运行的结果中就多出了如下内容。

```
[('red', 2), ('blue', 2)]
```

上述结果表示，单词 red 出现了 2 次，单词 blue 出现了 2 次。如果我们想读取 blue 的数量，则可按照层次解析的方法应用如下语法。

```
result.most_common(2)[1][1]
```

上述语句看起来有点复杂，为什么会写成这番怪模样呢？但如果你对 Python 面向对象的语法比较熟悉，就不难理解。

首先，如前所述，result.most_common(2)方法返回的是一个列表对象，其中包含两个元素（每个元素又是一个元组）。现在如果我们想提取第 1 个（从 0 开始计数）元素，那么就需要写成 result.most_common(2)[1]这样的形式，这个操作返回的依然是一个元组对象，这个元组里依然有两个元素，一个是'blue'，一个是 2。现在我们想读取第 1 个（从 0 开始计数）元素，那么就得再添加一层方括号，自然就是 result.most_common(2) [1][1]这样了。

3.5.2 datetime 模块

顾名思义，datetime 模块是 Python 处理日期和时间的标准库，它就是 date 和 time 模块的结合。该模块提供了多种操作日期和时间的类，在支持日期、时间数学运算的同时，重点聚焦于如何能够更高效地支持日期的格式化输出。

3.5.2.1 获取当前时间

我们先来看看如何获取当前日期和时间。

```
In [1]: from datetime import datetime    #导入日期类
In [2]: now = datetime.now()
In [3]: print(now)
```

```
2020-01-31 20:45:39.535529
```

对于 In [1]处的代码，需要注意的是，datetime 是模块，datetime 模块中还包含一个同名的 datetime 类，我们通过 from datetime import datetime 导入的才是 datetime 这个类。

如果仅导入 datetime 类，则必须引用全名 datetime.datetime。如果这样的话，上述 In [2]处的代码需要修改为如下形式。

```
now = datetime.datetime.now()
```

可以通过 type()函数来验证 now 这个对象的身份，见 Out[4]处，可以发现 datetime.now()返回的是当前的日期和时间，其类型是 datetime。

```
In [4]: type(now)
Out[4]: datetime.datetime
```

如果要返回特定日期和时间的对象，可以直接用 datetime 的构造方法来生成这样的对象，方法如下。

```
In [5]: from datetime import datetime
In [6]: date = datetime(2020, 10, 31, 12, 59)
In [7]: print(date)
2020-10-31 12:59:00
```

我们还可以利用 datetime 类的属性 year、month、day、hour 和 minute 分别输出 datetime 对象的年、月、日、小时和分钟，示例如下。

```
In [8]: date.year
Out[8]: 2020
In [9]: date.month
Out[9]: 10
In [10]: date.day
Out[10]: 31
In [11]: date.hour
Out[11]: 12
```

```
In [12]: date.minute
Out[12]: 59
```

3.5.2.2 datetime 转换为 timestamp

在计算机中，时间实际上是用整型数字表示的。我们把 1970 年 1 月 1 日 00:00:00 UTC+00:00 时区的时刻称为 epoch time（纪元时间），记为 0。1970 年以前的时间为负数。

我们当前的时间就是相对于纪元时间流逝的秒数，称为 timestamp（时间戳）。有了这个时间戳，计算机可以很容易地比较时间的先后。这个时间是机器可读的，但对人而言，理解起来比较困难，因此通常需要转换。

通过如下代码可以方便地查看当前实际的时间戳。

```
In [1]: from datetime import datetime
In [2]: dt = datetime.now()
In [3]: dt.timestamp()
Out[3]: 1567999546.724838
```

孔夫子有句名言："逝者如斯夫，不舍昼夜。"这句话形容时间像流水一样不停地流逝。因此当运行 In [3]处的代码时，得到的运行结果（时间戳）永远会不一样，因为时间戳永远会单向递增。另外，还需要注意的是，Python 中的时间戳是一个浮点数。如果有小数位，小数位表示毫秒。

有时，用户输入的日期和时间是字符串，要处理这样的日期和时间，首先必须把字符串转换为 datetime。转换方法并不复杂，可通过 datetime.strptime()实现，并需要制定一个日期和时间的格式化字符串，代码如下。

```
In [4]: from datetime import datetime
In [5]: cday = datetime.strptime('2020-10-30 11:00:30','%Y-%m-%d %H:%M:%S')
In [6]: print(cday)
2020-10-30 11:00:30
```

strptime()的第 1 个参数是日期字符串，很容易理解。这里，最复杂的部分莫过于该函数的第 2 个参数——变化多端的格式化参数。若格式标记出错，strptime()就难以解析出正确的日期。常见的日期格式如表 3-1 所示。

表 3–1　strptime( )函数中常见的日期格式

格式符	格式说明
%a	星期的英文单词缩写，如星期一返回 Mon
%A	星期的英文单词全称，如星期一返回 Monday
%b	月份的英文单词缩写，如一月返回 Jan
%B	月份的英文单词全称，如一月返回 January
%c	返回区域设置的适当日期和时间表示。不同的国家格式可能不同，如 2020/08/16 20:01:27（中国）、Tue Aug 16 20:01:27 2020（美国）、Di 16 Aug 20:01:27 2020（德国）
%d	返回当前日期是当前月的第几天
%f	表示微秒（Microsecond），范围[0,999999]
%I	以 12 小时制表示当前小时数，范围[1,12]，如 01，02，…，12
%j	返回当天是当年的第几天，范围[001,366]，如 001，002，…，366
%m	返回左侧 0 值填充的月份，范围[0,12]，如 01，02，…，12
%M	返回左侧 0 值填充的分钟数，范围[0,59]，如 01，02，…，59
%P	返回上午（AM）或下午（PM）
%S	返回左侧 0 值填充的秒数，范围[0,59]，如 01，02，…，59
%U	返回当周是当年的第几周，以周日为第一天，如 00，01，…，53
%W	返回当周是当年的第几周　以周一为第一天，如 00，01，…，53
%w	返回当天是当周的第几天，范围[0, 6]，6 表示星期天
%x	日期的字符串表示，如 07/10/2020，显示格式和区域设置有关
%X	时间的字符串表示，如 20:22:08
%y	用两个数字表示的年份，如 20
%Y	用四个数字表示的年份，如 2020
%z	表示与 UTC 时间的间隔，如果是本地时间，返回空字符串
%Z	表示时区名称，如果是本地时间，返回空字符串

3.5.2.3　datetime 转换为字符串

如果已经有了 datetime 对象，我们要把它格式化为字符串显示给用户，转换是通过另外一个函数 strftime()实现的。这里，同样需要格式化日期和时间字符串，因此，同样要用到表 3-1 中列举的格式。

```
In [1]: from datetime import datetime
In [2]: now = datetime.now()                    # 获取当前的时间和日期
```

```
In [3]: now.strftime("%Y")
Out[3]: '2020'
In [4]: now.strftime("%y")
Out[4]: '20'
```

3.5.2.4 datetime 加减

有时候，我们需要计算某两个时间或日期的差值，比如说相隔多少个小时，相差多少天等。这时，可以对日期和时间进行加减。这种操作实际上就是向前或向后计算 datetime，得到一个新的 datetime。

Python 提供了很多"语法糖"，对 datetime 的加减，可以直接用加 "+" 和减 "−" 运算符操作。不过，这时需要引入一个特殊的类——时间差类 timedelta，示例代码如下。

```
In [1]: from datetime import datetime , timedelta
In [2]: now = datetime.now()
In [3]: print(now.strftime("%Y-%m-%d %H:%M"))
2019-09-09 20:58
In [4]: date = now + timedelta(hours = 2)
In [5]: print(date.strftime("%Y-%m-%d %H:%M"))
2019-09-09 22:58
In [6]: date2 = now - timedelta(days = 2, hours = 12)
In [7]: print(date2.strftime("%Y-%m-%d %H:%M"))
2019-09-07 08:58
```

有了前面知识的铺垫，当我们想计算两个日期相隔多少时，利用时间差类 timedelta 就比较容易了，参见【范例 3-4】。

【范例 3-4】计算两个日期之间相隔的天数（gap-days.py）

```
01   from datetime import datetime,timedelta
02
03   list_1 = ["2020-10-07",'2013-09-01']
04   day1 = datetime.strptime(list_1[0], '%Y-%m-%d')   #将字符串转为 datetime 对象
05   day2 = datetime.strptime(list_1[1], '%Y-%m-%d')   #同上
06
```

```
07   deltadays = day1 - day2                  #时间差 timedelta 对象
08   print(deltadays.days)                    #输出 timedelta 对象
```

【运行结果】

```
2593
```

【代码分析】

有了时间差类 timedelta，我们可以直接输出时间差（如天数 days），而无须考虑闰年或闰月等复杂因素（第 08 行），因为该模块都提前为我们考虑好了。

3.5.3　json 模块

JSON（JavaScript Object Notation）是一个受 JavaScript 的对象字面量语法启发的轻量级数据交换格式。尽管 JSON 是 JavaScript 的一个子集，但 JSON 是独立于语言的文本格式。

用 JSON 格式描述的数据，可读性很强，其书写格式非常类似于字典，字段名称和值之间用冒号隔开，即"字段名称:值"。

作为 Python 的一个第三方包名，JSON 要用全部小写的形式，即 json。json 提供了与标准库 marshal 和 pickle 相似的 API 接口。

3.5.3.1　dumps 与 loads

在 Python 3.x 中，可以使用 json 模块来对 JSON 数据进行编解码，它包含了如下两个函数。

- json.dumps()：将 Python 对象序列化（即编码）为 JSON 格式的字符串。
- json.loads()：将 JSON 格式的字符串反序列化（即解码）为 Python 对象。

"dumps"的本意是"倾倒"，这里表示内存信息的转储，它可以把 Python 的原始类型（如字典、列表等）向 JSON 类型转换。

"loads"的本意是"装载"，这里表示把 JSON 类型变换为 Python 的原始数据类型。参见【范例 3-5】。

【范例 3-5】利用 json 模块实现序列化（dumps-json.py）

```
01   import json                      #导入 json 模块
02   data = {                         #定义一个字典 data
```

```
03      'name'  :  'ACME',
04      'shares' :  100,
05      'price' :  542.23
06    }
07    json_str = json.dumps(data)    #将字典 data 序列化为 JOSN 对象
08    print(json_str)
```

【运行结果】

```
{"name": "ACME", "shares": 100, "price": 542.23}
```

【代码分析】

查看第 07 行，序列化的 JSON 对象在本质上就是字符串，所以我们可以用 print()直接输出结果（第 08 行）。

我们也可以将一个 JSON 编码的字符串转换为一个 Python 数据类型，方法如下。

```
09    data1 = json.loads(json_str)      #反序列化
10    print(data1)
```

【运行结果】

```
{'name': 'ACME', 'shares': 100, 'price': 542.23}
```

【代码分析】

我们可以用 type()方法来查看 data1 的类型，如下。

```
type(data)
```

【运行结果】

```
dict
```

由运行结果可以看出，第 09 行代码成功将一个 JSON 字符串对象反序列化（解码）为一个字典类型。

3.5.3.2　dump 与 load

如果我们要处理的是文件而不是字符串，则可以使用 json.dump()和 json.load()来编码和解码 JSON 数据（即动词 dump 和 load 后面没有字母 s），如【范例 3-6】所示。

【范例 3-6】将列表保持到 json 文件中（json-file.py）

```
01    import json
02    #从列表中打包
03    data2 = [ { 'a' : 1, 'b' : 2,
04             'c' : 3, 'd' : 4,
05             'e' : 5 } ]
06    #将数据保存到 JSON 文件中
07    with open('data.json', 'w') as f:
08        json.dump(data2, f)
```

【运行结果】

运行上述代码之后，在 json-file.py 相同文件夹下将会出现一个 JSON 文件 data.json，如图 3-3 所示。

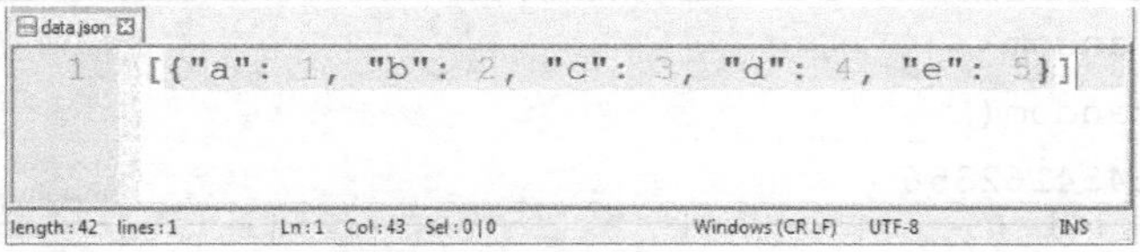

```
1    [{"a": 1, "b": 2, "c": 3, "d": 4, "e": 5}]
```

图 3-3　JSON 文件

【代码分析】

代码的第 03~05 行定义了一个列表，列表中有一个元素：一个含有多个键/值对的字典。第 07 行利用 open()函数创建了一个文件对象，并取了一个别名为 f。这里利用了 with 语句上下文管理器，执行 with 语句块后，系统会自动进行资源清理，针对上面的例子而言就是，执行 with 语句块后，Python 系统会自动关闭文件。

类似地，我们可以使用 json.load()把数据从 JSON 文件中读取出来，代码如下。

```
09    #将数据从 JSON 文件中读取出来
10    with open('data.json', 'r') as f:
11        data3 = json.load(f)
```

我们可以把 data3 中的字典信息读取出来，方法如下。

```
print(data3[0])
```

读取结果如下。

```
{'a': 1, 'b': 2, 'c': 3, 'd': 4, 'e': 5}
```

对比图 3-3 和上面的输出可以发现，JSON 编码格式和 Python 内置的字典类型几乎一样，也有一些细小差异。比如，Python 中的 True 会被映射为 true，False 会被映射为 false，而 None 会被映射为 null。

3.5.4 random 模块

Python 中的 random 模块用于生成随机数。下面我们介绍几个 random 模块中最常用的方法。

3.5.4.1 random()

random 模块中有一个同名的方法 random()。它用于生成一个 0~1 之间的随机浮点数。

```
In [1]: import random
In [2]: random.random()
Out[2]: 0.406306454162356
```

3.5.4.2 uniform()

上述的 random()方法只能返回[0,1)区间的随机数，如果我们要返回指定区间的随机数，该怎么办呢？这时，就需要利用 uniform()方法，该方法用于生成一个指定范围内的随机浮点数。该方法有两个参数，其中一个指定上限，另一个指定下限，示例如下。

```
In [3]: random.uniform(10,20)    #生成一个[10,20]区间的随机数（实数）
Out[3]: 13.42313008614384
```

这里有一个小技巧，如果我们对某个方法不熟悉，在 IPython 环境下可以通过 "？" 来查询更多信息，方法如下。

```
random.uniform?    #IPython 会弹出一个对话框，告知这个方法的使用信息
```

当然，我们也可以利用 seed()方法设置随机"种子"，可在调用其他随机模块函数之前调用该方法。这里简要解释一下随机数中"种子"的概念。我们常有这样的比拟：每棵大树，都曾只是一粒种子。也就是说，大树起始于种子。在生成随机数算法时，不论生成多少随机数，都要有一个作为起始条件的数字，这个起始数字就是"种子数"，简称"种子"（seed）。

```
In [4]: random.seed(123)          #设置随机种子为 123
In [5]: random.uniform(10,20)
Out[5]: 10.523635988509444
```

需要注意的是，一旦设定固定的种子，后续每次产生的随机数都是相同的，反而没有"随机"效果了。如果你想复现上次的随机结果，这种场景下，可以设定随机种子。否则，无须专门设定随机种子。

如果不设置随机种子，Python系统会自行设置[1]，基本上可以保证每次产生的随机数都是不同的。为什么说是"基本上"呢？这是因为Python中的random模块将Mersenne Twister作为核心生成器[2]，产生的随机数，实际上都伪随机数。

3.5.4.3 randint()

上面产生的随机数都是浮点数（实数），那能不能产生随机整数呢？答案是可以的，这时就要利用 random 的另外一个方法 randint()。

```
In [6]: random.randint(1, 100)    #生成一个[1,100]之间的随机整数
Out[6]: 12
```

3.5.4.4 randrange()

如果我们想在某个特定产生的序列中随机挑选一个元素，就需要用到 randrange()方法。randrange()用于在指定范围内按指定基数递增的集合中获得一个随机数，它有三个参数，前两个参数代表范围下限（包含在范围内）和上限（不包含在范围内），第三个参数是递增增量。

```
In [7]: import random
```

---

[1] 如果不设定随机种子，Python 会根据系统时间来执行选择，由于每次运行时，系统时间都是不同的，因此生成的随机数也会因时间差异而不同。

[2] 马特赛特旋转演算法是伪随机数生成方法之一。该算法是 Makoto Matsumoto（松本）和 Takuji Nishimura（西村）于 1997 年发明的，它可以快速产生高质量的伪随机数，修正传统随机数产生的算法缺陷，因此被广泛使用。

```
In [8]: random.randrange(1, 20, 3)
Out[8]: 13
```

我们知道，range()函数可以创建一个整数列表，一般用在 for 循环中。我们可以很容易地验证如下代码的功能。

```
for x in range(1,20, 3):
    print(x, end = ' ')
```

【运行结果】

```
1 4 7 10 13 16 19
```

因此，randrange(1, 20, 3)的功能实际上就是在 range(1,20, 3)产生的序列中随机挑选一个。

3.5.4.5　choice()

如果我们想从众多元素中选取一个元素，这个元素并不一定是某个数值，而是列表、元组、字典等数据类型中的一个元素，该如何处理呢？这时，我们需要 choice()方法来帮忙。

```
In [9]: prize = ["一双拖鞋", "一桶油","一瓶水"]
In [10]: random.choice(prize)
Out[10]: '一桶油'
```

3.5.4.6　choices()

如果想一次性随机挑选多个元素，可以用 choices()方法，也就是随机挑选一个元素的 choice()方法的复数形式（加上 s）。

```
In [11]: from random import choices
In [12]: data = (1, 2, 3, 4, 10, 7, 9)    #定义一个元组 data
In [13]: choices(data, k = 3)
Out[13]: [3, 3, 4]
```

需要注意的是，choices()方法是"放回采样"的，也就是说某个值被随机选中后，在下一轮中，候选数据集中还有它，它还有可能被再次选中（参见 Out[13]）。choices()方法相当于调用 k 次 choice()方法，这里的 k 为 choices()方法中设定的随机挑选数量，以上示例中 k 值为 3。

3.5.4.7　sample()

如果我们想一次性随机抽取多个不重复的元素，这时需要用到 sample()方法。

```
In [14]:from random import sample
In [15]:data = (1, 2, 3, 4, 10, 7, 9)
In [16]:sample(data, 3)          #从 data 中随机挑选 3 个元素
Out[16]: [2, 1, 3]
```

sample()方法用于从指定序列中随机获取指定长度的片段，原有序列不会改变。该方法有两个参数，第一个参数代表指定序列，第二个参数是需要获取的片段长度。

3.5.4.8　shuffle()

如果我们想对序列的所有元素进行打乱排序，就需要利用 shuffle()方法。 shuffle 的本意为"混洗、洗牌"，这里也用到了随机的概念，因此也需要 random 模块导入。

```
In [17]: from random import shuffle
In [18]: lst = ['张 3', '张 4', '张 5', '张 6', '张 7', '张 8']
In [19]: shuffle(lst)            #混洗列表元素，改变原有序列
In [20]: print(lst)
['张 7', '张 8', '张 4', '张 5', '张 6', '张 3']
```

3.6　本章小结

在本章中，我们主要讲解了 Python 模块的使用方法。使用模块能够大大提高 Python 的开发效率。一方面我们可以通过 import 导入他人开发的类库。另一方面，我们也可以创建个性化的模块。

在常用的 Python 内置模块中，我们主要讲解了高性能的数据容器类型——collections，这个模块中主要包括但不限于五类：namedtuple、deque、OrderedDict、defaultdict 和 Counter。

接着，我们讨论了 Python 处理日期和时间的标准库 datetime。该模块提供了多种操作日期和时间的类，能够更高效地支持日期的格式化输出。json 模块也很常用，它主要来对 JSON 数据进行序列化和反序列化，方便数据的交换和传递。

最后我们讨论了随机数生成模块 random，这是一个非常有用的伪随机数生成模块。在 random

模块中有很多好用的方法，如 random()、uniform()、choice()、sample()等。

3.7 思考与提高

利用本章学习的知识，尝试完成如下小项目。

（1）利用 random 模块相关知识，尝试生成 500 个优惠券激活码（长度为 n，n 可自定义），激活码一般都是由字母和数字组成的，首先要有一个包含所有字母和数字的字符串，然后随机取出几个字母或数字。

（2）尝试把生成的 500 个优惠券激活码利用 json 模块保存到本地，文件名为 coupon.json。

（3）读取 coupon.json，提示用户激活，验证成功后，该激活码失效。

【案例分析】

本题主要考察 random 和 json 模块的使用，其中还涉及字典推导式及对字符串等数据类型的操作。解决方案有很多种，下面我们提供其中的一种。

【参考代码】

创建优惠券激活码的 Python 代码如下。

```
01  #这是第一个 Python 文件：create_coupon.py
02  import string
03  import random
04
05  #（1）生成 500 个随机激活码
06  coupon_dict = {"".join(random.choices(string.printable[:62], k = 7)) : 1
07          for _ in range(500) }
08  #（2）序列化到本地
09  import json
10  with open('coupon.json', 'w') as f:
11      json.dump(coupon_dict, f)
```

处理优惠券激活码的 Python 代码如下。

```
01    #这是第一个 Python 文件：read_coupon.py
02    import json,random
03    #（3）验证用户序列号，读入验证文件
04    prize = ["一双拖鞋", "一桶花生油", "一瓶水"]
05    with open('coupon.json', 'r') as file:
06        codes = json.load(file, encoding='UTF-8')
07        key = input('请输入序列号：')
08        if key in codes.keys():
09            if codes[key] == 1 :
10                print('此序列号可用！\n 奖品为{0}'.format(random.choice(prize)))
11                codes[key] = 0
12            else:
13                print('抱歉，此序列号不可用！\n 奖品已被领取！')
14        else:
15            print('此序列号不可用！')
16    # 将序列号更新至 json 文件
17    with open('coupon.json', 'w', encoding = 'UTF-8') as file:
18        json.dump(codes, file)
```

Chapter four

第 4 章　Python 函数

在 Python 中，函数是事先组织好的、可重复使用的功能代码段。合理使用函数，能显著提高代码的复用率和开发效率。在本章中，我们将主要讨论 Python 函数的定义、函数的参数(包括关键字参数、可变参数、默认参数等)"花式"传递、函数的递归调用及函数式编程方法（包括 lambda 表达式、filter()函数、map()函数和 reduce()函数等）。

本章要点（对于已掌握的内容，请在对应的方框中打钩）

☐ 掌握函数的定义和函数文档的构建

☐ 掌握函数的参数传递方式

☐ 理解计算机中的递归思维

☐ 掌握常见的函数式编程方法

4.1 Python 中的函数

有了前面章节的语法铺垫，现在我们已经可以动手编写简单的 Python 程序了。但随着代码越写越多，我们会发现，很多代码的功能其实非常相似，但这些代码却被重复地输入和执行。于是，人们开始考虑，能否将这些功能特定、重用频率高的代码段封装起来呢？于是，函数的概念就出现在编程语言中了。

4.1.1 函数的定义

在中文里，"函数"（Function）一词最早是由清末翻译家李善兰创造出来的。李善兰在翻译西方数学著作时，根据对应变化关系发明了这个名词，他讲："凡此变数中函（即蕴涵之意）彼变数者，则此为彼之函数。"

李善兰笔下的函数，侧重于数学意义上的解释。但计算机编程领域更侧重表达它的第二层含义——完成某项具体功能的代码段。无功能，无以谓之函数。

事实上，对于 Python 函数的使用，我们并不陌生。在前面的范例中，我们已经多次使用了 Python 的内置函数（Build in Function，简称 BIF），如 print()、len()、range()等。但有时，标准化的内置函数并不能满足我们的个性化功能需求，这时就需要我们自己创建函数，即用户自定义函数。使用自定义的函数能显著提高代码的重复利用率和程序的模块化水平。

那么，在 Python 中，该如何自定义一个函数呢？要做到这一点，需要遵循如下四个简单规则。

- 函数代码块以 "def" 关键字开头，后接函数标识符名称和圆括号()。
- 传入参数须放在圆括号之内，不同的参数用逗号隔开。即使一个参数也没有，这对圆括号也必须保留。
- 函数体必须以冒号起始，函数的作用范围要按规定统一缩进。
- 以 "return [表达式]" 结束函数，选择性地返回某个特定值给调用方。如果不写 return 表达式，系统会自动返回一个默认值 None。

定义函数的一般格式如下。

```
def 函数名（[参数列表]）:
''' 函数文档注释 '''
函数体
```

函数名、参数类型及其出现顺序，构成了一个函数的"签名"。在调用函数时，除了函数名必须正确，函数的实参和形参也需要按函数声明中定义的顺序一一匹配。也就是说，"函数签名"必须一致，验明正身，函数才能被正确调用。示例代码如【范例 4-1】所示。

【范例 4-1】定义函数（def-func.py）

```
01    # 计算面积函数
02    def area(width, height):
03        return width * height
04
05    w = 4
06    h = 5
07    print("width =", w, " height =", h, " area =", area(w, h))
```

【运行结果】

```
width = 4  height = 5  area = 20
```

【代码分析】

在上述代码中，第 02~03 行定义了一个名为 area 的函数，第 07 行调用了这个函数。在这个例子中，width 和 height 是函数的形式上的参数，简称形参。第 07 行中的参数 w 和 h 有实实在在的值（分别为 4 和 5），称为实参。

【范例 4-1】所实现的功能就是，给定矩形的长和宽，求矩形的面积。这并没有什么特别之处。但有别于其他编程语言的地方在于，在 Python 中，函数定义的形参类型并不需要提前声明。当实参给形参赋值时，实参的类型就是形参的类型。如第 07 行的 area(w, h)，由于实参 w 和 h 是整型（第 05~06 行定义），于是形参 width 和 height 的类型就是整型。

如果实参的类型发生变化，形参的类型也会随之发生改变。比如，如果实参 w 和 h 的值分别是 4.0 和 5.0，那么函数调用时，形参 width 和 height 的类型就是浮点型。函数的母体 area 以"不变应万变"之势，等待不同类型实参的到来。这个态势，非常类似于 C++ 等语言中的模版函数（Template Function）的功能。

其实，我们还可以定义一个什么都不做的空函数，其中用 pass 语句代替函数内部的代码块（类似于 C、C++、Java 中的"；"），代码如下所示。

```
def do_nothing():
    pass        #空语句
```

pass 语句如果啥事都不做，那要它有何用呢？实际上，pass 可以作为一个占位符来用——视为未成熟代码的"预留地"。比如说，如果我们还没想好函数的内部实现，就可以先放一个 pass，让代码先跑起来。

pass 语句还可以用在其他语句里。比如说，在 if 语句里，如果还没有想清楚在符合什么条件下干什么事，就可以用 pass 暂时"蒙混过关"。

```
if num >= 100:
    pass
```

在这个 if 条件内部，如果缺少了 pass，代码就会产生语法错误而无法运行。

4.1.2 函数返回多个值

前面我们提到，Python 的函数可以利用 return 语句，选择性地返回一个特定值给调用方。如果没有使用 return 语句，系统会自动返回一个默认值 None。

现在我们的需求是，让 Python 函数返回多个值，那么这个需求可以实现吗？其实并不简单——从效果上看，是可以的；从本质上讲，是不行的。

我们先说第一个层面，从效果上看，通过 Python 语法糖的包装，的确可以达到让 return 语句返回多个值的目的，请参考【范例 4-2】。

【范例 4-2】函数返回多个值（return_n_val.py）

```
01   def return_mul_val():
02       my_str = "Hello Python"
03       num    = 20
04       return my_str, num        #返回 my_str 和 num 两个值
05
06   str_, x = return_mul_val()  #用 str_ 和 x 两个变量接收函数返回的两个值
07   print(str_, x)
```

【运行结果】

Hello Python 20

【代码分析】

从形式上看，代码第 04 行的确返回了多个值，而从第 06~07 行的输出效果来看，返回的值也的确被正确解析出来了。但这其实只是一种假象。在本质上，Python 函数返回的仍然是单一值。为什么这么说呢？

在前面的章节中，我们提到，对于元组而言，逗号甚至比那对圆括号更具有身份象征意义。在 Python 语法上，为了书写方便，去掉包裹元素的圆括号而仅保留逗号也能定义一个元组。根据这样的规定，第 04 行返回的实际上是"一个"元组——(my_str, num)。这里描述的重点是量词——一个！

如果细究 Python 语法，可以发现，在代码第 06 行，等号（=）左边的"str_, x"实际上也被 Python 定义为一个匿名的元组了。这样一来，第 06 行完成的实际上是两个元组之间的赋值。而元组之间的赋值，其实就是按照元素对应（element-wise）位置一一赋值。

第 04 行说的是返回一个元组，实际上，返回的是元组的引用（即它在内存中的编号）。为了方便理解，这里我们把内存编号比作宾馆房间的门牌号。假设现在我们规定，服务员一次性只能处理一个房间号（类似于函数只能返回一个值），而一个房间号通常只对应一个人。于是，我们就可以得出一个"临时性"的结论：服务员一次只能接待一个人。

但如果服务员处理的是总统套房的房间号呢？从表面上来看，服务员还是一次只能处理一个房间号，并没有违反规定，但接收方一旦收到这个总统套房的房间号，就可以按照套房中的内部结构，"按图索骥"，找到套房内各个小房间里的人，从而"间接"达到一次服务多个人的目的，类似于函数可以一次返回多个值。这种打包返回多个值的行为，可称为"集装箱"参数返回。

类似地，我们可以利用函数返回一个列表、一个字典、一个集合等。而列表、字典、集合等都属于复合数据类型，它们内部都可以包含多个元素。如此一来，同样能达到 Python 函数返回多个值的目的。

4.1.3　函数文档的构建

前面的章节中，我们已经学习了 Python 中的注释方式，单行注释以#开头，进行多行注释时通常用三个单引号（'''）将注释部分包裹起来。

在函数的定义中，常利用多行注释给函数写文档，称为函数文档。为什么要给函数写文档呢？函数实现其对应的功能不就大功告成了吗？当然没有这么简单。

我们知道，在复杂系统的开发流程中，大规模协助是常态。有时我们必须和他人进行团队合作才能完成大项目的开发，这时就有一个很迫切的需求——与你合作的他人必须能看懂你的代码。在程序员的世界里，有这么一个笑话："刚写的代码只有我和上帝能看懂，一个月之后，就只有上帝能看懂了。"

本质上，代码是程序员思维方式的一种物化形式。不太严谨地说，这世界上，没有比理解另一位程序员的思维更加困难的事情了。因此，为 Python 代码写文档，增强程序的可读性和可用性，是非常重要的，也是程序员的专业化素养。

给函数添加注释的目的在于，描述如何使用这个函数。下面我们先来感受一下 Python 官方给出的文档注释范本。比如说，假设我们不知道字符串对象 str 的使用信息，于是我们需要寻求帮助。在前面的章节中，我们学习到了一个通用的技巧，即对于不熟悉的函数，只要在命令行中使用帮助函数 help() 即可获取查询对象的帮助信息，于是我们可以得到如下结果（部分信息）。

```
In [1]: help (str)
Help on class str in module builtins:

class str(object)
 |  str(object='') -> str
 |  str(bytes_or_buffer[, encoding[, errors]]) -> str
 |
 |  Create a new string object from the given object. If encoding or
 |  errors is specified, then the object must expose a data buffer
 |  that will be decoded using the given encoding and error handler.
（省略部分输出结果）
```

从上面的输出结果可以看出，help() 函数功能非常强大。有了 help()，就如遇见生僻字而身边恰好有一本字典一样，甚是方便。

但追本溯源，为什么 help() 函数能输出 str 对象的帮助信息呢？实际上，功劳还是归 str 自己，str 事先准备了详细的文档，help() 函数不过是"照本宣科"输出这部分文档罢了。那我们能不能也写出这样具有"专业范儿"的帮助文档呢？答案当然是可以的。

下面我们改写【范例 4-1】，形成有函数文档的【范例 4-3】。

【范例 4-3】包含文档的函数（func-doc.py）

```
01  # 计算面积函数
02  def area(width, height):
03      '''
04      功能：计算矩形的面积
05      参数：
06      ----------
07      width : 数值型
08          矩形的宽度
09      height :数值型
10          矩形的高度
11
12      返回值
13      -------
14      rec_area: 数值型
15          矩形的面积：width * height
16      '''
17      rec_area = width * height
18      return rec_area
19
20  w = 4
21  h = 5
22  print("width =", w, " height =", h, " area =", area(w, h))
```

【运行结果】

```
width = 4  height = 5  area = 20
```

【代码分析】

本例的功能和【范例 4-1】完全一样，但在第 03~16 行添加了函数文档（一种特殊的注释）。通过运行上述程序，area 函数已经运行在内存之中。此时，假设你是一个对该函数用法不甚了然的用户，若想知道该函数的功能及使用方法，仅在命令行输入 help(area)就可以查询函数的使用信息了，如图 4-1 所示。

```
In [2]:     1  help(area)

          Help on function area in module __main__:

          area(width, height)
              功能: 计算矩形的面积

              参数:
              ----------
              width : 数值型
                  矩形的宽度
              height :数值型
                  矩形的高度

              返回值
              -------
              rec_area: 数值型
                  矩形的面积: width * height
```

图 4-1　查询函数的使用信息

从上面的输出可知，函数文档和函数体会一并存储起来以备后用。我们知道，在 Python 中，一切皆对象，函数也不例外。作为一个对象，函数有一个特殊的属性__doc__（注意：doc 左右两侧均为两个下画线），通过这个属性同样可以获得函数的描述文档。通过"函数名.__doc__"的方法获取函数文档的代码如下所示。

```
In [3]: area.__doc__
Out[3]: '\n    功能: 计算矩形的面积\n\n    参数: \n    ----------\n    width : 数值型
\n        矩形的宽度\n    height :数值型\n        矩形的高度\n\n    返回值\n
-------\n    rec_area: 数值型\n        矩形的面积: width * height\n    '
```

从上面的输出可以发现，输出结果的格式并不太美观，比如说把回车键输出为"\n"（换行符）。对于这种情况，一个改进方法是借助 print 语句输出描述信息，如 print(area.__doc__)，它的输出结果就会和图 4-1 所示的一致了。

在 IPython 环境中，在函数名后面加上一个问号（?）[①]即可输出函数的签名（由函数名和参数构成）及帮助文档，如图 4-2 所示。

[①]　问号（?）可以放到函数名的前方。另外一个小技巧是，如果想查看该函数的源代码，可以在函数名后面加两个问号（??）。

```
In [4]:   1 area?
```

```
Signature: area(width, height)
Docstring:
功能：计算矩形的面积

参数：
----------
width  ：数值型
        矩形的宽度
height ：数值型
        矩形的高度

返回值
-------
rec_area: 数值型
        矩形的面积：width * height
File:       ~/00-book-chaps/<ipython-input-2-8a450c6ab6f7>
Type:       function
```

图 4-2　在 IPython 环境查看函数的使用信息

4.2　函数参数的"花式"传递

函数参数，是函数与外界交换信息的重要媒介。因此，用好函数的参数非常重要，下面我们就来讨论一下 Python 函数参数的用法。

4.2.1　关键字参数

在 Python 中，函数的参数分为两种。一种是前面提到的普通参数，也被称为位置参数（Positional Argument），言外之意是，参数的位置非常重要，在调用函数时，实参的顺序和类型，要和形参的顺序和类型一一对应，否则就会报错。

但有时，粗心的程序员会把参数的位置搞错，从而导致调用失败。于是，贴心的 Python 就提供了一颗"语法糖"——关键字参数（Keyword Argument）。关键字参数亦称命名参数（Named Arguments）。

相比于位置参数的位置是至关重要的，在关键字参数中，位置无关紧要，但参数（即形参）的名称非常重要。也就是说，有了关键字（参数名称）的标定，即使参数顺序变了，解释器依然能"按图索骥"找到实参和形参的对应关系，参见如下代码。

```
In [1]: def saySomething(name, word):        #定义一个包括两个参数的函数 ①
   ...:     print(name + ' : ' + word )
In [2]: saySomething("Zhangsan", "Hello World")    #正常顺序调用
Zhangsan : Hello World
In [3]: saySomething(word="Hello World", name="Zhangsan") #故意以错误顺序调用
Zhangsan : Hello World
```

从运行结果可以看出，第二次调用函数时故意将参数顺序弄反（实际情况可能是失误弄反），但结果和参数顺序正确时一样。这其中的门道就在于，在传递实参时指定了关键字（即形参的名称），通过这种绑定关系，即使实参顺序有误，解释器也能帮忙纠偏。

4.2.2　可变参数

存在可变参数（Variable Parameter）的情况是指，在函数调用时，其参数的个数并不固定。在 C、C++或 Java 中，可变参数应用得非常普遍。比如说，在 C、C++中，我们在使用 printf()函数时，无论传递多少参数，只要格式正确，程序都不会报错。

在 Python 中，其实也能很方便地使用可变参数。Python 中的可变参数的表现形式为，在形参前添加一个星号（*），意为函数传递过来的实参个数不定，可能为 0 个、1 个，也可能为 n 个（$n \geqslant 2$）。需要注意的是，不管可变参数有多少个，在函数内部，它们都被"收集"起来并统一存放在以形参名为某个特定标识符的元组之中。因此，可变参数也被称为"收集参数"。参见如下代码。

```
In [4]: def varParaFun(name,*args):
   ...:     print("位置参数是： ",name)
   ...:     print("收集参数是： ", args)
   ...:     print("第一个收集参数是： ", args [0])
In [5]: varParaFun("Zhangsan",111,222,333)

位置参数是：  zhangsan
收集参数是：  (111, 222, 333)
第一个收集参数是：111
```

---

① 在 Python 交互环境中定义函数时，注意会出现 "..." 延续符号提示。函数定义结束后需要按两次回车键重新回到>>>提示符下。在 In [6]处第 2 行前的 "…"，就是续行符号。下同。

在In [4]处，形参args就是元组。其前面的星号（*）并不是形参的一部分，而是用来标识args是一个可变参数[①]的。需要说明的是，在函数参数列表中，常用*args来表示可变参数，实际上args就是一个形参名，它可以是任何合法的Python名称。args是arguments（参数）的英文简写，这里常用这个名称，就是因为它具有可读性。

下面，我们再来看一个更加实用的可变参数示例，以便更加感性认知可变参数带来的便利，见【范例4-4】。

【范例4-4】可变参数范例（var-argments.py）

```
01   def mySum(*args):
02       sum = 0
03       for i in range(0, len(args)):
04           sum = sum + args[i]
05       return sum
06
07   #可变参数函数调用
08   print(mySum(1, 2, 3, 4, 5))      #5个整型数值求和
09   print(mySum(20.1, 30.2))         #2个浮点数求和
```

【运行结果】

```
15
50.3
```

【代码分析】

简单解释一下上述代码。如前所述，可变参数被打包成了一个元组。而读取元组元素的格式就是"元组名[索引]"。所以，在第03~04行的for循环中，我们先用全局函数len()读取元组中的元素个数（即长度），然后用读取元组中元素的方法args[i]，逐一读取数据并求和。

除了用单个星号（*）表示可变参数，其实还有另一种标定可变参数的形式，即用两个星号（**）来标定。通过前文的介绍，我们知道，一个星号（*）将多个参数打包为一个元组，而两个星号（**）的作用是什么呢？它的作用就是把可变参数打包成字典模样。

[①] 有过 C、C++编程经验的读者可能会将可变参数与函数中的指针类型参数混淆。事实上，在 Python 中没有指针的概念。这里的"*"仅仅是身份标识——可变参数。

这时调用函数则需要采用如"arg1 = value1,arg2 = value2"这样的形式。等号左边的参数好比字典中的键（key）[①]，等号右边的数值好比字典中的值（value），示例代码如下。

```
In [6]: def varFun(**x):
   ...:     if len(x) == 0:
   ...:         print ("None")
   ...:     else:
   ...:         print(x)


In [7]: varFun()                    #0 个参数
None
In [8]: varFun(a = 1,b = 3)         #有 2 个参数，以键/值对将可变参数存放在字典中
{'a': 1, 'b': 3}
In [9]: varFun(1,3)                 #错误！必须以键/值对（即字典）的形式给函数传参
Traceback (most recent call last):
  File "<pyshell#36>", line 1, in <module>
    varFun(1,3)
TypeError: varFun() takes 0 positional arguments but 2 were given
```

从上述代码的输出结果可以看出，以两个星号（**）标定可变参数时，表明可变参数是字典元素。在调用时，参数必须成对出现，并用等号区分键和值，这时如果我们还使用传统的参数赋值方式，如 varFun(1,3)，编译器是不会答应的。

除了用等号给可变关键字参数赋值，事实上，我们还可以直接用字典给可变关键字参数赋值，如【范例 4-5】所示。

【范例 4-5】用字典给可变关键字参数赋值（kwargs.py）

```
01   def some_kwargs(name, age, sex):
02       print("姓名:", name)
03       print("年龄:", age)
04       print("性别:", sex)
05
```

[①] 在函数参数列表中，可变关键字参数常用"** kwargs"表示，其中 kwargs 是 key words arguments（关键字参数）的英文简写，作为形参名称，kwargs 可以是任何具有可读性的名字，如示例代码中的**x。

```
06    kwargs_dic = {'name' : 'Alice', 'age' : 11, 'sex' : '女'}
07
08    some_kwargs(**kwargs_dic)
```

【运行结果】

```
姓名：Alice
年龄：11
性别：女
```

在形式上，可变数量的关键字参数调用，有点类似于带有默认参数值的参数调用。下面，我们就顺便讨论一下带有默认参数的函数使用方法。

4.2.3　默认参数

在函数定义时，函数中某些形参被事先赋予了默认值，这类带有默认值的形参，称为默认参数。用户在调用函数时，如果给定的实参"守规矩"，则按照形参的要求"按质保量"地传递实参倒也罢了，但万一用户没有这么做，提供的实参"缺斤少两"该怎么办呢？

此时，按照普通位置参数的调用规则，函数调用是不成功的。为了避免出现这种情况，可在函数定义时提前给某些形参赋予一个默认值。这样的参数就相当于"替补队员"，能在实参缺位时及时补上。参见如下代码。

```
In [10]: def defautFun(x,y = 3):      #给 y 设定一个默认值 3
   ...:       print(x, y)
   ...:
In [11]: defautFun(1,5)    #正常调用，给足两个参数，参数 y 被赋值为 5，覆盖默认值 3
1 5


In [12]: defautFun(1)       #默认调用，只给一个参数，第二个参数采用事先给定的默认值 3
1 3
```

我们可以使用"函数名.__defaults__"的形式来查看某个函数中参数的默认值，如下所示。

```
In [13]: defautFun.__defaults__
Out[13]: (3,)
```

函数的默认参数很好用，但如果使用不当，也会"莫名其妙"掉到坑里。举个例子，假设我们想定义一个函数，传入一个列表（这个列表默认是空列表），添加一个字符串'END'再返回，则该函数可以如下定义。

```
01  def add_end(L = []):   #默认参数 L 为空列表
02      L.append('END')
03      return L
```

当我们正常调用这个 add_end 函数，即显式传递实参列表（假设实参名为 a_list）时，实参 a_list 会覆盖默认参数提供的空列表[]，这样操作自然不会有问题，但同时也没有发挥出默认参数的作用，示例代码如下。

```
In [14]: add_end(['Hello', 'World', 'Python'])
Out[14]: ['Hello', 'World', 'Python', 'END']
```

但当我们启用默认参数时，就会出现问题，如下。

```
In [15]: add_end()                    #首次调用，没有提供实参，启用默认参数
Out[15]: ['END']                      #输出正确
In [16]: add_end()                    #二次调用，启用默认参数
Out[16]: ['END', 'END']               #输出错误
In [17]: add_end()                    #二次调用，启用默认参数
Out[17]: ['END', 'END', 'END']        #输出错误
```

可能会有读者困惑，对于 In [16]和 In [17]处的调用，明明列表 L 的默认参数是[]，但函数 add_end 似乎每次都"记住了"上一次调用后添加'END'的列表。

关于以上问题，是因为，Python 函数在刚定义时，默认参数 L 的值就已经被计算出来了，即空列表[]。函数对象 add_end 和它的属性——默认参数 L 同时存在于内存中。

但由于列表 L 是一个可变量（mutable），每次调用该函数时，如果改变了 L 的内容，则下次调用时，默认参数就会改变，不再是函数刚开始定义时的那个空列表[]了。

那么该如何避免这种情况呢？我们需要记住的是，在定义默认参数时务必要让这个默认参数是不可变对象（immutable），比如说数值型、元组、字符串、不可变集合（frozenset）、None 等。

对于上面的示例，我们可以用 None 这个不变对象来加以修正，代码如下。

```
01  def add_end(L=None):        #设定默认参数为不可变对象 None
02     if L is None:
03        L = []
04     L.append('END')
05     return L
```

使用修正后的默认参数函数 add_end 后，无论调用多少次 add_end()，都会有正确的输出。使用诸如 str、元组等不可变对象（类似于 C++、Java 中的常量类型）是有好处的，其中最明显的好处在于，不可变对象一旦创建后，对象内部的数据就不能修改，这样就减少了由于修改数据而造成的错误。

此外，由于对象是不可变的，在多任务环境下同时读取对象不需要加锁来避免多用户写数据带来的延迟，同时对读数据也没有影响。因此在编写程序时，只要条件允许，要尽可能将操作对象设计成不可变对象。

比如说，前面我们已经阐述了【范例 4-2】中第 04 行返回的是一个匿名元组。其实，我们完全可以返回一个列表，如下所示。

```
return [my_str, num]    #两个参数外围的方括号表明返回的是一个列表
```

除第 04 行添加列表的标记——那对方括号之外，其他代码无须修改，程序也能正确运行，但【范例 4-2】中第 06 行的物理意义就发生了变化，它完成的是一个列表对元组的赋值。虽然功能不变，但第 04 行的代码规范违背了前面我们提到的原则——尽量使用不可变对象。

4.2.4　参数序列的打包与解包

在前面的章节中，我们介绍了两种可变参数的标记方式：利用一个星号（*）构建一个参数元组；利用两个星号（**）构建参数字典。

事实上，在函数参数传递过程中，还有一种看似类似实则不然的参数传递方式。说它"类似"，是因为在外观上它也在参数前打上一个星号（*）。说它"不然"，是因为这种操作的内涵不同：星号（*）是作用在实参上的；实参是有讲究的，这些实参主要包括列表、元组、集合、字典及其他可迭代对象。

　　如果在这类实参前面加上一个星号（＊），那么 Python 解释器就会对这些可迭代对象进行解包（unpacking，亦有文献译作"解压"），然后将解包后的元素一一分配给多个形参。

　　说到解包，我们先介绍一下它的反操作——打包（packing），参见如下代码。

```
In [1]: val = 1, 2, 3, 4

In [2]: type(val)
Out[2]: tuple

In [3]: val
Out[3]: (1, 2, 3, 4)
```

　　在输入 In [1]处，表达式等号的右边分别是四个零散的整型数 1, 2, 3, 4，然后赋值给了 val 对象。通过元组知识的学习，我们知道，Python 将等号右边的四个整型数"打包"成了一个匿名的元组，然后赋值给 val。

　　另一方面，Python 中变量的类型并不需要事先声明，而是通过赋值得到的。通过赋值操作，将等号右边的变量类型赋给等号左边的对象即可。如此一来，In [1]处 val 的类型就被定义为一个元组了。

　　上述判断可从 Out[2]的输出结果中得到印证。在输出 Out[2]中，元组的另外一个标志——那对圆括号()，也被 Python 解释器自动加上了。

　　现在的问题是，如果我们把元组作为一个整体给分散对象赋值，那么这个打包元组中的元素会被一一解析出来吗？延续前面变量 val 的赋值，请参考如下代码。

```
In [4]: a, b, c, d = val

In [5]: print(a, b, c, d)
1 2 3 4

In [6]: type(a)
Out[6]: int
```

　　从输入 In [4]处可知，通过等号可将右侧的元组 val 一一对应赋值给等号左侧的四个变量。在其他编程语言中，一对四的赋值方式通常是不被允许的。但在 Python 语法糖的包装下，上述方式是合法的。在 In [5]处，通过 print()输出验证，变量 a、b、c、d 的值均可正常输出。

在In [6]处，用全局函数type()测试a的类型，可以看出，a的类型也是正确的（int），并非val的元组类型。我们把这种将可迭代对象的元素分别赋值为分散对象的过程，称为解包[①]。

关于解包，需要注意的有两点。

第一点：被解包的序列中的元素数量必须与赋值符号（=）左边元素的数量完全一样，否则就会报错。参见如下代码。

```
In [7]: val = 1, 2, 3        #val 为一个包含三个元素的元组

In [8]: a, b, c, d = val    #将 val 解包给四个元素，错误！
--------------------------------------------------------------------------
ValueError                          Traceback (most recent call last)
<ipython-input-14-a5c78f840c05> in <module>
----> 1 a, b, c, d = val

ValueError: not enough values to unpack (expected 4, got 3)
```

在 In [7]处，元组 val 内包含三个元素，分别是 1、2、3。但在 In [8]处，等号右侧有四个变量（分别是 a、b、c、d）等着被赋值，解包元素的数量不够！因此 Python 解释器会"毫不客气"地指出问题所在：没有足够的值来解包。

第二点：支持解包操作的不仅限于元组，也包括所有可迭代的对象，比如列表、字典等。

于是，我们想知道，这种自动解包的行为能否也在函数参数传递时发生？比如说，如果实参为一个列表或元组，它会自动解包，将其内的元素一一分配给不同的形参吗？想知道答案，请参看如下代码。

```
In [9]: def fun(a, b, c, d):        #定义带有四个参数的函数 fun()
   ...:     print(a, b, c, d)
```

---

① 在 In [4]处，等号的左边也被封装为一个元组。因此，在本质上，In [4]处完成的是两个元组之间的赋值。不过等号左边的元组没有它的"黄马甲"——那一对圆括号护身，看起来等号右侧的元组元素被解包了。

```
In [10]: my_list = [1, 2, 3, 4]        #定义一个包括四个元素的列表

In [11]: fun(my_list)                  #以列表为实参调用 fun()，发生错误！
Traceback (most recent call last):

  File "<ipython-input-16-5440eed904b7>", line 1, in <module>
    fun(my_list)

TypeError: fun() missing 3 required positional arguments: 'b', 'c', and 'd'
```

上述代码的 **In [9]** 处定义了一个函数 fun()，它有四个形参 a、b、c、d。然后 **In [10]** 处又定义了一个包含四个元素的列表 my_list。

我们原有的想法是，把my_list作为实参，通过解包操作给四个形参赋值，即分别让a=1、b=2、c=3、d=4。但 **In [11]** 处的输出结果让我们失望了，Python系统好像并不认可这种"简单粗暴"的参数解包行为 [①]。

那有没有办法让这种参数解包行为成功呢？其实，我们距成功仅一步之遥。类似于可变参数，只需要在可迭代对象前打上一个星号（*），一切就都可以完美解决了，参见如下代码。

```
In [12]: fun(*my_list)       #可迭代对象前的星号（*）不可缺少。
1 2 3 4
```

In [12] 处参数部分的那个星号（*），其功能就是将可迭代对象（实参）的每个元素分解成一个个离散的参数，然后分别赋值给对应的形参。

列表可以这么解包，那如果可迭代对象是一个字典，又该如何解包呢？这时在可迭代的实参前添加一个星号（*），是否依然可行呢？请参见如下代码。

```
In [13]: def fun(a, b, c):
    ...:     print(a, b, c)
    ...:
```

---

① 在本质上，my_list 是一个列表对象。这里的重点是"一个"对象。而在 fun(a, b, c, d)定义时，事先规定了这个函数需要四个参数对象。因此，如果不加任何处理，调用 fun(my_list)会产生错误，因为函数签名不匹配——fun 需要四个参数支撑，你却只送来一个，此解析必然失败。

```
In [14]: d = {'a':2, 'b':4, 'c':10}

In [15]: fun(*d)
a b c
```

通过上面的输出结果可以看出，程序运行正常，并无语法错误，但输出结果不是我们想要的，以上代码仅仅把形参名输出了。

那该如何修正呢？如同前文讲解的那样，对于由字典构成的可变参数，我们用两个星号（**）表示，这里对字典的解包，也需要在字典名称前加上两个星号（**），示例代码如下。

```
In [16]: fun(**d)      #在字典对象前加两个星号（**），正确输出！
2 4 10
```

4.2.5 传值还是传引用

前面我们提到，函数参数的传递，本质上就是调用函数和被调用函数发生的信息交换。参数传递机制主要有两种：传值（pass-by-value）和传引用（pass-by-reference）。

通常来说，在传值过程中，被调用函数的形式参数（简称形参）作为被调用函数的局部变量，即在堆栈中重新开辟一块内存空间，用来存放由主调用函数放进来的实际参数（简称实参）值，从而成为实参的一个副本。

传值的特点是，由于形参可视为函数本身的"自留地"（即局部变量），因此，函数内部对形参的任何修改，都是函数的"内政"，不会对主调用函数的实参有任何影响。说得"学术"点，形参和实参存在于不同的地址空间，它们是不同的对象，除了参数赋值那一刻短暂的"邂逅"，之后它们独来独往，互不干扰。

而传引用则不同。在引用传递的过程中，被调用函数的形参就是实参变量的地址。这里的"引用"实际上就是指内存地址。换句话说，在传引用机制下，形参和实参指向同一块内存地址，却有两个不同的"皮囊"——形参名称和实参名称，因此有的文献也将"传引用"称为"传别名"。

正因为如此，在被调用函数中，对形参做的任何操作，实质上都影响了主调函数中的实参变量。这就好比"张三"的别名叫"狗剩"，你打了"狗剩"一拳（修改形参的值），实际上也是打了"张三"一拳（影响到了实参变量）。

那么，Python 中的函数参数传递，又是怎样一番情景呢？

简单来说，Python 中所有的函数参数传递，统统都是基于传递对象的引用进行的。这是因为，在 Python 中，一切皆对象。而传对象，实质上传的是对象的内存地址，而地址即引用。

看起来，Python 的参数传递方式是整齐划一的，但具体情况还得具体分析。在 Python 中，对象大致分为两类，即可变对象和不可变对象。可变对象包括字典、列表及集合等。不可变对象包括数值、字符串、不变集合等。

如果参数传递的是可变对象，传递的就是地址，形参的地址就是实参的地址，如同"两套班子，一套人马"一样，修改了函数中的形参，就等同于修改了实参。

如果参数传递的是不可变对象，为了维护它的"不可变"属性，函数内部不得不"重构"一个实参的副本。此时，实参的副本（即形参）和主调用函数提供的实参在内存中分处于不同的位置，因此对函数形参的修改，并不会对实参造成任何影响，在结果上看起来和传值一样。

在了解了上面介绍的函数参数传递机制之后，下面我们来观察一下【范例 4-6】，这样就可以对运行结果理解得比较透彻了。

【范例 4-6】Python 的参数传递（paras_pass.py）

```
01   def numFunc(x):
02       print('在函数中，形参 x 的地址为：', id(x))
03       print('在函数中，形参 x 的值为：', x)
04       x = x + 1
05       print('在函数中，x 的值更新为：', x)
06       print('在函数中，x 的地址更新为：',id(x))
07
08   a = 3
09   print('在函数外，实参 a 的地址为：',id(a))
10   numFunc(a)
11   print('在调用函数之后，实参 a 的值为：',a)
```

【运行结果】

```
在函数外，实参 a 的地址为： 1748092656
在函数中，形参 x 的地址为： 1748092656
在函数中，形参 x 的值为： 3
```

在函数中，x 的值更新为： 4
在函数中，x 的地址更新为： 1748092688
在调用函数之后，实参 a 的值为： 3

从前面的描述中可知，在 Python 中，一切皆为对象，数值型对象也不例外，而且它还是不可变对象。因此，数值型的实参 a（第 08 行定义）和形参 x（第 01 行定义）实际上都是对象，通过函数 numFunc() 调用，参数的传递方式自然是传引用。

全局函数 id() 的功能是返回对象在内存中的地址。对比一下第 09 行和第 02 行的地址输出，可明显看出实参和形参的地址相同（1748092656）。而且，在函数中，形参 x 的输出为 3（第 03 行），和实参 a 的值是一致的（第 08 行）。所处的位置相同，且内部的值也相同，这也验证了 x 和 a 实际上就是一个对象。

下面，关键之处来了。在第 04 行，我们试图在函数中将 x 的值+1，从运行结果看（输出为 4），操作的确是成功了。但从第 06 行输出的地址可以看出，x 的地址发生了变化。也就是说，实际上，系统重新分配了一块内存空间来存放加和的结果，然后再让标识 x 重新指向这个新单元。此时新的 x 和旧的 x 就是完全不同的两个对象。而对用户来说，好像是一样的，这就好比"狸猫换太子"的把戏。

最后，我们再次输出实参 a（第 11 行），此时发现 a 依然是 3，这维护了数值型对象不可改变的"形象"。从整体上来看，参数传递的效果类似于传值，但内部的机制却"大相径庭"，示意图如图 4-3 所示。

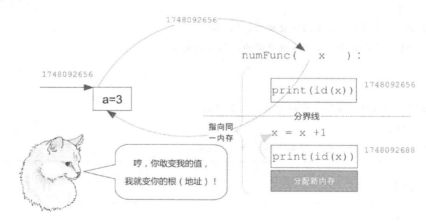

图 4-3　数值型参数传递示意图

如前所述，字符串（str）也属于不可变对象。下面我们来看看字符串作为参数时的传递情况，请看如下代码。

```
In [1]: b = 'hhhh'
In [2]: def strFun(s):
   ...:     print("修改之前字符串为 s = ", s)
   ...:     s = 'xxxx'
   ...:     print("修改之后字符串为 s = ", s)
   ...:

In [3]: strFun(b)
修改之前字符串为 s =  hhhh
修改之后字符串为 s =  xxxx

In [4]: print(b)
hhhh
```

类似地，实参字符串 b 原本的内容是'hhhh'，通过调用函数 def strFun(s)，在函数内部，形参 s 的值被修改了，但实参 b 的值依然是'hhhh'（体现在 In [4]处的输出上）。

然后我们再看一下元组作为参数时的传递情况，可参考如下代码。

```
In [5]: tuple1 = (111,222,333)

In [6]: def foo(a):
   ...:         a = a + (333, 444)  #元组元素不可变，此处对元组进行连接
   ...:         return a
   ...:
In [7]: print(foo(tuple1))
(111, 222, 333, 333, 444)

In [8]: tuple1 = (111,222,333)
```

从运行结果可以看到，对元组的操作得到了和数值型、字符串型类似的结果。元组在传递到函数内部时，看似是可以改变的，但改变的结果并不影响实参。

再次需要强调的是，这里说的"改变"并非真正的改变，而是重新生成一个新的元组，然后再

冠以相同的名称（比如 a），造成了一个元组可以在函数中被修改的假象。但此 a（函数内部）已非彼 a（实参）。

最后我们再来说一下传递可变参数的情况，以列表为例，参考如下代码。

```
In [9]: def foo(a):
   ...:         a.append("可变对象")
   ...:         return a
In [10]: list1 = [111,222,333]

In [11]: print(foo(list1))
[111, 222, 333, '可变对象']

In [12]: list1
Out[12]: [111, 222, 333, '可变对象']
```

从运行结果中可以看出，在给形参 a 赋值后，实参 list1 和形参 a 事实上指向了同一块内存空间（传对象的地址，即传引用）。这样一来，在函数内部修改了对象 a 的值，事实上也就修改了实际参数传来的引用值指向的对象 list1。

通过前面的描述可知，对于可变数据类型（如列表和字典），参数传递是纯粹的传引用，即修改形参的值等同于修改实参的值。如此一来，In [9]处的 return 语句实际上是多余的，即使没有那个 return 语句，In [12]处的输出也是更新后的结果。请读者细细体会其中的妙处。

讨论完函数的基本用法之后，下面我们讨论一下函数的高级用法——递归。

4.3 函数的递归

前面讲过，调用通常发生在彼此不同的函数之间。其实，函数还有一种特殊的调用方式，那就是自己调用自己，这种方式称为函数递归调用。递归，在程序设计中也是一个常用的技巧，甚至是一种思维方式，非常值得我们掌握。

4.3.1 感性认识递归

在讲解"递归"这个抽象概念之前，让我们来重温一下昔日往事。小时候，当我们在缠着长辈讲故事时，长辈们可能就用下面的故事来"忽悠"我们：从前有座山，山里有座庙，庙里有个老和尚，正在给小和尚讲故事！故事是什么呢？从前有座山，山里有座庙，庙里有个老和尚正在给小和尚讲故事！故事是什么呢……

除非讲故事的人自己停下来不讲了，不然这个故事可以"无限"讲下去，原因就是"故事"嵌套的"故事"就是"故事"本身，这就是语言上"递归"的例子。

但是，由于这个故事并没有一个终止的条件，因此，它实际上是陷入了一种有头无尾的死循环，因此并不符合程序设计领域中定义的"递归"。在程序设计领域，递归是指函数（或方法）直接或间接调用自身的一种操作，如图 4-4 所示。递归调用的好处在于，它能够大大减少代码量，将原本复杂的问题简化成一个简单的基础操作来完成。在编写程序的过程中，"递归调用"是一个非常实用的技巧。

图 4-4　递归示意图

从图 4-4 中可以看出，函数不论是直接调用自身，还是间接调用自身，都是一种无终止的过程。

在程序设计中，显然不能出现这种无终止的调用。因此，在编写递归算法时，读者要特别注意，所有递归一定要有终止条件，这又被称作递归出口。如果一个递归函数缺少递归出口，执行时就会陷入死循环。递归出口通常可用 if 语句来设置，在满足某种条件时不再继续，调用某个值，结束递归。

谷歌公司有世界上最聪明的程序员。他们不光聪明，还很有自己的"冷幽默"，别出心裁。比如说，假设你不懂得什么是"递归"，不妨去谷歌搜索一下这个关键词。然后你会发现，除了给出必要的搜索结果，谷歌还给出了一条提示语"您是不是要找：递归"，如图 4-5 所示。

图 4-5　谷歌程序员的"冷幽默"

乍一看，你可能会觉得，这谷歌搜索是不是有问题啊？我的确、明明、丝毫无误地查询的就是"递归"，还提示什么啊？其实，这正是谷歌搜索引擎背后程序员们的"冷幽默"所在：如果你点击了那个提示"递归"，搜索引擎将再次搜索"递归"——相当于自己调用自己——这不正是递归的精髓吗？

或许你懂了，会心一笑，但可能还会疑惑：这也不对啊，所有的递归都有终止条件，如果我们一直点击这个提示词"递归"，查询岂不是会无限循环下去？

放心，你一定不会一直点击下去。因为这个递归的出口正是，查询的人终于懂得什么是递归而不再查询。而你就是那个懂得的人。

4.3.2 思维与递归思维

递归（recurse）在计算机领域被广泛应用，它不仅是一种计算方法，更是一种思维方式。科技作家吴军博士认为：递归思维是人与计算机思维最大的差别之一。著名计算机科学家彼得·多伊奇（L. Peter Deutsch）甚至认为，To iterate is human, to recurse divine（迭代是人，递归是神）。

对于计算机从业者来说，想成为顶级人才，在做计算机相关工作时，必须具有递归思维。对于普通人来讲，这种思维方式也很有启发。因此，不论从哪个角度，递归思维都值得我们培养和掌握。

人的常规思维被称为递推（iterate）思维。在中文里，"递推"和"递归"只有一字之差，但在英文世界里，它们的差别可大了去了，可谓"差之毫厘，谬以千里"。

我们先来说说递推。比如小时候我们学习数数，从 1、2、3 一直数到 100，就是典型的递推。类似地，我们在学习过程中循序渐进，如水到而渠成，出发点都是正向的，由易到难，由小到大，由局部到整体。

递推是人类本能的正向思维，于我们而言，可谓熟稔于心。而"递归"则有一定的反常识。

下面我们以计算一个整数的阶乘为例来说明两种思维的差别。如果用人类常用递推方式计算一个整数的阶乘，比如 $5! = 1 \times 2 \times 3 \times 4 \times 5$，那么做法是从小到大一个数一个数接连相乘。如果计算 10 的阶乘（$10!$），过程也是类似的，即从 1 乘到 10。在生活中，这种做法不仅合情合理，而且浑然天成。事实上，在中学里学的数学归纳法（利用当 n 成立时的结论，推导 $n+1$）就是递推方法。

为了简单起见，我们还是用前面求阶乘的简单例子来说明递归的原理。计算机是怎么计算阶乘的呢？它是倒着来的。比如要算 $5!$，计算机就把它变成 $5 \times 4!$（即 5 乘以 4 的阶乘）。当然，我们可能会质疑，$4!$ 还不知道呢！但没有关系，计算机会采用同样的方法，把 $4!$ 变成 $4 \times 3!$。至于

3！，则用同样的算法处理。最后做到 1！时，计算机知道 1！＝1（这就是递归的终止条件），自此便不再往下扩展了。

接下来，就是倒推回所有的结果。因为知道了 1！，顺水推舟，就知道了 2！，然后可知 3！、4！和 5！。从上面描述的递归过程可以看出，递归的方法论可归结为两步：先从上向下层层展开，再从下到上一步步回溯。

4.3.3　递归调用的函数

你可能会问，计算机为何要这么算？这么算有何优势？答案并不复杂，利用递归可以使算法的逻辑变得非常简单。因为递归过程的每一步用的都是同一个算法，计算机只需要自顶向下不断重复即可。

具体到阶乘的计算，无非就是某个数字 *n* 的阶乘，变成这个数乘以 *n*–1 的阶乘。因此，递归的法则就两条：一是自顶而下（从目标直接出发），二是不断重复。

递归的另一个特点在于，它只关心自己下一层的细节，而并不关心更下层的细节。你可以理解为，递归的简单源自它只关注"当下"，把握"小趋势"，虽然每一步都简单，但一直追寻下去，也能获得自己独特的精彩。

下面我们就以计算阶乘为例，分别使用递推和递归方式实现，见【范例 4-7】，读者可体会二者的区别。

【范例 4-7】利用递推和递归方式分别计算 *n*！（iterative-recursive.py）。

```
01    #用正向递推的方式计算阶乘
02    def iterative_fact( n ):
03        fact = 1
04        for i in range(1, n + 1):
05            fact *= i
06        return fact
07
08    #用递向递归的方式计算阶乘
09    def recursive_fact( n ):
10        if n <= 1 :
11            return n;
```

```
12      return n * recursive_fact(n - 1)
13
14   #调用递推方法计算
15   num = 5
16   result = iterative_fact( num );
17   print("递推方法：{}!= {}".format(num, result))
18   #调用递归方法计算
19   result = recursive_fact(num)
20   print("递归方法：{}!= {}".format(num, result))
```

【运行结果】

递推方法：5!= 120
递归方法：5!= 120

【代码分析】

第 02~06 行定义了一个递推计算阶乘的函数 iterative_fact()，函数内部采用 for 循环的方式来计算结果。在 for 循环控制过程中使用了 range()函数，由于 range()的取值区间是左闭右开的，最后一个值取不到，所以在第 04 行执行了 $n+1$ 操作。

第 09~12 行定义一个递归函数 recursive_fact()，采用递归的方式计算结果。

第 17 行和第 20 行用到了 Python 的格式化输出。在 Python 中，一切皆对象。用双引号引起来的字符串"递归方法：{}!= {}"，实际上是一个 str 对象。既然是对象，它就会有相应的方法成员，format()就是用于格式化输出的方法，因此可以通过"对象.方法名"的格式来调用合适的方法。字符串中的花括号{}表示输出占位符，第 1 个占位符{}用于输出 format()函数中第 1 个变量，第 2 个占位符{}用于输出 format()函数中第 2 个变量，以此类推。

递归函数的优点在于，定义简单，逻辑清晰。理论上，所有的递归函数都可以写成循环的方式，但正向递推（即循环）的逻辑不如逆向递归的逻辑清晰。

对于递推的实现，这里用到了前面章节中讲到的 for 循环语句，以 1 为基数不断循环相乘，最终得出阶乘的结果。而在递归实现的操作中，这里通过对方法本身压栈和弹栈的方式，将每一层的结果逐级返回，通过逐步累加求得结果。

recursive_fact(5)的计算过程如下。

```
===> recursive_fact (5)
===> 5 * recursive_fact (4)
===> 5 * (4 * recursive_fact (3))
===> 5 * (4 * (3 * recursive_fact (2)))
===> 5 * (4 * (3 * (2 * recursive_fact (1))))
===> 5 * (4 * (3 * (2 * 1)))
===> 5 * (4 * (3 * 2))
===> 5 * (4 * 6)
===> 5 * 24
===> 120
```

　　需要注意的是，虽然递归有许多的优点，但缺点也很明显。那就是，使用递归方式需要函数做大量的压栈和弹栈操作，由于压栈和弹栈涉及函数执行上下文（context）的现场保存和现场恢复，所以程序的运行速度比不用递归实现要慢。

　　此外，大量的堆栈操作消耗的内存资源要比非递归调用多。而且，过深的递归调用还可能会导致堆栈溢出。如果操作不慎，还容易出现死循环。因此读者编写代码时需要多加注意，一定要设置递归操作的终止条件。

4.4　函数式编程的高阶函数

　　我们先来简单说明函数式编程（Functional Programming）的概念。4.1 节中讲过，函数就是完成某种功能的代码段，这个解释基本上就是同义词重复，但也道出了函数的本质。

　　通常，我们会把大段代码拆成不同的功能块（即函数），这些功能块类似于积木的模块，通过层层调用，像搭积木一般，我们就可以把复杂的任务分解成简单的任务。这种"分而治之"的模块化思想，就是面向过程程序设计的思想。可以说，函数就是面向过程编程范式的基本单元。

　　Python 内部有大量内置函数，用户也可以自己设计自定义的函数。而我们知道，Python 是一门纯粹的面向对象的编程语言。因此，函数在 Python 中是以对象的形式出现的。

　　而对象是可以作为函数参数和返回值进行传递的。函数式编程的一个显著特征就是，它允许把函数本身作为参数传入另一个函数（对象），还允许返回一个函数（对象）。

函数式编程虽然也可以归属到面向过程程序设计的范畴当中，但其思想更接近数学计算。简单来讲，函数式编程是一种"广播式"编程，我们可通过前面提到的 lambda 定义简易函数，将其用在科学计算中，让代码显得更加简单。

4.4.1　lambda 表达式

在 Python 中，lambda 表达式被广泛使用，因此值得我们去探究一番。简单来说，lambda 表达式是只有一行代码的函数，由于它太过于短小，且用后即"焚"，不值得我们费心为之取名字，因此在其他编程语言中，这类函数也被称为"匿名函数"。

lambda 表达式的定义语法如下所示。

lambda 参数：对参数实施的操作

在这里，lambda 是 Python 的关键字，首字母不可大写。冒号（:）左边为这个函数的参数，如果有多个参数，就用逗号（,）隔开。冒号右边就是用于计算的表达式，通过对参数进行计算，返回结果。

为对比说明 lambda 表达式的用法，我们先来定义一个普通的加法函数 add()。

```
In [1]: def add (x, y):
   ...:     return x + y

In [2]: print (add( 5, 19))
24
```

上述代码的 In [1]处定义了 add()函数，该函数功能简单，代码也非常简单。因此，我们完全可以利用 lambda 表达式来完成相同的功能，代码如下。

```
In [3]:lambda x, y : x + y
Out[3]: <function __main__.<lambda>(x, y)>
```

从 In [3]处可以看到，lambda 表达式的语法非常简单，符合 Python "简单即是美"的设计理念。

从 Out[3]的输出结果可以看出，lambda 表达式返回的就是一个函数对象，在 Python 中，一切皆对象，函数亦不例外。

我们可以把这个 lambda 表达式赋值给一个变量，如前所述，赋值操作可以决定被赋值对象的类型，所以这个变量在本质上也是一个函数，当我们使用这个变量时，实际上就是在调用 lambda 表达式。换句话说，上述操作让一个原本"匿名"的函数——lambda 表达式，变得"有名"了。示例代码如下。

```
In [4]: new_add = lambda x, y: x + y        #将 lambda 表达式赋值给 new_add

In [5]: new_add(5, 19)                       #把 new_add 当作一个普通函数来用
Out[5]: 24
```

由此，可以看出 lambda 表达式的优势如下。

- 在执行某些 Python 脚本时，使用 lambda 表达式可以省略函数定义过程。
- 简化代码，增强程序的可读性。
- 不用考虑函数命名，因此也不用担心函数名冲突。

但类似于 lambda 表达式这样的匿名函数有一个限制，就是它只能有一个表达式，因此无须通过 return 返回计算结果，表达式的结果就默认为返回值。

在 Python 中，函数式编程在 lambda 表达式、filter()、map()和 reduce()中得到了很好的体现。lambda 表达式已经介绍过，下面来说明它与其他函数如何配合使用，我们将结合几个好用的内置函数 filter()、map()和 reduce()，来说明 lambda 表达式的妙用之处。

4.4.2 filter()函数

我们先来讨论 filter()函数的使用。顾名思义，filter()函数是一个过滤器，作用于可迭代的数据序列，根据它的第一个参数（一个指定规则的函数对象）可筛选出符合条件的元素，凡是不符合条件的都会被淘汰出局。该函数的原型如下。

```
filter(function, iterable)
参数：
function -- 判断函数
```

```
iterable -- 可迭代对象
返回值：
返回一个迭代器对象
```

filter()中有两个参数，第一个为函数，用于制定筛选规则，第二个为序列，为第一个参数数据。序列中的每个元素都将作为参数传递给函数进行判断，符合条件的（即判定为 True 的）留下，否则就"淘汰出局"。示例代码如下。

```
In [6]: def fun(variable):          #自定义函数：过滤非元音字母
   ...:     letters = ['a', 'e', 'i', 'o', 'u']
   ...:     if (variable in letters):
   ...:         return True
   ...:     else:
   ...:         return False
   ...:
In [7]: sequence = ['g', 'f', 'e', 'j', 'k', 's', 'p', 'k', 'o']
In [8]: filtered = filter(fun, sequence)
In [9]: filtered                     #并不能直接输出筛选数据
Out[9]: <filter at 0x10649ac10>
In [10]: list(filtered)              #先转换为列表，再次输出
Out[10]: ['e', 'o']
```

在 Python 3.x 中，filter()函数返回一个迭代器对象（参见 In [9]处），该对象并不能直接使用。这时，我们可以使用内置函数 list()将其转换为列表（参见 In [10]处），然后再正常输出。如果 filter()函数的第一个参数（即评估函数）功能非常简单，能够通过一行代码表达，还可以用 lambda 表达式来描述，示例代码如下。

```
In [11]: a_List = [2, 18, 9, 22, 17, 24, 8, 12, 27]
In [12]: data = filter(lambda x: x % 3 == 0, a_List)

In [13]: newlist = list(data)

In [14]: print(newlist)
[18, 9, 24, 12, 27]
```

4.4.3　map()函数

如前所述，在 Python 中，函数也是一个对象，对象是可以作为函数参数的。map()函数中的第 1 个参数就是一个函数对象——filter()函数。map()函数会根据这个参数制定的规则将一个可迭代对象（某种序列数据）转换为另一个序列。由于原序列中的元素和被转换序列中的元素存在——对应的关系，因此我们也将这种关系描述为"映射"（map）。其函数原型如下。

```
map(function, iterable, ...)
参数：
function -- 映射函数
iterable -- 一个或多个可迭代的序列
返回值：
Python 3.x 返回迭代器
```

map()函数中第 2 个（含）以后的参数表示待加工的数据序列，具体需要几个数据序列，取决于第 1 个参数。如前所述，第 1 个参数是函数对象，那么它就像一个加工机器，需要几样"原材料"，其后就跟随几个可迭代的数据序列。比如说，第 1 个参数对应的函数功能是取某个序列中元素的相反数，"取反"是一元操作，那么第 1 个参数之后再跟一个序列参数即可。再比如，第 1 个参数对应的函数功能是求和，"求和"是二元操作，那么第 1 个参数之后就需要两个序列，以此类推。

在第 1 个参数代表的函数加工下，第 2 个（含）参数代表的数据源就会转换成一个新的序列。下面举例说明。

```
In [15]: def myfunc(n):              #自定义一个函数
   ...:        return len(n)
   ...:
In [16]: word_len = map(myfunc, ('apple', 'banana', 'cherry','carmel'))
In [17]: word_len                    #这个生成的可迭代对象并不能直接输出
Out[17]: <map at 0x106417dd0>
In [18]: list(word_len)              #转换为列表输出
Out[18]: [5, 6, 6, 6]
```

需要注意的是，在调用 map()函数时，它的第 1 个参数为函数对象，但此时仅仅需要给出函数的名称，无须添加函数后面的那对圆括号。类似于 filter()函数，在 Python 3.x 中，map()函数返回的也是一个迭代器对象（在后面的章节中我们会详细讲解迭代器的用法），我们可使用内置函数 list()将其转换为常用的列表（参见 In [18]处），然后再正常输出。

自然，如果这个映射函数（即 map()的第 1 个参数）本身并不复杂，而我们也不想操心为这个函数取名，lambda 表达式就有用武之地了。示例代码如下。

```
In [19]: a_List = [2, 18, 9, 22, 17, 24, 8, 12, 27]
In [20]: my_map = map(lambda x : x * 2 + 1, a_List) #对序列中的每个元素×2再+1
In [21]: newlist2 = list(my_map)     #转换为列表
In [22]: newlist2                    #正常输出
Out[22]: [5, 37, 19, 45, 35, 49, 17, 25, 55]
```

以上示例都有一个共同的特征，map()函数第一个参数（即函数对象）所执行的操作都是一元操作，因此第一个参数之后只有一个序列。下面我们给出一个二元操作的示例。

```
In [23]: def myfunc(a, b):      #自定义一个二元操作函数
   ...:      return a + b
   ...:
In [24]: str_cat = map(myfunc, ('apple ', 'banana ', 'I love '), ('orange', 'lemon',
'carmel'))
In [25]: list(str_cat)         #输出验证
Out[25]: ['apple orange', 'banana lemon', 'I love carmel']
```

在 In [23]处，我们定义了一个二元操作，所以在 In [24]处的 map()函数中，一个参数之后跟了两个数据序列。如前所述，在函数定义时，无须定义形参的类型，形参类型由正在调用中的实参决定。由于 myfunc 参数之后的两个序列中的元素为字符串，所以在 In [23]处，形参 a 和 b 被实例化为字符串类型，而用加号 "+" 对两个字符串类型实施操作，实际上就是连接这两个字符串。因此就有了 Out[25]处的结果。

显然，如果 myfunc 参数之后的序列是两个数值型的序列，那就可以将两个序列的对应元素相加，示例代码如下。

```
In [26]: num_add = map(myfunc,[1, 2, 3],[4, 5, 6])
In [27]: list(num_add)
Out[27]: [5, 7, 9]
```

从上面的代码中可以再次感受到，Python 在定义函数时不指定函数形参的类型，在某种程度上实现了函数的泛型程序设计（generic programming）。泛型很有作用，它允许程序员在编写代码时不提前设定参数类型，在实例化时再"因地制宜"确定这些参数的具体类型，以达到"以不变应万变"的泛化作用。

或许有读者会问，上述 map() 函数的功能好像用列表推导式也能完成，为什么还要专门设计一个 map() 函数呢？是的，通过列表推导式的确也能完成类似功能。map() 函数的出现，主要是对性能的考量。列表推导式虽然代码简单，但在本质上，它就是一个简化版的 for 循环，Python 中的 for 循环效率并不高，而通过 map() 函数实现相同的功能时效率要高很多。

4.4.4 reduce() 函数

本节我们来讨论一下 reduce() 函数的使用。"reduce"的本意就是"规约"或"减少"。reduce() 函数会对参数序列中的元素按照一定的规则进行"规约"，从而将数据减少到只有一个累计的数值。

如前所述，函数式编程的一个具体体现就是，一个函数可以作为另外一个函数的参数。上面提及的"一定的规则"就是指一个实现特定功能的函数，它将作为 reduce() 函数的一个参数。reduce() 函数的原型如下。

```
reduce(function, iterable [, initializer])
参数：
function -- 实现特定规约功能的函数，它是一个二元函数
iterable -- 可迭代数据对象
initializer -- 可选项，规约操作时可能用到的初始参数
返回值：
返回函数计算结果
```

具体来说，reduce() 函数对一个可迭代数据集合（如列表、元组等）中的所有数据执行下列操作：对于可迭代对象 iterable（reduce() 函数的第 2 个参数）的前两个元素，利用 function（reduce() 函数的第一个参数）所代表的规则进行计算，得到的结果再与 iterable 对象中的第 3 个数据拼接为一对，然后再利用 function 所示的约减规则进行运算，得到下一个结果……以此类推，直到计算出最后一个结果。示例代码如下。

```
In [28]: from functools import reduce
```

```
In [29]: reduce(lambda x, y: x + y, [1,2,3,4,5])  # 使用 lambda 表达式
Out[29]: 15
```

这里需要注意的是，在 Python 3.x 中，reduce()函数已经被从全局命名空间里移除了，它现在被放置在 fucntools 模块里，如果想要使用它，需要事先通过导入 functools 模块来调用 reduce()函数（参见 In [28]）。

显然，如果我们能很好地利用 reduce()，便可以代替 for 循环做很多工作。例如，如果想计算"1+2+3+…+100"的和，我们只需要用下面一条语句即可完成任务。

```
In [30]: reduce(lambda x, y: x + y, range(1,101))
Out[30]: 5050
```

此外，我们还可以借助 reduce()函数，求得某个序列的最大值或最小值，示例代码如下。

```
In [31]: a_list = [ 1 , 3, 5, 6, 2]
In [32]: reduce(lambda a,b : a if a > b else b,a_list)
Out[32]: 6
```

4.4.5 sorted()函数

在算法设计中，我们常用到排序功能。如果比较的对象是数字，则可直接比较。但如果比较的对象是字符串或者字典，那么直接比较大小得到的结果可能是没有意义的。因此，我们需要利用特定函数指定排序标准，也就是说，让某个函数成为排序函数的参数，这正是函数式编程的用武之地。

在 Python 中，利用内置的 sorted()函数可实现对列表的排序，示例代码如下。

```
In [33]: sorted([70, 60, -20, 10, -30])
Out[33]: [-30, -20, 10, 60, 70]
```

sorted()函数默认是按升序来排序的。当然，我们也可以利用它的 reverse 参数改变这一默认设置，示例如下。

```
In [34]: sorted([70, 60, -20, 10, -30], reverse = True)
Out[34]: [70, 60, 10, -20, -30]
```

　　上面的需求都很简单，十分容易达成。但如果我们想根据列表中元素的绝对值进行排序，sorted() 函数的默认规则就无能为力了。这时需要启用 sorted() 的另外一个参数 key，它可以接收一个外部函数名作为参数，然后列表中所有元素都需要一一被这个函数加工一番，作为排序索引的依据。

　　根据上述需要，我们可以用求绝对值的内置函数 abs() 充当 key 参数的实参。需要注意的是，当某个函数充当 key 的实参时，仅仅给出函数名即可，函数名后面的那对圆括号 () 不需要，且函数参数也无须指定，因为 sorted() 函数的第 1 个参数（即可迭代对象）中的元素，会逐个充当 key 所指定函数的实参，然后 sorted() 函数会根据 key 所指定函数的返回结果（实际上是新的可迭代对象）进行排序。

```
In [35]: sorted([70, 60, -20, 10, -30], key = abs, reverse = True)
Out[35]: [70, 60, -30, -20, 10]
```

　　需要注意的是，sorted() 函数返回一个新列表，它不会对原有列表造成任何影响。读者朋友们可以用一个列表变量赋值，如 L = [70, 60, -20, 10, -30]，然后把 L 传入 sorted() 函数，分别查看排序前后 L 中的内容是否发生变化。你会发现，排序后的 L 依然如初。

　　如果想让 L 内部的元素发生实质性的排序变化，该怎么办呢？这时就要利用列表对象本身的 sort() 函数，示例代码如下。

```
In [36]: L = [70, 60, -20, 10, -30]
In [37]: L.sort(key = abs, reverse = True)
In [38]: L              #输出验证
Out[38]: [70, 60, -30, -20, 10]
```

4.5　本章小结

　　在本章中，我们首先讨论了 Python 中函数的定义方法、如何理解函数返回多个值、函数文档的构建、函数参数的别样传递，以及函数的递归思维。

　　函数返回多个值在本质上是返回一个打包的集装箱参数。Python 的母语言（C++ 或 Java）坚守的原则——函数只能返回一个值，Python 同样是遵守的，不过通过语法糖的形式可以让用户"感觉"到返回了多个值。

函数利用关键字参数，可以让参数顺序不再成为程序员的羁绊，利用可变参数，可增强参数传递的灵活性，默认参数让函数的参数选择更加简单方便。

此外，Python 对函数式编程提供了部分支持，例如提供了好用的 lambda()、map()、reduce()、filter() 和 sorted() 等函数。在这些函数中，函数本身可以作为参数传入另一个函数。当然，Python 的函数式编程还允许函数返回一个函数（可以把函数当作一个对象，即返回一个对象）。但由于 Python 允许函数的参数为变量，因此，Python 算不上纯粹的函数式编程语言。

4.6 思考与提高

1. 在 Python 的函数设计中，可变参数中的*args 和kwargs 的作用分别是什么？如何使用它们？（这是一道面试真题）**

【案例分析】

问题的关键点在于参数前的星号个数，*args 允许函数传入不定量的非关键字参数，并把数量不定的参数打包为元组，而**kwargs 允许函数传入不定量的关键字参数，并把可变参数打包为字典。

如果我们对 C、C++传递不确定参数的机制比较熟悉，就会知道，这种把多个参数打包成一个元组或字典的机制，并不新鲜。在本质上，函数参数传递过来的实际上是这个元组或字典的地址，而地址（即指针）不仅是确定的，且是唯一的。一旦地址传递过来，其他参数都可以用"顺藤摸瓜，顺水求源"的方式一一找到，因为它们在内存中是连续的（或者是有规律可循的），这种"以不变应万变"的方式，在 C、C++中是以结构体（struct）的形式呈现的。虽然在 Python 中没有指针的概念，但 Python 的底层逻辑和它的母语言（C、C++）还是保持一致的。

2. 改造【范例 4-2】，利用字典这种数据类型，达到让函数返回多个值的目的。

【案例分析】

字典是一种复合数据类型，它的内部可以包含多个元素。如果返回的是一个字典（实际上是字典的应用），那么我们可以通过访问字典元素的方式，来达到返回多个值的目的。代码如下所示。

```
01  def return_mul_val_dict():
02      d = dict();   #定义一个字典
03      d['my_str'] = "Hello Python"
04      d['num']   = 20
```

```
05        return d        #字典内有两个元素
06
07   dict_ = return_mul_val_dict()           #接收函数的返回值
08   print(dict_['my_str'], dict_['num'])    #输出字典中的两个值
```

【运行结果】

```
Hello Python 20
```

3. 假设有如下的矩阵，请分析，语句 list(zip(*matrix)) 和语句 list(zip(matrix)) 的运行结果分别是什么？是什么原因造成的？

```
matrix=[[1, 2, 3],
        [4, 5, 6]]
```

【案例分析】

这道题目考察的是参数序列的解包过程。zip() 函数将可迭代的对象作为参数，把对象中对应的元素打包成一个个元组，然后返回由这些元组组成的列表。如果各个迭代器中的元素个数不一致，则返回的列表长度依据"木桶原理"与最短对象的长度相同，利用星号（*）操作符可以将可迭代对象元素解包。

回到题目的讨论上，在语句 list(zip(*matrix)) 中，*matrix 的含义是把矩阵中的两个元素（实际上是两个子列表）解开，变成 zip() 的两个参数：[1, 2, 3] 和 [4, 5, 6]。而这也是两个可迭代的对象，于是 zip() 将两个可迭代对象的对应元素一一"缝合"成元组，如（1,4）、（2,5）、（3,6）。需要注意的是，在 Python 3.x 中，为了减少内存，zip() 返回的是一个可迭代对象。如需展示列表，需手动使用 list() 进行转换。因此，我们可以得到如下代码。

```
In [1]: list(zip(*matrix))
Out[1]: [(1, 4), (2, 5), (3, 6)]
```

如果 matrix 前不添加那个星号（*）会怎么样呢？zip(matrix) 表示的含义是，参数 matrix 仅仅是 zip() 中的一个可迭代对象，它有两个元素：[1, 2, 3] 和 [4, 5, 6]。

zip 的本意是"缝合"，而"缝合"操作至少是一个二元操作，也就是说，至少需要两个可迭代对象，"缝合"才有意义，所以另外一个可迭代对象缺位时，zip() 不得已就找到空元素来代替，于

是就有了([1, 2, 3],)、([4, 5, 6],)这样的拼接。在这里，列表后面的逗号（,）不可缺少，它是第二个可迭代对象"缺位"的标志。因此，我们可以得到如下代码。

```
In [2]: list(zip(matrix))
Out[2]: [([1, 2, 3],), ([4, 5, 6],)]
```

4. 对于字符串列表['bob', 'about', 'Zoo', 'Credit']，我们希望不区分大小写对其中的字符串进行排序，请编写程序实现这一功能。

【案例分析】

我们可以利用内置函数 sorted()来实现这一功能。默认情况下，对字符串排序时要比较 ASCII 码的大小，由于'Z' < 'a'，所以大写字母 Z 会排在小写字母 a 的前面。因为默认情况是升序排序。

现在我们想忽略字符串的大小写，实际上就是先把字符串都变成小写（或者都变成大写）再比较。这个功能可以通过 sorted()函数的第 3 个参数 key 来完成，即指定 key=str.lower，代码如下。

```
In [3]: sorted(['bob', 'about', 'Zoo', 'Credit'], key=str.lower)
Out[3]: ['about', 'bob', 'Credit', 'Zoo']
```

如果将上述问题改变一下，要求根据字符串的长度排序，该怎么办呢？答案也很简单，指定 key 的值为内置函数 len 即可。

```
In [4]: sorted(['bob', 'about', 'Zoo', 'Credit'], key = len)
Out[4]: ['bob', 'Zoo', 'about', 'Credit']
```

5. 假设我们用元组表示学生名字和成绩，不同的元组放在一起构成一个成绩列表 Scores，请设计两个函数，分别按名字和成绩排序。

```
Scores = [('Adam', 89), ('Bob', 75), ('Alice', 96), ('Lisa', 78)]
```

【案例解析】

这里涉及如何获取列表中的子元素——各个元组的第 1 或第 2 个元素的方法。一种常用的方法是，利用 operator 包里的 itemgetter()方法。该方法用于获取对象中的指定维度的数据，参数为复合数据的内部序号。

【参考代码】

```
01   from operator import itemgetter
02   a = [1,2,3]
03   b = itemgetter(0)          #定义函数b，获取对象第0个域的值
04   b(a)                       #即获取列表a的第0个数据，最后输出为1
```

将这个方法用到 sorted() 函数的排序上，就可以解决按名字或按成绩排序的问题，代码如下。

```
01   from operator import itemgetter
02
03   students = [('Bob', 75), ('Adam', 92), ('Bart', 66), ('Lisa', 88)]
04
05   print(sorted(students, key=itemgetter(0)))
06   #print(sorted(students, key=lambda item: item[0]))
```

用 lambda 表达式同样可以完成类似的功能，如上面被注释的第 06 行所示。运行结果如下。

```
[('Adam', 92), ('Bart', 66), ('Bob', 75), ('Lisa', 88)]
```

6. 谷歌公司关于递归的面试题

（1）有这么一个游戏：有两个人，第一个人先从 1 和 2 中挑一个数字，第二个人可以在对方的基础上选择加 1 或者加 2，然后又轮到第一个人，他也可以选择加 1 或者加 2，之后再把选择权交给对方，就这样双方交替地选择加 1 或者加 2，谁先加到 20，谁就赢了。对于这个游戏，你用什么策略保证一定能赢？

【案例分析】

如果用正向的递推思维（比如说穷举法），并不容易想清楚，而且还容易漏掉合理的解。但如果用逆向的递归思维，问题的解就非常容易推导出来。我们先从结果出发，如果要想抢到 20，就需要抢到 17，因为抢到了 17，无论对方是加 1 还是加 2，你都可以加到 20。而要想抢到 17，就要抢到 14，以此类推，就必须抢到 11、8、5 和 2。

因此对于这道题，只要第一个人抢到了 2，他就赢定了。这是因为，无论对方选择加 1 还是加 2，他都可以让这一轮两个人加起来的数值等于 5。同样的道理，在当前和为 5 的基础上，无论对方选择加 1 或加 2，他都能让和向着 8 进发。以此类推，整个过程都被他牢牢控制，最终的数列之和，毫无

悬念地被他锁定在 20。

当然谷歌的面试题并非这么简单，如果你答对第一道题，那么紧接着就会有下一道题。

（2）按照上述方法，在不考虑谁输谁赢的情况下，从开始（以 1 或 2 为起点）加到 20，有多少种不同的递加过程？比如 1，4，7，10，12，15，18，20 算一种；2，5，8，11，14，17，20 又是一种。那么一共会有多少种这样的过程呢？

【案例分析】

这道题显然并不简单，通过正向的穷举法很难完备遍历。解这道题的技巧还是要使用递归。我们假定数到 20 有 $F(20)$ 种不同的路径，那么到达 20 这个数字，前一步只有两个可能的情况，即从 18 直接跳到 20，或者从 19 数到 20。

由于从 18 跳到 20 和从 19 到 20 是不同的，因此达到 20 的路径数量，其实就是达到 18 的路径数量，加上达到 19 的路径数量，也就是说，$F(20)=F(18)+F(19)$。类似地，$F(19)=F(18)+F(17)$。这就是递推公式。

最后，$F(1)$ 只有一个可能，就是 1，$F(2)$ 有两个可能，要么直接跳到 2，要么从 1 达到 2。知道了 $F(1)=1$ 和 $F(2)=2$，就可以知道 $F(3)$。知道 $F(3)$，就可以知道 $F(4)$，因为 $F(4)=F(3)+F(2)$，以此类推，一直到 $F(20)$ 即可。

聪慧如你，你一定看出来了，这就是著名的斐波那契数列，如果我们认为 $F(0)$ 也等于 1，那么这个数列就长成这样：$1(F(0))$，1，2，3，5，8，13，21，……这个数列几乎按照几何级数的速度增长，到了 $F(20)$，就已经是 10946 了（可利用前面的【范例 3-13】来测试）。因此，仅仅靠正向的穷举法，基本上是不可能把所有情况都列举出来的。

上述面试题来自曾就职于谷歌公司的吴军博士。吴军博士在分析这道面试题时指出，在数学和计算机上，等价性原则是一个非常重要的原则。很多问题的表象看起来纷繁复杂，但抽丝剥茧之后，其本质是等价的。比如说，如果一个楼梯有 20 阶，你每次可以爬一阶歇一会，也可以爬两阶歇一会，爬到 20 阶一共有多少种歇息法？这个问题的解，其实和"谁先抢到 20"是一样的，也是一个斐波那契数列。

除了前面讲解的技巧，本章涉及的一些思维方式也值得读者注意。从某种程度上来看，递归思维是一种以结果为导向，反向追寻，直到追寻到原点（递归的终止条件）的思维方式，一旦原点问题得以解决，其后的问题都会迎刃而解。你看看，这是不是和埃隆·马斯克（Elon Musk）等人常说的"第一性原理"思想有着类似之处呢？

第 5 章 Python 高级特性

站得高，望得远。在前面的章节中，我们学习了 Python 的基础知识。在本章中，我们要"立志高远"——学习 Python 的一些高阶应用，这些高阶应用能让我们更加高效地写出更专业的 Python 代码。本章的内容涉及面向对象程序设计、迭代器及生成器、文件操作、异常处理、错误调试等。

本章要点（对于已掌握的内容，请在对应的方框中打钩）

☐ 理解面向对象中类的概念及继承的用法

☐ 熟悉 Python 中的异常处理方式

☐ 理解迭代器和生成器的含义与应用场景

☐ 掌握常用的异常处理和错误调试方法

5.1 面向对象程序设计

Python 是一门面向对象的编程语言。所以，我们有必要了解一下，在 Python 环境下，如何编写面向对象的程序。为了加深对面向对象程序设计的理解，我们不得不先了解一下它的"冤家"——面向过程程序设计。

5.1.1 面向过程与面向对象之辩

在前面的章节中我们提到，图灵奖得主尼古拉斯·沃斯（Nicklaus Wirth）有一句关于程序的名言：

程序 = 算法 + 数据结构

这里的"算法"可以用顺序、选择、循环这三种基本控制结构来实现。这里的"数据结构"是指数据及其相应的存取方式。根据沃斯的说法，演绎出来的编程范式是结构化程序设计，也就是说，是面向过程编程（Procedure Oriented Programming，POP）。面向过程的开发范式，是把程序划分为两个相互分离的部分：数据表示（即数据结构）和数据操作（即算法）。因此，POP 的核心侧重于数据结构和算法的开发与优化，如图 5-1 所示。

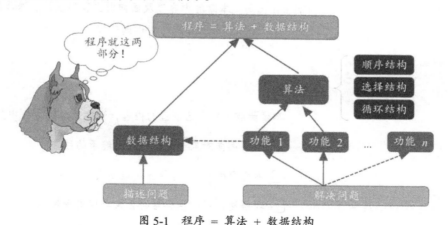

图 5-1 程序 = 算法 + 数据结构

POP 强调的是程序的易读性。在该程序设计思想的指导下，系统功能基本是通过编写不同功能的函数/过程来实现的。这种编程范式在软件开发史上曾扮演着重要角色，很多著名软件，如 Linux 操作系统、Git（一个分布式版本控制软件）等，都是 POP 大树上结出的硕果。

　　但是，POP 也存在不足之处，这些不足越来越被世人所关注。面向过程的程序，上一步和下一步环环相扣，如果需求发生变化，代码的改动就会很大。这样对软件的后期维护和扩展不利。而面向对象程序设计（Object Oriented Programming，OOP）就能较好地解决这一问题，它的设计思想可概括如下。

程序 ＝ 对象 ＋ 消息传递

　　用户首先自定义一个数据结构——类，然后用该类下的对象组装程序。对象之间通过"消息"进行通信。每个对象中既包括数据，又包括对数据的处理。每个对象都像一个封闭的小型机器，彼此协作，又不相互干扰。面向对象设计使程序更容易扩展，也更加符合现实世界的模型。

　　任何事物都有两面性。面向对象程序设计有其优点，但也带来了副作用——其执行效率可能会比面向过程程序设计低。所以，对于科学计算和要求高效的任务而言，面向过程设计要好于面向对象设计。而且，面向对象程序的复杂度往往要高于面向过程程序。如果程序比较小，面向过程程序的结构要比面向对象程序的结构更加清晰。Erlang 语言（一种通用的并发程序设计语言）的发明人乔·阿姆斯特朗（Joe Armstrong）就曾经"吐槽"，面向对象编程的问题在于，它总是附带着所有它需要的隐含环境，你想要一个香蕉，但得到的却是一只大猩猩拿着香蕉，而且还有整片丛林。

　　后来，Armstrong 对 OOP 的态度有所松动，转而携带 Erlang 去拥抱 OOP，这也侧面说明 POP 和 OOP 都有可取之处。这二者之间的区别，可用下面的案例来说明。为解决某个任务，POP 首先强调的是"怎么去做"（How to do），这里的"How"对应的解决方案就是一个个功能块——函数（Function）。而 OOP 首先考虑的是"是谁去做"（Who to do），这里的"Who"就是对象。这些对象为完成某项任务所必须具备的能力，就构成了一个个方法（Method）。

　　具体到"召集人员远程开会"这个任务，面向过程强调的是"如何去开会"，其中涉及的"人"只是完成这个开会功能的参数；而面向对象强调的是"谁来开会"——如果对象确定是"人"，那么"怎样开会"只是人内部实现的一个方法（或称为成员函数）而已。二者之间的对比如图 5-2 所示。

　　面向对象程序设计是在面向过程程序设计的基础上发展而来的，只是添加了它独有的一些特性。面向对象程序设计中的对象是由数据和方法（即对数据的操作）构成的：

对象 ＝ 数据 ＋ 方法

　　所以面向对象程序设计的概念更进一步可以描述为：

程序 ＝ 对象 ＋ 消息传递 ＝ （数据 ＋ 方法）＋ 消息传递

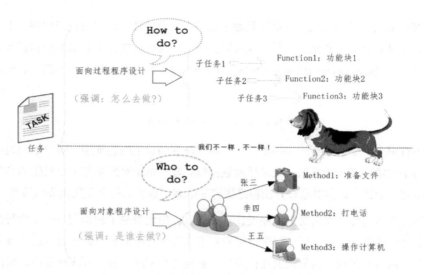

图 5-2 面向过程与面向对象程序设计的对比

将具有的相同属性（数据）及相同行为（对数据的操作）封装在一起，便创造了新的类，这大大扩充了数据类型的概念。

简单来说，类就是对某一类事物的描述，它是抽象的、概念上的定义。而对象是实际存在的该类事物中的个体，因而"对象"也被称作实例（instance）。图 5-3 说明了类与对象的关系。

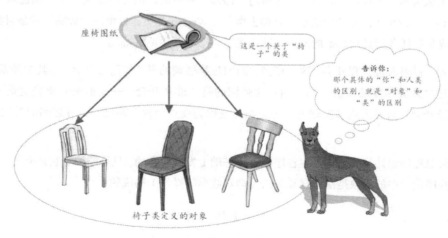

图 5-3 类与对象的关系

我们可以把类比作对象工厂所用的设计图纸，而对象是同一工厂按照图纸生产出来的一个个产品。具体到图 5-3，"类"就是座椅的设计图纸，"对象"就是类工厂加工出来的椅子，由于每个对象的属性都不太一样，所以加工出来的椅子在大小和形态上也有所不同。面向对象程序设计的重点是对类的设计，而非对象的实现。

一个类中可以定义多个对象，但每个对象都是一个独立的存在，如果修改其中一个对象的属性，其他对象是不会受到影响的（全局共享的静态成员除外）。这就体现了面向对象的一个重要特性——封装性。

Python 在设计之初就被定位为一门纯粹的面向对象编程语言。正因为如此，在 Python 中创建类和对象是很容易的。下面我们简要介绍 Python 中的面向对象编程思想。

5.1.2　类的定义与使用

Python 使用关键字 class 来定义一个新类，class 关键字之后是一个空格，接下来是类名，然后以冒号（:）结尾，类体部分要具有相同的缩进，标识归属于这个类，格式如下。

```
class ClassName :
class_suite #类体
```

这里，class_suite 由成员方法和成员属性构成。需要说明的是，一般而言，在面向对象编程中，函数和方法可看作同义词。但在 Python 中，函数和方法还是有所不同的。方法是指与特定实例绑定的函数，因此，我们常把类中的函数称为方法（这一点类似于 Java），而把不与实例绑定的普通功能块称为函数（如全局的内置函数 print()、len() 等）。

当通过对象调用方法时，对象本身（即 self）将作为第一个参数被传递过去，而普通函数则不具备这个特性。【范例 5-1】演示了一个具体的类的设计和使用。

【范例 5-1】Python 类的设计和使用（class-people.py）

```
01   class Person:
02       height = 140            #定义类的数据成员
03       #定义构造方法
04       def __init__(self, name, age, weight):
05           self.name = name    #定义对象的数据成员属性
06           self.age = age
07           #定义私有属性, 私有属性在类外部无法直接进行访问
08           self.__weight = weight
09       def speak(self):
```

```
10      print("%s 说：我 %d 岁，我体重为 %d kg，身高为 %d cm" %(self.name,
        self.age,self.__weight, Person.height))
11
12   # 实例化类
13   p1 = Person ('Alice',10,30)              # 实例化类
14   p1.speak()                              # 引用对象中的公有方法
15   p1.age = 11
16   p1.name = 'Bob'
17   p1.speak()
```

【运行结果】

```
Alice 说：我 10 岁，我体重为 30 kg，身高为 140 cm
Bob 说：我 11 岁，我体重为 30 kg，身高为 140 cm
```

【代码分析】

下面简单解释一下范例中的代码。在 Python 中，类中的数据成员可大致分为两类：属于对象的数据成员和属于类的数据成员。

属于对象的数据成员主要是指，在构造方法 __init__()中定义的数据成员（当然也可以在其他成员方法中定义），这类数据成员的定义和使用都必须以 self 作为前缀。同一个类定义下的不同对象之间互不影响。

而属于类的数据成员为所有对象共享，它不独属于任何一个对象。这一点类似于 C++、Java 中定义的静态数据成员。【范例 5-1】的第 02 行就定义了一个属于类的数据成员 height，它作为共享变量，属于所有后续创建的对象。

在本例的构造方法 __init__()中（第 04~08 行），定义了三个数据成员（name、age 和 __weight），它们都以 "self." 作为访问修饰，这表明它们是属于对象的数据成员。第 08 行定义的数据成员与第 05~06 行定义的数据成员不同，该数据成员的名称是以两个下画线 "__" 开始的，这是 Python 的一个约定，表明它是一个私有数据成员。

私有数据成员在类外通常是不能被直接访问的。如果想访问这类数据成员，需要借助公有成员函数（相当于类的外部接口），例如通过第 09~10 行定义的方法 speak()就可以访问私有数据成员 __weight。

类似地，如果类中的某个方法是由两个下画线 "__" 开始的，则表明它是一个私有方法。私有方法只能在类的内部被调用。

在 Python 中，以下画线开头或结尾的成员通常都有特殊的含义。比如，有如下三种情况值得注意（下面的"xxx"表示任意合法的字符串）。

- _xxx：以一个下画线开始的成员，表示保护成员，凡是被这样标识命名的都不能通过"from module import *"的方式导入。也就是说，这类保护成员只对自己和其子类开放访问权限。

- __xxx__：前后都有两个下画线的成员，表示 Python 系统自定义的特殊成员。比如，__init__() 表示构造方法，__del__()表示析构方法等。

- __xxx：仅前面由两个下画线开始的成员，表示私有成员（如前所述）。这类成员只能供类内部使用，不能被继承，但可以通过"对象名._类名__xxx"这样特殊的方式来访问。因此，严格意义上，Python 中不存在私有成员。

范例中的 speak()方法，由于方法名开始处没有"__"，说明它是公有方法。如果要访问对象里的某个公有数据成员或方法，可通过下面的方式来实现。

```
对象名称.属性名          #访问属性
对象名称.方法名          #访问方法
```

例如，若想给 Person 类的对象 p1 中的属性 name 赋值"Bob"，并将年龄赋值为 11，可用如下方法实现（见【范例 5-1】的第 15 行和第 16 行）。

```
p1.age = 11            #修改 Person 类中的 age 属性
p1.name = 'Bob'        #修改 Person 类中的 name 属性
```

如果想调用 Person 中的 speak()方法，可采用下面的写法（参见【范例 5-1】的第 14 行和第 17 行）。

```
p1.speak ()            # 调用 Person 类中的 speak()方法
```

对于取对象属性和方法的点操作符"."，笔者建议读者直接读成中文"的"。例如，p1.name = "Bob"，可以读成"p1 的 name 被赋值为 Bob"。再例如，"p1.talk()"可以读成"p1 的 talk()方法"。

这样读是有原因的，点操作符"."对应的英文为"dot"，通常"t"的发音弱化，因而读成"[dɔ]"，而"[dɔ]"的发音很接近汉中语"的"的发音，如图 5-4 所示。此外，"的"在含义上也有"所属"的意思。因此将点操作符读成"的"，音和意皆有内涵。

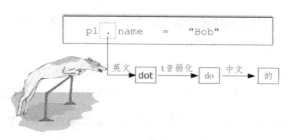

图 5-4　点操作符 "." 的发音

在 Python 类中定义一个方法同样需要使用 def 关键字，但与类外的一般函数定义不同，类中方法的参数必须包括 self 参数（表示对象本身），且为第一个参数。比如，构造方法（第 04 行）的第一个参数就是 self，后面的三个参数 name、age 和 weight 才是真正意义上的形参。再比如，speak() 方法（第 09 行）本不需要额外的参数，但按照 Python 的要求，它的第一个参数必须是 self。

事实上，很多类在定义对象时，都倾向于将对象创建为有初始状态的。因此，在 Python 中，类中可能会定义一个名为 __init__() 的特殊方法，它的功能就如 C++、Java 中的构造方法，主要用于对象的初始化，如【范例 5-1】中第 04~08 行代码所示。第 13 行代码创建了一个新的实例 p1，它会自动调用构造方法。

```
p1 = Person ('Alice',10,30)     # 实例化 Person 类，自动调用构造方法 __init__()
```

与 C++、Java 等语言不同的是，Python 并没有使用 "new" 操作来生产一个新对象，而是自动为用户创建对象，然后隐式调用 __init__() 方法初始化该对象。对于上一行代码，Python 编译器会将其解释为如下代码。

```
Person().__init__ (p1,'Alice',10,30)     # 此代码无法正确执行
```

其中 Person 是类名（即工厂函数），它会调用 __init__()，可以看到，p1 作为该函数的第一个实参被传递给了 __init__() 的第一个形参 self。现在，你该明白 self 的用途了吧，它就代表对象本身，有点类似于 C++ 中的 this 指针或 Java 中的 this 对象。事实上，作为函数形参的 self，并非 Python 的关键字，我们完全可以使用其他名称（如 this）来代替 self，但最好还是约定俗成地使用 "self"。

下面回到关于 Person 类的数据成员的讨论上，假设我们在运行【范例 5-1】的环境下（相应的变量已经加载到内存之中），再追加如下语句，则会有不同的运行结果。

```
18   p2 = Person ('Luna',11,31)        #创建另外一个对象 p2
```

```
19    Person.height = 150          #为属于类的数据成员 height 重新赋值
20    p1.speak()                   #输出 p1 对象的信息
21    p2.speak()                   #输出 p2 对象的信息
```

【运行结果】

```
Alice 说：我 10 岁，我体重为 30 kg，身高为 140 cm
Bob 说：我 11 岁，我体重为 30 kg，身高为 140 cm
Bob 说：我 11 岁，我体重为 30 kg，身高为 150 cm
Luna 说：我 11 岁，我体重为 31 kg，身高为 150 cm
```

【代码分析】

从运行结果可以看出，我们在第 19 行更改了属于类的公有数据成员 height 的值，而该数据为所有对象共享，因此对象 p1 和 p2 中的 height 值都改变了。

在 Java、C++这类面向对象编程语言中，一旦类的设计"尘埃落定"，由这个类构造的对象内的属性和方法就会完全确定下来。而 Python 则留下一个"后门"，它能为对象添加新的临时属性。比如说，在上述代码中，p1 对象没有属性 nickname，但我们可以给它添加一个，代码如下所示。

```
In [1]: p1.nickname = 'zhang3'   #为对象 p1 添加一个临时属性 nickname
In [2]: p1.nickname
Out[2]: 'zhang3'
```

这个临时属性仅仅属于对象 p1，并不影响 Person 的其他对象（如 p2），如果我们试图访问 p2.nickname，将会产生错误信息：'Person' object has no attribute 'nickname'（Person 对象没有'nickname' 这个属性）。

5.1.3　类的继承

俗话说，"虎父无犬子"，"龙生龙，凤生凤，老鼠的儿子会打洞"，这在一定程度上说明了继承的重要性——优秀的特性要留给后辈。

在面向对象程序设计中，继承（Inheritance）是软件复用的关键技术。通过继承，子类可以复用父类的优秀特性，同时还可进一步扩充新的特性，适应新的需求。

在已有类的基础上新增自己的特性，继而产生新类的过程，称为派生。我们把既有的类称为基类（Base Class）、超类（Super Class）或者父类（Parent Class），而将派生出的新类称为派生类（Derived Class）或子类（Subclass）。

如前所述，继承的目的在于实现代码重用，即对于已有的、成熟的功能，令子类从父类处奉行"拿来主义"。而派生的目的则在于，当新的问题出现且原有代码无法解决（或不能完全解决）时，需要对原有代码进行全部（或部分）改造。对于面向对象的程序而言，设计孤立的类是比较容易的，难的是正确设计好类的层次结构以达到代码高效重用的目的。Python不仅支持类的继承，且如C++一样，它还支持多继承，多继承存在"菱形继承"[①]的风险。

Python 派生类的定义格式如下。

```
class 派生类名 (基类名 1 [, 基类名 2…,]) :
    <语句 -1>
    ……
    <语句 -N>
```

这里需要注意的是，圆括号中基类的顺序是有讲究的。若基类中有相同的方法名，而在子类使用时未指定，则 Python 将从基类列表中以从左到右的顺序查找是否包含该方法。

通常，基类必须与派生类定义在同一个作用域（模块）内。如果基类定义在另一个模块中，则要指定模块类名，如下所示。

```
class 派生类名 (模块名.基类名) :
    <语句 -1>
    ……
    <语句 -N>
```

下面我们演示一些 Python 中的单一继承操作，如【范例 5-2】所示。

【范例 5-2】Python 中的单一继承操作（class-people-student.py）

```
01    class Person:
02        height = 140      #定义类的数据成员
```

[①] 即两个子类继承同一个父类，而又有子类同时继承这两个子类。这样一来，最后的子类中的很多成员存在二义性问题，即不知道它们来自哪个父类。

```
03      #定义构造方法
04      def __init__(self,name,age,weight):
05          self.name = name      #定义对象的数据成员属性
06          self.age = age
07          #定义私有属性，私有属性在类外部无法直接访问
08          self.__weight = weight
09      def speak(self):
10          print("%s 说：我 %d 岁，我体重为 %d kg, 身高为 %d cm" %(self.name,
                self.age, self.__weight, Person.height))
11
12  #单一继承示范
13  class Student(Person):
14      grad = ''
15      def __init__(self, name, age, weight, grad):
16          #调用父类的构造方法，初始化父辈数据成员
17          Person.__init__(self, name,age,weight)
18          self.grade = grad
19
20      #覆写父类的同名方法
21      def speak(self):
22      print("%s 说：我 %d 岁了，我在读 %d 年级"%(self.name,self.age,self.grade))
23
24  stu = Student('Alice',11,40,5)
25  stu.speak()
```

【运行结果】

Alice 说：我 11 岁了，我在读 5 年级

【代码分析】

如代码第 13 行所示，子类 Student 继承自父类 Person，也就是说，父类的数据成员和方法成员，子类 Student 全盘接收。但是，这两个类彼此之间毕竟还是有"代沟"的。比如，__init__(self, name, age, weight, grad)是构造方法（第 15~18 行），它用于初始化全部数据成员，但对于来自父类的数据成员（如 name、age 和__weight），它们的初始化还得交由父类自己的构造方法来完成（第 17 行）。

而 Student 类自己新建的数据成员 grade 则需要由它自己进行初始化（第 18 行）。

类似地，如果想在子类中调用父类的方法，可使用内置方法 super()或通过"父类名.方法名"的方式来实现，如第 17 行的 Person.__init__()。

此外，Student 类还继承了来自父类 Student 的公有方法 speak()。但如果父类方法的功能不能满足子类的需求，那么可在子类中重写父类的方法，这种改造父类同名方法的策略，称为覆写（Override）。代码的第 21~22 行就是一个对父类方法 speak()进行的覆写操作。

5.2　生成器与迭代器

在上一节，我们简单地介绍了面向对象的程序设计。我们知道，在 Python 中，一切皆对象。那么，如何高效地生成和访问这些对象，也是值得重视的问题。借助生成器（generator）和迭代器（iterator）可以达到上述目的。

5.2.1　生成器

之前我们讨论了高效的推导式。通过推导式，我们可以直接创建一个列表、字典或集合。但是，由于受到内存的限制，这些可迭代对象（列表、字典或集合）的容量是有限的。比如，创建一个包含 10 万个元素的列表，不仅要占用很大的存储空间，而且根据局部性原理，在一段时间内我们要访问的仅仅局限于相邻的若干个元素，即使把所有元素都加载到内存之中，它们被"临幸"的概率也非常小。因此，大部分的存储空间其实是被白白浪费了。

基于此，我们就会有这样的需求：这些元素能不能按照某种算法推算出来，然后在后续循环过程中，根据这些元素不断推算出其他被访问的元素呢？这样一来，就不必创建完整的列表、字典或集合了，从而节省了大量的空间。在 Python 语言中，这种一边循环一边计算的机制，称为生成器。

5.2.1.1 生成器的定义

创建一个生成器并不复杂，方法也有很多。最简单的一种方法莫过于把一个列表推导式最外层的标记方括号[]改成圆括号()，这样一个生成器就创建好了，示例代码如下。

```
In [1]: n = 10
In [2]: a = [x**2 for x in range(n) if x % 2 == 0]      #这是一个列表推导式
```

```
In [3]: print(a)                                        #可正常输出
[0, 4, 16, 36, 64]


In [4]: type(a)                                         #验明正身
Out[4]: list


In [5]: b = (x**2 for x in range(n) if x % 2 == 0)      #这是一个生成器


In [6]: print(b)                                        #无法直接输出
<generator object <genexpr> at 0x107c88d00>


In [7]: type(b)                                         #验明正身
Out[7]: generator
```

上述代码的 In [2]处是一个标准的列表生成式，一旦执行，就会把符合条件的列表元素全部加载到内存之中，此处生成的元素个数仅为 10 个。但如果 n 为 100 万呢？列表 a 就会生成同样数量级别的元素，这无疑会浪费大量内存。

而在输入 In [5]处，我们将 In [2]处的最外层方括号[]替换为圆括号()，这时它的类型就截然不同了。从 In [4]和 In [7]处输出的对象类型可以看出，前者 a 是一个列表，而后者 b 则是一个生成器。

在本质上，生成器就是一个生成元素的函数。现在你应该明白 In [5]处最外层的那对圆括号()的意义了吧，它不是"元组"生成式的标志，而更像是某个函数的标志（函数最核心的标志之一就是那对括号）。我们把这种表达式叫作生成器表达式（generator expression）

列表中的元素可以直接利用 print()语句输出（如上述代码 In [6]处），但同样的办法对生成器而言却是不可行的，解释器仅能给出生成器的地址信息。那么，该如何输出生成器中的每一个元素呢？这时，就需要借助全局内置函数 next()，获得生成器的下一个返回值。

next()函数好像拥有记忆一般，每使用一次 next()函数就会顺序输出生成器的下一个元素，而不是从最开始的位置输出，直到输出最后一个元素，没有元素可输出时，就会抛出 StopIteration 异常。

```
In [8]: next(b)
Out[8]: 0
```

```
In [9]: next(b)
Out[9]: 4


In [10]: next(b)
Out[10]: 16


In [11]: b.__next__()    #或用对象 a 的内部函数__next__()来访问下一个元素
Out[11]: 36
…
```

由于生成器也是一个特殊的迭代器，所以它也会有内置函数__next__()，在输入 In [11]处，我们调用了它的内置函数__next__()，也实现了和全局函数 next()相同的效果。当我们不断执行 next(a)时，它会不断输出 b 的下一个元素，直到没有更多的元素输出时，它会抛出 StopIteration 异常。

通常，生成器的正确打开方式并不是"傻乎乎"地反复调用 next()函数，而是和循环（如 for、while 等）配套使用，由于 Python 语法糖会为我们保驾护航，确保访问不会越界，因此不会发生 StopIteration 异常，代码如下所示。

```
In [12]: a = (x**2 for x in range(n) if x % 2 == 0)  #此处 n = 10


In [13]: for num in a:
   ...:     print(num)
   ...:
0
4
16
36
64
```

5.2.1.2 利用 yield 创建生成器

生成器的功能很强大。如果推算的算法比较复杂，难以利用列表推导式来生成，这时就可以使用含有 yield 关键字的函数。下面举例说明。

例如，在著名的斐波那契数列（Fibonacci）中，除第一个数和第二个数都为 1 之外，任意后面一个数都可由前两个数相加得到。

1, 1, 2, 3, 5, 8, 13, 21, 34, ...

分别以斐波那契数列中的元素为半径画出 1/4 圆，这些 1/4 圆连接起来的曲线称为斐波那契螺旋线，也称"黄金螺旋"，如图 5-5 所示。很神奇的是，在自然界中，很多生物（如向日葵、仙人掌、海螺等）中都存在斐波那契螺旋线的图案。

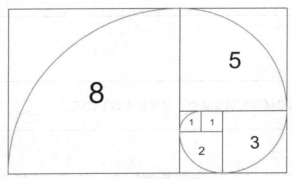

图 5-5　斐波那契螺旋线

回到关于生成器的讨论上来。生成斐波那契数列的过程相对比较复杂，难以利用列表推导式简练地表达出来，但可以用一个多行的函数描述出来，参见【范例 5-3】。

【范例 5-3】生成斐波那契数列的函数（fibonacci.py）

```
01    def fibonacci(xterms):
02        n, a, b = 0, 0, 1                     #变量初始化
03        while n < xterms:
04            print(b, end = ' ')
05            a, b = b, a + b                   #变量更新
06            n = n + 1
07        return '输出完毕'
08
09    fibonacci(10)
```

【运行结果】

```
1 1 2 3 5 8 13 21 34 55
```

```
'输出完毕'
```

【代码解析】

第 02 行和第 05 行代码体现了 Python 的特色——多变量赋值。第 02 行代码的功能是对三个变量进行初始化赋值，它等价于如下代码。

```
n = 0
a = 0
b = 1
```

第 05 行代码的功能是循环更新变量值，它等价于如下代码。

```
a = b
b = a + b
```

由上面的代码可以看出，使用多变量赋值可以大大简化代码。但实际上，如前讨论，第 02 行和第 05 行实现的就是两个匿名元组之间的赋值。print()默认的输出终结符是换行符，这里为了不占用打印空间，改成了空格（通过设置 print()函数中的参数 end = ' ' 来实现），因此所有元素输出以空格隔开。

仔细观察可以看出，实际上，fibonacci()函数中第 05 行代码已经清楚地定义了斐波那契数列的推算规则，我们可以从第一个元素开始，推算出后续任意元素。而这种推导逻辑已经非常接近生成器。也就是说，把上述函数稍加改造，就能把 fibonacci()函数变成生成器：只需要把向屏幕输出的 print(b)改为专用的 yield b 就大功告成了。参见【范例 5-4】。

【范例 5-4】生成斐波那契数列的生成器（fibonacci-gen.py）

```
01    def fibonacci(xterms):
02        n, a, b = 0, 0, 1
03        while n < xterms:
04            yield b          #表明这是一个生成器
```

```
05          a, b = b, a + b
06          n = n + 1
07      return '输出完毕'
```

【代码分析】

【范例 5-3】与【范例 5-4】的核心区别在于第 04 行，【范例 5-4】的第 04 行使用了关键字"yield"，这个关键字的本意就是"生产、产出"，如果某个函数定义中包含 yield 关键字，那么这个函数就不一般了，它不再是一个普通函数，而是一个生成器。将上述函数加载到内存中以后，我们可以用如下代码来进行测试。

```
In [1]: func = fibonacci (10)
In [2]: func        #并不直接输出
Out[2]: <generator object fibonacci_gen at 0x1104cc138>
```

通过前面的讨论，我们知道，In [1]处的代码并不会执行 fibonacci()函数，而是返回一个可迭代对象！这个对象并不能直接输出（见 In [2]处），那该如何正确输出我们想要的结果呢？

第一种方法就是前面提到的反复利用 next()函数，代码如下。

```
In [3]: next(func)
Out[3]: 1
In [4]: next(func)
Out[4]: 1
In [5]: next(func)
Out[5]: 2
In [6]: next(func)
Out[6]: 3
......
```

通过 next()不断返回数列的下一个数，内存占用始终为常数。这是与列表推导式的显著不同。显然，如果生成器中"蕴涵"的数据较大，每次手动输入一个 next(func)，才输出一个数据，麻烦至极。

因此，第二种方法更为常见，那就是和循环结构配套使用。我们重新加载 In [1]处的代码并再次运行如下代码。

```
In [7]: for item in func:
            print(item, end = ' ')
```

运行结果如下。

```
1 1 2 3 5 8 13 21 34 55
```

前面的几个生成器的案例其实并不实用，生成器的最佳应用场景在于：我们不想将所有计算出来的大量结果一块保存到内存之中。因为这样做会浪费大量不必要的内存资源。例如，将上面代码 In[1]处的 10 改成 1000000，这时生成器的优势就体现出来了。因为生成器会"临时抱佛脚"，需要谁，就按照规则"临时"生成谁，它就好比是一个"经济适用房"，占用空间不大，但能解决实际问题。

5.2.1.3 生成器的执行流程

在这里，需要特别注意的是，生成器和函数的执行流程不一样。普通函数遇到 return 语句或者执行到最后一行函数语句时就会返回，结束整个函数的运行。

而变成生成器的函数，在每次调用 next()的时候执行，遇到 yield 语句就"半途而废"，再次执行时，就会从上次返回的 yield 语句处接着往下执行。

下面列举一个简单的例子说明生成器的执行流程，见【范例 5-5】。

【范例 5-5】生成器的执行流程（my_gen.py）

```
01  def my_gen():
02      print('我是第 1 次返回')
03      yield (1)
04      print('我是第 2 次返回')
05      yield(2)
06      print('我是第 3 次返回')
07      yield(3)
```

由于上述函数中含有 yield 语句，很显然，这是一个生成器。将上述函数加载到内存中之后，我们来调用这个生成器。在调用生成器之前，首先要生成一个生成器对象，然后用 next()函数不断获得下一个返回值，在 IPython 中的验证代码如下。

```
In [1]: gen = my_gen()        #创建生成器对象
In [2]: next(gen)        #输出生成器第一个元素，即第一个 yield 语句运行结果，并返回
我是第 1 次返回
Out[2]: 1
In [3]: next(gen)        #从【范例 5-5】的第 04 行开始执行
我是第 2 次返回
Out[3]: 2
In [4]: next(gen)        #从【范例 5-5】的第 06 行开始执行
我是第 3 次返回
Out[4]: 3
In [5]: next(gen)        #无匹配的 yield 语句运行结果，发生异常，报错！
--------------------------------------------------------------------------
StopIteration                          Traceback (most recent call last)
<ipython-input-55-6e72e47198db> in <module>
----> 1 next(gen)
StopIteration:
```

　　总结一下，在本质上，生成器就是一种元素生成函数，它和普通函数的不同之处在于，它的返回值不是通过 return 返回的，而是通过 yield 返回的。另外一个需要注意的地方是，含有 yield 语句的函数中如果还配有 return 语句，那么这个 return 语句并不是用于函数正常返回的，而是 StopIteration 的异常说明。也就是说，生成器没有办法使用 return 的返回值。如果想获得该返回值，需要捕获 StopIteration 异常，然后输出 StopIteration.value。

5.2.2　迭代器

　　迭代是 Python 最强大的功能之一，是访问集合元素的一种方式。顾名思义，迭代器就是用于迭代操作（如 for 循环、while 循环）的对象，它可以像列表一样迭代获取其中的每一个元素。下面我们来介绍迭代器的使用方法。

5.2.2.1　可迭代对象

　　在 Python 中，有很多好用的数据类型，如列表、元组、字典、集合、字符串等。事实上，这些所谓的"数据类型"，更确切地说是存储数据的容器（container）。操作这些容器时，我们常需要逐个访问其中的元素。这种逐个获取容器中元素的过程，就叫"迭代"（iteration）。

简单来说，具备可迭代访问特性的对象，就叫作可迭代对象。这样说起来有点抽象，我们先用一个形象的案例来说明，如图 5-6 所示。

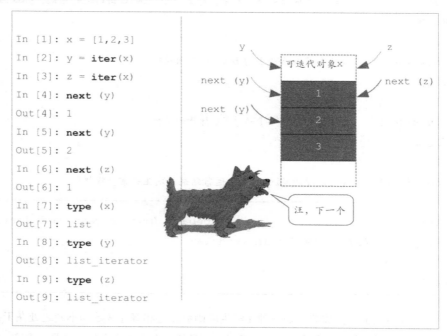

图 5-6　可迭代对象示意图

在图 5-6 左侧所示的代码中可以看出，在输入 In [2] 和 In [3] 处，分别用全局函数 iter() 定义了两个独立的迭代器 y 和 z，它们都"指向"列表 x。然后，通过 next() 函数可逐个访问可迭代对象的下一个元素。

所谓迭代器，简单来说，我们可以把它理解为能够访问容器元素的"智能指针"。在 C、C++ 中，我们常用指针（即对象在内存中的地址）指向一个数组，然后通过"+1"操作来访问"下一个"元素。

这里之所以说迭代器是"智能指针"，是因为，在 Python 中迭代器是作为一个迭代类的对象而存在的。既然是对象，它就有一些成员函数（或方法）可供使用，在函数（或方法）内，我们可以添加更多具体的操作，从而表现出比纯粹的指针更多的"智能"。

比如说，在 C、C++ 中，通过指针访问数组元素时，编译器是不做边界检查的，一旦越界，程序就可能崩溃。但迭代器可以通过 StopIteration 异常来标识迭代的完成，并进行合理的异常处理，这样程序就能正常运行，如【范例 5-6】所示。

【范例 5-6】迭代器的边界检查（iterater.py）

```
01    my_list = [1,2,3,4]
02    # 创建迭代器对象
03    it = iter(my_list)
04
05    while True:
06        try:                      #使用异常捕获结构
07            print (next(it))
08        except StopIteration:     #捕获异常
09            print("迭代器越界啦！")
10            break
11    print("我能正常输出！")
```

【运行结果】

```
1
2
3
4
迭代器越界啦！
我能正常输出！
```

【代码分析】

迭代器内部维护着一个状态，该状态用来记录当前迭代"指针"所在的位置，以方便下次迭代时（如第 07 行所示的 next() 函数）获取正确的元素。一旦所有元素都被遍历，那么迭代器就会指向容器对象的尾部，并触发停止迭代的异常（第 08 行）。

迭代器有一个显著的特点，那就是惰性估值（Lazy evaluation）。其含义在于，只有当迭代至某个值时，该元素才会被计算并获取。这个特性有点像"抽一鞭子走一步"的懒牛。

存在即合理。这种"懒"也是有优点的，即迭代器特别适合用于遍历大文件或无限集合，因为我们不用一次性将它们全部预存到内存之中，用哪个再临时拿来即可。

5.2.2.2　创建迭代器

在 Python 中，一切皆对象。迭代器也不例外，具体的迭代器实际上是某个迭代类定义的对象。比如 list_iterator 是列表类迭代器的对象，set_iterator 是集合类迭代器的对象，以此类推。

所有的迭代器在设计之时通常都会在类中实现两个方法：__iter__()和__next__()。__iter__()方法用于返回一个迭代器对象，__next__()方法用于返回迭代对象内部的下一个元素值。

为了更直观地感受迭代器内部的执行过程，我们改造【范例 5-3】，创建一个迭代器，依然以斐波那契数列为例来进行说明。

【范例 5-6】创建迭代器（iterate-fib.py）

```
01   from itertools import islice
02   class Fibonacci:
03       def __init__(self):
04           self.previous, self.current = 0, 1
05
06       def __iter__(self):
07           return self
08
09       def __next__(self):
10           value = self.current
11           self.previous, self.current = self.current, self.current +
             self.previous
12           return value
13
14   f = Fibonacci()
15   a = list (islice(f, 0, 10))
16   print (a)
17   #b = list (islice(f, 0, 10))
18   #print (b)
```

【运行结果】

```
[1, 1, 2, 3, 5, 8, 13, 21, 34, 55]
```

【代码分析】

Python 中有一个内置的模块 itertools，该模块中包含了一系列用来产生不同类型迭代器的函数或类，它们都可以产生一个迭代器，然后通过 for/while 循环来遍历取值，当然也可以使用全局内置函数 next()来取值。

第 01 行代码就是导入这个模块的一个常用函数，其函数原型如下。

```
islice (iterable, start, stop[, step])
```

该函数的第一个参数就是一个可迭代对象，随后的参数分别是迭代对象的起始位、终止位和步长。它的用法和列表及元组的"切片"函数非常类似。事实上，islice 就是"迭代分片"的意思，其中"i"表示"iterable"（可迭代对象），"slice"表示"分片"。但是，这个迭代切片不支持负数索引。

第 02~12 行定义了一个 Fibonacci 类。随后，该类定义了一个对象 f，它是一个可迭代对象（第 14 行），这是因为 Fibonacci 类实现了__iter__()方法。与此同时，f 又是一个迭代器，因为它实现了__next__()方法。该方法保障了变量 self.previous 和 self.current 在迭代器内部的状态更新。每次调用 next()方法的时候，__next__()会在背后默默做如下两件事。

- 为下一次调用 next()方法修改状态（第 11 行）。

- 为当前调用生成返回结果（第 12 行）。

简单来说，迭代器就像一个惰性加载的工厂，等到有人需要时，它才加工产品，返回生成值，当没人搭理的时候，它就处于休眠状态，等待下一次调用来唤醒。

如果我们把第 17~18 行的注释去掉，运行的结果会在上述运行结果的基础上增加如下内容。

```
[89, 144, 233, 377, 610, 987, 1597, 2584, 4181, 6765]
```

第 18 行和第 20 行的代码完全一样，但输出结果迥然不同，你知道为什么吗？请读者自行思考其中的原因。

5.3　文件操作

文件是指记录在存储介质上的一组相关信息集合。在操作系统下，文件名由文件主名和扩展名（可选项）组成，二者之间用一个小圆点隔开。如在"Readme.txt"文件中，"Readme"是文件主名，"txt"为扩展名。

5.3.1　打开文件

Python 使用 open()方法以读文件的方式打开文件，传入文件名与标识符，格式如下。

```
file = open('filename.txt', mode = 'r')
```

其中，file 就是一个文件对象，filename 是我们希望打开的文件的字符串名称（如果它和当前.py 文件不在同一个路径下，则 filename 中要包括文件的路径信息），mode 表示读写模式，默认为只读（read）模式。

假设我们有一个文件，名为 python.txt。我们可通过如下代码打开它。

```
In [1]: fhand = open('python.txt', 'r')
In [2]: print(fhand)
<_io.TextIOWrapper name='python.txt' mode='r' encoding='UTF-8'>
```

在 In [1]处，如果文件不存在，则会抛出 FileNotFoundError 异常。Python 文件的打开模式有许多种，如表 5-1 所示。

表 5-1 Python 文件的打开模式

模式	描述
'r'	以只读（read）模式打开文件，若文件不存在则会报错。文件指针指向文件开头（默认）
'w'	以只写（write）模式打开文件，若文件不存在则创建 filename 指定的文件，若文件存在则覆盖旧文件
'a'	以追加（append）模式打开文件，若文件存在，文件指针会指向文件尾部，也就是说新内容会追加到旧文件的末尾，如果文件不存在，则创建文件用于写入
't'	以文本文件（text）模式打开文件（默认）
'b'	以二进制（binary）模式打开文件，主要用于打开非文本文件，如图片、音频等
'+'	打开文件并允许更新（可读、可写）

表 5-1 中所列的模式是可以组合的，例如，"rb"表示以二进制只读模式打开文件。再例如，"ab+"表示以二进制模式打开文件，并且把新数据追加到文件的尾部，如果该文件不存在，则需创建文件。

对于文本文件而言，它可视为由很多行字符文本构成的文件。如果文件存在，打开文件之后，就可以利用 for 循环逐行读取，也可以使用 read()方法一次性读取文件的全部内容，然后用 print()函数将读取的文件内容打印出来，最后调用 close()方法关闭文件。

```
In [3]: for line in fhand:
            print(line)
```

【运行结果】

In this tutorial, you'll learn about Python operator precedence and associativity.
This topic is crucial for programmers to understand the semantics of Python operators.
After reading it, you should be able to know how Python evaluates the order of its operators.
……（文本文件内容，省略部分）

当然，我们还可以用 read() 方法将文本文件的所有数据一次性读取出来，然后用 print() 打印出来。

```
In [4]: txt = fhand.read()
In [5]: print(txt)
```

虽然上述代码语法无误，但在当前上下文环境下，不会有任何输出。

为什么会这样呢？这是因为，为了方便处理文件，文件对象会维护一个文件指针，文件指针会记录当前文件所在的位置，以 In [3] 处的 for 循环为例，每次输出一行都会以换行符（\n）作为标记，输出数据时，文件指针也会随之下行，待 for 循环结束时，文件指针会指向文件尾部（EOF，end of file）。此时，再次使用 read() 方法，该文件指针"进无可进"，如图 5-7 所示。

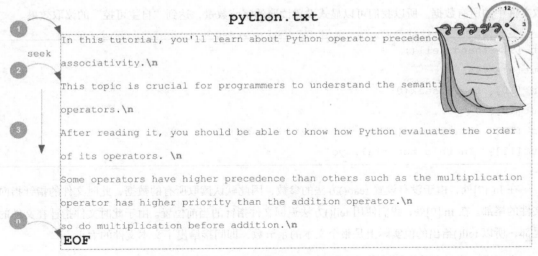

图 5-7　读取文件操作示意图

解决上述问题的办法也很简单。就是将文件指针复位，这时就需要利用 seek() 方法。seek() 用于将文件读取指针移动到指定位置，该方法的原型如下。

```
fileObject.seek(offset[, whence])
```

其中，offset 表示开始的偏移量，也就是需要偏移的字节数。whence 为可选参数，默认值为 0，表示要从哪个位置开始偏移。0 代表将文件开头作为起点，1 代表从当前位置开始算起，2 代表从文件末尾算起。

根据上面的描述，我们把 seek() 方法的参数设置为 0 即可解决问题，代码如下。

```
In [6]:  fhand.seek(0)     #将文件指针复位到起始点
Out[6]: 0
In [7]:  txt = fhand.read()
In [8]:  print(txt)
In this tutorial, you'll learn about Python operator precedence and associativity.
This topic is crucial for programmers to understand the semantics of Python
operators.
……（文本文件内容，省略部分）
```

上面代码中的 read() 方法主要用于从文件中读取指定的字节数，若未设定参数或参数为负，则读取文件中的所有数据。所以我们可以显式设置读取的字节数量，达到"自主可控"的读取效果。

```
In [9]: fhand.tell()
Out[9]: 444
In [10]: fhand.seek(0)
Out[10]: 0
In [11]:  fhand.read(20)
Out[11]: 'In this tutorial, yo'
```

在 In [7] 处，由于没有设置 read() 方法的参数，因此默认读取所有的数据，此时文件的指针指向文件的尾部。在 In [9] 处，我们使用 tell() 方法返回文件指针的当前位置。由于此时文件指针在文件的尾部，所以 tell() 给出的值实际上是整个文本的字节数，即间接给出了文本文件的大小。

为了进一步对文件进行操作，我们在 In [10] 处复位文件指针，让它重新指向文件起始处。然后在 In [11]处，read(20)表示从文件开始处读取 20 个字节的数据。

5.3.2 读取一行与读取全部行

read()函数使用起来很方便。但当文件很大，难以一次性读入内存，或数据分析的"颗粒度"为行时，就需要采用逐行读取的方式，这时就需要利用 readline()方法。

readline()用于从文件中读取整行，包括换行符（\n）本身。如果 readline()指定了一个非负数的参数，则将返回指定大小的字节数，包括"\n"字符。使用 readline()方法的示例如下。

```
In [12]: fhand.seek(0)          #文件指针复位到起始点
Out[12]: 0
In [13]:  fhand.readline()       #读取第 1 行，文件指针下移
Out[13]: 'In this tutorial, you'll learn about Python operator precedence and
associativity. \n'
In [14]:  fhand.readline()       #读取第 2 行，文件指针下移
Out[14]: 'This topic is crucial for programmers to understand the semantics of
Python operators.\n'
In [15]:  fhand.readline(10)     #读取第 3 行的前 10 个字符，文件指针下移
Out[15]: 'After read'
```

当然，我们也可以利用 for 或 while 循环逐行读取，直到文件结尾。

有时候，我们需要一次性读取所有行，这时就需要用到 readlines()方法。虽然 read()方法也能一次性地把所有数据读取出来，但 readlines()方法返回数据的粒度相对较大，是以行为单位的，而 read()方法返回数据的颗粒度非常小，是以字节为单位的。

```
In [16]: fhand.seek(0)          #文件指针复位到起始点
Out[16]: 0
In [17]: lines = fhand.readlines()  #读取文件所有行
In [18]:  lines[:2]              #返回文件的前两行
Out[18]:
['In this tutorial, you'll learn about Python operator precedence and
associativity. \n',
 'This topic is crucial for programmers to understand the semantics of Python
operators.\n']
```

由于 readlines()方法返回包含所有行的列表，因此我们可以用列表的切片或下标索引访问其中的行。例如 In [18]处的 lines[:2]表示的就是返回文件的前两行。

有始就有终。当我们读取完文件后，就可以利用 close()方法手动关闭文件，以回收系统资源，此外，操作系统同一时间能打开的文件数量也是有限的。及时回收系统资源是程序员的一种美德。

```
In [19]: fhand.close()    #关闭文件。
```

close()方法会先刷新缓冲区中还没有写入磁盘的信息，然后再关闭文件。一旦文件关闭，便不能对文件进行读写操作。

由于文件读写时都有可能产生 IOError 异常，一旦系统出错，后面的 close()方法可能就不会被调用。所以，为了保证无论是否出错都能正确地关闭文件，我们可以使用 try...finally。

```
01  try:
02      fhand = open('python.txt', 'r')  #以只读方式打开文件
03      print(fhand.read())    #输出文件
04  finally:
05      if fhand:              #一旦文件打开，"终究"要关闭
06          fhand.close()
```

try...finally 是 Python 中常用的处理异常的语法，后面的章节中会详细讲解。

此外，还有一种情况，当我们打开文件后，由于疏忽，有时可能忘记关闭文件，这时可能会带来一些潜在问题，如内存泄漏等。为了更好地避免这类问题，Python 提供了 with 语句。with 语句的基本语法格式如下。

```
with expression as target:
    with-body
```

针对上述描述，我们可以如下打开文件。

```
with open('python.txt', 'r') as f:
    print(f.read())
```

引入了 with 语句，当我们访问完文件后，Python 便会根据上下文语境自动帮我们调用 close()方

法。这和前面的 try...finally 实现的功能类似，但是代码更为简单，且不必显式调用 close()方法。

5.3.3　写入文件

文件写操作和文件读操作类似，唯一的区别是，调用 open()函数时，传入标识符'w'或者'wb'表示写文本文件或写二进制文件，代码如下。

```
01  with open('text.txt', 'w') as f:
02      f.write("hello\n world!")    #向 text.txt 文件写入两行
```

在上述代码中 write()方法用于向文件中写入指定字符串。在文件关闭前或缓冲区刷新前，字符串内容存储在缓冲区，这时在文件中是看不到写入的内容的。write()写入的内容是一个字符串，如果不是，则需要提前转换。

```
01  a = 123
02  with open('text2.txt', 'w') as f:
03      f.write(a)
```

运行上面的代码，会产生类型错误（TypeError）。如果想修正这类错误，需要把上述代码中的第 03 行修正为如下格式。

```
03      f.write(str(a))    #强制类型转换，将数值型 a 转换为字符串
```

如前所述，利用 with 语句块可以自动调用 close()方法。

5.4　异常处理

在程序编写过程中，通常有一个 80/20 原则，即将 80%的精力花费在 20%的事情上，而这 20%的事情就是处理各种可能出现的错误或异常。如果想编写一个完善的高容错运行程序，且不使用异常处理机制，那么程序中将充斥着各种 if 语句，用于处理各种可能的意外。如果是这样的话，整个程序的结构就会变得臃肿且混乱。

而事实上，由于程序员本身存在思维盲点，即使再简单的程序，要把其中所有可能出现的错误都预想到，也是不现实的。由于无法做到"考虑完备"，Python 可能会在运行时发生各类异常

（Exception）。因此，一个健壮的程序，通常都要设置异常处理模块。

5.4.1 感性认识程序中的异常

异常也称为例外，指的是所有可能造成计算机无法正常处理的情况，如果没有进行妥善的安排，严重的话将使计算机宕机。异常处理是一种特定的程序错误处理机制，是为了让程序员更加关注正常的程序执行序列而设计的。

我们先来观察如下代码，感性体会异常的表现。

```
In [1]: 10 * (2 / 0)
ZeroDivisionError Traceback (most recent call last) <ipython-input-1-93811cdc0b4a>
in <module>
ZeroDivisionError: division by zero

In [2]: 4 + num * 2
NameError Traceback (most recent call last) <ipython-input-2-17d576eb8202> in
<module>
NameError: name 'num' is not defined

In [3]: '4' + 4
TypeError Traceback (most recent call last)<ipython-input-3-28186fbed058> in
<module>
TypeError: must be str, not int

In [4]: f = open("123.txt", 'r')
FileNotFoundError Traceback (most recent call last)
<ipython-input-4-bae7ba169ccb> in <module>
FileNotFoundError: [Errno 2] No such file or directory: '123.txt'
```

在上面的代码中，我们分别演示了 ZeroDivisionError（除零错误）、NameError（命名错误）、TypeError（类型错误）和 FileNotFoundError（文件未发现错误）等异常情况。错误信息的前半部分显示了异常发生的上下文，并以回溯（Traceback，一种错误信息）方式终止了执行。

有了异常，就应该有相应的异常处理手段，这样才能确保这些异常不会导致数据丢失或系统运行遭到破坏等灾难性后果。在处理异常时，需要注意以下两点。

- 不需要打乱程序的结构，如果没有任何错误产生，那么程序的运行不受任何影响。

- 要根据错误种类的不同有的放矢，实施对应的错误处理操作。

Python 通过面向对象的方法来处理异常。在一个方法的运行过程中，如果发生了异常，则这个方法将生成代表该异常的一个对象，并把它交给运行时系统，运行时系统将寻找相应的代码来处理这一异常。

5.4.2　异常处理的三步走

在高级语言（如 C++、Java）中，通常都内置了一套 "try...except...finally..." 的三步走式错误处理机制，Python 也不例外。如果我们认为某个代码块可能会出错，就可以用 try 来"管辖"这段代码。一旦发生异常，则不会继续执行后续代码，而是直接跳转至异常处理代码（即 except 语句块），执行 except。如果 try 代码块没有异常发生，则忽略 except 子句。一个 try 代码块中可能包含多个 except 子句，可分别处理不同类型的异常，但最多只有一个分支会被执行。

异常处理过程中如果还有 finally 语句块，则还需执行 finally 语句块。finally 语句块为可选项，非必需，一旦设置，无论是否发生异常，就如其名称所彰显的含义一般，程序"最终"都要在 finally 语句块上"走一遭"，如图 5-8 所示。

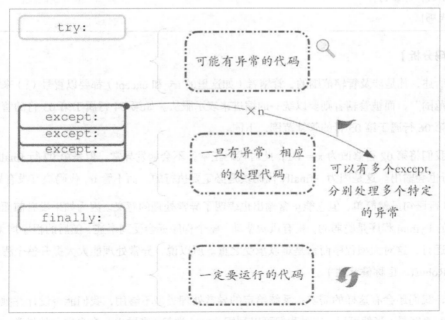

图 5-8　异常处理的三步走

下面我们以处理"除数为零"这类异常为例，来说明异常处理的三步走流程，如【范例 5-7】所示。

【范例 5-7】除数为零的异常处理（exception-zero.py）

```
01  def this_fails():
02      x = 1 / 0
03  try:
04      this_fails()
05  except ZeroDivisionError as err:
06      print('运行时异常:', err)
07  finally:
08      print("我是来演示的，非必需！")
09  print("我是正常代码！")
```

【运行结果】

```
运行时异常: division by zero
我是来演示的，非必需！
我是正常代码！
```

【代码分析】

如前所述，凡是涉及管辖范围的，管辖者（如这里的 try 和 except）都要以冒号（:）来彰显自己的"势力范围"，而被管辖者则要以统一的缩进来表示服从。如第 04 行属于第 03 行的管辖范围。类似地，第 06 行属于第 05 行的管辖范围，下同。

如果我们将第 02 行修改为 x = 1/1，此时代码正常，不会触发异常，但是第 07 行 finally 所管辖的第 08 行也会输出。这是因为，finally 代码块是必定要执行的，而不管 try 代码块有没有异常。

第 09 行语句虽然简单，但它能正常输出也表明了异常处理的意义。因为如果没有前面的异常处理，我们的 Python 程序是脆弱的，稍有风吹草动，整个程序都会受到牵连，随后的程序均无以为继，进而停止运行，这对大型程序而言是难以承受之重。所以说，异常处理能大大提升整个程序的"鲁棒性"（Robust，也称健壮性）。

有时，我们还会有这样的需求：系统给定的异常处理类型不够用，我们能否设计并抛出个性化的异常呢？答案是，当然可以。这时我们可以利用 raise（举起）来抛出一个自定义的异常。此处 raise

的功效基本上和 C++、Java 中的 throw（抛出）是相同的，示例代码如下。

```
In [5]: x = 10
In [6]: if x > 5:
   ...:     raise Exception('x 应该小于 5. 当前值为：{}'.format(x))
```

运行上述语句，我们会收到如下的异常信息。

```
Exception                            Traceback (most recent call last)
<ipython-input-42-5feba8c996e1> in <module>
    1 x = 10
    2 if x > 5:
----> 3     raise Exception('x 应该小于 5. 当前值为：{}'.format(x))

Exception: x 应该小于 5. 当前值为：10
```

5.5　错误调试

异常处理模块能帮助我们在运行期间处理异常信息，但 Python 代码还有更为基础的错误——语法错误和逻辑错误。语法错误相对简单，在解释器的帮助下，我们很快就能定位错误所在。但对逻辑错误的调试就难多了，几乎"引无数 coder 竞折腰"！

这些语法或逻辑层面的错误，构成了各式各样的代码 bug（代码缺陷）。为了调试错误，我们需要知道，出错时哪些变量的值是正确的，哪些变量的值是错误的。因此，我们需要掌握一些代码调试的基本技巧。

5.5.1　利用 print() 输出观察变量

第一种方法，简单而有效，直接而粗暴，就是用 print() 把需要观察的变量打印出来，如【范例 5-8】所示。

【范例 5-8】利用 print() 输出观察变量（print-err.py）

```
01  def foo(s):
02      n = int(s)                   #字符串转换为整型
```

```
03        print('n = {}'.format(n))    #输出观察变量 n 的值
04        return 10 / n
05
06    foo('0')
```

【运行结果】

```
n = 0
-----------------------------------------------------------------
ZeroDivisionError                        Traceback (most recent call last)
......
<ipython-input-9-d21f20e5d17e> in foo(s)
      2    n = int(s)
      3    print('n = {}'.format(n))
----> 4    return 10 / n
      5
      6 def main():
ZeroDivisionError: division by zero
```

根据打印处的信息（第 3 行）和错误信息（division by zero），我们可以很容易地定位错误所在：代码第 4 行，作为分母，n 值为 0。

5.5.2 assert 断言

用 print() 观察变量的不足之处在于，调试完毕后，我们还得手动将它们删掉，如果调试工作量较大，造成 print() 满天飞，删除大量 print() 语句的工作量也不容小觑。而且，如果程序中到处充斥着 print() 语句，输出信息也会非常繁杂，给程序员造成困扰。

因此，就有了第二种方法——断言（assert）。凡是可用 print() 来辅助查看的，都可以用 assert 来替代。它用来测试某个条件（condition）的布尔值，系统默认这个条件为真，此时断言悄然无息，我们感知不到它的存在。但是，一旦条件为假，就会触发异常。assert 的语法格式如下。

```
assert <condition>                      #第一种情况，不给出错误信息
```

在 Python 中，可以把 assert 理解为简化版的异常处理，它与如下语句等价。

```
if not <condition>
    raise AssertionError
```

assert 后面也可以紧跟参数，给出更为详细的错误信息，示例如下。

```
assert <condition> [, arguments]        #第二种情况，给出错误信息（可选项）
```

这种情况等价于如下语句。

```
if not condition:
    raise AssertionError(arguments)
```

下面我们通过具体示例来说明 assert 的用法，见【范例 5-9】。

【范例 5-9】assert 的用法（assert_no_err_msg.py）

```
01   def avg(score):
02       assert len(score) != 0
03       return sum(score) / len(score)
04
05   score = []
06   print("平均分数为:",avg(score))
```

【运行结果】

```
AssertionError                        Traceback (most recent call last)
<ipython-input-11-56d552b0cddd> in <module>
     4
     5 score = []
----> 6 print("平均分数为:",avg(score))
<ipython-input-11-56d552b0cddd> in avg(score)
     1 def avg(score):
----> 2     assert len(score) != 0
     3     return sum(score)/len(score)
     4
     5 score = []
AssertionError:
```

【代码分析】

由于代码的第 05 行是一个空列表，其长度为 0，因此会让第 02 行的判断条件 len(score) != 0 为假，这时就会触发异常，导致程序终止运行。此时，如果将第 05 行代码修改如下：

```
05    score = [90,85,78]
```

整个程序将能正常运行，运行结果如下。

```
平均分数为：84.33333333333333
```

使用 assert 的好处在于，当判断条件为真时，用户是感觉不到 assert 的，因为 assert 只有当判断条件为假时才"刷存在感"，给出错误信息。错误信息一旦给出，在某种程度上就定位了代码的 bug 所在，从而达到了程序调试的目的。调试完毕后，用户无须删除 assert 语句。

【范例 5-9】中的 assert 并没有给出错误信息，可读性不强。事实上，我们还可以显式给出错误信息。我们可以如下修改【范例 5-9】的第 02 行代码。

```
assert len(marks) != 0, "列表为空，咋整啊！"
```

这里，断言条件后面的"列表为空，咋整啊！"，就是条件一旦为假时输出的错误信息。我们假设，此时第 05 行依然为空列表，这时【范例 5-9】的运行结果如下。

```
AssertionError                          Traceback (most recent call last)
<ipython-input-13-a477886d663d> in <module>
    5 score = []
    6 # score = [90,85,78]
----> 7 print("平均分数为:",avg(score))
<ipython-input-13-a477886d663d> in avg(score)
    1 def avg(score):
----> 2     assert len(score) != 0,  "列表为空，咋整啊！"
    3     return sum(score) / len(score)
    4
    5 score = []
AssertionError: 列表为空，咋整啊！
```

很明显，有了错误信息，就更容易找到代码的错误所在了。

如果断言太多，也会遭遇与 print()类似的处境，异常信息会让我们"应接不暇"。如果不需要断言来帮忙，则在命令行启动 Python 解释器时可用"-O"参数来关闭 assert，如下。

```
python -O assert_no_err_msg.py    #选项是大写的字母 O，而非数字 0
```

除了前面提到的利用 print()、assert 进行调试，我们还可以使用 IDE（如 PyCharm 等）进行调试，这些集成开发环境有着非常好用的"单步调试功能"，同时配合控制台的输出，也能比较便捷地定位错误。

当我们开发的项目规模比较大时，我们会发现，logging 才是终极武器。logging 是 Python 的日志模块。使用这个模块的好处在于，它允许我们指定记录信息的级别，有 debug、info、warning、error 等。我们可以根据需要输出不同级别的信息。例如，当我们指定 level=INFO 时，logging.debug 就不起作用了。同理，指定 level=WARNING 后，debug 和 info 就不起作用了。这样一来，我们就不必担心太多输出信息会冲淡关注力。关于这个模块的知识，就留给"爱折腾"读者自学吧。高手，永远都是自学出来的！

5.6　本章小结

在本章中，我们首先学习了面向对象程序设计的概念。为解决某个任务，面向过程程序设计首先强调的是"怎么去做"（How to do），这里的"How"对应的解决方案就形成了一个个功能块——函数。而面向对象程序设计首先考虑的是"是谁去做"（Who to do），这里的"Who"就是对象。这些对象构成了一个个方法。

为了提高对象的生成和访问效率，我们又学习了生成器（generator）和迭代器（iterator）。生成器是一种"临时抱佛脚"的对象生成工具，而迭代器可理解为一种访问可迭代对象的"智能指针"。

接着，我们学习了异常处理，Python 使用一套 try...except...finally...的错误处理机制，这套机制能大大提高了程序的鲁棒性。

最后，我们简单提及了 Python 中的几种错误调试策略，如使用 print()打印观察变量，使用 assert 输出错误信息等。

5.7　思考与提高

1. 请设计一个类，完成 DNA 序列的简易分析。其中，类有三个属性：编号、注释、DNA 字符串。类有三个方法：__init__()（构造函数，初始化类中变量）、_clean()（私有方法，清除回车键和其他非法字符，非 TACG.）、gc_percent()（计算 DNA 序列中 G 和 C 的百分比）。同时创建如下两个对象对这个类进行测试。

DNA1: 'gi214', 'the first sequence',
'tcgcgcaacgtcgcctacatctcafadfdafdferqrcvcaagattca'
DNA2: 'gi3421', 'the second sequence',
'gagcatgagcggaattctgcatagcdafdasfdasfgcaagaatgcggc'

【案例分析】

本题主要考察 Python 类的设计，涉及的知识点涵盖字符串的处理。

【参考代码】

```
01   class Sequence(object):
02     def __init__(self, identifier, comment, seq):
03        self.id      = identifier
04        self.comment = comment
05        self.seq     = self._clean(seq)
06
07     def _clean(self, seq):
08
09        return seq.replace('\n', "")
10
11     def gc_percent(self):
12        seq = self.seq.upper()
13        return float(seq.count('G') + seq.count('C')) / len(seq)
14
15   dna1 = Sequence('gi214', 'the first sequence',
     'tcgcgcaacgtcgcctacatctcaagattca')
16   dna2 = Sequence('gi3421', 'the second sequence',
```

```
          'gagcatgagcggaattctgcatagcgcaagaatgcggc')
17
18    print(dna1.gc_percent())
19    print(dna2.gc_percent())
```

上述代码中的_clean()方法仅仅实现了换行符的剔除，请设计一个子类 Sequence_pre，覆盖父类的_clean()方法，实现将除"ATCG"之外的所有字符都剔除。

2. 迭代器和生成器的区别是什么？

【案例分析】

对如列表、元组、字典、字符串等容器对象，通常可通过迭代的方式逐个访问其中的元素，迭代器如同一种智能指针，通过 next()方法返回可迭代对象的当前值，并自动指向下一个元素。在没有后续元素时，next()会抛出一个 StopIteration 异常。

生成器在本质上也是一种生成对象的函数，和普通函数不同的地方在于，在需要返回数据时使用 yield 关键字，而非普通函数的 return 关键字。每次调用 next()时，生成器会按照生成对象的规则返回相应的对象，生成器会自动记住上一次执行时对象所处的位置和数据值。

由于生成器记录的是生成对象的规则（即表现为某个函数），而非全体生成对象，所以生成器不仅能高效生成对象，而且还节省内存。

3. 什么是最少必要知识（MAKE）？对于处在信息时代的我们，它能带来什么启示？

最少必要知识（Minimal Actionable Knowledge and Experience，简称 MAKE）是入门某个新领域切实可行的最小知识集合。在学习某项技能时，我们要想办法在最短的时间内摸索清楚掌握这项技能的"最少必要知识"，然后迅速"get"它们，这是快速掌握某项技能的正确"姿势"。一旦掌握某项技能的 MAKE，那么技能的提升通道就需要在实践中找到，缺啥补啥，有明确的任务导向，学习效率会"有如神助疾如风"。这也是信息时代的快节奏学习法。

截至本章，Python 的基本语法就讲解完了。自然，还有很多 Python 知识并没有涉及，但客观来讲，前面 5 章的 Python 知识已经构成了后面章节数据分析和机器学习实战的"最少必要知识"。从下一章开始，我们将进一步讲解与机器学习相关的软件包（如 Numpy、Pandas 和 Matplotlib），借助它们能大大提高数据分析的效率。

第 6 章　NumPy 向量计算

除了提供很多好用的官方库之外，Python 社区也贡献了很多解决特定问题的第三方库。用于 Python 的量化解决方案 NumPy，就是其中的佼佼者。在本章中，我们将主要讨论 NumPy 数组的构建、方法和属性、NumPy 的广播和布尔索引等。

本章要点（对于已掌握的内容，请在对应的方框中打钩）

☐ 掌握 NumPy 数组的使用

☐ 理解爱因斯坦求和约定

☐ 理解 NumPy 约减的轴方向

☐ 理解 NumPy 的布尔索引

☐ 掌握 NumPy 的广播技术

☐ 掌握 NumPy 中随机模块的使用方法

6.1　为何需要 NumPy

在机器学习算法中，经常会用到数组和矩阵（向量）运算。虽然 Python 中提供了列表，它可以当作数组来使用。但列表中的元素可以是任意"大杂烩"的对象，因此为了区分彼此，列表付出了额外的代价——保存列表中每个对象的指针。这样一来，为了保存一个简单的列表，如[1, 2, 3, 4]，Python 就不得不配备四个指针，指向四个整数对象。因此，对于数值运算来说，它们的对象类型通常都是整齐划一的，而采用列表这种结构，显然是低效的。

虽然 Python 也提供了 array（数组）模块，但它仅仅支持一维数组，不支持多维数组，也没有各种运算函数，因此并不适合数值运算。

或许 Python 的设计者从来都没有想过"大包大揽"干完所有活。亚当·斯密在其名作《国富论》的开篇论述了一个基本原理：分工带来效能。那么弥补 Python 数值计算分工的又是谁呢？它就是本章要重点讨论的对象——NumPy。

为了弥补 Python 数值计算的不足，吉姆·弗贾宁（Jim Hugunin）、特拉维斯·奥利芬特（Travis Oliphant）等人联合开发了 NumPy 项目。NumPy 是 Python 语言的一个扩展程序库，支持多维度的数组（即 N 维数组对象 ndarray）与矩阵运算，并对数组运算提供了大量的数学函数库。NumPy 功能非常强大，支持广播、线性代数运算、傅里叶变换、随机数生成等功能，对很多第三方库（如 SciPy、Pandas 等）提供了底层支持。

6.2　如何导入 NumPy

NumPy是Python的外部库。由于Anaconda提供了"全家桶"式的服务，因此在安装Anaconda时，NumPy这个常用的第三方库也被默认安装了。但在使用时，NumPy还是需要显式导入的。使用外部库时，为了方便，我们常会为NumPy起一个别名，通常这个别名为np[①]。

```
In [1]: import numpy as np          #导入 NumPy 并指定别名
In [2]: print(np.__version__)       #输出其版本号
1.20.1
```

---

① 为了演示方便，本章代码的演示平台均为 IPython。

我们可以用 np.__version__（注意：version 前后都是两个下画线）输出 NumPy 的版本号，见 In [2]处代码，这句代码的附属目的是验证 NumPy 是否被正确加载。如果能正常显示版本号，则说明一切正常，我们可以开始如下的操作了。

6.3　生成 NumPy 数组

NumPy 最重要的一个特点就是支持 N 维数组对象 ndarray。ndarray 对象与列表有相似之处，但也有着显著区别。例如，构成列表的元素是"大杂烩"的，元素类型可以是字符串、字典、元组中的一种或多种，但是 NumPy 数组中的元素则显得"纯洁"很多，它的元素类型必须"从一而终"，即只能是同一种数据类型。

6.3.1　利用序列生成

生成 NumPy 数组最简单的方式，莫过于利用 array()方法。array()方法可以接收任意数据类型（如列表、元组等）作为数据源。

如果构造 NumPy 数组的数据源类型不统一（这里的"不统一"主要是指精度上存在差异，更高层次上是统一的，比如说都是数值型的），且这些数据类型可以相互转换，那么 NumPy 会遵循"就高不就低"（upcast）的规则进行类型转换，比如说列表中的数据有整数，也有浮点数，NumPy 会把所有数据都转换为浮点数，这是因为浮点数的精度更高。通过类型转换，NumPy 数组的数据源类型能保持统一。

```
In [3]: data1 = [6, 8.5, 9, 0]
In [4]: arr1 = np.array(data1)
In [5]: arr1
Out[5]: array([6. , 8.5, 9. , 0. ])
```

每个数组都有一个 dtype 属性，用来描述数组的数据类型。除非显式指定，否则 np.array 会自动推断数据类型。数据类型会被存储在一个特殊的元数据 dtype 中。

```
In [6]:  arr1.dtype          #默认保存为双精度（64 bit）浮点数
Out[6]: dtype('float64')
```

当然，我们也可以用 astype() 方法显式指定被转换数组的数据类型。

```
In [7]:  arr1 = arr1.astype(np.int32)        #转换为 32 位整数
In [8]:  arr1
Out[8]:  array([6, 8, 9, 0], dtype=int32)
```

如果数据序列是嵌套的，且嵌套序列是等长的，则通过 array() 方法可以把嵌套的序列转为与嵌套级别适配的高维数组。

```
In [9]:  data2 = [[1, 2, 3, 4], [5, 6, 7, 8]]     #这是一个两层嵌套列表
In [10]: arr2 = np.array(data2)                    #转换为一个二维数组
In [11]: arr2
Out[11]:
array([[1, 2, 3, 4],
       [5, 6, 7, 8]])
```

6.3.2　利用特定函数生成

除了利用数据序列生成 NumPy 数组，我们还可以使用特定的方法，如 np.arange() 来生成。该函数的原型如下所示。

```
arange(start, stop, step, dtype)
```

arange() 根据 start 与 stop 指定的范围及 step 设定的步长，生成一个 ndarray 对象。start 为起始值，默认为 0。stop 为终止值。取值区间是左闭右开的，即 stop 这个终止值是不包括在内的。step 为步长，如果不指定，默认值为 1。dtype 指明返回 ndarray 的数据类型，如果没有提供，则会使用输入数据的类型。

```
In [12]: arr3 = np.arange(10)          #生成 0~9 的 ndarray 数组
In [13]: print(arr3)
[0 1 2 3 4 5 6 7 8 9]
```

arange() 方法的使用与 Python 的内置函数 range() 十分类似。两者都能均匀地（evenly）等分区间，但 range() 仅可用于循环迭代。

```
In [14]: arr4 = range(10)
In [15]: print(arr4)
range(0, 10)
```

从 In [15]处的输出可以发现，系统并不能直接输出由 range()函数生成的数据元素，但可以通过 for 循环迭代取出这些数据，这说明 range()函数返回的是一个可迭代对象，可视作一个迭代器。但 np.arange 返回的数组，不仅可以直接输出，还可以当作向量，参与到实际运算当中。

```
In [16]: arr3 = arr3 + 1          #将 arr3 中每个元素都加 1
In [17]: arr3
Out[17]:
array([ 1,  2,  3,  4,  5,  6,  7,  8,  9, 10])
```

需要说明的是，在 In [16]处，arr3 是一个包含 10 个元素的向量[0, 1, 2, 3, 4, 5, 6, 7, 8, 9]，它和标量"1"实施相加操作，原本在向量"尺寸"上是不适配的。之所以能成功实施，是因为利用了"广播"机制。广播机制将这个标量"1"扩展为等长的向量[1, 1, 1, 1, 1, 1, 1, 1, 1, 1]，此时二者的维度是"门当户对"的，所以 NumPy 这才实施了对应的加法。关于"广播"机制，后面的章节会详细介绍。

```
In [18]: print(type(arr3))
<class 'numpy.ndarray'>
In [19]: print(type(arr4))
<class 'range'>
```

再比较 In[18]与 In[19]处的输出可知，由 arange()方法和 range()函数生成的对象是迥然不同的，前者生成的对象 arr3，其类型是 ndarray，而后者生成的对象 arr4，其类型是 range（这是一个迭代器）。

虽然 np.arange()和 range()都可以指定生成数据的步长，但是 range()无法将步长设置为浮点数，而 np.arange()可以将步长设置为任意实数。

```
In [20]: np.arange(0,10,.5)  #步长设置为 0.5
Out[20]:
array([0. , 0.5, 1. , 1.5, 2. , 2.5, 3. , 3.5, 4. , 4.5, 5. , 5.5, 6. ,
    6.5, 7. , 7.5, 8. , 8.5, 9. , 9.5])

In [21]: range(0,10,.5)
```

```
----------------------------------------------------------------------
TypeError                          Traceback (most recent call last)
<ipython-input-9-eeb741842f02> in <module>
----> 1 range(0,10,.5)
TypeError: 'float' object cannot be interpreted as an integer
```

由 In [21]处输出的错误信息可知，如果将 Python 内置函数 range()中的步长设置为浮点数，解释器是"不会答应"的。而在 np.arange()方法中，步长任意，随心所欲。此外，arange()函数是由 C 语言构造而成的，因此执行效率要高于 range()。

当我们想在指定区间内生成指定个数的数组时，如果利用 np.arange()来生成，则需要手动计算函数中所需的步长。但实际上大可不必这么麻烦，np.linspace()函数就是为了解决这一问题而设计的。

```
In [22]: c = np.linspace(1,10,20)
In [23]: print(c)
[ 1.    1.47368421  1.94736842  2.42105263  2.89473684  3.36842105
  3.84210526  4.31578947  4.78947368  5.26315789  5.73684211  6.21052632
  6.68421053  7.15789474  7.63157895  8.10526316  8.57894737  9.05263158
  9.52631579 10.  ]
```

代码 In [22]处使用 np.linspace()在区间[1,10]中生成了 20 个等间隔的数据。该方法的前两个参数分别指明生成元素的左右区间边界，第三个参数确定上下限之间均匀等分的数据个数。

需要注意的是，np.arange()中数据区间是左闭右开的（即区间的最后一个数值是取不到的），而 np.linspace()生成的数据区间为闭区间。当然我们也可以在该函数中指定 endpoint = False，使生成数据区间变为左闭右开区间。

6.3.3　Numpy 数组的其他常用函数

除了可以利用诸如 np.arange()、np.linspace()等函数来生成或变形多维数组，还可以利用 np.zeros()、np.ones()等函数，生成指定维度和填充固定数值的数组。其中，np.zeros()函数生成的数组由 0 来填充，np.ones()生成的数组由 1 来填充，它们通常用来对某些变量进行初始化。

```
In [1]: zeros = np.zeros((3,4))        #生成尺寸为 3×4 的二维数组，元素均为 0
In [2]: zeros
```

```
Out[2]:
array([[0., 0., 0., 0.],
       [0., 0., 0., 0.],
       [0., 0., 0., 0.]])
```

在语法层面，我们简单解释一下 In [1]处 np.zeros((3,4))的含义。读者可能会对这个方法的使用有所疑惑，尺寸参数 3 和 4 为什么要用两层括号包裹呢？实际上，应该将(3,4)整体视为一个匿名元组对象，np.zeros((3,4))等价于 np.zeros(shape =(3,4))，在 shape 参数处需要通过一个元组或列表来指明生成数组的尺寸。

如果用元组包裹描述数组尺寸的元素，而元组的外部轮廓就是两个圆括号，那么在默认指定 shape 参数的情况下，这对圆括号就会和 np.zeros()方法的外层括号相连，造成一定程度上的理解困扰，所以我们推荐以下 In [3]处的方法，使用将方括号作为轮廓特征的列表来表示数组的尺寸，如下所示。

```
In [3]: zeros = np.zeros(shape = [3,4])  #等价于 np.zeros(shape = (3,4))
Out[3]:
array([[0., 0., 0., 0.],
       [0., 0., 0., 0.],
       [0., 0., 0., 0.]])
```

类似地，我们可以用 np.ones()生成指定尺寸、元素全为 1 的数组，代码如下所示。

```
#生成尺寸为 3×4 的二维数组，元素均为 1
In [4]: ones_ = np.ones(shape = [3,4], dtype = float)
In [5]: ones_
Out[5]:
array([[1., 1., 1., 1.],
       [1., 1., 1., 1.],
       [1., 1., 1., 1.]])
```

除了可设置数组元素内容，还可以用 dtype 参数设置元素的类型，如 In [4]处，我们将元素设置为浮点数 float，每个 float 对象都为 1.0。

还有一种生成全 0 数组的方法是 np.zeros_like()。该方法的核心思想可概括为"借壳上市"，它会借用某个给定数组的类型、尺寸（即维度信息），但其中的所有元素都被置换为 0，这也是 "zeros_like" 名称的来源。代码如下所示。

```
In [6]: array = np.array([[1, 2, 3.0], [4, 5, 6]])
In [7]: array        #输出验证
Out[7]:
array([[1., 2., 3.],
       [4., 5., 6.]])
In [8]: array.dtype
Out[8]: dtype('float64')
In [9]: b_zeros = np.zeros_like(array)        #借用 array 的类型和尺寸
In [10]: b_zeros                              #输出验证
Out[10]:
array([[0., 0., 0.],
       [0., 0., 0.]])
In [11]: b_zeros.dtype
Out[11]: dtype('float64')
```

　　和 np.ones()非常相似的一个操作是 ones_like()。它的功能是将数组中的元素都填充为 1，数组的尺寸信息和数据类型来自一个给定数组。

```
In [12]: arr = np.arange(6)          #创建一个一维数组，数组元素为 0，1，…，5
In [13]: arr = arr.reshape((2, 3))   #将arr的尺寸重构为两行三列 ①
In [14]: arr                         #显示 arr 的内容
Out[14]:
array([[0, 1, 2],
       [3, 4, 5]])
In [15]: np.ones_like(arr)           #产生尺寸信息为两行三列但全部元素为 1 的数组
Out[15]:
array([[1, 1, 1],
       [1, 1, 1]])
```

---

① 还可以通过 arr.shape = (2, 3)来改变数组的尺寸。这里(2, 3)是一个元组。

需要注意的是，在 In [13]处，reshape()内的参数(2, 3)的类型为元组，表示数组为两行三列的。切不可混淆认为这是 reshape()方法的参数，需要两层圆括号包围。

和 zeros_like()、ones_like()功能类似的方法还有以下两个。

- empty_like()：产生和给定数组尺寸和类型相同的数组，但该数组中的元素没有被初始化（uninitialized），你可以认为它是一个"万事俱备，只欠数据"的数组。

- full_like()：产生和给定数组尺寸和类型相同的数组，该数组中的元素都被初始化为某个给定值。

6.4 N 维数组的属性

如果说强大而完备的第三方库，赋予了 Python 独特的魅力，那么 N 维数组（ndarray）便使得 NumPy 拥有了灵魂。在前面的范例中，我们仅以 NumPy 的一维数组为例介绍了一些函数的应用。而实际上，在机器学习中，要处理的数组大多数是 N 维的。

需要说明的是，在物理内存中是不存在 N 维数组的，限于存储介质的物理特性，它永远只有一维结构。我们常见的便于理解的 N 维数组仅仅是"逻辑视图"，它们不过是包装出来的。NumPy 数组的物理视图和逻辑视图如图 6-1 所示。"编译器"或第三方工具在幕后做了很多额外的工作，这才让我们享受到"如沐春风"般的便利。

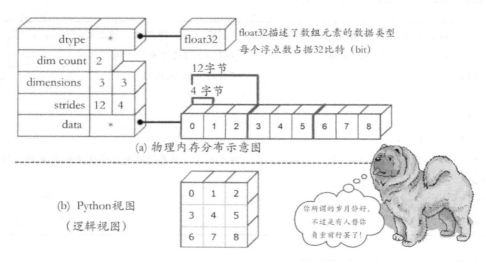

图 6-1 NumPy 数组的物理内存和逻辑视图

一个 N 维数组就是一个通用的同类数据容器，也就是说它包含的每个元素数据类型均相同。每个数组的维度（dimension）都由一个 ndim 属性来描述。

```
In [1]: import numpy as np            #导入 numpy
In [2]: my_array = np.arange(0,10)    #创建一个一维数组
In [3]: my_array.ndim
Out[3]: 1
```

对于 N 维数组而言，它还有一个重要的属性——shape（数组的形状）。形状主要用来表征数组每个维度的数量。一维数组的形状就是它的长度，有时候，一维数组也被称为 1D 张量[①]（ 1D Tensor ），如图 6-2 所示。

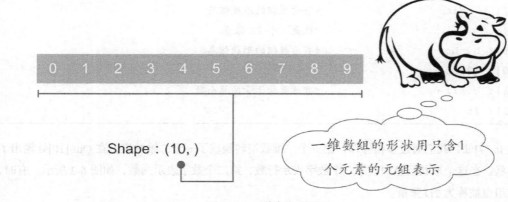

图 6-2　一维数组的形状

那如何查看数组的形状信息呢？请参考下面这段代码。

```
In [4]: my_array.shape                #查看数组的形状信息
Out[4]: (10,)
```

① 张量（ Tensor ）是矩阵在任意维度上的推广，张量的维度通常称为轴（ axis ）。

　0D 张量：只包括一个数字的张量，如常数，3 或 3.14。

　1D 张量：一维数组，也称为向量，如[1,2,3]。

　2D 张量：二维数组，也称为矩阵，如[[3, 6],[9, 12]]。

　3D 张量及更高维张量：多个矩阵（2D 张量）可构造成一个新的 3D 张量，如[[[1, 1, 1], [2, 2, 2]],　[[3, 3, 3],[4, 4, 4]]]。多个 3D 张量可以构造成一个 4D 张量，以此类推。在表达上，张量方括号的层次有多深，就表示这是多少维张量。

在上述代码中，In [4]处查看了一维数组的形状信息（即向量的尺寸），其输出结果为数组的长度。但 NumPy 数组形状并不是一成不变的，可以通过 reshape()方法将原有数组进行"重构"（变形）。

```
In [5]: b= np.arange(15)        #创建一个包含15个元素的一维数组
In [6]: b                       #显示一维数组 b 的数据
Out[6]: array([ 0,  1,  2,  3,  4,  5,  6,  7,  8,  9, 10, 11, 12, 13, 14])
In [7]: b = b.reshape(3,5)      #改变数组形状为 3 行 5 列
In [8]: b                       #显示二维数组元素
Out[8]:
array([[ 0,  1,  2,  3,  4],
       [ 5,  6,  7,  8,  9],
       [10, 11, 12, 13, 14]])
In [9]: b.ndim                  #查看数组的维度信息
Out[9]: 2                       #这是一个 2D 张量
In [10]: b.shape                #查看数组的形状信息
Out[10]: (3, 5)
In [11]: b.size                 #查看数组元素的总个数
Out[11]: 15
```

在 In [7]处，我们通过重构操作，把一个一维数组转换成了一个二维数组，在 Out [10]处输出了它的形状。在这个形状信息中，第一个数字表示行数，第二个数字表示列数，如图 6-3 所示。有时，二维数组也被称为 2D 张量。

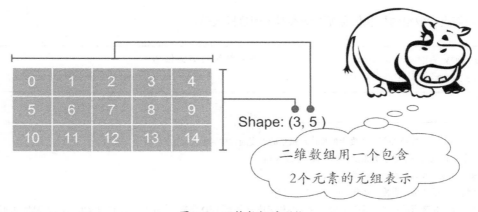

Shape: (3, 5)

二维数组用一个包含 2个元素的元组表示

图 6-3　二维数组的形状

这里需要注意的是，NumPy 表示三维数组维度信息的方式和我们通常的认知稍有不同。比如，我们想创建两个 3 行 5 列的数组，它的形状参数为(2, 3, 5)，而不是(3, 5, 2)，如图 6-4 所示。通常三维数组也被称为 3D 张量，以此类推。

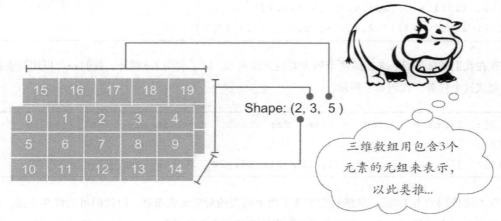

Shape: (2, 3, 5)

三维数组用包含3个元素的元组来表示，以此类推...

图 6-4　三维数组的形状

三维数组的构建参请考如下代码。

```
In [12]: a = np.arange(30).reshape(2,3,5)  #重构数组为 2 通道 3 行 5 列
In [13]: a
Out[13]:
array([[[ 0,  1,  2,  3,  4],
       [ 5,  6,  7,  8,  9],
       [10, 11, 12, 13, 14]],

      [[15, 16, 17, 18, 19],
       [20, 21, 22, 23, 24],
       [25, 26, 27, 28, 29]]])
```

6.5　NumPy 数组中的运算

数据本在，只有操作才有意义。在本节中，我们将讨论 NumPy 中的各种基本运算，包括向量运算、算术运算、逐元素运算等。

6.5.1 向量运算

假设有如下两个列表。

```
In [1]: list1 = [1,2,3,4,5,6,7,8,9,10]
In [2]: list2 = [11,12,13,14,15,16,17,18,19,20]
```

现在我们的任务是，求上述两个列表对应元素的和。除了利用 for 循环，我们还可以用列表推导式来完成这个任务，代码如下所示。

```
In [3]: list3 = [ item1 + item2 for item1, item2 in zip(list1,list2)]
In [4]: list3
Out[4]: [12, 14, 16, 18, 20, 22, 24, 26, 28, 30]
```

在上述代码的 In [3] 处，虽然我们实现了两个列表的对应元素求和，但代码可读性并不强，且对编程技巧的要求也较高。这时就可以请出数值处理的"专业选手"——NumPy 了。

通过前面的学习，我们知道，可以通过已有的列表（内部的元素统一为数值型）来创建数组。因此，通过 NumPy 进行列表元素求和的代码如下。

```
In [5]: list1_arr = np.array(list1)      #将 list1 转换成 ndarray
In [6]: list2_arr = np.array(list2)      #将 list2 转换成 ndarray
In [7]: list_sum = list1_arr + list2_arr    #求和
In [8]: print(list_sum)
Out[8]: [12, 14, 16, 18, 20, 22, 24, 26, 28, 30]
```

In [5] 和 In [6] 处分别将两个列表转换成了 NumPy 数组。一旦列表被转换成数组，就可以直接用加号（+）对对应元素求和了，这就是我们常用的向量化运算。自然，如果加法可以这么做，基于 NumPy 数组的减法、乘法、除法等各种数学运算都可以这么高效地完成，这就是专业的力量！

6.5.2 算术运算

作为"久经考验"的数值计算包，NumPy 有十分成熟的算术运算函数。我们无须给出复杂的计算公式，直接调用 NumPy 的内置函数，即可达到我们的运算目的。先来看以下代码了解一下 NumPy 中的简单规则。

```
In [9]: a = np.arange(10)              #生成一维 ndarray 数组，长度为 10
In [10]: b = np.linspace(1,10,10)      #生成一维 ndarray 数组，长度为 10
In [11]: a                             #输出验证
Out[11]: array([0, 1, 2, 3, 4, 5, 6, 7, 8, 9])
In [12]: b                             #输出验证
Out[12]: array([ 1., 2., 3., 4., 5., 6., 7., 8., 9., 10.])
In [13]: a + b                         #数组加法
Out[13]:
array([ 1., 3., 5., 7., 9., 11., 13., 15., 17., 19.])
In [14]: a - b                         #数组减法
Out[14]:
array([-1., -1., -1., -1., -1., -1., -1., -1., -1., -1.])
In [15]: a * b                         #数组乘法
Out[15]:
array([ 0., 2., 6., 12., 20., 30., 42., 56., 72., 90.])
In [16]: a / b                         #数组除法
Out[16]:
array([0.        , 0.5       , 0.66666667, 0.75      , 0.8       ,
       0.83333333, 0.85714286, 0.875     , 0.88888889, 0.9       ])
In [17]: a % b                         #数组取余
Out[17]:
array([0., 1., 2., 3., 4., 5., 6., 7., 8., 9.])
In [18]: a ** 2                        #数组元素平方
Out[18]: array([ 0, 1, 4, 9, 16, 25, 36, 49, 64, 81])
```

　　从上面的运算与输出可以看出，NumPy吸纳了Fortran或MATLAB等语言的优点，只要操作数组的形状（维度）一致，我们就可以很方便地对它们逐元素（element-wise）实施加、减、乘、除、取余、指数运算等操作。这些操作特别适合大规模的并行计算[①]。

　　事实上，NumPy 中还有很多好用的统计函数，如 sum()、min()、max()、median()、mean()、average()、std()、var()分别用于求和、求最小值、求最大值、求中位数、求平均数、求加权平均数、求标准差、

---

① 这里需要说明的是，虽然二维数组和矩阵在本质上是相同的，但 N 维数组的默认操作是基于"逐元素"原则的，所以要求两个操作对象之间的维度信息必须是一模一样的。而数学意义上的矩阵乘法，并不要求维度一致，只需要保证前一个矩阵的列数等于后一个矩阵的行数，我们可以通过将数组转换为矩阵来实现矩阵乘法。

求方差。NumPy 中还有很多常用的数学函数，如三角函数 sin()、cos()和 tan()等，这也使得导入了 NumPy 后，Python 宛若一个功能强大的科学计算器。当然，NumPy 提供的函数远不止这些，若要娴熟运用它，多多查询 NumPy 的官方文档，方为正道。

6.5.3 逐元素运算与张量点乘运算

接下来，让我们来看看 NumPy 中 N 维数组的"类矩阵"（matrix-like）运算。事实上，NumPy 中数组（或张量）的运算，都是基于更为基础的算法库——基础线性子程序（basic linear algebra subprograms，简称 BLAS）而实现的。BLAS 是一个更底层的、高度并行和优化的张量操作程序，通常用 Fortran、C 语言来编写，为了追求效率，部分代码甚至用更为底层的汇编语言来编写。

一般来说，NumPy 中的数组运算（如加减乘除等）都是"元素对元素"的运算，下面举例说明。

```
In [19]: a = np.array([[ 1,  2], [ 3, 4]])
In [20]: a                        #输出验证
Out[20]:
array([[ 1,  2],
       [ 3, 4]])
In [21]:  b = np.ones((2,2))
In [22]: b                        #输出验证
Out[22]:
array([[1., 1.],
       [1., 1.]])
In [23]: a + b
Out[23]:
array([[ 2.,  3.],
       [4., 5.]])
```

这里的二维数组加法，遵循前面提到的"元素对元素"的原则，即数组 a 中第 1 行第 1 列的数值"1"，和数组 b 中第 1 行第 1 列的数值"1"，相加得到 2。数组 a 中第 1 行第 2 列的数值"2"，和数组 b 中第 1 行第 2 列的数值"1"，相加得到 3，一一对标，以此类推。

但是有一点和以往的数学经验相违背，二维数组（即矩阵）的乘法也是基于"元素对元素"原则实现的，即二维数组 a 的第 1 行第 1 列的数值"1"，和二维数组 b 的第 1 行第 1 列的数值"1"相乘得到 1。 二维数组 a 的第 1 行第 2 列的数值"2"，和二维数组 b 的第 1 行第 2 列的数值"1"

相乘得到 2，以此类推。代码如下所示。

```
In [24]: a * b
Out[24]:
array([[1., 2.],
       [3., 4.]])
In [25]: np.multiply(a,b)    # "*" 的函数表达为 multiply()
Out[25]:
array([[1., 2.],
       [3., 4.]])
```

对于这种"元素对元素"的乘法，NumPy 提供了对应的函数 multiply()，如上述代码 In [25]处所示。显然，这种"元素对元素"的操作，要求两个操作对象的形状必须完全一致，否则"一对一"的操作无从谈起。

然而，数学意义上的矩阵乘法并不是这样的，不同形状的矩阵是可以进行乘法运算的，只要满足第一个矩阵的列数与第二个矩阵的行数相同即可，如图 6-5 所示。为了区分"元素对元素"式的矩阵乘法，NumPy 给它取了一个新的名称 dot（点乘）。

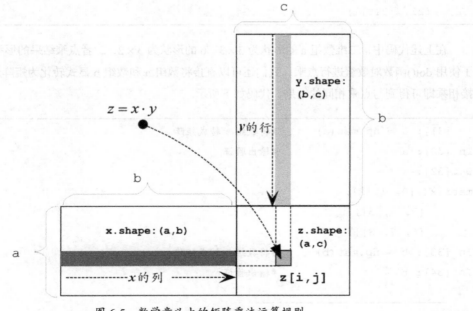

图 6-5　数学意义上的矩阵乘法运算规则

我们可以使用dot()函数对二维数组进行点乘运算[①]，代码如下。

```
In [26]: a = np.arange(9).reshape(3,3)
In [27]: a                              #输出验证
Out[27]:
array([[0, 1, 2],
       [3, 4, 5],
       [6, 7, 8]])
In [28]: b = np.ones(shape = (3,2))     #可以省略 "shape="
In [29]: b                              #输出验证
Out[29]:
array([[1., 1.],
       [1., 1.],
       [1., 1.]])
In [30]: np.dot(a,b)
Out[30]:
array([[ 3.,  3.],
       [12., 12.],
       [21., 21.]])
```

在上述代码中，二维数组 a 的形状为 3×3，b 的形状为 3×2，二者点乘结果的形状为 3×2。除了使用 dot()函数对数组进行点乘，我们还可以直接将数组 a 和数组 b 显式转化为矩阵形式，然后直接相乘即可得到与点乘相同的结果，代码如下所示。

```
In [31]: a = np.mat(a)          #将数组 a 转成矩阵 a
In [32]: a                      #输出验证
Out[32]:
matrix([[0, 1, 2],
        [3, 4, 5],
        [6, 7, 8]])
In [33]: b = np.mat(b)          #将数组 b 转成矩阵 b
In [34]: b                      #输出验证
```

[①] np.dot()函数可以在两个元素之间用@符号代替，即 a @ b 结果和 np.dot(a, b)是一样的。这样更加简便。

```
Out[34]:
matrix([[1., 1.],
        [1., 1.],
        [1., 1.]])
In [35]: a * b                    #此时矩阵 a 和矩阵 b 之间实施的是点乘运算
Out[35]:
matrix([[ 3.,  3.],
        [12., 12.],
        [21., 21.]])
```

在上面的 In [31]和 In [33]处，我们先后将数组 a 和 b 转化为矩阵类型，这时 a * b 就表示矩阵乘法，而非数组的按位乘法。

从 Out [35]处的输出结果可以发现，与 In[30]中 np.dot()函数的结果完全等同。对于 maxtrix 类，有几个较为常用的函数需要说明，具体如下。

```
In [36]: a = np.mat(np.random.random((3,3)))    #生成 3×3 的随机数矩阵
In [37]: a                        #输出验证
Out[37]:
matrix([[0.91920536, 0.09624502, 0.74742006],
        [0.53501686, 0.42540655, 0.01198923],
        [0.45613909, 0.39146807, 0.69634038]])
In [38]: a.I                      #返回矩阵 a 的逆矩阵
Out[38]:
matrix([[ 1.19403876,  0.92387554, -1.29753365],
        [-1.50347228,  1.22523964,  1.59266312],
        [ 0.06306345, -1.29399065,  1.39066912]])
In [39]: a.T                       #返回矩阵 a 的转置矩阵
Out[39]:
matrix([[0.91920536, 0.53501686, 0.45613909],
        [0.09624502, 0.42540655, 0.39146807],
        [0.74742006, 0.01198923, 0.69634038]])
In [40]: a.A                      #返回矩阵 a 对应的二维数组
Out[40]:
```

```
array([[0.91920536, 0.09624502, 0.74742006],
       [0.53501686, 0.42540655, 0.01198923],
       [0.45613909, 0.39146807, 0.69634038]])
```

在 In[36]处我们利用随机数生成了一个非奇异矩阵 a，a.I 返回 a 的逆矩阵，a.T 返回 a 的转置矩阵，a.A 返回矩阵 a 对应的二维数组。除了这些好用的函数，还有 np.eye()可用于生成单位矩阵，np.diag()可用于生成指定对角线元素的矩阵。这些函数都有广泛的应用。

6.6 爱因斯坦求和约定

前面我们简单讨论了基于 NumPy 的矩阵操作。事实上，关于矩阵运算，NumPy 还提供了一个非常好用但不为人知的方法 einsum()，它根据"爱因斯坦求和约定"来执行一些求和操作。

einsum()并不是一个简单的求和运算方法，而是一个高效的符号计算规则，它可实现矩阵的各种求和操作（如点乘、转置、矩阵求迹等），被称为 NumPy 的"暗宝"。在深度学习框架（如 TensorFlow 或 PyTorch）中，einsum()还可用于神经网络架构的任意计算图，并支持反向传播计算，所以值得我们掌握。

6.6.1 不一样的标记法

下面我们先来了解一下什么是"爱因斯坦求和约定"。前面提到的 NumPy 方法名称 einsum，其全称是 **Ein**stein **sum**mation convention（爱因斯坦求和约定），又称为爱因斯坦标记法（Einstein notation）。在处理关于坐标的方程式时，这个方法非常有用。这是由大名鼎鼎的物理学家阿尔伯特·爱因斯坦（Albert Einstein）于 1916 年提出的。

这种约定，简单来说，就是省去了求和式中的求和符号。我们来看下面的点乘公式。

$$s = \sum_i v_i w_i$$

这个公式表述的是，两个向量对应的元素相乘后求和。这种写法于我们而言，已然熟稔于心。可爱因斯坦偏偏觉得这种数学符号太过于烦琐，他觉得那个求和符号纯属多余，于是他发明了另外一种写法。

$$s = v_i w^i$$

请特别注意，在爱因斯坦的标记体系里，下标表示行向量中的元素：

$$[v_1, v_2, ..., v_k]$$

但上标并不表示指数，而表示列向量中的元素：

$$\begin{bmatrix} w^1 \\ w^2 \\ ... \\ w^k \end{bmatrix}$$

因此，上述向量中的 w^1、w^2 和 w^k 分别表示的是这个列向量中的第 1 个、2 个和第 k 个元素，而不是 w、w 的平方和 w 的 k 次方。

类似地，矩阵 A 中第 m 行，第 n 列的元素，以前标记为 A_{mn}，现在改标记为 A_n^m。下面，我们列出部分用爱因斯坦标记法来表示的一般运算。

（1）内积（Inner product）：前面的例子已经表明了内积的写法。

$$\boldsymbol{u} \cdot \boldsymbol{v} = u_j v^j$$

（2）向量乘以矩阵（Matrix-vector multiplication）：矩阵 A 和向量 v，它们的乘积向量 $\boldsymbol{u}$ 可表示如下。

$$u^i = A_j^i v^j$$

（3）矩阵乘法（Matrix multiplication）：假设有两个矩阵 $\boldsymbol{A}_{i \times j}$ 和 $\boldsymbol{B}_{j \times k}$，二者的乘法可表示如下。

$$C_k^i = A_j^i B_k^j$$

（4）矩阵的迹（Trace）：对于一个矩阵 A，如果矩阵的上标与下标相同，则可以得到这个矩阵的迹 t。

$$t = A_i^i$$

（5）外积（Outer product）：M 维向量 a 和 N 维余向量 b 的外积是一个 $M \times N$ 的矩阵 A。

$$A = ab$$

如果采用爱因斯坦标记法，上述公式可以表示如下。

$$A_j^i = a^i b_j$$

由于 i 和 j 代表两个不同的标号，外积不会除去这两个标号，于是这两个标号变成了新矩阵 A 的标号。

上面我们讨论了部分有关矩阵操作的爱因斯坦标记法。下面我们看看 NumPy 是如何使用这套标记法提高编程效率的。

6.6.2　NumPy 中的 einsum()方法

或许你也注意到了，爱因斯坦标记法在变量符号的上标、下标上做足了功夫。作为 NumPy 中的一个方法，einsum()没有办法直接利用上标或下标这类标记，但类似于 print()方法，它同样在"格式字符串"上做足了文章，用不同的格式代替不同的操作。

就这样，仅用区区一个 einsum()方法，就能实现求和、求内积、求外积、矩阵乘法、矩阵转置、求迹等操作。如果我们分别用 sum()、mat()、trace()、tensordot()等方法来实现这些功能的话，不但方法名称复杂，而且对于高维张量，进行维度计算时还特别容易出错。

下面我们来聊聊 einsum()的用法。假设我们操作三个参数 arg0、arg1 和 arg2，返回一个计算结果 result，其大致格式如图 6-6 所示。

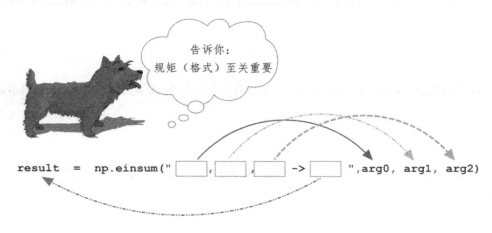

图 6-6　einsum()方法的格式

einsum()方法，在理论上，可以支持任意多的参数。但如图 6-6 所示的那样，该方法的第一个参数——格式字符串，至关重要，它直接决定整个方法实现的功能。格式字符串的规定如下。

- 不同的输入变量格式字符之间要用逗号分隔开，且输入格式字符的数量要与参与运算的变量数量相匹配。例如，图 6-6 所示的运算中共输入三个参数 arg0、arg1 和 arg2，那么输入格式字符串中就需要有三个用逗号隔开的格式字符。

- 输入格式字符和输出格式字符要用箭头分隔开。

- 输入格式字符和输出格式字符都是一系列常见字符（如 ASCII 码）。

- 格式字符串中的字符数（字符串长度）和张量的维数相对应。如字符串"ij"表示二维张量，"ijk"表示三维张量。例如，有如下指令。

```
result = np.einsum('ijk,ijl->kl',a,b)
```

我们先不去探讨这个指令实现的功能，单纯从维度信息上解析便可知，输入张量 a 为是一个三维矩阵，因为格式字符串"ijk"是由三个字符构成的。类似地，输入张量 b 也是一个三维矩阵，理由同上。计算结果是一个二维张量，因为箭头后面格式字符串"kl"由两个字符构成。

在了解上面的一些规定之后，我们用实例来说明 np.einsum() 的用法。

```
In [1]: import numpy as np
In [2]: arr = np.arange(10)
In [3]: arr
Out[3]: array([0, 1, 2, 3, 4, 5, 6, 7, 8, 9])
In [4]: sum1 = np.einsum('i->',arr)
In [5]: sum1
Out[5]: 45
```

这里，我们主要来解释一下 In [4] 处代码的含义。理解的关键就在于，格式字符串'i->'表示的是一个一维张量（箭头前面的字符长度为 1），它的维度消失了（箭头后面的字符为空，其实是变成了一个标量），怎么才能达到这个效果呢？再结合 einsum() 方法的关键词"sum"可知，原来是通过"求和"达成的"约减"。

这个过程，有点像刘慈欣先生在科幻小说《三体》中描述的概念——降维攻击。einsum() 通过求和，把一条线降维到一个点。这就是格式字符串'i->'的含义。

需要说明的是，In [4] 处的 ASCII 字符并不重要。比如，我们完全可以用 np.einsum('a->',arr) 实现完全相同的操作。

如果按照上述逻辑，巧妙利用 einsum() 中的格式字符，我们可以很容易实现"按行求和"或"按列求和"的操作。

```
In [6]: arr2 = np.arange(20).reshape(4,5)
In [7]: arr2          #输出验证
Out[7]:
array([[ 0,  1,  2,  3,  4],
       [ 5,  6,  7,  8,  9],
       [10, 11, 12, 13, 14],
       [15, 16, 17, 18, 19]])
In [8]: sum_col = np.einsum('ij->j',arr2)
In [9]: sum_col
Out[9]: array([30, 34, 38, 42, 46])
```

上述代码的核心依然是 einsum() 方法的格式字符串，在 'ij->j' 中，箭头之前的输入格式字符串由两个字符构成，说明这是一个二维张量，这和 arr 的特征是一致的。在 In [6] 处，它已经变成一个 4 行 5 列的矩阵。按照字符出现的顺序，第一个字符"i"表示行，第二个字符"j"表示列，如前面的介绍，箭头之后的格式字符"j"表示输出变量的形态，可以发现两个变化：第一，字符数量减少为 1 个，这说明输出变量被"降维"了；第二，原来的字符"j"被保留，它原来的位置表示列，这说明"行"这个维度被消灭了。于是，放在一起，它的效果就是通过求和的方式达到维度约减。用学术点的话来说，上述操作实现了按列求和，如图 6-7 所示。

行文至此，或许你有利用 einsum() 实现"按行求和"的冲动。的确，如果你懂得格式字符串的含义，实现按行求和的功能，易如反掌，代码如下所示。

```
In [10]: sum_row = np.einsum("ab->a",arr2)
In [11]: sum_row
Out[11]: array([10, 35, 60, 85])
```

在上面的代码中，我们故意把格式字符串变化为 "ab->a"，就是想告诉你，在格式字符串中用什么字符并不重要，重要的是它们的长度，以及它们是否在箭头之后出现。上述格式字符串完全等价于 "ij->i"。类似前面的分析，In [10] 处实现的功能依然是通过求和进而降维。所不同的是，第一个字符 a（代表行）保留，而第二个字符 b（代表列）消失，这个格式表明，这是一个按行求和操作，如

图 6-8 所示。

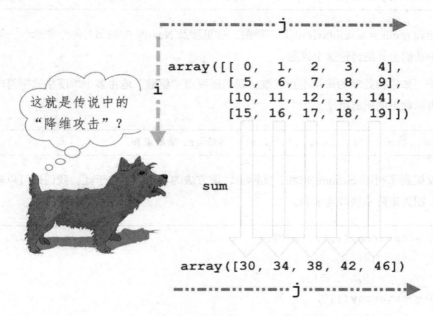

图 6-7 利用 einsum() 实现按列求和

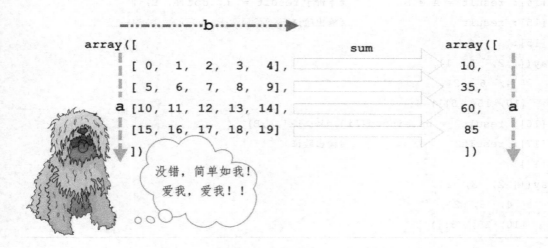

图 6-8 利用 einsum() 实现按行求和

根据上述逻辑，我们很容易实现三维到二维的约减求和。

```
result = np.einsum('ijk->jk', arr)   #假设 arr 为一个三维张量
```

它的功能和 result = a.sum(axis=0)是一样的，这里涉及 NumPy 中的另外一个概念——轴方向，后面的章节中我们会详细讨论这个议题。

更进一步，如果待处理的张量不止三维，我们还可以"偷懒"地将多个维度格式字符串用省略号代替，以表示剩下的所有维度。

```
result = np.einsum('i...->...', arr)    #对 arr 降维求和
```

前面仅仅提到了利用 einsum()求和，实际上，该方法的功能远不止于此。我们还可以利用它实现矩阵乘法，因为矩阵乘法涉及求和。

```
In [12]: A = np.array([[1, 1, 1],
    ...:               [2, 2, 2],
    ...:               [5, 5, 5]])
In [13]: B = np.array([[0, 1, 0],
    ...:               [1, 1, 0],
    ...:               [1, 1, 1]])
In [14]: result = A @ B          #等价于 result = np.dot(A, B)
In [15]: result                  #输出验证
Out[15]:
array([[ 2,  3,  1],
       [ 4,  6,  2],
       [10, 15,  5]])
In [16]: result2 = np.einsum('ij,jk->ik',A,B)
In [17]: result2                 #输出验证
Out[17]:
array([[ 2,  3,  1],
       [ 4,  6,  2],
       [10, 15,  5]])
```

利用 einsum()做矩阵乘法，关键还是在于格式字符串。在上述代码的 In [17]处，数组 A 对应的格式字符串为 "ij"，字符长度为 2，说明它是二维数组。类似地，二维数组 B 对应的格式字符串为

"jk"，它们有相同的字符"j"。根据"j"出现的顺序，它表明第一个数组 A 的列和第二个数组 B 的行是相同的。但通过计算的结果发现，格式字符串中的箭头之后少了"j"的身影，这表明通过求和计算将"j"降维了，只有矩阵乘法才有类似的功效，其操作示意图如图 6-9 所示。

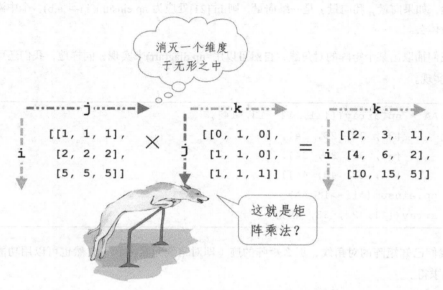

图 6-9　利用 einsum() 做矩阵乘法

在前面讨论的基础上，其实我们还可以玩出很多"花样"来。例如，我们想求得两个向量（向量 $\vec{a}$ 和向量 $\vec{b}$ ）的中对应元素的乘积（Element-wise multiplication），即对向量实施点乘操作，根据前面所讲，可以有两种写法：a*b 或 np.multiply(a,b)。学习了 einsum() 之后，还可以有第三种方法。

```
In [18]: a = np.array([[ 1,  2], [ 3,  4]])
In [19]: b = np.ones(shape = (2,2))
In [20]: np.einsum('ij,ij->ij',a,b)
Out[20]:
array([[1., 2.],
       [3., 4.]])
```

如果向量 $\vec{a}$ 和向量 $\vec{b}$ 是一维向量，则 In [20]处可写成 np.einsum('i,i->i',a,b)。

求向量 $\vec{a}$ 和向量 $\vec{b}$ 的内积时，可用 np.inner(a, b)实现，也可以用 einsum()轻易实现。

```
In [21]: np.einsum('ij,ij->',a,b)
Out[21]: 10.0
```

类似地，如果向量 a' 和向量 b' 是一维向量，则 In [21]处应为 np.einsum('i,i->',a,b)，个中滋味，请读者可自行体会。

如果我们抽取出某个矩阵的对角线，自然可以用 np.diag(arr)来实现，同样地，我们还可以利用 einsum()来实现。

```
In [22]: AA = np.array([[11, 12, 13, 14],
    ...:          [21, 22, 23, 24],
    ...:          [31, 32, 33, 34],
    ...:          [41, 42, 43, 44]])
In [23]: np.einsum('ii->i',AA)
Out[23]: array([11, 22, 33, 44])
```

如果我们已知矩阵的对角线，那么矩阵的迹（即对角线元素之和）自然也可以用功能强大的 np.einsum()求得。

```
In [24]: np.einsum('ii->',AA)
Out[24]: 110
```

同样地，矩阵的转置也是很容易求得的。

```
In [25]: np.einsum('ij->ji',AA)
Out[25]:
array([[11, 21, 31, 41],
     [12, 22, 32, 42],
     [13, 23, 33, 43],
     [14, 24, 34, 44]])
```

当然，In [25]处的功能也可以用 np.transpose(array)来实现。

很明显，einsum()能实现的功能远不止于此。如果我们对 einsum()的格式字符串了解更深刻，便能完成更多的矩阵操作。更深入的"折腾"，就留给爱学习的你吧！

6.7　NumPy 中的"轴"方向

在 NumPy 的多维数组中，常有"约减"（Reduce，亦有文献译作"规约"）的提法。它表示将众多数据按照某种规则合并成一个或几个数据。"约减"之后，数据的个数在总量上是减少的。

在这里，"约减"的"减"并非减法之意，而是元素的减少。比如说，数组的加法操作就是一种"约减"操作，因为它对众多元素按照加法指令实施操作，最后合并为少数的一个或几个值。示例代码如下。

```
In [1]:import numpy as np
In [2]: a = np.ones((2,3))        #创建形状为 2×3，元素值均为 1 的矩阵
In [3]: a                         #显示该矩阵
Out[3]:
array([[1., 1., 1.],
       [1., 1., 1.]])
In [4]: a.sum()                   #将矩阵元素求和后变成一个元素
Out[4]: 6.0
```

知道了"约减"的含义之后，我们可以推而广之，求 N 维数组的均值（mean）、最大值（max）和最小值（min）等，这些操作都属于约减操作。

但有时，我们会有这样的需求，对指定维度方向的值进行统计，如统计某一行（或列）的和、均值、最大值、最小值等。这个时候，就需要给"约减"指令指定方向。

那么该如何指定呢？事实上，诸如 sum()、min()、max()，mean() 等函数，它们都有一个名为操作轴（axis）的参数，其默认值为 None，也就是不指定约减方向，它将所有数据都"约减"为一个元素。如果 axis 的值为 0，可简单地理解为从垂直方向进行"约减"。如果 axis 的值为 1，则可以简单理解为从水平方向进行"约减"，如图 6-10 所示。

指定约减方向的示例代码如下（下面的代码也可以用前面讲到的 einsum() 来实现）。

```
In [5]: a.sum(axis = 0)           #垂直方向约减
Out[5]: array([2., 2., 2.])
In [6]: a.sum(1)                  #水平方向约减
Out[6]: array([3., 3.])
```

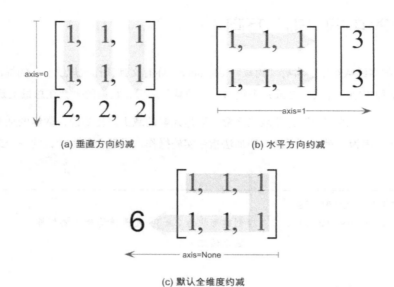

(a) 垂直方向约减　　　　　　　(b) 水平方向约减

(c) 默认全维度约减

图 6-10　　*N* 维数组的约减方向

在 In [5]处，我们使用关键字参数 axis = 0，显式给出了约减轴的方向为垂直方向，而在 In [6]处，仅仅给出整数值 1，它等同于 axis = 1，即在水平方向约减。

对于高维数组而言，"约减"也可以有先后顺序。因此，axis 的值还可以是一个向量，比如说 axis=[1, 0]，表示先进行水平方向约减，再进行垂直方向约减。反之，axis=[0, 1]表示先进行垂直方向约减，再进行水平方向约减。如果没有指定方向，那么将采用默认值 None，表示所有维度都会被依次"约减"，如图 6-10（c）所示。

图 6-10 的解释虽然直观，但也有很大的局限性。这是因为，这种轴的概念在维度小于 2 时比较容易理解，而且 0 表示垂直方向，1 表示水平方向，是人为强加的。当维度≥3 时，我们难以找到可直观理解的方向。

所以，更加普适的解释，应该是按括号层次来理解。括号由外到内，对应从小到大的维数。比如，对于一个三维的数组[[[1, 1, 1], [2, 2, 2]]，　[[3, 3, 3],[4, 4, 4]]]，它有三层括号，其维度由外到内分别为[0,1,2][1]。

当我们指定 sum()函数的 axis = 0 时，就是在第 0 个维度的元素之间进行求和操作，即拆掉最外

---

[1] 张量的"阶"（rank）和张量的轴（axis）是对应的，三阶（3D）张量有三个轴，二阶（2D）张量有两个轴。轴的个数实际上也是张量的维度，可用 ndim 属性表达。

层括号后对应的两个元素（[[1, 1, 1], [2, 2, 2]]和[[3, 3, 3], [4, 4, 4]]），然后对同一个括号层次下的两个张量实施逐元素"约减"操作，其结果为[[4, 4, 4], [6, 6, 6]]。没有被"约减"的维度，其括号层次保持不变。

```
In [7]: a = np.array([[[1, 1, 1], [2, 2, 2]], [[3, 3, 3],[4, 4, 4]]])
In [8]: a
Out[8]:
array([[[1, 1, 1],
        [2, 2, 2]],

       [[3, 3, 3],
        [4, 4, 4]]])
In [9]: a.sum(axis = 0)
Out[9]:
array([[4, 4, 4],
       [6, 6, 6]])
```

类似地，当 axis=1 时，就是在第 1 个维度的元素之间进行求和操作，也就是拆掉中间层括号对应的元素[1, 1, 1], [2, 2, 2]和[3, 3, 3], [4, 4, 4]。需要注意的是，"约减"操作的实施对象为，原来在同一个括号层次内的对象，即[1, 1, 1]和[2, 2, 2]相加，[3, 3, 3]和[4, 4, 4]相加。没有被"约减"的维度，其括号保持不变，结果得到[[3, 3, 3],[7, 7, 7]]。

```
In [10]: a.sum(axis = 1)
Out[10]:
array([[3, 3, 3],
       [7, 7, 7]])
```

类似地，当 axis = 2 时，就是拆掉最内层括号，然后对最内层括号元素实施求和操作，即 1+1+1=3，2+2+2=6，3+3+3=9，4+4+4=12。实施"约减"操作之后，该层括号消失，其他维度的括号保留。结果得到[[3,6], [9,12]]。

```
In [11]: a.ndim                    #查看 a 的维度
Out[11]: 3
In [12]: b = a.sum(axis = 2)       #在第二个维度上约减
In [13]: b
```

```
Out[13]:
array([[ 3,  6],
       [ 9, 12]])
In [14]: b.ndim                    #查看被约减后 b 的维度
Out[14]: 2
```

事实上，每个维度"约减"之后都会消失。这和前面提到的 einsum() 导致的"降维打击"是一回事。

"降维打击"的维度，由 axis 参数来指定，比如 axis 为 0 时，就是把第 0 维"干掉"。具体如何干掉呢？其实就是在这个维度上执行行求和等操作！完整表述就是对第 0 维执行求和操作，从而达到约减第 0 维的效果。其他维度的解释类似，不再赘述。

其他可实施约减的函数，如 max（最大值）、min（最小值）和 mean（均值）等，其轴方向的约减也是类似的，示例代码如下。

```
In [15]: a = np.linspace(1,9,9).reshape(3,3)
In [16]: a
Out[16]:
array([[1., 2., 3.],
       [4., 5., 6.],
       [7., 8., 9.]])
In [17]: print(a.max(0),a.max(1),a.max())
[7. 8. 9.] [3. 6. 9.] 9.0
In [18]: print(a.mean(0),a.mean(1),a.mean())
[4. 5. 6.] [2. 5. 8.] 5.0
```

6.8 操作数组元素

在本节中，我们将重点讨论如何利用 NumPy 来操作数组中的元素，内容包括通过索引访问数组元素、通过切片技术批量访问数组元素，以及实现二维数组的转置和展平。

6.8.1 通过索引访问数组元素

索引（index）是指数组元素所在的位置编号，有点类似于邮编之于地区。我们可以通过 NumPy

数组的索引来获取、设置数组元素的值。如果希望访问数组中的值，像访问列表元素一样，给出数组的下标即可。

　　如果把数组名称当作访问数组的起始"指针"（pointer），那么索引就可以理解为偏离这个指针的偏移量（offset）。因此，正向索引时，第 1 个元素的索引是 0（因为指针指向当前元素，不需要偏移，或者偏移量为 0），第 2 个元素的索引是 1（相对起始地址偏移量为 1），以此类推。除此之外，数组同样支持反向索引，这时索引编号不存在直觉位置"差 1"的情况，即方括号内的偏移量为 –1 表示倒数第 1 个元素，偏移量为 –2 表示倒数第 2 个元素，以此类推。

```
In [1]: import numpy as np
In [2]: one_dim = np.linspace(-0.5, 0.6, 12)
In [3]: print(one_dim)
[-0.5 -0.4 -0.3 -0.2 -0.1  0.   0.1  0.2  0.3  0.4  0.5  0.6]
In [4]: one_dim[0]                #访问第 1 个元素
Out[4]: -0.5
In [5]:  one_dim[-1]              #访问倒数第 1 个元素
Out[5]: 0.6
In [6]: one_dim[0] = 1           #对第 1 个元素赋值
In [7]: print(one_dim)
[ 1.  -0.4 -0.3 -0.2 -0.1  0.   0.1  0.2  0.3  0.4  0.5  0.6]
```

　　相应地，访问二维数组时，需要通过两个索引来执行相应操作。访问二维数组的方式有两种，第一种是类似于 C、C++ 一样，使用两个方括号，每个方括号对应一个维度信息。示例代码如下。

```
In [8]: two_dim = np.array([[1, 2, 3],
                            [4, 5, 6],
                            [7, 8, 9]])
In [9]: two_dim
Out[9]: array([[1, 2, 3],
               [4, 5, 6],
               [7, 8, 9]])
In [10]: two_dim[0][2]
Out[10]: 3
```

In [10]处的语句功能是访问第 0 行、第 2 列（从 0 开始计数）的元素，它的值为 3。事实上，NumPy 提供了另一种更为简便的访问方式——把两个方括号合并，在一个方括号内分别给出两个维度信息，不同维度信息间用逗号（,）隔开。

```
In [11]: two_dim[0,2]
Out[11]: 3
```

通过这种方法，我们同样可以修改二维数组中的值。

```
In [12]: two_dim[0,2] = 100
In [13]: two_dim
Out[13]: array([[  1,   2, 100],
                [  4,   5,   6],
                [  7,   8,   9]])
```

6.8.2 NumPy 中的切片访问

与 Python 中列表的操作类似，除了通过索引访问数组元素，在 NumPy 中还可以通过切片操作来访问和修改数组数据。通过切片操作，我们可以批量获取符合要求的元素。切片操作的核心是从原始数组中，按照给定规则提取出一个新的数组，对原始数组没有任何影响。

```
In [1]: import numpy as np
In [2]: a = np.arange(10)
In [3]: s = slice(0,9,2)        #创建切片对象
In [4]: b = a[s]                #按照切片规则提取数据
In [5]: b
Out[5]: array([0, 2, 4, 6, 8])
In [6]: a
Out[6]: array([0, 1, 2, 3, 4, 5, 6, 7, 8, 9])    #原始数组 a 的值并不受切片影响
```

在上述代码的 In [3]处，我们通过 slice()函数实例化一个切片参数，它表示从索引 0 开始到索引 9 停止，间隔为 2，最后输出的结果为由 0~9 之间的偶数所组成的数组。

切片更为简便的使用方法是，直接通过冒号分隔切片参数，而无须使用 slice()函数。这时，切片规则通常是这样的：数组名[start:end:step]。其中 start 表示起始索引（从 0 开始），end 表示结束索

引（至-1 结束），step 表示步长，步长为正时表示从左向右取值，步长为负时则反向取值。

```
In [7]: a[0:9:2]
Out[7]: array([0, 2, 4, 6, 8])
In [8]: a
Out[8]: array([0, 1, 2, 3, 4, 5, 6, 7, 8, 9])  #原始数组 a 的值并不受切片影响
```

　　需要注意的是，通过冒号分隔切片参数来进行切片操作时，假设方括号内索引值后面加上一个冒号，则表示从该索引开始，后面的所有项都将被提取。如 a[2:]表示从第 3 个元素开始直到最后的所有元素，全部提取（这里索引是从 0 开始的，下同）。

```
In [9]: a[2:]
Out[9]: array([2, 3, 4, 5, 6, 7, 8, 9])
```

　　如果使用了两个参数，那么冒号前面的参数为 start，后面的参数为 stop，提取出的数值为两个索引值之间的项（取值区间左闭右开，不包括结束索引），默认步长为 1 时可以省略。示例如下。

```
In [10]: a[2:-2]                    #从第 3 个元素开始，到倒数第 2 个元素结束
Out[10]: array([2, 3, 4, 5, 6, 7])
```

　　为了简单起见，切片操作的参数 "start: end: step" 可以有很多简写方式，其中 start、end 和 step 这三个参数可根据需要选择性地省略。由于这些简写方式在 NumPy 操作中比较常见，下面我们便对这一点进行系统性的总结：如果 start 从 0 开始，start 可省略；如果直到最末元素，end 可省略；如果步长为 1（取默认值），step 可省略。多种省略方式及组合如表 6-1 所示。

表 6-1　切片操作的省略方式

切片参数	含义描述
start:end:step	从 start 开始读取，到 end（不包含 end）结束，步长为 step
start:end	从 start 开始读取，到 end（不包含 end）结束，步长为 1
start:	从 start 开始读取后续所有元素，步长为 1
start::step	从 start 开始读取后续所有元素，步长为 step
:end:step	从 0 开始读取，到 end（不包含 end）结束，步长为 step
:end	从 0 开始读取，到 end（不包含 end）结束，步长为 1
::step	从 0 开始读取后续所有元素，步长为 step

切片参数	含义描述
::	读取所有元素
:	读取所有元素

切片的步长 step 可取负值。当 step = −1 时，start: end: −1 表示从 start 开始逆序读取至 end 结束（不包含 end）。考虑最特殊的一种例子，当切片方式为 ":: -1" 时就完成了逆序读取。代码如下所示。

```
In [11]: a[::-1]    #从开始到结束，步长为-1
Out[11]: array([9, 8, 7, 6, 5, 4, 3, 2, 1, 0]) #对数组进行逆序输出
```

6.8.3　二维数组的转置与展平

我们可以通过 transpose()方法将二维数组转置，代码如下。

```
In [12]: two_dim = np.array([[1, 2, 3],
                             [4, 5, 6],
                             [7, 8, 9]])
In [13]: two_dim.transpose()    #也可以使用大写的字母 T 来完成操作：two_dim.T
Out[13]:
array([[1, 4, 7],
       [2, 5, 8],
       [3, 6, 9]])
```

但这种转置仅仅得到原有二维数组的视图，原始数组并没有发生变化。

```
In [14]:  two_dim        #输出验证
Out[14]:
array([[1, 2, 3],
       [4, 5, 6],
       [7, 8, 9]])
```

有时候，我们需要将多维数组降维成一维数组，这时我们可以利用 ravel()方法来完成这个功能，示例代码如下。

```
In [15]: two_dim.ravel()
Out[15]: array([1, 2, 3, 4, 5, 6, 7, 8, 9])
```

同样地，ravel()返回的仅仅是原始数组的视图而已，原始数组本身并没有发生变化。

flatten()函数同样可以完成将多维数组展平成一维数组的操作。

```
In [16]: two_dim.flatten()
Out[16]: array([1, 2, 3, 4, 5, 6, 7, 8, 9])
```

不同于 ravel()返回的是原始数组的视图，flatten()会重新分配内存，完成一次从原始数据到新内存空间的深拷贝，但原始数组并没有发生任何变化。

事实上，我们还可以通过显式的变形来完成数组的降维，示例代码如下。

```
In [17]: two_dim.shape = (1, -1)
In [18]: two_dim
Out[18]: array([[1, 2, 3, 4, 5, 6, 7, 8, 9]])
```

在 In [17]处，我们重新定义了一个二维数组的形状，等号右边是一个元组，元组中第一个元素"1"，表明新的数组形状是"1 行"的，第二个元素"-1"表示列数由系统自动推导出来，在上述代码中，它就是 9，因为元素总数为 9，其中一个维度为 1，很容易推算出另外的维度信息。

对于 N 维数组，当 $N-1$ 维尺寸确定后，用"-1"标记剩余维度，表示让系统推算剩余维度尺寸，这种做法在高维数组操作中（如深度学习框架 TensorFlow）很常用，因此该技巧值得掌握。

6.9　NumPy 中的广播

前面的章节中提过，在 NumPy 中，如果对两个数组实施加、减、乘、除等运算，参与运算的两个数组需形状相同。但实际上，NumPy 具有"智能填充"功能，当两个数组的形状不相同时，可扩充较小数组中的元素来匹配较大数组的形状，这种机制叫作广播（broadcasting），如图 6-11 所示。

这种广播机制，也称为张量自动扩展，它是一种轻量级的张量复制手段。需要说明的是，对于大部分场景，广播机制仅仅在逻辑上改变了张量的尺寸，只待实际需要时才真正实现张量的赋值和扩展。这种优化流程节省了大量计算资源，并由计算框架（如 NumPy）隐式完成，用户无须关心实现细节。

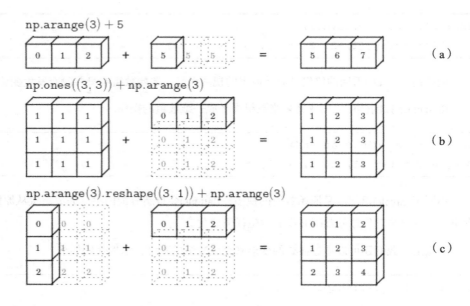

图 6-11 NumPy 中的广播机制

我们可以通过下面的代码来了解广播机制。

```
In [1]: import numpy as np        #导入 numpy
In [2]: a = np.arange(3)
In [3]: a                         #输出验证
Out[3]: array([0, 1, 2])
In [4]: a.shape
Out[4]: (3,)
In [5]: a + 5                     #广播填充
Out[5]: array([5, 6, 7])
```

在 In [5]处，我们要实现的功能是，把一个长度为 3 的 1D 张量[0, 1, 2]和一个 0D 张量（即标量 5）相加，我们知道，前者尺寸为(3,)，后者尺寸为()，二者在尺寸上是"门不当，户不对"的。难道二者就不能相加吗？自然不是，通过广播机制，一个标量将被拉伸为一个尺寸为(3,)的张量，如图 6-11 的子图（a）所示。

一个标量 5 通过广播被拉伸为一个尺寸为(3,)的数组。此时，拉伸后的张量尺寸与张量 a 的尺寸完全适配，并且拉伸后的张量中的所有元素都复制拉伸前的元素，标量 5 就像被广播出去一样，传递到所有空缺的位置。这种广播规则在二维数组中同样适用，不过是传播复制的"粒度"不一样罢了，请参见如下代码。

```
In [6]: a = np.ones((3,3))
In [7]: a                          #输出验证
Out[7]:
array([[1., 1., 1.],
       [1., 1., 1.],
       [1., 1., 1.]])
In [8]: b = np.arange(3)
In [9]: b                          #输出验证
Out[9]: array([0, 1, 2])
In [10]: a + b
Out[10]:
array([[1., 2., 3.],
       [1., 2., 3.],
       [1., 2., 3.]])
```

上述代码实现的功能如图 6-11 的子图（b）所示，从图中可以看出，np.arange(3)是 1D 张量，它和 np.ones((3,3))所生成的 2D 张量在维度尺寸上也是不匹配的。为了让计算得以进行，NumPy 就把 np.arange(3)所代表的 1D 张量 b，以行为单位拉伸复制，从而把尺寸也变成了(3,3)。

此外，广播机制还支持对两个张量同时扩展，以适应对方张量的维度，代码如下所示。

```
In [11]: c = np.arange(3).reshape((3,1))
In [12]: c.shape
Out[12]: (3, 1)
In [13]: d = np.arange(3)
In [14]: d.shape
Out[14]: (3,)
In [15]: c + d
Out[15]:
array([[0, 1, 2],
       [1, 2, 3],
       [2, 3, 4]])
```

通过观察以上代码，我们可以得到 NumPy 的广播规则。

- 扩展维度：如果两个张量的尺寸不同，则 NumPy 的广播机制会为尺寸较小的张量添加一个轴（广播轴），使其维度信息与较大张量的相同。

- 复制数据：尺寸较小的张量沿着新添加的轴不断重复之前的元素，直至尺寸与较大的张量相同。

- 低维有 1：如果两个张量的尺寸在任何维度上都不匹配，则需将某维度中尺寸为 1 的张量拉伸，以匹配另一个较大张量的尺寸。

如果两个张量在任何维度上尺寸都不一致，且两者均没有任何一个维度为 1，则会出现广播错误，即广播不会发生。也就是说，为了让广播操作能够顺利进行，广播操作的两个对象，它们某个维度上的尺寸，要么相等，要么为 1。

6.10 NumPy 数组的高级索引

除了比较常用的索引方法，还有更为高级的索引方法，如整数索引、布尔索引等，下面给予简要介绍。

6.10.1 "花式"索引

在前面的章节中，我们已经学习了通过索引访问 NumPy 数组元素的方法。但它们有一个特点：索引要么是一个值，要么是一片值（即切片访问）。如果索引只是一个值，那么自然只能访问一个数组元素。如果索引基于切片方法，那么被访问的数组元素或连续分布，或通过设置步长有规律地间隔分布。如果我们想一次性访问数组中的多个元素，而它们又没什么规律可循，该怎么呢？"花式"索引（Fancy Indexing）就是用来解决这个问题的。

"花式"索引是指，将多个需要访问元素的索引汇集起来，构成一个整型数组，然后把这个内含索引的数组，整体作为目标数组的索引，这样就能一次性地读取多个"杂乱无序"甚至重复的数组元素。由于这种读取数组元素的方式有些花哨，故称"花式"索引，又因为索引都是整数，亦有文献称之为整数索引。示例代码如下。

```
In [1]: import numpy as np
In [2]: normal_array = np.array([34,45,56,69,9,11,22,71,82,10,123])
In [3]: normal_array                    #输出验证
Out[3]: array([ 34,  45,  56,  69,   9,  11,  22,  71,  82,  10, 123])
```

```
In [4]: fancy_index_array = normal_array[[0,8,7,7]]
In [5]: fancy_index_array
Out[5]: array([34, 82, 71, 71])
```

在上述代码中，normal_array 是我们要访问的目标数组，它是一维数组，其中共 10 个元素。假设我们想访问第 0 个元素（34）、第 8 个元素（82）和第 7 元素（71），且想访问第 7 个元素两次，则这些元素对应的索引依次是 0、8、7、7。

这些索引没有规律可言，甚至有点"无厘头"，因为有些访问是重复的。这样的访问显然无法用切片操作完成。如果用单个索引对应单次访问的方法，需要四次重复的操作：normal_array[0]、normal_array[8]、normal_array[7] 和 normal_array[7]。

但如果用花式索引将这些元素的索引汇集起来，形成索引数组，即[0,8,7,7]，再把这个索引数组整体作为目标数组 normal_array 的下标，即 normal_array[[0,8,7,7]]，这样就能达到一次性访问多个无规律数组元素的目的。Out[5]处的输出印证了这一结论。

为了访问元素，在 In [4]处，normal_array 的索引部分好像被两层方括号括起来一样。实际上，我们可以这样理解，把内层括号的数组[0,8,7,7]视为一个列表，外层方括号内的索引其实就是一个对象——包含索引元素的列表。NumPy 按照这个列表中的元素值，按图索骥，便可提取对应索引位置的元素。代码如下所示。

```
In [6]: index = [0,8,7,7]       #这是一个装满索引的列表
In [7]: normal_array[index]  #可读性强多了！
Out[7]: array([34, 82, 71, 71])
```

前面提到的花式索引，其处理的目标对象是一维数组，如果需要处理的对象变成二维数组该怎么办呢？如果还是简单套用一维数组的花式索引读取方式，程序并不会报错，但表示的含义就迥然不同了。这些二维数组中的花式索引特指"行"索引，我们来看以下代码。

```
In [8]: two_dim_array = np.arange(20).reshape(4,5)
#将 two_dim_array 变形为一个 4 行 5 列的二维数组
In [9]: two_dim_array                    #输出验证
Out[9]:
array([[ 0,  1,  2,  3,  4],
       [ 5,  6,  7,  8,  9],
       [10, 11, 12, 13, 14],
```

```
        [15, 16, 17, 18, 19]])
In [10]: two_dim_array [[0,2,1,0]]  #内层方括号为花式索引
Out[10]:
array([[ 0,  1,  2,  3,  4],        #第 0 行数据（以 0 为计数起点，下同）
       [10, 11, 12, 13, 14],        #第 2 行数据
       [ 5,  6,  7,  8,  9],        #第 1 行数据
       [ 0,  1,  2,  3,  4]])       #第 0 行数据（重复）
```

这里，我们先解释一下 In [10]处的 two_dim_array [[0,2,1,0]]的含义，由于 two_dim_array 是一个二维数组，如果要读取它中的某一个元素，必须指定行和列两个参数。如果没有显式指定二维索引，就无法正确读取具体的元素。如果访问一个二维数组，但只给出一维坐标，那么这个一维坐标指的是行索引坐标，数组的内层括号[0,2,1,0]表示的是行号，它也是一种"花式"索引，表示要读取第 0 行、第 2 行、第 1 行和第 0 行（第 2 次访问）的数据。

增强程序的可读性，是程序员必备的修养。为了增强可读性，上述代码可以改写为如下形式。

```
In [11]: row_index = [0,2,1,0]      #这是一个行索引坐标
In [12]: two_dim_array[row_index]   #花式访问行数据
Out[12]:
array([[ 0,  1,  2,  3,  4],
       [10, 11, 12, 13, 14],
       [ 5,  6,  7,  8,  9],
       [ 0,  1,  2,  3,  4]])
```

如果我们能"花式"访问二维数组的不同行，自然地，我们也能"花式"访问二维数组的不同列，请参考如下代码。

```
In [13]: col_index = [0, 2, 4, 2]
In [14]: two_dim_array[:, col_index]
Out[14]:
array([[ 0,  2,  4,  2],
       [ 5,  7,  9,  7],
       [10, 12, 14, 12],
       [15, 17, 19, 17]])
```

从上面的代码可以看出，访问二维数组的不同列时，需要用冒号（:）添加一个维度，即 two_dim_array[:, col_index]，它表示所有行的数据都涉及，但列的访问范围由 col_index 来限定。这里冒号的用法来自数组切片，也就是说，NumPy 的数组切片和它的"花式"索引能完成更多操作。

举例来说，如果我们想访问二维数组 two_dim_array 的第 2 行（从 0 开始计数）的第 0 列、第 3 列和第 1 列（访问顺序故意打乱），该怎么办呢？请参考如下代码。

```
In [15]: two_dim_array[2, [0,3,1]]
Out[15]: array([10, 13, 11])
```

如果我们确实希望"花式"访问二维数组的元素（而不是一整行或一整列），该如何处理呢？顺着上述思路，解决方案并不复杂。我们可以在内层括号中提供两个花式索引（都以数组形式存在），一个花式索引对应行坐标，一个花式索引对应列坐标，这样系统会自动两两配对，构成一个二维数组坐标，然后一一获取坐标点位置所指引的数值，代码如下所示。

```
In [16]: row_index = [0,1,3,2]
In [17]: col_index = [0,1,0,0]
In [18]: two_dim_array[row_index, col_index]
Out[18]: array([0,  6, 15, 10])
```

In [18]处的 two_dim_array 下标括号的第一个参数为行索引 row_index，其内元素为行坐标 [0,1,3,2]，第二个参数 col_index 为列索引，其内元素为列坐标[0,1,0,0]，这两个花式索引长度一致，于是相同位置的行索引和列索引两两搭伴匹配，构成 two_dim_array [0, 0]、two_dim_array [1, 1]、two_dim_array [3, 0]、two_dim_array [2, 0]这四个元素。花式索引与切片的不同之处在于，它们总是将数据复制到新构建的数组中，而非仅仅返回原始数组的视图。

我们还可能遇到另一种情况：有些元素是我不想要的，需要帮忙过滤不想要的，剩下的才是我想要的。这时，花式索引依然能挺身而出，为我解忧。因为花式索引有一个特点，简单概括就是，知道自己想要什么。请参考如下代码。

```
In [19]: two_dim_array        #输出验证
Out[19]:
array([[ 0,  1,  2,  3,  4],
       [ 5,  6,  7,  8,  9],
       [10, 11, 12, 13, 14],
```

```
        [15, 16, 17, 18, 19]])
In [20]: row_index = np.array([0,2,1] )      #定义花式访问的行
In [21]: col_mask = np.array([1, 0, 1, 0, 1], dtype=bool)   #定义列访问掩码
In [22]: two_dim_array[row_index[:, np.newaxis], col_mask]
Out[22]:
array([[ 0,  2,  4],
       [10, 12, 14],
       [ 5,  7,  9]])
```

我们来解析一下上述代码，In [20]处定义了需要花式访问的行（行序可以颠倒，甚至重复），In [21]处定义了列访问掩码，它是一个布尔类型。我们知道，在 Python 中"非零即为真"，np.array([1, 0, 1, 0, 1], dtype=bool)实际上等价于 np.array([True, False, True, False, True])。

In [22]处使用了 np.newaxis，它在功能上等价于 None。如果我们用 np.newaxis == None 来验证二者的等价性，会返回 True。这个看似无用的 None，有时可以派上大用场。此处，它的含义就是为数组增加一个轴。比如说，row_index 的原始模样是下面这样的。

```
In [23]: row_index                #验证输出
Out[23]: array([0, 2, 1])
In [24]: row_index.shape        #查看数组的尺寸
Out[24]: (3,)
```

增加一个"虚无"的轴之后，就变成了下面这样。

```
In [25]: row_index[:, np.newaxis]
Out[25]:
array([[0],
       [2],
       [1]])
In [26]: row_index[:, np.newaxis].shape
Out[26]: (3, 1)
```

也就是说，row_index[:, np.newaxis]变成了一个二维数组后，再作为另一个数组two_dim_array的下标，就可以读取对应行的元素。如果我们不这么转换，row_index就是一个一维花式索引，如前所

述，在访问二维数组时，NumPy就会把它和随后的第二个参数进行拼接，形成二维数组元素的访问坐标[①]。

一旦通过添加坐标轴的方式把尺寸为(3,)的一维数组，变成尺寸为(3, 1)"伪"二维数组，实际上便告知 NumPy，第一个参数无须与随后的参数进行拼接形成（行，列）坐标对。这样一来，第二个参数 col_mask 就可被解放出来，并另有含义。

再考虑到 col_mask 的站位（为"列"服务）及布尔属性，它实际上就表明了哪些列可取（取值为 1 或 True），哪些列被过滤了（取值为 0 或 False）。此时这个 col_mask 布尔索引中元素所处的位置是有含义的，比如说，[1, 0, 1, 0, 1]就表示第 0 列（从 0 开始计数）、第 2 列、第 4 列数据有效，因为这些列对应的值为 1（即 True），反之，第 1 列和第 3 列被过滤，因为这些列对应的值为 0（即 False）。

实际上，上述"遴选"部分列所用的"掩码"方案，就是我们即将讨论的布尔索引，下面我们就展开讨论。

6.10.2　布尔索引

事实上，相比于"花式"索引，布尔索引的功能也不逊色，用处也非常广泛。前面的例子已经给我们提供了部分感性的认识，通过布尔索引，我们可以有选择性地提取数组中感兴趣的行或列（对应位置为 True 的保留，反之则过滤）。比如，我们想要输出数组中大于某个值的所有元素，可以如下方式来实现。

```
In [1]: import numpy as np
In [2]: a = np.arange(10).reshape(2,5)
In [3]: a                           #输出验证
Out[3]:
array([[0, 1, 2, 3, 4],
       [5, 6, 7, 8, 9]])
In [4]: a[a > 5]
Out[4]: array([6, 7, 8, 9])
```

In [4]处的代码值得仔细分析一番。方括号内的"a > 5"意义并不简单。我们知道，a 是一个二

---

① 读者可以尝试这么做，NumPy 并不会报错，输出结果为 array([0, 12, 9])，顺便请思考为何有这样的输出。

维数组对象，而 5 是一个标量，二者之所以能比较，是因为 NumPy 悄悄地使用了前面章节提到的广播技术，它把 5 广播（复制）成与数组 a 尺寸一模一样的数组，数组内的元素都是 5。然后数组 a 中个每个元素都与 5 做比较，逐个判断该元素是否大于 5，因此返回的是一个形状与数组 a 相同的布尔数组（如图 6-12 所示）。

```
In [5]: a > 5
Out[5]:
array([[False, False, False, False, False],
       [False,  True,  True,  True,  True]])
```

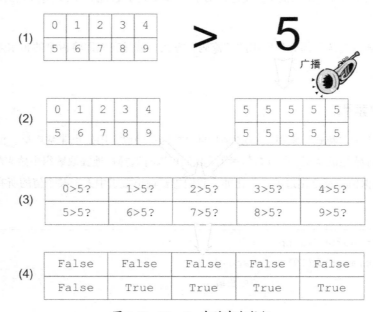

图 6-12　NumPy 中的布尔数组

这个尺寸（维度信息）与原始数组相同的数组，叫作布尔数组。布尔数组可以整体作为索引，形成一个布尔索引，然后 NumPy 会依据逐元素（element-wise）规则，返回对应位置布尔值为 True 的元素。因此，a[a>5]的含义，就是返回数组中大于 5 的元素。

类似地，我们也可以通过布尔索引的方法选取小于某个值的元素或偶数元素等，代码如下所示。

```
In [6]: a [a < 5]          #选取数组 a 中小于 5 的元素
Out[6]: array([0, 1, 2, 3, 4])
```

```
In [7]: a[a % 2 == 0]              #选取数组 a 中的偶数元素
Out[7]: array([0, 2, 4, 6, 8])
```

6.11　数组的堆叠操作

有时，我们需要将不同的 NumPy 数组，通过堆叠（stack）操作，拼接为一个新的较大的数组。堆叠方式大致分为水平方向堆叠（horizontal stack）、垂直方向堆叠（vertical stack）、深度方向堆叠（depth-wise stack）等。

这三种堆叠方式看起来很抽象，下面我们列举一个生活中的例子来辅助说明。假设我们想把两本书摆在一起，一共有几种方式？在同一个平面上，我们可以将这两本书水平左右排列（数组的水平方向堆叠），垂直上下排列（数组的垂直方向堆叠），借助三维空间（类似于书架），我们还可以让这两本书竖着叠放起来（数组的深度方向堆叠），如图 6-13 所示。

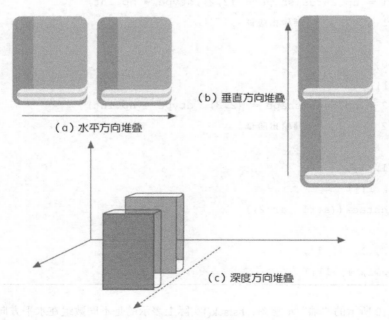

图 6-13　NumPy 数组的堆叠方式类比

图 6-13 所示的这三种排列方式，分别体现了 hstack()、vstack()和 dstack()方法在拼接数组时的特点。除此之外，堆叠函数还包括 concatenate()、column_stack()、row_stack()等。很多实现堆叠功能的

不同函数有着"异曲同工"之妙，通过配置不同的参数，可达到相同的数组拼接目的。下面分别对这些方法给予简单介绍。

6.11.1 水平方向堆叠 hstack()

hstack 的首字母"h"来自英文单词"horizontal"（水平），表示所操作的数组是在水平方向堆叠的，其实就是按列顺序堆叠起来。其方法原型如下。

```
hstack(tup)
```

需要注意的是，该函数的参数是一个元组，而元组的标志之一就是用圆括号将元素括起来，这样看起来，函数 hstack()的参数好像被两层圆括号包围起来一样。元组内被堆叠的数据对象可以是列表，也可以是 NumPy 数组，返回结果为 NumPy 数组。

```
In [1]: arr1 = np.zeros(shape = (2,2),dtype = np.int)
In [2]: arr1              #输出验证
Out[2]:
array([[0, 0],
       [0, 0]])
In [3]: arr2 = np.ones(shape = (2,3), dtype = np.int)
In [4]: arr2              #输出验证
Out[4]:
array([[1, 1, 1],
       [1, 1, 1]])
In [5]: np.hstack((arr1, arr2))
Out[5]:
array([[0, 0, 1, 1, 1],
       [0, 0, 1, 1, 1]])
```

参考图 6-10 所示的"轴"示意图，hstack()实际上表示的是不同数组在水平方向上的堆叠。我们利用 concatenate()函数，并设置水平轴方向（axis = 1）的连接，就可以达到相同的堆叠效果，如图 6-14 所示。

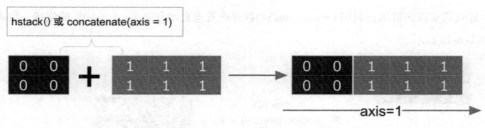

图 6-14 水平方向堆叠示意图

```
In [6]: np.concatenate((arr1, arr2), axis = 1)
Out[6]:
array([[0, 0, 1, 1, 1],
    [0, 0, 1, 1, 1]])
```

很显然，为了完成堆叠，hstack()要求参与堆叠操作的两个数组在垂直（即行）方向的尺寸是相同的。如果我们将 axis = 0 视为第一个轴，将 axis = 1 视为第二个轴，以此类推，那么广义上来说，hstack()完成数组堆叠的前提是，除了第二个轴的维度尺寸不一样，参与堆叠的数组在其他维度的尺寸必须要一致。

6.11.2 垂直方向堆叠 vstack()

类似地，vstack()实现的是轴 0 方向（即垂直方向）的数组堆叠。vstack 一词的首字母 v 表示的是 vertical（垂直）的意思。

vstack()的函数原型为 vstack(tup)，其中参数 tup 表示元组，元组内的元素可以是元组、列表或 NumPy 数组等，返回结果为 NumPy 数组。

```
In [7]: arr2 = np.ones(shape = (2,3), dtype = np.int)
In [8]: arr3 = np.zeros(shape = (3,3),dtype = np.int)
In [9]: np.vstack((arr2, arr3))
Out[9]:
array([[1, 1, 1],
    [1, 1, 1],
    [0, 0, 0],
    [0, 0, 0]])
```

上述代码实现的效果，利用 concatenate() 函数并设置垂直轴方向（axis = 0）的连接，也可以实现，如图 6-15 所示。

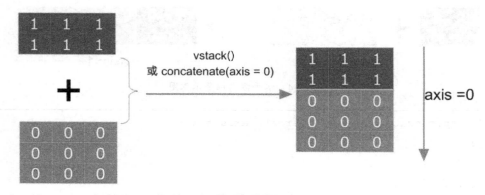

图 6-15　垂直方向堆叠示意图

```
In [10]:  np.concatenate((arr2,arr3))
Out[10]:
array([[1, 1, 1],
       [1, 1, 1],
       [0, 0, 0],
       [0, 0, 0]])
```

由于函数 concatenate() 的默认轴方向是 axis = 0，所以在 In [10] 处并没有给出这个参数设置，该函数会启动默认参数值。

此外，类似于 hstack()，为了完成数组堆叠操作，vstack() 要求除第一个轴（参与堆叠）方向的维度尺寸不一样以外，其他维度的尺寸必须保证一致。

6.11.3　深度方向堆叠 hstack()

除了水平和垂直方向的堆叠，还有深度方向堆叠（depth-wise stacking），它对应的方法为 dstack()。它可以把一系列数组在第三维度进行堆叠。例如我们可以把图像数据在不同通道上（如 RGB）进行叠加，想要理解该函数可参考图 6-12 中的子图（c）。dstack() 函数的示例代码如下。

```
In [11]: red = np.arange(0,9)
In [12]: red      #输出验证
```

```
Out[12]: array([0, 1, 2, 3, 4, 5, 6, 7, 8])
In [13]: green = np.arange(9,18)
In [14]: green    #输出验证
Out[14]: array([ 9, 10, 11, 12, 13, 14, 15, 16, 17])
In [15]: blue = np.arange(18,27)
In [16]: blue    #输出验证
Out[16]: array([18, 19, 20, 21, 22, 23, 24, 25, 26])
In [17]: np.dstack((red, green, blue))
Out[17]:
array([[[ 0,  9, 18],
        [ 1, 10, 19],
        [ 2, 11, 20],
        [ 3, 12, 21],
        [ 4, 13, 22],
        [ 5, 14, 23],
        [ 6, 15, 24],
        [ 7, 16, 25],
        [ 8, 17, 26]]])
```

　　以上代码中的数组（red、green、blue）都是一维数组，如果我们将其改成二维数组会怎么样呢？通常图形都是二维的，在深度方向上的堆叠，就好比将三张单色的图片叠加在一起形成一张彩色图片，每个像素点都是由三类数据（分别来自 R、G 和 B）构成的。

```
In [18]: red2 = np.arange(0,9).reshape(3,3)
In [19]: red2
Out[19]:
array([[0, 1, 2],
       [3, 4, 5],
       [6, 7, 8]])
In [20]: green2 = np.arange(9,18).reshape(3,3)
In [21]: green2
Out[21]:
array([[ 9, 10, 11],
```

```
        [12, 13, 14],
        [15, 16, 17]])
In [22]: blue2 = blue = np.arange(18,27).reshape(3,3)
In [23]: blue2
Out[23]:
array([[18, 19, 20],
       [21, 22, 23],
       [24, 25, 26]])
In [24]: np.dstack((red2, green2, blue2))
Out[24]:
array([[[ 0,  9, 18],
        [ 1, 10, 19],
        [ 2, 11, 20]],

       [[ 3, 12, 21],
        [ 4, 13, 22],
        [ 5, 14, 23]],

       [[ 6, 15, 24],
        [ 7, 16, 25],
        [ 8, 17, 26]]])
```

从表面的输出结果来看，好像是 red2、green2、blue2 这三个二维数组被拉直了，并在垂直方向进行了拼接。但实际并不是这样的，这里要注意的是，np.dstack()输出结果的方括号具有层次性。

对于深度方向的堆叠，就好比儿时的那首儿歌："你拍一，我拍一，一个小孩坐飞机；你拍二，我拍二，两个小孩梳小辫……"在相同的位置，被堆叠的数组，你出一个元素，我出一个元素，然后封装在一起，形成一层元素。

对于前面的三个数组，如果不考虑深度方向，其输出结果从宏观看来还是 3×3 的二维数组，有所不同的是，原来的每一个点，由一个元素在深度方向扩展变成了三个元素，如图 6-16 所示。

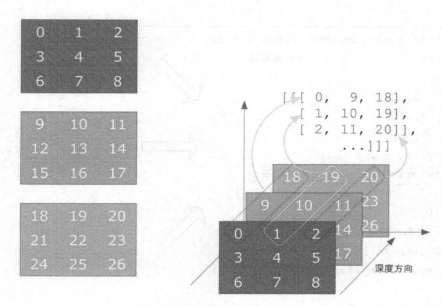

图 6-16　深度方向堆叠示意图

6.11.4　列堆叠与行堆叠

除前面几节介绍的数组堆叠方式之外，我们还可以通过 column_stack()方法实现一维数组按列方向（column-wise）堆叠，代码如下。

```
In [1]: one = np.arange(3)
In [2]: one      #输出验证
Out[2]: array([0, 1, 2])
In [3]: two = 2 * one
In [4]: two         #输出验证
Out[4]: array([0, 2, 4])
In [5]: np.column_stack((one, two))
Out[5]:
array([[0, 0],
       [1, 2],
       [2, 4]])
```

对于二维数据，我们也可以通过 column_stack()对其进列方向的堆叠，代码如下。

```
In [6]: ones = np.arange(9).reshape(3,3)
In [7]: ones                    #输出验证
Out[7]:
array([[0, 1, 2],
       [3, 4, 5],
       [6, 7, 8]])
In [8]: twices = 2 * ones
In [9]: twices                  #输出验证
Out[9]:
array([[ 0,  2,  4],
       [ 6,  8, 10],
       [12, 14, 16]])
In [10]: np.column_stack((ones, twices))
Out[10]:
array([[ 0,  1,  2,  0,  2,  4],
       [ 3,  4,  5,  6,  8, 10],
       [ 6,  7,  8, 12, 14, 16]])
```

是的，column_stack()对于二维数组的堆叠，和水平方向的 hstack()是"殊途同归"的，我们可以用下面的代码验证。

```
In [11]: np.hstack((ones, twices)) == np.column_stack((ones, twices))
Out[11]:
array([[ True,  True,  True,  True,  True,  True],
       [ True,  True,  True,  True,  True,  True],
       [ True,  True,  True,  True,  True,  True]])
```

In [11]处的逻辑等（==）操作，会对两边函数返回结果（两个数组）中的元素进行逐元素逻辑等比较，如果对应的元素相同，就返回 True，否则就返回 False。从输出的结果看，全部为 True，说明这两个函数返回的数组元素一模一样。

类似地，还有行方向的堆叠（row stacking），其对应的函数为 row_stack()。

```
In [12]: np.row_stack((one, two))
Out[12]:
```

```
array([[0, 1, 2],
       [0, 2, 4]])
```

同样，对于二维数组，row_stack()的效果也等价于 vstack()。

```
In [13]: np.row_stack((ones, twices))
Out[13]:
array([[ 0,  1,  2],
       [ 3,  4,  5],
       [ 6,  7,  8],
       [ 0,  2,  4],
       [ 6,  8, 10],
       [12, 14, 16]])
In [14]: np.row_stack((ones, twices)) == np.vstack((ones, twices))
Out[14]:
array([[ True,  True,  True],
       [ True,  True,  True],
       [ True,  True,  True],
       [ True,  True,  True],
       [ True,  True,  True],
       [ True,  True,  True]])
```

6.11.5　数组的分割操作

有矛，就有盾。有堆叠，就有分割。NumPy 也提供了数组的分割操作。和堆叠类似，分割也包括水平方向分割、垂直方向分割和深度方向分割，分别用 hsplit()、vsplit()和 dsplit()实现。

类似于 concatenate()方法可通过设置轴方向，既实现水平方向堆叠，又实现垂直方向堆叠，split()也可以通过设置分割方向，分别实现 hsplit()、vsplit()和 dsplit()的功能。

vsplit()方法中"v"为"vertical"的首字母，意为垂直方向。对 NumPy 而言，和 split()参数中 axis = 0 提供的分割信息是一致的。hsplit()方法中的"h"为"horizontal"的首字母，意为水平方向，和 split()参数中的 axis = 1 提供的分割信息是一致的。dsplit()方法中的"d"为"deep"的首字母，意为深度方向，和 split()参数中的 axis = 2 提供的分割信息是一致的。

我们先来讨论 hsplit()方法的使用。hsplit()表示水平方向分割（horizontally split），即在列方向（column-wise）发生分割行为，该方法的原型如下。

```
hsplit(array, indices_or_sections)
```

其中，array 表示要分割的数组，indices 如果只有一个数值，表示水平等分数组（所以要保证数组能被等分，否则会报错），如果分割的位置不止一个，则用 sections 来表达。sections 可以是一个数组，也可是一个列表，其中的整数元素依次代表分割的位置。示例代码如下。

```
In [1]: import numpy as np
In [2]: array1= np.arange(16.0).reshape(4,4)
In [3]: array1 #输出验证
Out[3]:
array([[ 0.,   1.,   2.,   3.],
       [ 4.,   5.,   6.,   7.],
       [ 8.,   9.,  10.,  11.],
       [12.,  13.,  14.,  15.]])
In [4]: np.hsplit(array1,2)        #水平分割为两个部分
Out[4]:
[array([[ 0.,   1.],
       [ 4.,   5.],
       [ 8.,   9.],
       [12.,  13.]]),
array([[ 2.,   3.],
       [ 6.,   7.],
       [10.,  11.],
       [14.,  15.]])]
```

hsplit()的效果示意图如图 6-17 所示。

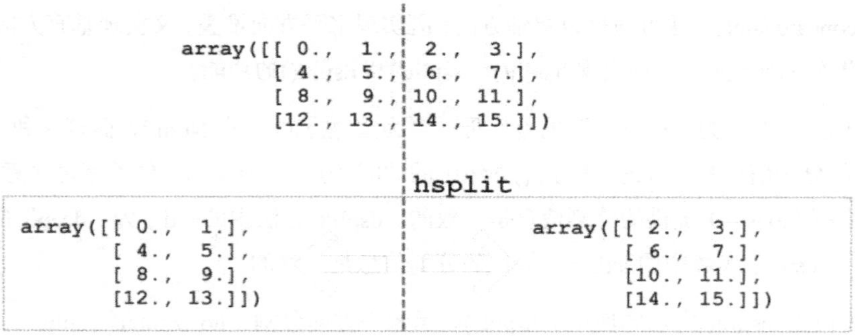

图 6-17　hsplit()效果示意图

我们知道，分割数组不是目的，分割后拿来用才有意义。这时，就需要知道 hsplit()返回的是什么类型的数据，请看以下示例。

```
In [5]: list_arr = np.hsplit(array1,2)
In [6]: type(list_arr)      #查看 np.hsplit()返回对象的数据类型
Out[6]: 'list'
In [7]: len(list_arr)       #查看返回对象中包含几个元素
Out[7]: 2
```

从上面的输出可以看到，hsplit()返回的是包含子数组的列表。因此，我们可以用访问列表元素的方式（即方括号加索引）来访问这些子数组。

```
In [8]: list_arr[0]        #这是列表中第 0 个数组（从 0 开始计数）
Out[8]:
array([[ 0.,  1.],
       [ 4.,  5.],
       [ 8.,  9.],
       [12., 13.]])
In [9]: list_arr[1]         #这是列表中第 1 个数组
Out[9]:
array([[ 2.,  3.],
       [ 6.,  7.],
       [10., 11.],
       [14., 15.]])
```

以上代码示范了如何把一个数组等分为两个部分。如果不止分割为两部分，又该如何操作呢？请参考如下代码。

```
In [10]: array2 = np.arange(16.0).reshape(2, 8)
Out[10]:
array([[ 0.,  1.,  2.,  3.,  4.,  5.,  6.,  7.],
       [ 8.,  9., 10., 11., 12., 13., 14., 15.]])
In [11]: split_arrays = np.hsplit(array2, [2,4,6])
In [12]: split_arrays  #输出验证
```

```
Out[12]:
[array([[0., 1.],
        [8., 9.]]),
array([[ 2.,  3.],
        [10., 11.]]),
array([[ 4.,  5.],
        [12., 13.]]),
array([[ 6.,  7.],
        [14., 15.]])]
```

我们来解释一下In [11]处代码的含义 [1]，array2 就是待分割的数组，[2,4,6]是一个列表，提供了三个分割位置，即第 2 列、第 4 列和第 6 列。如同切西瓜一样，3 刀下去切 4 瓣，array2 这个数组就在列的方向被分成四个子数组，它们一起构成一个列表，如图 6-18 所示。

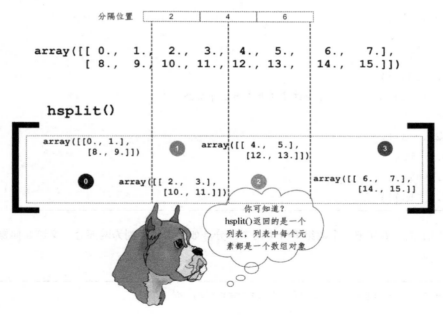

图 6-18　hsplit()方法的多区域分割示意图

hsplit()的效果等价于设置轴方向（axis=1）的 split()方法，代码如下所示。

***

[1]　In [11]处等号右边的部分，等价于 np.hsplit(array2, 4)，你知道为什么吗？

```
In [13]: np.split(array2, np.array([2,4,6]), axis = 1)
Out[13]:
[array([[0., 1.],
       [8., 9.]]),
array([[ 2., 3.],
       [10., 11.]]),
array([[ 4., 5.],
       [12., 13.]]),
array([[ 6., 7.],
       [14., 15.]])]
```

需要说明的是，**In** [13]处的分割参数既可以是一个列表，如[2,4,6]，也可以是一个矩阵，如 np.array([2,4,6])。

类似地，vsplit()表示垂直方向（或者说行方向）上的分割，示例如下。

```
In [14]: np.vsplit(array1,2)        #将 array1 数组在垂直方向等分为两部分
Out[14]:
[array([[0., 1., 2., 3.],
       [4., 5., 6., 7.]]),
array([[ 8., 9., 10., 11.],
       [12., 13., 14., 15.]])]
```

vsplit()的效果示意图如图 6-19 所示。

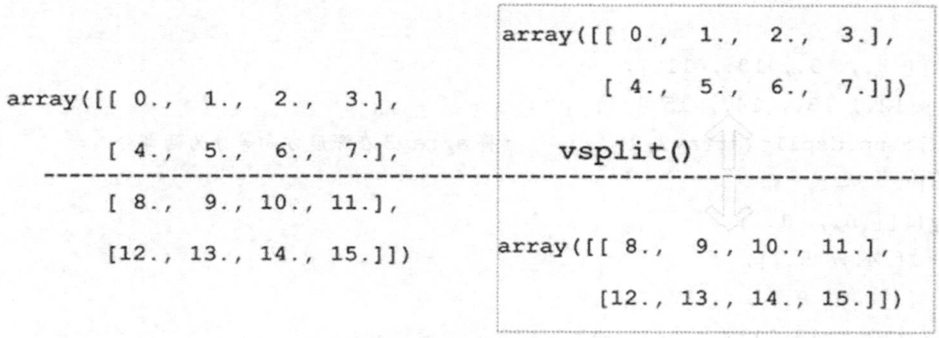

图 6-19　vsplit()效果示意图

同样，vsplit()的功能同样可以用 split()方法配合行方向的轴参数（axis = 0）来实现。

```
In [15]: np.split(array1, 2, axis = 0)
Out[15]:
[array([[0., 1., 2., 3.],
       [4., 5., 6., 7.]]),
array([[ 8.,  9., 10., 11.],
       [12., 13., 14., 15.]])]
```

自然，vsplit()也可以在垂直方向将数组多等分，其用法和 hsplit()类似，这里不再赘述。

最后，我们讨论一下深度方向的分割（depth-wise splitting），它用的方法是 dsplit()，该方法的原型如下。

```
dsplit(ary, indices_or_sections)
```

方法中的参数意义与 vsplit()和 hsplit()一致，其功能是沿第三轴（深度）方向将数组拆分为多个子数组。当方法 split()中设置 axis=2 时，那么它和 dsplit()是等价的。如果数组维度大于或等于 3，则 dsplit()方法始终沿第三轴进行拆分，示例如下。

```
In [16]: array3 = np.arange(16.0).reshape(2, 2, 4)
In [17]: array3                      #输出验证
Out[17]:
array([[[ 0.,  1.,  2.,  3.],
       [ 4.,  5.,  6.,  7.]],

       [[ 8.,  9., 10., 11.],
       [12., 13., 14., 15.]]])
In [18]: np.dsplit(array3,2)          #将 array3 在深度方向等分为两部分
Out[18]:
[array([[[ 0.,  1.],
       [ 4.,  5.]],
       [[ 8.,  9.],
       [12., 13.]]]),
array([[[ 2.,  3.],
```

```
       [ 6.,   7.]],

      [[10.,  11.],
       [14.,  15.]]]))
```

　　对于深度方向的分割，读者们可能会产生困惑，原因在于，大家对三维（或高于三维）数组的尺寸布局可能有认知偏差。按照前面出现的图 6-4 的介绍，In [16]处的数组 array3 的尺寸为(2, 2, 4)，它的布局应该理解为 2 个 2×4 的二维数组，而不是 2×2 的二维数组有 4 个。如果我们能正确理解这一点，那么理解深度方向的分割就容易多了，如图 6-20 所示。

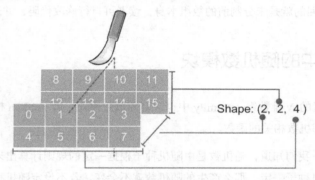

Shape: (2, 2, 4)

图 6-20　深度方向分割示意图

　　由于 array3 在第三个维度上的尺寸为 4，所以上述代码利用 dsplit()完成了在深度方向的二等分。如果我们不想在深度方向上等分，而是进行一、三分割，该怎么办呢？如前所述，split()在设置 axis = 2 的情况下等价于 dsplit()，下面我们用 split()来完成上述分割。

```
In [19]: np.split(array3,[1,],axis = 2)
Out[19]:
[array([[[ 0.],
        [ 4.]],

       [[ 8.],
        [12.]]]),
array([[[ 1.,   2.,   3.],
        [ 5.,   6.,   7.]],

       [[ 9.,  10.,  11.],
        [13.,  14.,  15.]]])]
```

需要注意的是，在 In [19]处，np.split(array3,[1,],axis = 2)的第二个参数中的 "1" 需要用方括号括起来，表示这是一个列表，其后的 "," 是一个修饰，表示后面还可以有其他元素，亦可删除。这里主要是为了增强可读性，提示程序员注意它不寻常。

如果 split()的第二个参数是列表（或数组），则表示数组会在列表（或数组）给定元素的位置进行分割，这里的列表中就只有一个元素 "1"，表示从第 1 列开始分割。因为数组一共四列，前面的第 1 列被分离了，剩余的自然就是三列，这就是数组的一、三分割法。如果把第二个参数 "1" 的外围方括号去掉，含义就迥然不同了。假设该处的数值为 n，那么它就表示整个数组被 n 等分，若 $n = 1$，就表示不分割，返回的就是未分割前的数组本身，读者可自行修改代码，并运行查看相应结果。

6.12 NumPy 中的随机数模块

除了生成指定元素的 N 维数组，NumPy 中也含有随机数模块，即 random 模块。numpy.random 模块中提供了大量与随机数相关的函数。

通过前面的学习，我们知道，随机数是由随机种子根据一定的规则计算出来的数值，所以，只要计算方法一定，随机种子一定，那么产生的随机数就不会变。若不设定随机种子，随机数生成器会将系统时间作为随机种子来生成随机数。下面我们使用一个范例来具体了解 NumPy 中的 random 模块。

【范例 6-1】NumPy 中的 random 模块（numpy_random.py）

```
01   import numpy as np  #导入 numpy
02
03   rdm = np.random.RandomState(1)        #定义随机种子
04   np.random.seed(19680101)              #定义随机种子
05
06   #生成 2×3 的二维随机数组，随机数服从均匀分布，有几个参数就生成几维数组
07   rand = np.random.rand(2,3)
08   print("rand(d0,d1,...,dn):生成均匀分布的随机数\n",rand)
09
10   randn = np.random.randn(2,3) #生成 2×3 的二维随机数组，随机数服从标准正态分布
11   print("randn(d0,d1,...,dn):生成标准正态分布的随机数\n",randn)
12
13   randint = np.random.randint(1,10,(2,3)) #生成 2×3 的 1~10 内的随机整数
```

```
14    print("randint(low,high,size,dtype):生成随机整数\n",randint)
15
16    random = np.random.random((2,3))
17    print("random(size):在[0,1]内生成随机数\n",random)
```

【运行结果】

```
rand(d0,d1,...,dn):生成均匀分布的随机数
 [[0.23675601 0.59353868 0.74897519]
 [0.66065819 0.8813292  0.93499822]]
randn(d0,d1,...,dn):生成标准正态分布的随机数
 [[-0.40220931 -0.43350804 -0.60667041]
 [ 0.84595394 -0.25406136 -0.97673417]]
randint(low,high,size,dtype):生成随机整数
 [[8 5 6]
 [8 6 4]]
random(size):在[0,1]内生成随机数
 [[0.23670515 0.4502083  0.20860286]
 [0.65182319 0.23997355 0.63095928]]
```

【代码分析】

【范例 6-1】主要介绍了 NumPy 中 random 模块的基本使用方法。第 03 行和 04 行代码都可以定义随机种子，选其中一种方式即可。这里给了两种方法，但只有最后设置的有效（即 03 行和 04 行并存时，03 行的设置效果会被覆盖）。其中第 03 行代码中的 np.random 是一个常用随机数类，RandomState() 提供了设置随机种子的方法，其中的参数 19680101 为随机种子，如果随机种子固定，那么产生的随机数就固定了，本质上，它们都是 "伪随机数"。这是因为，真正的随机数是没有规律的，凡是被设计出来的随机数，某种程度上都不那么随机。如果不指定随机种子（不设置参数），系统会把时间作为随机种子，由于时间流逝，每时每刻的时间都不同，即随机种子不同，所以每次产生的随机数都不同，这样我们设计的随机数生成器也更加随机。

实际上，np.random.rand() 函数（07 行）与 np.random.random() 函数（16 行）的功能也是相同的，都是在[0,1)内生成服从均匀分布的随机数，只不过参数不同而已。np.random.rand() 中的参数表示，所生成随机数数组的形状信息是直接给出的，每个维度占据一个参数位置，rand() 支持对不确定参数赋值，二维数组就有两个参数，三维数组就有三个参数，以此类推。

相比而言，在 np.random.random() 指定随机数数组形状信息时，需要把维度信息打包为一个元组，

元组内部的每一个元素都代表一个维度的信息，元组的长度就是数组的维度。

有了 rand()和 random()这两个函数，我们只要按照(b - a) * np.random.rand() * a 方法，就可以生成[a,b]范围内的随机数了。np.random.randn()（第 10 行）的用法和 np.random.rand()类似，不同的是，randn()产生的随机数不再服从均匀分布，而服从正态分布，函数名末尾的"n"就是"normal"（正态）的简写。

前面介绍的函数，产生的都是[0,1)内的随机小数。那能不能直接生成随机整数呢？当然是可以的。randint()函数就是完成这项工作的，其原型如下。

```
numpy.random.randint(low, high=None, size=None, dtype='l')
```

randint()函数末尾的"int"就是"integer"（整数）的简写，它返回的随机整数范围为[low,high)，包含 low，不包含 high。参数 low 为最小值，high 为最大值，size 为数组维度，dtype 为数据类型，默认的数据类型是 np.int。倘若 high 没有填写，默认生成随机数的范围就是[0,low)。size 是可选项，如果不设置，则仅生成一个随机整数，如果想生成多个随机整数，则需要用一个元组来指定随机整数数组的维度信息。

numpy.random 模块中还提供了生成各种分布随机数的 API，详情可以查阅 NumPy 的官方文档。

6.13 本章小结

在本章中，我们学习了 Python 中非常有用的第三方库——NumPy。要想利用 Python 进行数据分析，NumPy 是必备的基本功。

具体说来，首先我们学习了 NumPy 的基础知识，NumPy 支持数组与矩阵运算，此外也针对数组运算提供了大量的数学函数库，因此它支持线性代数、随机数生成及傅里叶变换功能。

在 NumPy 中，N 维数组对象 ndarray 功能强大，值得我们重点掌握，本章我们主要学习了如何生成 ndarray、如何基于 ndarray 进行各种运算、数组的切片访问、高级索引、广播机制等。

NumPy 是 Python 开发的利器，虽不能说 NumPy 博大精深，但如果想全面掌握它，着实需要投入不少时间和精力。但笔者的建议是，不要有"十年磨一剑，霜刃未曾试"这样的执念，我们应该本着"在应用中精通，在实战中成长"的精神学习。

通常，在我们的工作和生活中，都会有一个"二八准则"，即 20%的技能满足 80%的功能。本章介绍的知识点，基本能满足日常开发的大部分需求，而剩下的特定需求，等需要时，再查阅相关文档也不迟。

6.14　思考与提高

1. "Grid, solar, and EV data from three homes.csv" 文件保存了美国 NY、Austin 及 Boulder 三个城市的电网、太阳能及电动汽车数据，其数据格式如图 6-21 所示，该数据集合中共有 9442 条记录，部分记录不完整。（原始数据参见第 06 章源代码文件）

请编程实现：按照 NY、Austin 及 Boulder 三个城市，将数据划分成三个文件，并以 CSV 格式存储。其中分割后的文件中的数据顺序、结构和表头与原文件保持一致，且每个文件的第一列都为原文件的 DateTime 列，NY 数据保存为 "1–NY.csv"，Austin 数据保存为 "1–Austin.csv"，Boulder 数据保存为 "1–Boulder.csv"。（注：不允许使用 Pandas 工具包）

【案例分析】

这道题是国家电网竞赛中的数据分析题，本题主要考察 NumPy 和 Python 文件操作。由于电网数据采集时可能存在缺失，所以要做必要的数据预处理。

另外，由于数据文件为.csv 文件，它是逗号分隔值（Comma-Separated Values）的意思，其文件以纯文本形式存储表格数据（数字和文本），所以还涉及字符串的分割与类型转换。

	A	B	C	D	E	F	G	H	I	J
1	DateTime	NY – grid	NY – EV	NY – solar	Austin – grid	Austin – EV	Austin – solar	Boulder – grid	Boulder – EV	Boulder – solar
2	2019/3/1 0:00	0.295	0.003	0.014	0.76	0		0.62	0.004	
3	2019/3/1 0:15	0.463	0.003	0.014	0.751	0		0.77	0.004	
4	2019/3/1 0:30	0.366	0.003	0.014	0.36	0		0.789	0.004	
5	2019/3/1 0:45	0.225	0.003	0.014	0.343	0		0.763	0.004	
6	2019/3/1 1:00	0.198	0.003	0.014	0.329	0		0.799	0.004	
7	2019/3/1 1:15	0.331	0.003	0.014	0.33	0		0.826	0.004	
8	2019/3/1 1:30	0.184	0.003	0.014	0.338	0		0.702	0.004	
9	2019/3/1 1:45	0.297	0.003	0.014	0.348	0		0.704	0.004	
10	2019/3/1 2:00	0.808	0.004	0.014	0.348	0		0.902	0.004	
11	2019/3/1 2:15	0.574	0.003	0.014	0.347	0		0.875	0.004	
12	2019/3/1 2:30	0.405	0.003	0.014	0.349	0		0.901	0.004	
13	2019/3/1 2:45	0.404	0.003	0.014	0.348	0		0.846	0.004	
14	2019/3/1 3:00	0.484	0.003	0.014	0.343	0		0.69	0.004	
15	2019/3/1 3:15	1.371	1.126	0.014	0.342	0		0.691	0.004	
16	2019/3/1 3:30	1.728	1.515	0.015	0.341	0		0.767	0.004	
17	2019/3/1 3:45	0.276	0.003	0.015	0.34	0		0.808	0.004	
18	2019/3/1 4:00	0.576	0.003	0.015	0.356	0		0.931	0.004	
19	2019/3/1 4:15	0.469	0.003	0.015	0.361	0		0.693	0.004	
20	2019/3/1 4:30	0.542	0.004	0.015	0.359	0		0.729	0.004	
21	2019/3/1 4:45	0.875	0.004	0.015	0.401	0		0.844	0.004	

图 6-21　电网、太阳能、电动汽车数据（部分）

因此，这是一道涉及面很广的综合分析类题目，主要考察竞赛者数据分析的基本功。本题还可以使用 csv 模块来实现，这个答案就留给爱折腾的读者来给出吧！

【参考代码】

```
01   import numpy as np
02   #读取数据
03   data = []
04   with open('Grid, solar, and EV data from three homes.csv','r') as file :
05       lines = file.readlines()      #读取数据行的数据
06       for line in lines:            #对每行数据进行分析
07           temp = line.split(',')
08           data.append(temp)
09
10   #分割表头
11   header = data[0]
12   #分割数据
13   data_np = np.array(data[1:])
14   #提取日期列
15   date = data_np[:,0]
16   #构造 NY 表头
17   NY_header = header[: 4]
18   #构造 Austin 表头
19   Austin_header = header[0:1] + header[4:7]
20   #构造 Boulder 表头
21   Boulder_header = header[0:1] + header[7:]
22
23   #分割 NY 数据
24   NY_data = data_np[:,: 4]
25   #写入 NY 数据
26   with open ('1-NY.csv', 'w') as file:
27       file.write(','.join(Austin_header) + '\n')
28       for line in NY_data:
29           file.write(",".join(line)  + '\n')
30
31   #Austin 数据不连续，需要拼接
32   Austin_data = np.hstack((data_np[:,0].reshape(-1,1),data_np[:, 4 : 7]))
```

```
33    #写入 Austin 数据
34    with open ('1-Austin.csv', 'w') as file:
35        file.write(','.join(Austin_header) + '\n')
36        for line in Austin_data:
37            file.write(",".join(line)  + '\n')
38    #Boulder 数据不连续，需要拼接
39    Boulder_data = np.column_stack((data_np[:,0], data_np[:, 7:]))
40    #写入 Boulder 数据
41    with open ('1-Boulder.csv', 'w') as file:
42        file.write(','.join(Boulder_header) + '\n')
43        for line in Boulder_data:
44            file.write(",".join(line)  + '\n')
```

2.（接上题）请编程实现：统计从 2019 年 3 月 1 日到 2019 年 5 月 31 日这三个月（3 月、4 月、5 月）里，三个城市用电数据（电网、太阳能、电动汽车）的占比，并将结果保存为 ".csv" 文件。其中，第一行至第三行为 NY 的 3、4、5 月数据，第四行至六行为 Austin 的 3、4、5 月数据，第七行至九行为 Boulder 的 3、4、5 月数据，第一列为电网数据，第二列为太阳能数据，第三列为电动汽车数据，数据间用逗号分隔。

【案例分析】

本题考察日期对象 datetime 和布尔索引的使用。为了方便处理，我们可以使用 csv 模块来便捷化实现题目要求。

【参考代码】

```
01    import csv
02    import numpy as np
03    from datetime import datetime
04
05    filename = ['1-NY.csv', '1-Austin.csv', '1-Boulder.csv']
06
07    def power_stats(file):
08        #读取文件数据
09        with open(file,'r') as f:
10            reader = csv.reader(f)
11            #跳过空行
```

```
12        data = [line for line in reader if len(line) > 0 ]
13    #除掉表头，提取数据
14    np_array = np.array(data[1:])
15    #分割日期
16    dates_str = np_array[:, 0]
17    #分割用电数据
18    elec_data = np_array[:, 1:]
19    #数据预处理，否则类型转换会出错
20    elec_data[elec_data == ''] = '0'
21    #转换数据类型
22    elec_data = elec_data.astype(float)
23
24    #转换为日期对象
25    dates = [datetime.strptime(date,'%Y/%m/%d %H:%M') for date in dates_str]
26    #提取三个月份的数据索引
27    index_month3 = [date.month == 3 for date in dates]
28    index_month4 = [date.month == 4 for date in dates]
29    index_month5 = [date.month == 5 for date in dates]
30
31    elec3 = elec_data[index_month3]
32    elec4 = elec_data[index_month4]
33    elec5 = elec_data[index_month5]
34
35    month3_ratio = np.sum(elec3, axis = 0) / np.sum(elec3)
36    month4_ratio = np.sum(elec4, axis = 0) / np.sum(elec4)
37    month5_ratio = np.sum(elec5, axis = 0) / np.sum(elec5)
38
39    return month3_ratio, month4_ratio, month5_ratio
40
41 out = []
42 [out.extend(power_stats(file)) for file in filename]
43 with open('./3.csv', 'w', encoding='utf-8') as f:
44    writer = csv.writer(f)
45    writer.writerows(out)
```

第 7 章　Pandas 数据分析

辛弃疾曾言，"倚天万里须长剑"，大侠需要配好剑。做数据分析，也得有一把得心应手的"剑"，这样才能在处理数据时游刃有余。Pandas 就是这样一把数据分析利器。它是基于 NumPy 构建的数据分析包，能够使数据分析工作变得更加简单高效且具备美感。在本章中，我们将主要介绍 Pandas 的两种常用数据处理结构 Series 和 DataFrame，利用它们，我们可以更好地对数据进行预处理和分析。

本章要点（对于已掌握的内容，请在对应的方框中打钩）

☐ 掌握 Series 的用法

☐ 掌握 Pandas 的基本操作

☐ 熟悉利用 Pandas 读取文件的方法

☐ 掌握利用 Pandas 对数据进行预处理的方法

7.1 Pandas 简介

托马斯·达文波特（Thomas Davenport）等人曾在《哈佛商业评论》中指出，数据分析师是 21 世纪最性感的职业 [①]。很大程度上，Pandas 为这份"性感"增色不少。

Pandas 是 Python 生态环境下非常重要的数据分析包，它是一个开源的、有 BSD 开源协议的库。正因为有它的存在，基于 Python 的数据分析才能大放异彩，为世人所瞩目。

Pandas 吸纳了 NumPy 中的很多精华，然在数据分析方面"青出于蓝而胜于蓝"。二者最大的不同在于，Pandas 在设计之初就是倾向于支持图表和混杂数据运算的，相比之下，NumPy 显得"纯洁"很多，它是基于数组构建的，NumPy 中的数组一旦被设置为某种数据类型（如整型或浮点型），就会从一而终，不得改变。

Pandas 是基于 NumPy 构建的数据分析包，但它含有比 ndarray 更为高级的数据结构和操作工具，如 Series 类型、DataFrame 类型等。有了这些高级数据的辅佐，使得通过 Pandas 进行数据分析变得更加便捷与高效。Pandas 除了可以通过管理索引来快速访问数据、执行分析和转换运算，还可用于高效绘图，只需寥寥几行代码，一个栩栩如生的数据可视化图便可"扑面而来"（当然，它用了 Matplotlib 作为后端支持）。

此外，Pandas 还是数据读取"小能手"，支持从多种数据存储文件（如 CSV、TXT、Excel、HDF5 等）中读取数据，支持从数据库（如 SQL）中读取数据，还支持从 Web（如 JSON、HTML 等）中读取数据。

7.2 Pandas 的安装

如果我们利用 Anaconda 安装了 Python，那么 Anaconda 已为我们安装好了 Pandas。如果系统中没有安装 Pandas，则在命令行输入如下命令即可自动在线安装（需要保持联网状态）[②]。

```
conda install pandas
```

---

① Davenport T, Patil D J. Data Scientist: The Sexiest Job of the 21st Century-Harvard Business Review[J]. Harvard Business Review, 2013.

② 如果没有使用 Anaconda 环境，可用 pip3 install pandas 安装 Pandas。

为了使用时方便，我们导入 Pandas 时同样会给它起一个别名。

```
In [1]: import numpy as np    #导入 numPy 包并取一个别名 np
In [2]: import pandas as pd   #导入 pandas 包并取一个别名 pd
In [3]: print(pd.__version__)  #显示 Pandas 的版本号，用于测试 Pandas 是否加载到内存
1.2.4
```

从上面输出的所谓的最新版本号（截止到 2021 年 10 月）可以看出，Pandas 是非常保守的。85 后的韦斯·麦金尼（Wes McKinney）于 2009 年发布了 Pandas 的第一个版本，此后这个项目一直在缓慢地自我迭代。在 2020 年，Pandas 迈入 1.0 时代。

Pandas 的使用便捷，离不开高效的底层数据结构的支持。Pandas 主要有三种数据结构：Series（类似于一维数组）、DataFrame（类似于二维数组）和 Panel（类似于三维数组）。由于 Panel 并不常用，因此，新版本的 Pandas 已经将其列为过时（Deprecated）的数据结构。本章我们主要介绍前两种数据结构的用法。

7.3　Series 类型数据

Series 是 Pandas 的核心数据结构之一，也是理解高阶数据结构 DataFrame 的基础。下面我们来详细探讨 Series 的相关概念及常见操作。

7.3.1　Series 的创建

Series[①]是一种类似于一维数组的数据结构，是由一组数据及与之对应的标签（即索引）构成的。创建Series的语法非常简单。

```
pd.Series(data, index = index)
```

在上述构造方法的参数中，data 就是数据源，其类型可以是一系列的整数、字符串，也可是浮点数或某类 Python 对象。默认索引就是数据的标签（label），代码如下所示。

---

① 有文献译作"系列"，但更常见的情况是直呼其名。

```
In [4]: a = pd.Series([2, 0, -4, 12])    #创建一个 Series 对象 a
In [5]: a       #输出 a 的值
Out[5]:
0    2
1    0
2   -4
3   12
dtype: int64
```

Series 的数据源可以用列表来填充。二者有相似之处，它们内部都包括一系列的数据。不同之处在于，列表内的元素可以是相同类型的，也可以是不同类型的，也就是说列表中的元素是"大杂烩"。而 Series 则不同，它依赖于 NumPy 中的 N 维数组（ndarray）而构建，因此，其内部的数据要整齐划一，数据类型必须相同。

此外，Series 增加对应的标签（label）作为索引。如果没有显式添加索引，Python 会自动添加一个 0~n–1 内的索引值（n 为 Series 对象内含元素的个数）。通常的视图是索引在左，数值在右。

我们可以把 Series 理解为 Excel 表格中的一列。不过，这个列自带旁边的编号（即索引），如图 7-1 所示。

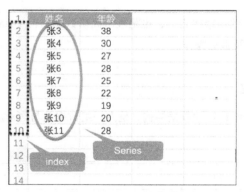

图 7-1　Series 示意图

查看上述代码的 Out[5]可知，Series 数据有两列，第一列是数据对应的索引，第二列就是常见的数组元素。由此可见，Series 是一种自带标签的一维数组（one-dimensional labeled array）。我们可以通过 Series 的 index 和 values 属性，分别获取索引和数组元素值。

```
In [6]: a.values     #获取 Series 中的数组元素值
```

```
Out[6]: array([ 2,  0, -4, 12])
In [7]: a.index    #获取对应数据的索引，此处类似于 range(4)
Out[7]: RangeIndex(start=0, stop=4, step=1)
```

当然，在创建 Series 对象时，其标签并不必然是 0~n-1 内的数字，它也可以被显式指定为其他类型，甚至可在创建索引后被二次修改，代码如下所示。

```
In [8]: s = pd.Series(np.random.randn(5),     #用 NumPy 数组充当数据源
            index=['a', 'b', 'c', 'd', 'e'])    #指定索引
In [9]: s                #查看 Series 对象内容
Out[9]:
a   -0.603475
b    0.171152
c    1.902872
d   -0.968909
e   -1.435247
dtype: float64
In [10]: s.values        #查看 Series 中的数据值
Out[10]: array([ 1.39204123, -0.80207645, -1.64653939, 3.63844414, -0.63293462])
In [11]: s.index         #查看 Series 中的索引
Out[11]: Index(['a', 'b', 'c', 'd', 'e'], dtype='object')
In [12]: s.index = ['one','two','three','four','five']    #修改 Series 中的索引
In [13]: s               #查看 Series 对象内容
Out[13]:
one     -0.603475
two      0.171152
three    1.902872
four    -0.968909
five    -1.435247
dtype: float64
```

乍一看，Series 与 Python 中的字典颇有相似之处。的确如此，Series 中的 index 可对应字典中的 key，Series 中的 value 与字典中的 value 相同。因此，Series 也可以由现有的字典数据类型通过"打包"来创建，代码如下所示。

```
In [14]: Dict = {'a':1,'b':2,'c':3,'d':4}    #定义一个字典
In [15]: temp = pd.Series(Dict)   #将字典作为数据源创建 Series，无须另设 index
In [16]: temp
Out[16]:
a    1
b    2
c    3
d    4
dtype: int64
```

由于字典中的 key 可以"对标"Series 中的 index，两者都起到快速定位数据的作用，所以在 In [15]处，无须单独设置 Series 所需的 index 参数。

如果 Pandas 中的 Series 与 Python 中的字典完全一样，那么 Series 就没有存在的必要了。言外之意就是，它与字典还是有不同之处的。我们知道，字典是一种无序的数据类型，而 Series 却是有序的，并且 Series 的 index 和 value 之间是相互独立的。此外，两者的索引也是有区别的，Series 的 index 是可变的，而字典的 key 是不可变的。

Series 还提供了简单的统计方法（如 describe()）供我们使用。describe() 方法为以列为单位进行统计分析，示例代码如下。

```
In [17]: temp.describe()
Out[17]:
count    4.000000
mean     2.500000
std      1.290994
min      1.000000
max      4.000000
25%      1.750000
50%      2.500000
75%      3.250000
dtype: float64
```

默认情况下，describe()只对数值型的列进行统计分析。其统计参数的意义简述如下。

- count：一列数据的个数。

- mean：一列数据的均值。

- std：一列数据的均方差 [①]。

- min：一列数据中的最小值。

- max：一列数据中的最大值。

- 25%：一列数据中前 25%的数据的分位数 [②]。

- 50%：一列数据中前 50%的数据的分位数。

- 75%：一列数据中前 75%的数据的分位数。

7.3.2　Series 中的数据访问

　　一旦指定 Series 的索引，就可以通过特定索引值，访问、修改索引位置对应的数值。我们知道，Series 对象在本质上就是一个带有标签的 NumPy 数组，因此，NumPy 中的一些概念和操作手法，可直接用于 Series 对象。首先，像 NumPy 数组一样，我们也可通过下标存取 Series 对象内部的元素，代码如下所示。

```
In [1]: cities = {"Beijing": 55000, "Shanghai": 60000, "Shenzhen": 50000,
"Hangzhou": 20000, "Guangzhou": 30000, "Suzhou": None}
In [2]: apts = pd.Series(cities, name="price")    #通过字典创建 Series 对象
In [3]: apts        #输出验证
Out[3]:
Beijing      55000.0
Shanghai     60000.0
Shenzhen     50000.0
Hangzhou     20000.0
Guangzhou    30000.0
Suzhou          NaN
```

①　方差反映一个数据集的离散程度，其值越大，数据间的差异就越大；反之，其值越小，数据间的差异越小，数据集中程度越高。

②　分位数是指用分割点（cut point）将一个随机变量的概率分布范围划分为若干个具有相同概率的连续区间。这里的 25%即一列数据按升序排列后位于 25%位置处的数，50%和 75%的意义同理可得。

```
Name: price, dtype: float64
In [4]: apts[0]          #通过下标访问 Series 中第 0 个元素
Out[4]: 55000.0
```

毕竟，Series 对象号称"带有标签的数组"，所以它的标签（即特定索引）也是可以用来访问、修改特定位置数据的。

```
In [5]: apts['Beijing']              #通过标签，访问给定索引值为'Beijing'的元素
Out[5]: 55000.0
In [6]: apts['Beijing'] = 90000     #通过标签，修改给定的数值
In [7]: apts
Out[7]:
Beijing       90000.0                #此处的值被修改了
Shanghai      60000.0
Shenzhen      50000.0
Hangzhou      20000.0
Guangzhou     30000.0
Suzhou           NaN
Name: price, dtype: float64
```

通过这些特定的标签，我们还可以"不按规则出牌"，而是按任意顺序访问多个标签对应的值。

```
In [8]: apts[['Shanghai', 'Guangzhou', 'Beijing']]   #以乱序访问 Series 中的数据
Out[8]:
Shanghai      60000.0
Guangzhou     30000.0
Beijing       90000.0
Name: price, dtype: float64
```

需要说明的是，如果想要同时访问多个标签对应的数值，那么这多个标签需要以列表的形式出现，如上面代码中的 apts[['Shanghai','Guangzhou', 'Beijing']]，最内层实际上只是一个参数——包括三个元素的列表而已。

类似地，我们也可以通过 Series 的下标来访问不同位置的数值。

```
In [9]: apts[[1,4,0]]   #通过下标，访问多个不同位置的 Series 数值
```

```
Out[9]:
Shanghai     60000.0
Guangzhou    30000.0
Beijing      90000.0
Name: price, dtype: float64
```

　　两个 Series 对象还可以通过 append()方法实施叠加操作，以达到 Series 对象合并的目的。

```
In [10]: s1 = pd.Series([1,2,3])
In [11]: s2 = pd.Series([4,5,6])
In [12]: s1
Out[12]:
0    1
1    2
2    3
dtype: int64
In [13]: s2
Out[13]:
0    4
1    5
2    6
dtype: int64
In [14]: s1.append(s2)
Out[14]:
0    1
1    2
2    3
0    4
1    5
2    6
dtype: int64
```

　　从 Out[14]处的输出可以看到，通过 append()方法的确可以将参数中的对象（如 s2）"追加"到目标对象（如 s1）之后，但这会产生一些小问题，因为 s1 和 s2 的索引都是 0、1、2，叠加到一起就

会产生重复的索引,不利于通过索引来访问 Series 中的元素。为了解决这个问题,我们可以在 append()
方法中采用 ignore_index= True,这样原始 Series 对象中的索引都会被忽略,而由 Pandas 统一给数值
添加索引, 代码如下所示。

```
In [15]: s1.append(s2,ignore_index= True)
Out[15]:
0    1
1    2
2    3
3    4
4    5
5    6
dtype: int64
```

7.3.3　Series 中的向量化操作与布尔索引

类似于 NumPy, Pandas 中的数据结构也支持广播操作。比如说,某个向量乘以某个标量,那么
这个标量会自我复制,并拉伸至维度尺寸与向量相同,然后即可进行逐元素（element-wise）操作,
代码如下所示。

```
In [16]: apts * 3        #apts 中的每个元素都乘以 3
Out[16]:
Beijing       270000.0
Shanghai      180000.0
Shenzhen      150000.0
Hangzhou       60000.0
Guangzhou      90000.0
Suzhou            NaN
Name: price, dtype: float64
```

上述代码的运行流程如图 7-2 所示。需要说明的是,任何 NaN（Not a Number,即空置）参与的
计算,返回的结果依然是 NaN。

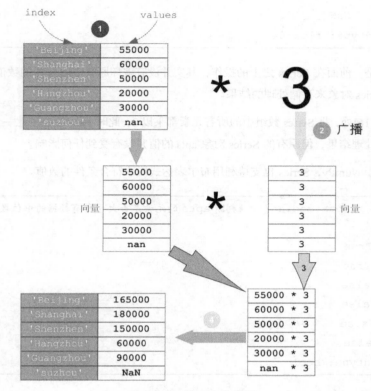

图 7-2　Pandas 中的广播

针对图 7-2，我们想说的是，表面上看，这好像是标量（如 3）与向量（如 Series 对象 apts）之间的运算，但实际上 Pandas 在背后做了很多工作，这其实是对等的向量运算。这在 Pandas 中非常常见。在代码层面，向量化通常是消除代码中显式 for 循环语句的"艺术"。在底层实现上，Pandas 的很多操作都是基于 NumPy 实现的，而在 NumPy 中，向量化操作通常意味着并行处理。

类似地，我们还可以实施向量化的加法操作。

```
In [17]: apts + apts
Out[17]:
Beijing      180000.0
Shanghai     120000.0
Shenzhen     100000.0
Hangzhou      40000.0
Guangzhou     60000.0
```

```
Suzhou          NaN
Name: price, dtype: float64
```

需要注意的是，前面在 Series 之上的操作，其实并没有破坏原有 Series 中的数值，而是临时生成了一个新的 Series 对象来存储处理的结果。

例如，在 In [16]处，将 Series 数组中的所有元素都乘以 3，此时 Pandas 会创建一个匿名的 Series 对象来接收这个处理结果，但原有的 Series 对象 apts 的值并没有受到任何影响。

同样，类似于 NumPy，Series 也支持利用布尔表达式提取符合条件的数值。

```
In [18]: apts > apts.median()    #判断 apts 的元素是否大于所有数据的中位数
Out[18]:
Beijing        True
Shanghai       True
Shenzhen       False
Hangzhou       False
Guangzhou      False
Suzhou         False
Name: price, dtype: bool
```

In [18]处的逻辑判断会产生一个与 apts 对象维度相同的布尔矩阵，而这个布尔矩阵本身又可以作为 Series 对象的下标，用于获取值为 True 的位置对应的数值，从而达到抽取特定样本的目的。

```
In [19]: apts[apts > apts.median()]
Out[19]:
Beijing     90000.0
Shanghai    60000.0
Name: price, dtype: float64
```

另外，Series 对象也可以作为 NumPy 函数的一个参数。顾名思义，在本质上，Series 就是"一系列"的数据，类似数组向量。这样一来，它就可以在 NumPy 函数的操作下，达到"向量进，向量出"的目的，而不像 C 或 Java 等编程语言一样使用 for 循环来完成类似的操作。

```
In [20]: import numpy as np
In [21]: s = pd.Series(np.random.randn(5), index=['a', 'b', 'c', 'd', 'e'])
```

```
In [22]: s        #显示 Series 中的元素
Out[22]:
a    0.278250
b   -2.041638
c    0.601259
d   -0.202924
e   -0.185758
dtype: float64
In [23]: a = np.square(s)  #对 Series 对象 s 中每个元素求平方
In [24]: a                #验证 a 中的值
Out[24]:
a    0.077423
b    4.168285
c    0.361512
d    0.041178
e    0.034506
dtype: float64
In [25]: b = np.abs(s)     #对 Series 对象 s 中每个元素求绝对值
In [26]: b
Out[26]:
a    0.278250
b    2.041638
c    0.601259
d    0.202924
e    0.185758
```

7.3.4 Series 中的切片操作

类似于 NumPy，我们可以通过索引切片选取或处理 Series 中的一个或多个值，其返回的结果依然是 Series 类型的对象。

```
In [27]: s[1:3]        #对 Series 对象 s 进行切片操作
Out[27]:
b   -2.041638
```

```
c    0.601259
dtype: float64
```

由于基于数字的切片操作的访问区间是左闭右开的，因此上述代码 In [27]处的操作结果是，提取第 1 个（计数是从 0 开始的）和第 2 个元素，第 3 个元素是访问不到的。

如前所述，Series 对象是一个有标签属性的数组，这个标签也可以用来作为切片的依据，代码如下所示。

```
In [28]: s['a':'c']
Out[28]:
a    0.278250
b   -2.041638
c    0.601259
dtype: float64
```

特别需要注意的是，与基于数字的切片不同，基于标签的切片访问，其访问区间是左闭右也闭的，也就是说访问是"指哪打哪"的，不留余地。因此，从 Out[28]处的输出可以看出，索引为'a'、'b'和'c'的这三个元素的值，都被读取到了。

7.3.5 Series 中的缺失值

在处理数据时，我们经常会遇到一些缺失值，Pandas 对缺失值的处理十分友好。我们可以使用 NumPy 中的 numpy.nan 来创建一个缺失值，在 Pandas 中，缺失值用 NaN（Not a Number，非数字）来表示。

我们可以使用 Pandas 中的 isnull()和 notnull()两个方法来检测数据中是否含有缺失值。

```
In [1]: arr = np.array([1,2,3,np.nan])           #人为创建含有缺失值的数组
In [2]: temp = pd.Series(arr,index=['a','b','c','d'])   #用数组创建 Series
In [3]: temp
Out[3]:
a    1.0
b    2.0
c    3.0
d    NaN
```

```
dtype: float64
In [4]: temp.isnull()
Out[4]:
a    False
b    False
c    False
d     True
dtype: bool
```

使用 isnull() 方法返回的是与原始 Series 维度相同的布尔 Series 对象，其中，True 表示该位置处的数据为缺失值。notnull() 方法的功能与 isnull() 方法正好相反，它将逐个判断 Series 中的元素是否不为空值。isnull() 还可以把 Series 对象作为参数。

```
In [5]: pd.isnull(temp)
Out[5]:
a    False
b    False
c    False
d     True
dtype: bool
```

当处理的数据量非常庞大时，缺失值可能"混迹"于茫茫的正常数据之中，我们很难看出哪些数据是缺失值。这时，可以用布尔表达式的形式，把这样的数据筛选出来。

```
In [6]: temp [temp.isnull() == True ]
Out[6]:
d    NaN
dtype: float64
In [7]: temp [temp.notnull() == False ]  #与 In[6]功能等价
Out[7]:
d    NaN
dtype: float64
```

7.3.6 Series 中的删除与添加操作

当我们想要删除 Series 中的一条或者多条数据时，可以使用 Pandas 提供的 drop()方法。

```
In [1]: a = pd.Series([2, 0, -4, 12])      #构建一个 Series 对象 a
In [2]: a                                  #验证 a 的值
Out[2]:
0    2
1    0
2   -4
3   12
dtype: int64
In [3]: a.drop(0)     #删掉索引值引为 0 数据，等价于 a.drop(labels = 0)
Out[3]:
1    0
2   -4
3   12
dtype: int64
In [4]: a             #重新验证，发现 Series 对象 a 的数据并没有改变
Out[4]:
0    2
1    0
2   -4
3   12
dtype: int64
```

如前所述，对 Series 进行删除操作并不会"惊扰"原有 Series 中的数值。例如，在 In [3]处，虽然使用 drop()方法删掉了索引值为 0 的数据，但原有 Series 中的数据依然安然无恙。这是因为，drop()操作的流程是这样的：先将原始的 Series 数据复制到一个新的内存空间（即所谓的深拷贝），再在新的 Series 对象基础上，删除指定索引值，这时，新旧两个 Series 分处不同的内存空间，自然操作起来互不干涉"内政"。你可以理解为，drop()操作仅仅返回原有 Series 对象的一个视图而已。

如果我们想一次性删除多个索引值对应的数据，就需要把这多个索引值打包为一个列表，代码如下所示。

```
In [5]: a.drop([0,1])   #同时删掉索引值为 0 和 1 的数据
Out[5]:
2   -4
3   12
dtype: int64
```

在某些情况下，如果我们的确想删除原始 Series 对象中的数据，该怎么办呢？办法还是有的。我们可以在 drop()方法中多启用一个参数 inplace，它是一个布尔类型变量，默认值为 False。如果设置为 True，drop()操作就会在"本地"完成，最终的删除效果便会体现在原始 Series 对象上。

```
In [6] : a.drop([0, 1], inplace = True)   #本地删除操作
In [7]: a                                  #验证 a 的值，删除完成
Out[7]:
2   -4
3   12
dtype: int64
```

我们可以删除 Series 中的数据，自然也可以为其添加新的数据。为了添加数据，我们需要使用 append()方法，它能把一个 Series 对象整体追加到前一个 Series 对象后面。

```
In [8]: a = pd.Series([2, 0, -4, 12])      #复原 Series 对象 a
In [9]: a                                  #验证 a 的值
Out[9]:
0    2
1    0
2   -4
3   12
dtype: int64
In [10]: b = pd.Series(np.random.rand(3))  #利用随机数创建一个 Series 对象 b
In [11]: b                                 #显示 b 中的数据
Out[11]:
0   0.260187
1   0.005650
2   0.582236
dtype: float64
```

```
In [12]: a.append(b)        #将 Series 对象 b 中的数据追加到 Series 对象 a 后面
Out[12]:
0     2.000000
1     0.000000
2    -4.000000
3    12.000000
0     0.260187
1     0.005650
2     0.582236
dtype: float64
```

默认情况下，append()方法不会改变两个被叠加对象的索引，如 Out[12]处的输出，它有两套“0、1、2”这样的索引。如前所述，如果我们设置 ignore_index = True，这时原有的索引将会被忽略，而新的索引将重新从 0 编号，从而构成有序的自然数序列，代码如下所示。

```
In [13]: a.append(b,ignore_index=True)
Out[13]:
0     2.000000
1     0.000000
2    -4.000000
3    12.000000
4     0.260187
5     0.005650
6     0.582236
dtype: float64
```

7.3.7　Series 中的 name 属性

关于 Series 的属性，除了我们在前面讨论过的 index 与 values，还有两个很有用的需要说明，那就是 name 与 index.name。

name 可以理解为数值列的名称。如果把 index 也理解为一个特殊索引列的话，那么 index.name 就是这个索引列的名称，可参考图 7-1 辅助理解。name 属性多用在 Pandas 另外一个常见的数据结构 DataFrame 中，DataFrame 可视为多个 Series 对象的组合。

默认情况下，name 与 index.name 都被设置为 None。在特定场合下，我们也可以通过如下代码进行修改。

```
In [14]: a.name = '长度'
In [15]: a.index.name = '标签'
In [16]: a
Out[16]:
标签
0    2
1    0
2   -4
3   12
Name: 长度, dtype: int64
```

查看更改后的结果 Out[16]，index 一列上方多出了我们刚刚为它指定的名字：标签。数据的最下方原来只有 dtype 属性，现在多出了一个属性：长度。

7.4　DataFrame 类型数据

如果我们把 Series 看作 Excel 表中的一列，那么 DataFrame 就是 Excel 中的一张表。从数据结构的角度来看，Series 好比一个带标签的一维数组，而 DataFrame 就是一个带标签的二维数组，它可以由若干个一维数组（Series）构成。

7.4.1　构建 DataFrame

为了方便访问数据，DataFrame 中不仅有行索引（好比 Excel 表中最左侧的索引编号），还有列索引（好比 Excel 表中各个列的列名）。我们可以通过字典、Series 等基本数据结构来构建 DataFrame。最常用的方法之一是，先构建一个由列表或 NumPy 数组组成的字典，然后再将字典作为 DataFrame 中的参数。代码如下所示。

```
In [1]: df = pd.DataFrame({'sentences': ['This is a very good site.',
                            'Can you please give me a call',
                            'good work! keep it up']})
In [2]: df                        #输出验证
```

	sentences
0	This is a very good site.
1	Can you please give me a call
2	good work! keep it up

DataFrame 是一种表格型数据结构，它含有一组有序的列，每列的值可以不同。从 In [1]处可以看到，充当 DataFrame 数据源的字典中有两部分：key 和 value。其角色各不相同，字典的 key（如 sentences）变成了 DataFrame 的列名称，而字典的 value 是一个列表，列表的长度就是行数。

为每一行打一个标签，得到的就是索引，位于 DataFrame 对象的最左侧。从上面的输出可以看出，与 Series 类似的是，在默认情况下，DataFrame 的索引也是从 0 开始的自然数序列。

如果充当数据源的字典中有多个 key/value 对，那么每个 key 都对应一列。

```
In [3]:  data = {'one':[1,2,3],'two':[4,5,6],'three':[7,8,9]} #构造字典
In [4]: df = pd.DataFrame(data)        #通过字典构造 DataFrame
In [5]: df        #输出验证
Out[5]:
   one  two  three
0   1    4     7
1   2    5     8
2   3    6     9
```

由输出可以看出，字典的 key（如上例中的 one、two 和 three）对应 DataFrame 中的 column（列）。每个 key 对应的 value 变成了不同的列数据。因此，在某种程度上，DataFrame 可以看作由 Series 组成的大字典。

除了可以将字典当作构造 DataFrame 的数据源，我们也可以将 NumPy 中的二维数组转化为 DataFrame 对象。二维数组比较"纯粹"，只能提供必要的数据，DataFrame 的索引名称和列名称均无法从数组对象中获取。因此，通过二维数组创建的 DataFrame 列名及行名都是默认的自然数序列，代码如下所示。

```
In [6]: data1 = np.random.randint(1,10,9).reshape(3,3)
In [7]: df1 = pd.DataFrame(data1)    #将 data1 作为数据源生成 DataFrame
In [8]: df1
```

```
Out[8]:
   0  1  2        #列索引
0  6  4  2        #加粗部分为 DataFrame 数据，前面的数字 0 为行索引，下同
1  9  3  1
2  2  1  8
```

In [6]处使用了 np.random.randint(low,high=None,size=None,dtype)方法，它的功能是产生左闭右开区间[low,high)内的离散均匀分布的随机整数，第三个参数 size 为随机数的个数。对应到具体参数值，以上代码表示生成[1,10)内的 9 个随机整数，并通过 reshape()方法将这 9 个整数变形为 3×3 的矩阵。

当然，我们也可以在创建时显式指定列名及 index 行名，如以下代码所示。

```
In [9]: df2 = pd.DataFrame(data1, columns=['one', 'two', 'three'],
                    index=['a', 'b', 'c'] )
In [10]: df2
Out[10]:
   one  two  three
a   4    4     6
b   6    3     9
c   4    1     6
In [11]: df2.index        #读取行的名称
Out[11]: Index(['a', 'b', 'c'], dtype='object')
In [12]: df2.columns        #读取列的名称
Out[12]: Index(['one', 'two', 'three'], dtype='object')
```

本质上，一个 DataFrame 可以视为由若干个 Series 构成的。也就是说 Series 是构成 DataFrame 的天然数据源。下面，我们再来看看如何使用 Series 来创建 DataFrame。

```
In [13]: import numpy as np
In [14]: row1 = pd.Series(np.arange(3),index=['one','two','three'])
In [15]: row2 = pd.Series(np.arange(3),index=['a','b','c'])
In [16]: row1.name = 'Series1'
In [17]: row2.name = 'Series2'
In [18]: df3 = pd.DataFrame([row1,row2]) #通过多个 Series 创建 DataFrame
In [19]: df3        #输出验证
```

Out[19]:

	one	two	three	a	b	c
Series1	0.0	1.0	2.0	NaN	NaN	NaN
Series2	NaN	NaN	NaN	0.0	1.0	2.0

观察 Out[19]的输出可以发现，原来 Series 中的 index 变成了 DataFrame 中的列索引，而 name 变成了 DataFrame 中的行索引，数据缺失的位置自动用 NaN 表示。

如同 NumPy 中的二维数组一样，我们也可以对 DataFrame 进行"转置"处理。转置的英文为 transpose（简写为 T），因此用"DataFrame 对象.T"的形式即可完成相应的转置操作，此处".T"是 DataFrame 对象的一个属性，代码如下。

```
In [20]: df3.T                #利用 DataFrame 对象的属性"T"进行转置
Out[20]:
```

	Series1	Series2
one	0.0	NaN
two	1.0	NaN
three	2.0	NaN
a	NaN	0.0
b	NaN	1.0
c	NaN	2.0

当然，我们也可以利用 DataFrame 对象的 transpose()方法来完成转置。

```
In [21]: df3.transpose()       #等价于 df3.T
Out[21]:
```

	Series1	Series2
one	0.0	NaN
two	1.0	NaN
three	2.0	NaN
a	NaN	0.0
b	NaN	1.0
c	NaN	2.0

或许有读者会问，In [20]和 In [21]连续两次转置，难道不是将 df3 变回原始模样吗？为什么两次输出的结果都是 df3 的转置呢？其实原因并不复杂，不论是 DataFrame 的属性"T"，还是 transpose() 方法，它们返回的都是原始 DataFrame 视图的转置，原始 DataFrame 对象在转置过程中始终稳若泰山，纹丝未动，自然 In [20]和 In [21]的输出结果是一样的。

7.4.2　访问 DataFrame 中的列与行

访问 DataFrame 中的列很方便，因为 DataFrame 提供了特殊属性——columns，通过具体的列名称，我们就可以轻松获取一列或多列数据。

```
In [22]: df2              #沿用前文中的 df2，显示 DataFrame 内容
Out[22]:
   one  two  three        #列的名称
0   1    4     7
1   2    5     8
2   3    6     9
In [23]: df2.columns      #读取 df2 的列名
Out[23]: Index(['one', 'two', 'three'], dtype='object')
```

从 Out[23]的输出可以看出，df2.columns 返回的是一个 Index 对象，如果想读取这个对象的值，还需要进一步读取这个 Index 的 values 属性。

```
In [24]: df2.columns.values
Out[24]: array(['one', 'two', 'three'], dtype=object)
```

从 Out[24]的输出可以看到，df2.columns.values 返回的是一个数组对象，我们可以直接用访问数组的方式（如下标）来访问它。

```
In [25]: df2.columns.values[0]
Out[25]: 'one'
```

如果我们已经得知一个 DataFrame 对象的列名，就可以以它作为索引读取对应的列。

```
In [26]: df2['one']              #获取列名为'one'的一列数据
Out[26]:
```

```
0   1
1   2
2   3
Name: one, dtype: int64
```

在 Pandas 中，DataFrame 还有一个"神奇"特性，就是可以将列的名称作为 DataFrame 对象的属性来访问数据。例如，对于 df2 而言，它有三列，其列名分别为 one、two 和 three。事实上，df2 这个对象同时拥有这三个属性。我们知道，访问一个对象属性的方法是"对象名.属性名"，代码如下所示。

```
In [27]: df2.one          #获取列名为'one'的一列数据
Out[27]:
0   1
1   2
2   3
Name: one, dtype: int64
```

由上面的输出可以看到，df2.one 和 df2['one']是等价的，类似地，df2.two 和 df2['two']是等价的，以此类推。

但有一点需要注意，如果列名的字符串包含空格，或存在其他不符合Python变量命名规范的情况 [①]，则不能通过访问对象属性的方式来访问某个特定的列。

也就是说，df2.one 这种"对象名.属性名"来访问某个列的方式虽然很优雅，但适用范围有限。相比而言，df2['one']这类访问方式适用范围更广，因为方括号[]内的字符串由于被引号引起来，因此无须受制于 Python 变量命名规则。

此外，上述方法仅仅对单个列是有效的。如果想要同时访问多个列，还是得"规规矩矩"地将多个列的名称打包进一个列表之中，例如在 In [22]处，df2[['one','two']]里层的['one','two']，就是一个包含两个列名的列表。代码如下所示。

```
In [28]: df2[ ['one','two'] ]      #同时获取列名分别为'one'和'two'的两列数据
Out[28]:
   one  two
```

---

① 例如，Python 变量名可以字母或下画线开头，但不能以数字开头。

```
0    1    4
1    2    5
2    3    6
```

前面我们讨论了如何访问 DataFrame 对象中的一列或多列。下面我们来聊聊如何访问 DataFrame 中的一行或多行。

倘若想获取 DataFrame 中一行或多行数据，最简单的方法莫过于使用切片技术，DataFrame 的切片方法和列表及 NumPy 是类似的。

```
In [29]: df2[:1]     #获取行号区间为[0:1)的一行数据
Out[29]:
   one  two  three
0    1    4      7
```

由于使用数字切片技术，访问范围是左闭右开的，所以 In [29]处所能读取的行范围仅仅是第 0 行。类似地，以下代码中 In [30]处的含义是访问第 0 行和第 1 行数据。

```
In [30]: df2[0:2]     #获取行号区间为[0:2)的两行数据
Out[30]:
   one  two  three
0    1    4      7
1    2    5      8
```

以数字切片的方法来获取 DataFrame 的行数据，有时也有局限性。这是因为，我们不能很方便地"指名道姓"获取指定行。事实上，DataFrame 提供了备用方案，即使用 loc(index)方法，这里的 loc 是 location（位置）的简写，其参数 index 是行的索引标签。

```
In [31]: df2.index = ['a','b','c']          #修改 df2 中的行索引
In [32]: df2                                #输出验证
Out[32]:
   one  two  three
a    1    4      7
b    2    5      8
c    3    6      9
```

```
In [33]: df2.loc[ ['a','b'] ]                    #访问两行数据
Out[33]:
   one  two  three
a   1    4     7
b   2    5     8
```

有了明确的行索引标签，我们也可以使用切片操作来访问多行数据。

```
In [34]: df2['a':'b']        #效果等同于 In [31]处代码
Out[34]:
   one  two  three
a   1    4     7
b   2    5     8
```

通过 loc()方法，我们可以获取特定行的数据。此外，还有一个方法 iloc 值得关注，它完全是基于位置的索引，其中的参数都是数字（该方法开头的"i"是指 index，特指数字索引）。iloc 的用法与 NumPy 的切片用法完全一样，可以把它视作 DataFrame 版本的切片操作。

也正因如此，iloc 虽为 DataFrame 对象的一个方法，但这个方法并不像其他方法一样有一对圆括号紧跟其后，而是如同 NumPy 一样，使用一对方括号[]来协助完成切片操作，这显然是为了和 NumPy 的用法"接轨"，降低用户的学习门槛。示例代码如下。

```
In [35]: df2.iloc[:,1:]    #获取所有行第 1 列之后的数据
Out[35]:
   two  three
a   4     7
b   5     8
c   6     9
```

在 iloc 方法中，行和列的索引用逗号隔开，逗号前是行索引，逗号后是列索引。如 In[33]处所示，逗号前的":"没有指明数字，表明要取所有行。逗号后的"1:"表示从第 1 列开始，到最后一列（从 0 开始计数，下同）结束。

方括号中没有逗号时，表示的是行索引。如果仅仅给出一个数字，则返回这个行索引代表的一行数据，单行数据就是一个 Series 对象。如 In[36]处的 iloc[1]，表示取第 1 行数据。

```
In [36]: df2.iloc[1]     #获取第 1 行（从 0 开始计数，下同）的数据
Out[36]:
one      2
two      5
three    8
Name: b, dtype: int64
```

当然，我们也可以利用 iloc 方法返回 DataFrame 的多行数据。如果这些行数据是连续的，可以用行索引的切片操作来获取。如果这些行数据是不连续的，可以把这些间断的行索引编号汇集起来，赋值给一个列表，然后将这个列表当作 iloc 方法的参数，代码如下所示。

```
In [37]: df2.iloc[0:2]      #连续行用切片，返回第 0 和第 1 行数据，等同于 df2[0:2]
Out[37]:
   one  two  three
a   1    4     7
b   2    5     8
In [38]: df2.iloc[[0,2]]    #间隔行用列表，返回第 0 行和第 2 行数据
Out[38]:
   one  two  three
a   1    4     7
c   3    6     9
```

iloc 方法的优势并不体现在对行粒度 [1]的访问上，而是体现在它精确的区域定位上，方括号内每增加一个逗号，就增加一个维度的控制权。例如，In[39]处的 iloc[2,2]表示获取第 2 行第 2 列的数据，实际上就是获取一个确定的单元格数值。

```
In [39]: df2.iloc[2,2]      #获取第 2 行第 2 列的数据（从 0 开始计数）
Out[39]: 9
In [40]: df2.iloc[0:2,1:]   #获取第 0 行、第 1 行，从第 1 列开始至最后 1 列的数据
Out[40]:
   two  three
a   4     7
b   5     8
```

---

[1] 粒度指的是信息单元的相对大小或粗糙程度。

In[40]处代码实现的功能是，获取前两行（即第 0 行和第 1 行）与所有列交叉区域的数据。由于行维度的读取是从 0 开始的，所以冒号前面的 0 是可以省略的。它等价于 df2.iloc[:2,1:]。

7.4.3　DataFrame 中的删除操作

有了行或列的索引，我们就可以对 DataFrame 中的数据进行修改。类似于 Series，在 DataFrame 中同样可以使用 drop()方法删除一行或者一列。

```
In [1]: data = {'one':[1,2,3],'two':[4,5,6],'three':[7,8,9]}
In [2]: df3 = pd.DataFrame(data)
In [3]: df3
Out[3]:
   one  two  three
0   1    4     7
1   2    5     8
2   3    6     9
In [4]: c3 = df3['three']          #获取第 3 列
In [5]: type(c3)                   #验证 c 的数据类型为 Series
Out[5]: pandas.core.series.Series
In [6]: df3.drop('three', axis = 'columns')     #删除'three'这一列数据
Out[6]:
   one  two
0   1    4
1   2    5
2   3    6
```

从 Out[6]输出的结果可以看出，的确达到了删除第 3 列的效果。删除列时，轴值还可以设置为 axis = 1，这与 axis = 'columns'是等价的。

类似于 Series 中的 drop()方法，上述的删除操作仅仅是假象。Out[6]的输出结果仅仅是原有 DataFrame 的一个视图，原始 DataFrame 的数据并没有发生变化，可参见如下代码。

```
In [7]: df3        #df3 的数据并没有发生变化
Out[7]:
   one  two  three
```

```
0    1    4    7
1    2    5    8
2    3    6    9
```

那么如何让删除效果体现在原始 DataFrame 中呢？有两种方法可以达到目的，第一种方法是用生成的"阉割"后的视图（实际上是存储于另外地址空间的一个临时 DataFrame 对象）覆盖原始的 DataFrame 对象，代码如下。

```
In [8]: df3 = df3.drop('three', axis = 1)
In [9]: df3
Out[9]:
   one  two
a   1    4
b   2    5
c   3    6
```

事实上，如我们所知，In [8]处等号"="前后的 df3 完全是不同的对象，自然也就不在同一个地址空间中。读者朋友可以用 Python 内置函数 id()来检测 df3 删除前后的地址变化情况，并分析一下为什么会这样。

删除 DataFrame 原始数据的第二种方法，就是要借助 drop()中的另外一个参数 inplace（本地），其默认值为 False，此时我们将其设置为 True。

```
In [10]: df3 = pd.DataFrame(data)                #将 df3 的数据复原
In [11]: df3.drop('three', axis = 1, inplace = True) #按列方向删除一列
In [12]: df3
Out[12]:
   one  two
0   1    4
1   2    5
2   3    6
```

事实上，我们还可以利用全局内置函数 del，在原始 DataFrame 对象中删除某一列，示例代码如下。

```
In [13]: df3 = pd.DataFrame(data)        #将 df3 的数据复原
In [14]: del df3['three']                #删除第 3 列'three'
In [15]: df3                             #输出验证
Out[15]:
   one  two
0    1    4
1    2    5
2    3    6
```

类似地，如果我们把 drop() 函数的删除轴方向设置为行方向（axis = 0），这样就可达到删除行的目的。

```
In [13]: df3 = pd.DataFrame(data)              #将 df3 的数据复原
In [14]: df3
Out[14]:
   one  two  three
0    1    4      7
1    2    5      8
2    3    6      9
In [15]: df3.drop(0, axis = 0)       #在行方向上删除第 0 行（从 0 计数）
Out[15]:
   one  two  three
1    2    5      8
2    3    6      9
```

通过前面的分析可知，原始的 df3 对象的第 0 行并没有真正删除，不过是 drop() 操作返回了 df3 对象的一个"阉割版"子视图而已。因此，我们可以通过下面的尝试，同时"删除"多行数据，这时需要把多个行号用列表的方括号括起来。

```
In [16]: df3.drop([0,1], axis = 0)  #同时删除第 0 和第 1 行
Out[16]:
   one  two  three
2    3    6      9
```

同样，In [16]处的操作也没有真正删除 df3 中的数据。如果我们想真正删除 df3 "老巢" 中的数据，如前所述，需要把 drop()函数的参数 inplace 设置为 True。

7.4.4　DataFrame 中的 "轴" 方向

如前所述，DataFrame 是一种表格型数据结构，它含有一组有序的列，每一列中的值可以不同。所以，DataFrame 既有行索引，也有列索引。为了区分这两个索引，并且更方便地操作数据，DataFrame 中引入了 "轴"（axis）的概念。

但 DataFrame 轴方向的参数配置非常具有迷惑性，很多用户对此一头雾水，所以有必要在此单列一节说明。

首先需要说明的是，Pandas 数值处理的基础是 NumPy，所以对于数字轴方向的解释，和 NumPy 是保持一致的。例如，axis = 1 表示水平方向的操作，axis = 0 表示垂直方向的操作。可参考图 6-10 加深理解。

但偏偏 Pandas 设计者给出的所谓可读性强的文字参数，让人很困惑。例如，axis = 1 与 axis = 'columns'是等价的。axis = 0 与 axis = 'index'是等价的。

我们知道，axis = 1 明明代表的是水平方向的操作，咋就和列方向的操作是等价的呢？同样，axis = 0 明明代表的是垂直方向的操作，为何就与行方向的操作等价了呢？

实际上，应该这么理解：对于 axis = 'columns'，Pandas 设计者想表达的意思是 column-wise（跨越不同列的方向），这样它就和 axis = 1（水平方向）是等价的了。

类似地，axis = 'index'表示的是 row-wise（跨越不同行的方向），这样它就和 axis = 0（垂直方向）是等价的了。

下面我们举一个简单的例子来说明一下。例如，我们有如下代码。

```
In [1]:
import pandas as pd
import numpy as np
dff = pd.DataFrame(np.random.randint(10, size=(3, 2)), columns=list('AB'))
```

上述代码的功能很简单，就是生成 3 行 2 列不大于 10 的随机整数，两个列的名称分别是 A 和 B。为了形象说明 DataFrame 的轴方向，我们把生成的数据放置于 Excel 表格中（如图 7-3 所示）。

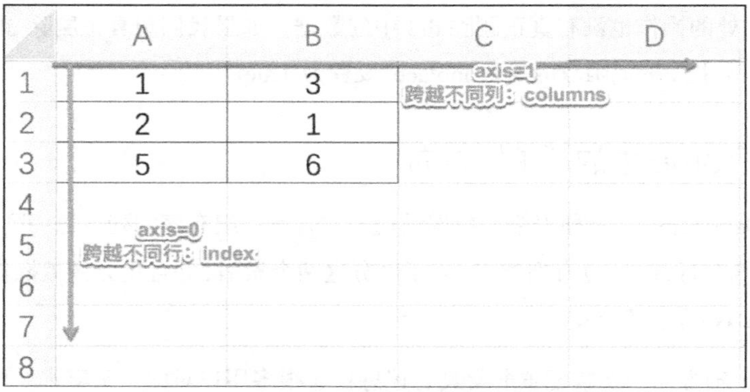

图 7-3　DataFrame 中的轴方向

下面我们求不同轴方向的最大值。

```
In [2]: dff.max(axis = 1)      #求水平方向的最大值
Out[2]:
0    3
1    2
2    6
dtype: int64
```

很显然，在水平方向上，第一行的数据是 1 和 3，最大值就是 3。第二行的数据是 2 和 1，最大值就是 2。第三行的数据是 5 和 6，最大值就是 6。

根据前面的讨论，我们知道，求 Pandas 在水平方向的最大值，就等价于跨越不同列（在不同列之间比较）来求最大值。所以 axis = 1 等价于 axis = 'columns'，这完全是合情合理的。我们可以用如下代码证实这个结论。

```
In [3]: dff.max(axis = 'columns') #跨越列方向求最大值
Out[3]:
0    3
1    2
2    6
dtype: int64
```

类似地，axis = 0（垂直方向）和跨越不同行（axis = 'index'）的操作，也是等价的。

```
In [4]: dff.max(axis = 0)              #求垂直方向的最大值
Out[4]:
A    5
B    6
dtype: int64
In [5]: dff.max(axis = 'index')        #求跨越不同行方向的最大值
Out[5]:
A    5
B    6
dtype: int64
```

7.4.5　DataFrame 中的添加操作

现在回到关于 DataFrame 基本操作的讨论上。前面我们说明了 DataFrame 中的行和列是可以删除的。能删，自然也能增。下面，我们来看看如何在 DataFrame 中添加行或列。

7.4.5.1　添加行

在 DataFrame 中，添加一个新行并不复杂。我们需要先创建一个空 DataFrame 对象，然后利用 for 循环逐个添加新的行。

```
In [1]: import pandas as pd
In [2]: from numpy.random import randint
In [3]: df4 = pd.DataFrame(columns = ['属性1','属性2','属性3'])
In [4]: df4                            #输出验证
Out[4]:
Empty DataFrame
Columns: [属性1, 属性2, 属性3]
Index: []
In [5]: for index in range(5):         #添加行
   ...:         df4.loc[index] = ['name '+str(index)] + list(randint(10, size=2))
In [6]: df4
Out[6]:
```

```
      属性 1 属性 2 属性 3
0  name 0    1     9
1  name 1    4     8
2  name 2    1     5
3  name 3    8     5
4  name 4    8     6
```

从上面的 for 循环操作中可以看到，在 DataFrame 中，使用 loc(index)方法就可以添加一个新行，这里的 index 就是一个 DataFrame 对象中原先没有的行索引。为一个先前没有的行索引赋值，实质上，就是添加一个新行。

在上面的 for 循环中，我们使用数字作为行索引。事实上，我们完全可以使用更加具有可读性的字符串来作为行索引，参见如下代码。

```
In [7]: df4.loc['new_row'] = 3
In [8]: df4
Out[8]:

         属性 1 属性 2 属性 3
0        name 0   1     9
1        name 1   4     8
2        name 2   1     5
3        name 3   8     5
4        name 4   8     6
new_row          3     3     3
```

从上面的输出可以看到，在 In [7]处，我们的确为 df4 对象添加了一个新行，其行索引名称为 new_row。同时，我们也要注意，在赋值操作时，该行等号（=）右边的数据仅仅只有一个。在创建这个 DataFrame 对象时，它有三列。很明显，所给数据（仅一个 3）不够填充一行，这时 Pandas 会利用 "广播" 技术，"默默" 地把数据广播为三个，这就是 df4 最后一行有三个 3 的原因。

当然，如果我们（以列表的形式）提供了足够的数据，Pandas 就不用这么折腾了。

```
In [9]: df4.loc['new_row2'] = ['name5', 11, 22]   #添加一个新行
In [10]: df4
Out[10]:
```

```
           属性 1  属性 2  属性 3
0          name 0   1    9
1          name 1   4    8
2          name 2   1    5
3          name 3   8    5
4          name 4   8    6
new_row           3    3    3
new_row2   name5   11   22
```

我们还可以使用 DataFrame 中的 append() 方法，把一个 DataFrame 对象整体"追加"到另外一个 DataFrame 对象之后，从而达到批量添加多行数据的目的，其效果非常类似于 NumPy 中的 vstack() 方法（垂直堆叠）。

```
In [11]: df1 = pd.DataFrame({'a':[1,2,3,4], 'b':[5,6,7,8]})
In [12]: df1          #输出验证
Out[12]:
   a  b
0  1  5
1  2  6
2  3  7
3  4  8
In [13]: df2 = pd.DataFrame({'a':[1,2,3], 'b':[5,6,7]})
In [14]: df2          #输出验证
Out[14]:
   a  b
0  1  5
1  2  6
2  3  7
In [15]: df1.append(df2)     #将 df2 追加到 df1 之后
Out[15]:
   a  b
0  1  5
1  2  6
2  3  7
```

```
3   4   8
0   1   5
1   2   6
2   3   7
```

从 Out[15]的输出结果可以看出，df2 对象的确能够追加到 df1 对象之后，但有点"怪异"的是，这两个 DataFrame 对象的行索引都被保留，但彼此是有重复的，这种行索引的不唯一性，对我们通过行索引来访问某个特定行造成了困扰。如何能解决这个问题呢？这个时候，需要在 append()方法内使用参数 ignore_index，并将其值设置为 True，代码如下所示。

```
In [16]: df1.append(df2, ignore_index= True)
Out[16]:
   a  b
0  1  5
1  2  6
2  3  7
3  4  8
4  1  5
5  2  6
6  3  7
```

顾名思义，ignore_index 的含义就是忽略原有 DataFrame 对象的索引，由 Pandas 重新构造一组新的行索引。

前面的两个 DataFrame 对象拥有相同的列名（即列索引），顺着相同的列索引，它们的合并顺理成章。如果它们的列名或列数量不相同，一个 DataFrame 对象还能正确追加到另一个 DataFrame 对象之后吗？让我们观察如下代码。

```
In [17]: df1 = pd.DataFrame({"a":[1, 2, 3, 4],      #重构一个 2 列的 DataFrame 对象
    ...:                          "b":[5, 6, 7, 8]})
In [18]: df2 = pd.DataFrame({"a":[1, 2, 3],          #构建一个 3 列的 DataFrame 对象
    ...:                          "b":[5, 6, 7],
    ...:                          "c":[1, 5, 4]})
In [19]: df1      #这是一个 2 列的 DataFrame 对象
```

```
Out[19]:
   a  b
0  1  5
1  2  6
2  3  7
3  4  8
In [20]: df2      #这是一个 3 列的 DataFrame 对象
Out[20]:
   a  b  c
0  1  5  1
1  2  6  5
2  3  7  4
In [21]: df1.append(df2,ignore_index=True,sort = True)   #将 df2 追加到 df1 之后
Out[21]:
   a  b  c
0  1  5  NaN
1  2  6  NaN
2  3  7  NaN
3  4  8  NaN
4  1  5  1.0
5  2  6  5.0
6  3  7  4.0
```

从上面的输出可以看到，两个不同列数的 DataFrame 对象也可以在垂直方向堆叠。合并后的 DataFrame 对象列，是合并前两个 DataFrame 对象列的并集。其中具有相同列索引的那些列，自动合并为一列，并以"就大不就小"的原则实施合并，对于不具有相同列索引的 DataFrame 对象，缺失部分用 NaN（空值）来填充。

7.4.5.2　添加列

前面我们讨论了如何在 DataFrame 对象中添加行，下面我们来聊聊如何在 DataFrame 对象中添加列。先来看一个示例代码。

```
In [1]: df1 = pd.DataFrame({"a":[1, 2, 3, 4],     #创建一个 2 列的 DataFrame 对象
   ...:                        "b":[5, 6, 7, 8]})
```

```
In [2]: df1      #输出验证
Out[2]:
   a  b
0  1  5
1  2  6
2  3  7
3  4  8
In [3]: df1['new_col_1'] = 3      #添加列名 "new_col_1"，利用广播填充数据
In [4]: df1
Out[4]:
   a  b  new_col_1
0  1  5          3
1  2  6          3
2  3  7          3
3  4  8          3
```

为 DataFrame 对象添加一列的语法更加"优雅"：df['column_name'] = values，这里，df 为 DataFrame 的对象名，方括号之内的 column_name 就是新添加的列名称，values 就是我们要添加的数据。

如果这个列名 column_name 不在原有的 DataFrame 对象列名范畴之内，对它进行赋值，实际效果就是为这个 DataFrame 对象添加一个新列。

类似在 DataFrame 对象中添加行的操作，当对列进行赋值时，如果赋值的数量只有一个，不足以覆盖所有行，那么 Pandas 就会用"广播"技术将数值的数量扩展为与行数相同。

当然，我们可以为某个新列赋足够多的值，这样 Pandas 就不用利用广播技术来填充数据了。

```
In [5]: df1['new_col_2'] = [1,2,3,4]
In [6]: df1
Out[6]:
   a  b  new_col_1  new_col_2
0  1  5          3          1
1  2  6          3          2
2  3  7          3          3
3  4  8          3          4
```

In [3]和 In [5]两处的赋值，数量要么是 1 个，要么与行数匹配。后者刚好够用，无须考虑，而前者需要利用广播技术填充。那如果被用作赋值的数据数量介于这两者之间（$1 < n < \text{len(row)}$）会怎么样呢？Pandas 还会利用广播技术进行填充吗？Pandas 不会允许这样的情况发生，因为它不知道该如何填充，所以会报错 "Length of values does not match length of index"（长度不匹配）。

在添加行的时候，我们可以采用 append()方法，那有没有类似 NumPy 中的 hstack()（水平堆叠），让两个 DataFrame 对象在水平方向（即列的方向上）"拼接"在一起方法呢？答案是有的，那就是 concat()方法[①]。

```
In [7]: df1 = pd.DataFrame([['a', 1], ['b', 2]], columns=['letter', 'number'])
In [8]: df2 = pd.DataFrame([['c', 3], ['d', 4]],columns=['letter', 'number'])
In [9]: df1
Out[9]:
  letter  number
0    a      1
1    b      2
In [10]: df2
Out[10]:
  letter  number
0    c      3
1    d      4
In [11]: pd.concat([df1,df2], axis = 1)  #水平方向堆叠
Out[11]:
  letter  number letter  number
0    a      1     c       3
1    b      2     d       4
```

从 Out[11]的输出可以看出，pd.concat([df1,df2], axis = 1)的确达到了将两个不同的 DataFrame 对象在水平方向 "拼接" 的功能，这里用到的轴方向参数是 axis = 1，使用 axis = 'columns'可以达到相同的效果，而且更具有可读性。

df1 和 df2 两个对象的列名是相同的，因此列索引是存在重复性的，如果不想出现相同的列索引，同样可以设置 ignore_index=True，这时，df1 和 df2 的 "私人化" 索引将全部被抛弃，而由 Pandas

---

① concat 是单词 concatenate（连接）的简写。

自行设定从 0~n-1（n 为列的长度）的索引编号（参见以下 In [12]处代码）。

```
In [12]: pd.concat([df1,df2], ignore_index=True, axis = 1)
Out[12]:
   0  1  2  3
0  a  1  c  3
1  b  2  d  4
```

聪慧如你，如果设置轴方向参数 axis = 1，就可以利用 concat()方法，在列的方向实施不同 DataFrame 对象的连接，那么能不能设置 pd.concat 的轴方向参数 axis = 0 或 axis ='index'，在行方向上将不同 DataFrame 对象连接呢？答案是肯定的，这个就留给读者自己去实践一下吧。

有关 Pandas 的操作指令还有很多，需要我们在实践中慢慢摸索，逐步掌握。

7.5 基于 Pandas 的文件读取与分析

Pandas 的主业是数据分析。因此，从外部文件读/写数据，属于 Pandas 的重要组成部分。Pandas 提供了多种 API 函数，以支持多种类型数据（如 CSV、Excel、SQL 等）的读写，其中常用的 API 函数如表 7-1 所示。

表 7-1　Pandas 中常用的 API 函数

文件类型	文件说明	读取函数	写入函数
CSV	该类型文件以纯文本形式存储通常以逗号分隔的表格数据（数字和文本）	read_csv	to_csv
HDF	美国国家高级计算应用中心研制的一种能高效存储和分发科学数据的层级数据格式	read_hdf	to_hdf
SQL	一种用结构化查询语言编写的数据库查询脚本文件	read_sql	to_sql
JSON	一种轻量级的文本数据交换格式文件	read_json	to_json
HTML	一种由超文本标记语言编写的网页文件	read_html	to_html
PICKLE	Python 内部支持的一种序列化文件	read_pickle	to_pickle

7.5.1　利用 Pandas 读取文件

Pandas 可以将读取到的表格型数据，转换成 DataFrame 类型的数据，然后通过操作 DataFrame 进行数据分析、数据预处理及行和列的操作等。

Pandas 的核心在于数据分析，而不是数据文件的读取和写入。下面我们以 CSV 文件的读写为例，来讨论一下 Pandas 是如何处理文件的，其他类型文件的操作也是类似的。

假设我们要处理的数据源为Salaries.csv[①]，下面先利用Pandas的read_csv()方法读取其中的数据。Pandas支持在线读取数据，所以在In [2]处，可以直接使用一个标识数据源的网络地址。当然，如果这个CSV文件已经提前下载到本地，则可用如下方式直接读取。

```
In [1]: import pandas as pd
In [2]: df = pd.read_csv("Salaries.csv")
In [3]: df      # 输出验证：显示部分数据
```

	rank	discipline	phd	service	sex	salary
0	Prof	B	56	49	Male	186960
1	Prof	A	12	6	Male	93000
2	Prof	A	23	20	Male	110515
3	Prof	A	40	31	Male	131205
4	Prof	B	20	18	Male	104800
...	...	...	...	...	...	...
73	Prof	B	18	10	Female	105450
74	AssocProf	B	19	6	Female	104542
75	Prof	B	17	17	Female	124312
76	Prof	A	28	14	Female	109954
77	Prof	A	23	15	Female	109646

78 rows × 6 columns

此时，数据源文件 Salaries.csv 需要和当前 Python 脚本处于同一路径下，否则需要添加该文件所在的路径。

---

① 该数据源文件可在 Boston University（波士顿大学）网站下载，或参考随书源代码。

为了适应各种应用场景，read_csv()方法还配置了大量可用的参数，这里我们仅说明部分常用的参数，更多内容大家可参考 Pandas 官网上的资料。

```
read_csv(filepath_or_buffer, sep=',', delimiter=None, header='infer',
names=None, index_col=None, converters=None, date_parser=None,…,)
```

- filepath_or_buffer：指定要读取的数据源，可以是网络链接地址 URL，也可以是本地文件。

- sep：指定分隔符（Separator），如果不指定参数，默认将英文逗号作为数据字段间的分隔符号。

- delimiter：定界符，备选分隔符（如果指定该参数，则前面的 sep 参数失效），支持使用正则表达式来匹配某些不标准的 CSV 文件。Delimiter 可视为 sep 的别名。

- header：指定行数作为列名（相当于表格的表头，用来说明每个列的字段含义），如果文件中没有列名，则默认为 0（即设置首行作为列名，真正的数据在 0 行之后）。如果没有表头，则起始数据就是正式的待分析数据，此时这个参数应该设置为 None。

- index_col：指定某个列（比如 ID、日期等）作为行索引。如果这个参数被设置为包含多个列的列表，则表示设定多个行索引。如果不设置，Pandas 会启用一个 0~n-1（n 为数据行数）范围内的数字作为列索引。

- converters：用一个字典数据类型指明将某些列转换为指定数据类型。在字典中，key 用于指定特定的列，value 用于指定特定的数据类型。

- parse_dates：指定是否对某些列的字符串启用日期解析，它是布尔类型的，默认为 False，即字符串被原样加载，该列的数据类型就是 Object（相当于 Python 内置的字符串数据 str）。如果设置为 True，则这一列的字符串（如果是合法字符串的话）会被解析为日期类型。

7.5.2　DataFrame 中的常用属性

一旦我们把数据正确读取到内存之中，形成一个 DataFrame 对象，就可以"循规蹈矩"地使用各种属性或方法来访问、修改 DataFrame 对象中的数据。

下面我们先来看看 DataFrame 中都有哪些常用属性，其名称及描述如表 7-2 所示。

表 7–2　DataFrame 中的常用属性

属性名称	属性描述
dtypes	返回各个列的数据类型

续表

属性名称	属性描述
columns	返回各个列的名称
axes	返回行标签和列标签
ndim	返回维度数，如二维
size	返回元素个数（类似于 Excel 表中有多少个单元格）
shape	返回一个元组，描述数据的维度信息，如(3,5)表示 3 行 5 列，二者的乘积 15 就是它的 size 属性
values	返回一个存储 DataFrame 数值的 NumPy 数组

下面，我们用简易的 Python 脚本代码来测试表 7-2 中的 DataFrame 属性。首先可以通过 dtypes 属性来查看 DataFrame 中各个列的数据类型。

```
In [4]: df.dtypes
Out[4]:
rank          object
discipline    object
phd           int64
service       int64
sex           object
salary        int64
dtype: object
```

除了查询所有列的数据类型，我们还可以查询特定列的数据类型，代码如下所示。

```
In [5]: df['salary'].dtype              #查看名为'salary'的列的数据类型
Out[5]: dtype('int64')
In [6]: df[['salary', 'rank']].dtypes   #查看'salary'和'rank'这两列的数据类型
Out[6]:
salary    int64
rank      object
dtype: object
```

这里有两点值得注意：首先，在 Pandas 中，所谓的"object"类型在本质上就是 Python 中的字

符串类型，其主要用途就是存储文本类型的数据；另外，如果我们想查看多列（≥2）数据类型，用的属性是 dtypes，而查询单列数据类型时用的属性是 dtype，因为 DataFrame 通常是由多列数据构成的，而单列数据就构成一个 Series，所以前者是复数形式，而后者是单数形式。

接下来，我们用如下代码来测试表 7-2 中的余下属性。

```
In [7]: df.columns        #查看 DataFrame 对象中各个列的名称
Out[7]: Index(['rank', 'discipline', 'phd', 'service', 'sex', 'salary'],
dtype='object')
In [8]: df.axes           #返回行标签和列标签
Out[8]:
[RangeIndex(start=0, stop=78, step=1),
 Index(['rank',    'discipline',    'phd',    'service',    'sex',    'salary'],
dtype='object')]
In [9]: df.ndim           #返回 DataFrame 的维度数
Out[9]: 2
In [10]: df.shape         #返回数据的维度信息
Out[10]: (78, 6)
In [11]: df.size          #返回 DataFrame 中的元素个数
Out[11]: 468
In [12]: df.values        #返回数值部分，类似于一个没有行标签和列标签的 NumPy 数组
Out[12]:
array([['Prof', 'B', 56, 49, 'Male', 186960],
       ['Prof', 'A', 12, 6, 'Male', 93000],
    ……
       ['Prof', 'B', 17, 17, 'Female', 124312],
       ['Prof', 'A', 28, 14, 'Female', 109954],
       ['Prof', 'A', 23, 15, 'Female', 109646]], dtype=object)
```

7.5.3 DataFrame 中的常用方法

前面我们简单介绍了 DataFrame 中的常用属性，下面我们再来列举一下 DataFrame 中的常用方法，如表 7-3 所示。

表 7–3 DataFrame 中的常用方法

方法	功能描述
head([n])/tail([n])	返回前/后 n 行记录，参数[n]的方括号表明参数 n 是可选项，如果不提供，则采用默认值，下同
describe()	返回所有数值列的统计信息
max()/min()	返回所有数值列的最大值/最小值
mean()/median()	返回所有数值列的均值/中位数
std()	返回所有数值列的标准差
sample([n])	从 DataFrame 中随机抽取 n 个样本
dropna()	将数据集合中所有含有缺失值的记录删除
count()	对符合条件的记录计数
value_counts()	查看某列中有多少个不同值
groupby()	按给定条件进行分组

下面我们用 Python 脚本代码来验证上述部分方法的功能。

首先打开一个文件，我们可能想显示文件的前若干条记录，查看文件是否导入正常，这时就可以使用 head()方法（此处参数的默认值为 5）。

```
In [13]: df.head()
Out[13]:
   rank discipline  phd  service   sex  salary
0  Prof          B   56       49  Male  186960
1  Prof          A   12        6  Male   93000
2  Prof          A   23       20  Male  110515
3  Prof          A   40       31  Male  131205
4  Prof          B   20       18  Male  104800
```

head()方法中其实是有参数的，其参数默认值为 5。所以，如果我们不设置数值就会默认显示前 5 行。如果我们想显示前 10 行，则需要显式指定这个参数值。

```
In [14]: df.head(10)
Out[14]:
      rank discipline  phd  service   sex  salary
0     Prof          B   56       49  Male  186960
```

```
1        Prof        A   12       6  Male   93000
2        Prof        A   23      20  Male  110515
3        Prof        A   40      31  Male  131205
4        Prof        B   20      18  Male  104800
5        Prof        B   20      20  Male  122400
6   AssocProf        A   20      17  Male   81285
7        Prof        A   18      18  Male  126300
8        Prof        A   29      19  Male   94350
9        Prof        A   51      51  Male   57800
```

类似地，如果我们想显示 DataFrame 的最后 5 行记录，则可以使用 tail()方法，该方法的参数默认值也为 5。如果想显示最后 n 行，而 n 不等于 5 时，则需要显式指定该参数的值。

```
In [15]: df.tail()        #显示 DataFrame 中的最后 5 行记录
Out[15]:
         rank discipline  phd  service    sex  salary
73       Prof        B    18      10  Female  105450
74  AssocProf        B    19       6  Female  104542
75       Prof        B    17      17  Female  124312
76       Prof        A    28      14  Female  109954
77       Prof        A    23      15  Female  109646
```

在 Pandas 中，describe()方法常用于生成描述性的统计数据。对于数值型的数据，统计结果包括计数、平均值、标准差、最小值、最大值及百分位数。默认情况下，百分位数包括 25%分位数、50%分位数（即中位数）和 75%分位数。

```
In [16]: df.describe()        #显示数据源的统计信息
Out[16]:
             phd      service         salary
count  78.000000    78.000000      78.000000
mean   19.705128    15.051282  108023.782051
std    12.498425    12.139768   28293.661022
min     1.000000     0.000000   57800.000000
25%    10.250000     5.250000   88612.500000
```

```
50%      18.500000   14.500000   104671.000000
75%      27.750000   20.750000   126774.750000
max      56.000000   51.000000   186960.000000
```

如前所述，当 DataFrame 的列名称符合 Python 命名规则时，df['salary']（访问 DataFrame 子集的格式）和 df.salary（让列名作为对象的属性）是等价的。它们返回的结果都是名为 salary 的这一列，这是一个 Series 对象。我们知道，Series 对象中是有 mean()（求均值）和 median()（就中位数）等方法的，因此可以得到下面 Out [17]和 Out [18]处的输出。

```
In [17]: df['salary'].mean()    #返回 salary 这一列的均值
Out[17]: 108023.78205128205
In [18]: df.salary.median()     #返回 salary 这一列的中位数
Out[18]: 104671.0
```

如果我们想统计有多少条记录，可以读取任意一列，然后用 count()计数。比如，如果我们想利用 sex 这一列统计有多少位教师，可以如下操作。

```
In [19]: df.sex.count()
Out[19]: 78
```

但如果我们想分别统计男女教师各有多少位该怎么办呢？这时 count()方法就不好使了。于是，就得请出另外一个好用的方法——values_counts()，示例如下。

```
In [20]: df.sex.value_counts()
Out[20]:
Male       39
Female     39
Name: sex, dtype: int64
```

value_counts()是一种查看 DataFrame 中某列有多少个不同类别（不限于两个类别）的快捷方法，并可计算出每个不同类别在该列中有多少次重复出现，实际上就是分类计数。

value_counts()还支持计数大小的排序，这时需要启用该方法中的参数 ascending，这是一个布尔类型参数，设置为 True 时表示升序，设置为 False 时表示降序。

在上述数据集合中，针对 sex 这一列的统计数据，碰巧男（Male）、女（Female）都是 39 个，排名不分先后。因此，下面我们使用 discipline 这一列来完成排序测试。

```
In [21]: df['discipline'].value_counts(ascending = True)
Out[21]:
A    36
B    42
Name: discipline, dtype: int64
```

有时候，我们可能需要得到各个分类的占比，而非具体的计数值，这时可以使用 value_counts() 方法。不要忘记启用另外一个参数 normalize，并将这个布尔类型参数设置为 True。

```
In [22]: df['discipline'].value_counts(normalize = True, ascending = True)
Out[22]:
A    0.461538
B    0.538462
Name: discipline, dtype: float64
```

7.5.4 DataFrame 的条件过滤

如同 Series 一样，我们也可以利用布尔索引来提取 DataFrame 的子集，从而过滤部分不符合我们要求的数据。比如说，我们想要提取年收入大于 130 000 美元的人员，就可以用如下代码实现。

```
In [23]: df[df.salary >= 130000]     #利用布尔索引提取符合条件的数据
Out[23]:
    rank discipline  phd  service   sex  salary
0   Prof          B   56       49  Male  186960
3   Prof          A   40       31  Male  131205
11  Prof          B   23       23  Male  134778
13  Prof          B   35       33  Male  162200
14  Prof          B   25       19  Male  153750
15  Prof          B   17        3  Male  150480
19  Prof          A   29       27  Male  150500
26  Prof          A   38       19  Male  148750
```

27	Prof	A	45	43	Male	155865
31	Prof	B	22	21	Male	155750
36	Prof	B	45	45	Male	146856
40	Prof	A	39	36	Female	137000
44	Prof	B	23	19	Female	151768
45	Prof	B	25	25	Female	140096
58	Prof	B	36	26	Female	144651
72	Prof	B	24	15	Female	161101

df.salary >= 13000 返回的结果，实际上是一个由 False/True 构成的布尔矩阵。

```
In [24]: df.salary >= 130000    #布尔矩阵
Out[24]:
0      True
1     False
2     False
3      True
4     False
      ...
73    False
74    False
75    False
76    False
77    False
Name: salary, Length: 78, dtype: bool
```

如果把这个布尔矩阵当作 DataFrame 对象的索引——df[df.salary >= 130000]，就可以提取符合条件（相应位置为 True）的数据。

事实上，df[df.salary >= 130000]返回的结果是一个与原始 DataFrame 对象等长度的 Series 对象，不过匿名了而已，当然我们可以给它赋予一个名称，以备后用。凡是 Series 对象能使用的属性和方法，这个匿名对象都可以使用。例如，我们想查询年收入大于 130 000 美元的人数，就可以用"对象名.方法()"的格式，利用 count()方法来返回结果。

```
In [25]: df[df.salary >= 130000].count()
Out[25]:
```

```
rank          16
discipline    16
phd           16
service       16
sex           16
salary        16
dtype: int64
```

紧抓面向对象编程的精髓，不断通过 "." 操作访问 DataFrame 或 Series 的方法或属性，便可以接续细化以上结果。比如说，如果我们想统计年收入大于 130 000 美元的女性，则可以通过如下代码实现。

```
In [26]: df[df.salary >= 130000][df.sex == 'Female']
Out[26]:
    rank discipline  phd  service    sex  salary
40  Prof          A   39       36  Female  137000
44  Prof          B   23       19  Female  151768
45  Prof          B   25       25  Female  140096
58  Prof          B   36       26  Female  144651
72  Prof          B   24       15  Female  161101
```

从上面返回的结果可以看出，这仍然是一个 DataFrame 对象。更进一步，如果我们想返回年收入大于 130 000 美元的女性的平均薪资，依然通过一行代码就能 "干完收工"。

```
In [27]: df[df.salary >= 130000][df.sex == 'Female'].salary.mean()
Out[27]: 146923.2
```

7.5.5　DataFrame 的切片操作

前面我们讨论了 DataFrame 对象的布尔索引操作，下面再讨论一下 DataFrame 的切片操作。

DataFrame 的切片操作完全模仿 NumPy 二维数组的切片操作，不过 DataFrame 中有了行和列的索引，因此可以通过各种 Python 语法糖让切片操作更加便捷。

比如说，前面我们提到的访问 DataFrame 的行和列，实际上就是一种切片操作。

```
In [28]: df['salary']                    #返回列名为'salary'的列
Out[28]:
0     186960
1      93000
2     110515
3     131205
4     104800
        ...
73    105450
74    104542
75    124312
76    109954
77    109646
Name: salary, Length: 78, dtype: int64
In [29]: df[['sex','salary']]            #返回列名为'sex'和'salary'的两个列
Out[29]:
      sex  salary
0     Male  186960
1     Male   93000
2     Male  110515
3     Male  131205
4     Male  104800
..    ...     ...
73    Female  105450
74    Female  104542
75    Female  124312
76    Female  109954
77    Female  109646
[78 rows x 2 columns]
```

上面示例的功能是返回若干列，当然我们可以通过切片操作返回若干行。例如，当我们想返回 5 到 15 行的数据时（作为右边界，取不到编号为 15 的这一行），就可以通过如下指令完成。

```
In [30]: df[5:15]
Out[30]:
```

```
        rank discipline   phd  service   sex  salary
5       Prof          A   20        20  Male  122400
6   AssocProf         A   20        17  Male   81285
7       Prof          A   18        18  Male  126300
8       Prof          A   29        19  Male   94350
9       Prof          A   51        51  Male   57800
10      Prof          B   39        33  Male  128250
11      Prof          B   23        23  Male  134778
12  AsstProf          B    1         0  Male   88000
13      Prof          B   35        33  Male  162200
14      Prof          B   25        19  Male  153750
```

我们还可以通过 DataFrame 的 loc() 方法读取特定行和特定列交叉的切片部分。比如说，我们想读取 5 到 15 行的 rank、sex 和 salary 这三列的内容，就可以通过如下指令完成切片操作。

```
In [31]: df.loc[5:15,['rank','sex','salary']]
Out[31]:
        rank   sex  salary
5       Prof  Male  122400
6   AssocProf  Male   81285
7       Prof  Male  126300
8       Prof  Male   94350
9       Prof  Male   57800
10      Prof  Male  128250
11      Prof  Male  134778
12  AsstProf  Male   88000
13      Prof  Male  162200
14      Prof  Male  153750
15      Prof  Male  150480
```

实际上，如果你对前面学习的知识了然于胸，那么上述操作也可以不用 loc() 方法，而直接用下面的指令完成，请读者自行思考原因。

```
In [32]: df[5:15][['rank','sex','salary']]
Out[32]:
```

```
         rank     sex  salary
5        Prof    Male  122400
6   AssocProf    Male   81285
7        Prof    Male  126300
8        Prof    Male   94350
9        Prof    Male   57800
10       Prof    Male  128250
11       Prof    Male  134778
12   AsstProf    Male   88000
13       Prof    Male  162200
14       Prof    Male  153750
```

7.5.6　DataFrame 的排序操作

在 DataFrame 中，我们可以根据某一列或某几列，对整个 DataFrame 中的数据进行排序。默认的排序方式是升序。比如说，我们可以对数据源 Salaries.csv 中的数据，按照薪资的升序进行排序，代码如下。

```
In [33]: df_sorted = df.sort_values( by ='salary')
In [34]: df_sorted.head()   #显示薪资最低的前 5 个记录
Out[34]:
        rank discipline  phd  service     sex  salary
 9      Prof          A   51       51    Male   57800
54 AssocProf          A   25       22  Female   62884
66  AsstProf          A    7        6  Female   63100
71 AssocProf          B   12        9  Female   71065
57  AsstProf          A    3        1  Female   72500
```

sort_values 方法中有一个参数 ascending（升序），默认为 True，所以如果我们不显式指定该参数，再通过 by 这个参数指定排序指标，就表示按该指标的升序进行排序。

由于 Out [34]处的返回结果就是一个 DataFrame 对象，所以 In [33]和 In [34]两句可以按照如下方式合并。

```
In [35]: df.sort_values( by ='salary').head()
```

```
Out[35]:

        rank discipline  phd  service    sex  salary
9       Prof          A   51       51   Male   57800
54  AssocProf          A   25       22 Female   62884
66   AsstProf          A    7        6 Female   63100
71  AssocProf          B   12        9 Female   71065
57   AsstProf          A    3        1 Female   72500
```

在排序过程中，我们还可以利用 sort_values()方法中的 by 参数接受一个用列表表达的多个排序指标（key），sort_values()将按照参数 by 中的不同指标依次进行排序。随后的参数 ascending 也可以接收一个由布尔值构成的列表，一一对应前面参数 by 指定的排序指标，是升序（True）还是降序（False）。

比如说，如果我们想按 service 的升序和 salary 的降序来排序，那么通过下面的指令就可以完成上述要求。

```
In [36]: df_sorted = df.sort_values ( by =['service', 'salary'], ascending = [True,
False])                        #利用两个 key 组合排序
In [37]: df_sorted.head(10)       #显示排序的前 10 条记录
Out[37]:
        rank discipline  phd  service    sex   salary
52      Prof          A   12        0 Female   105000
17  AsstProf          B    4        0   Male    92000
12  AsstProf          B    1        0   Male    88000
23  AsstProf          A    2        0   Male    85000
43  AsstProf          B    5        0 Female    77000
55  AsstProf          A    2        0 Female    72500
57  AsstProf          A    3        1 Female    72500
28  AsstProf          B    7        2   Male    91300
42  AsstProf          B    4        2 Female    80225
68  AsstProf          A    4        2 Female    77500
```

在 In [36]处，参与排序的指标由参数 by 指定：['service', 'salary']。每个排序的类型（升序还降序）由参数 ascending 来指定：[True, False]。这两个列表存在一一对应关系，第一个排序指标 service 对应第一个排序类型 True，第二个排序指标 salary 对应第二个排序类型 False。

于是，这个组合排序的规则是这样的：先按 service 来排序（升序），这是主排序；如果按 service 排序，大家的排名还是不分先后，那么就启用第二个关键字 salary 排序，它是按降序来排序的。

7.5.7　Pandas 的聚合和分组运算

对数据集进行分组并对各组应用一个函数（聚合或分组），是数据分析工作的重要环节。数据集就绪后，就要计算分组统计或生成透视表。本节我们来介绍 Pandas 的聚合和分组运算。

7.5.7.1　聚合

聚合（Aggregation）和分组其实是紧密相连的。不过在 Pandas 中，聚合更侧重于描述将多个数据按照某种规则（即特定函数）聚合在一起，变成一个标量（即单个数值）的数据转换过程。它与张量的"约减"（reduction）有相通之处。

聚合的流程大致是这样的：先根据一个或多个"键"（通常对应列索引）拆分 Pandas 对象（Series 或 DataFrame 等）；然后根据分组信息对每个数据块应用某个函数，这些函数多为统计意义上的函数，包括但不限于最小值（min）、最大值（max）、平均值（mean）、中位数（median）、众数（mode）、计数（count）、去重计数（nunique）、求和（sum）、标准差（std）、var（方差）、偏度（skew）、峰度（kurt）及用户自定义函数。

我们可以通过 Pandas 提供的 agg()方法来实施聚合操作。agg()方法仅仅是聚合操作的"壳"，其中的各个参数（即各类操作的函数名）才是实施具体操作的"瓤"。通过设置参数，可以将一个函数作用在一个或多个列上。

给 agg()方法中的参数赋值是有讲究的。如果这些函数名是官方提供的，如 mean、median 等，则以字符串的形式出现（即用双引号或单引号将其括起来）。

例如，如果我们想统计前面提到的数据集合中的薪资（salary）的最小值、最大值、均值及中位数，利用聚合函数，同时设置多个统计参数，便可"一气呵成"完成工作。

```
In [38]: df.salary.agg(['min','max','mean','median'])
Out[38]:
min        57800.000000
max       186960.000000
mean      108023.782051
median    104671.000000
Name: salary, dtype: float64
```

如果这些聚合函数来自第三方（如 Numpy）或是自定义的，则直接给出该函数的名称（不能利用引号将函数引起来），不需要后面的一对括号。例如，如果把求均值的函数替换为 Numpy 中的函数，则要如下操作。

```
In [39]: import numpy as np
In [40]: df.salary.agg(['min','max',np.mean,'median'])  #来自 NumPy 中的均值函数
Out[40]:
min        57800.000000
max       186960.000000
mean      108023.782051
median    104671.000000
Name: salary, dtype: float64
```

对于具有一定统计学基础的读者而言，前面提及的统计参数，大多都能见名知意，但对于众数、偏度和峰度可能了解较少，下面我们就对这三个统计参数给予简单介绍。

先来讨论一下众数。众数一词最早是由卡尔·皮尔逊（Karl Pearson）在 1895 年开始使用的。众数是指在统计分布上具有明显集中趋势的若干个点的对应数值，它们代表数据的一般水平。在统计学上，众数和平均数、中位数类似，都是刻画总体或随机样本集合在某个特征上的数据集中度趋势的重要指标。

一般来说，一组数据中出现次数最多的数就称为这组数据的众数。例如，"1，2，2，3，4，2"这组数据的众数是 2，因为 2 出现了 3 次，其他数据仅出现了 1 次。

需要注意的是，众数是一组数据中的原数据，而不是某个数据出现的次数。对于前面的数据，众数是数字 2，而不是 2 出现的次数 3。

但是有时，众数在一组数据中可能同时存在若干个，这是因为它们出现的次数并列最多。例如，"1，2，2，3，3，4"这组数据的众数是 2 和 3，因为数字 2 和数字 3 都出现了 2 次，而其他数字仅仅出现 1 次。

此外，如果所有数据出现的次数都一样，那么这组数据没有众数。例如，"1，2，3，4，5"这组数据中就没有众数。

回到前面关于数据集合的讨论上，假设我们想知道教师们的职称（rank）主要集中哪个级别，就可以如下操作。

```
In [41]: df['rank'].mode()
Out[41]:
0    Prof
dtype: object
```

从上面的输出可以看到，教师们的职称多集中在教授（Prof）级别。上述操作也可以用聚合函数来完成，代码如下。

```
In [42]: df['rank'].agg('mode')
Out[42]:
0    Prof
dtype: object
```

可以看出，条条大路通罗马，就看哪条更近了（更贴近应用场景）。通常，我们需要一次性得到多个统计指标，这时利用聚合函数 agg() 比较方便。如果仅仅涉及一个统计指标，直接在对应的 Pandas 对象上应用对应的方法即可。

当然，我们还可以利用 value_counts() 来检测 mode() 方法是否"靠谱"。

```
In [43]: df['rank'].value_counts()
Out[43]:
Prof         46
AsstProf     19
AssocProf    13
Name: rank, dtype: int64
```

从上面的输出可以看出，Prof 出现了 46 次，AsstProf 出现了 19 次，AssocProf 出现了 13 次，自然 Prof 为众数。

下面我们再简单讨论一下偏度（Skewness）与峰度（Kurtosis）[①]。或许你会疑问，我们已经有了均值、方差等统计指标了，为何还需要这两个呢？我们观察一下图 7-4 所示的两组分布曲线，这两条曲线上的数据拥有相同的均值和方差，你能说这两组数据的分布是一样吗？它们的分布自然是不同的，但如何评价一组数据的"品相"呢？这时就需要用到偏度和峰度这两个统计指标。偏度与

---

① 需要说明的是，作为函数，偏度与峰度函数分别为 skew、kurt，不仅写法简单，而且必须小写。

峰度可用于检测数据集是否符合正态分布。

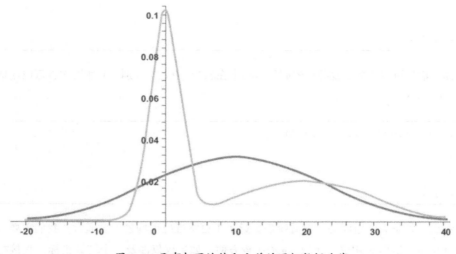

图 7-4 具有相同均值和方差的两组数据曲线

先来说说偏度。偏度用于衡量随机变量概率分布的不对称性，是相对于平均值不对称程度的度量。通过对偏度系数进行测量，我们能够判定数据分布的不对称程度及方向。

偏度的衡量是相对于正态分布来说的，正态分布的偏度为 0。若待分析的数据分布是对称的，那么偏度接近于 0。若偏度大于 0，则说明数据分布右偏，即分布有一条长尾在右，如图 7-5-(a)所示。若偏度小于 0，则数据分布左偏，即分布有一条长尾在左，如图 7-5-(b)所示。很显然，偏度的绝对值越大，分布的偏移程度越严重。

接下来，我们再来讨论一下峰度。峰度是体现数据分布陡峭或平坦的统计量，通过对峰度系数进行测量，我们能够判定数据相对于正态分布而言是更陡峭还是更平坦。我们依然将正态分布的峰度作为标杆，其值为 0。若待分析的数据的峰度大于 0，则表示该数据分布与正态分布相比较为陡峭，有尖顶峰。如果峰度小于 0，表示该数据总体分布与正态分布相比较为平坦，曲线有平顶峰。

在方差相同的情况下，由于中间部分数据值的方差较小，为了达到和正态分布方差相同的目的，必然会有一些值离中心点较远，即出现异常点（Outlier）。通常 Kurtosis> 3 时就存在所谓的"厚尾"（heavy tail）现象，它表明异常点可能增多，具有厚尾特征的分布和正态分布的对比如图 7-6 所示。在数据分析中，需要注意这一点。

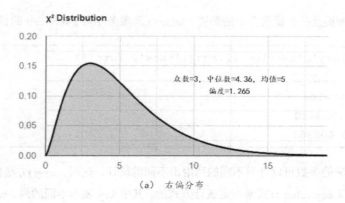

(a)　右偏分布

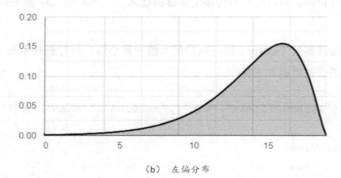

(b)　左偏分布

图 7-5　两个不同偏度的数据分布

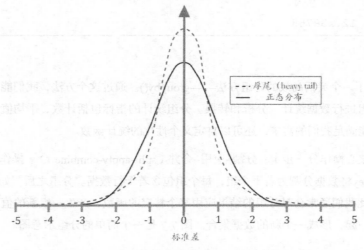

图 7-6　具有厚尾特征的分布和正态分布的对比

让我们来看看前面提及的数据集合中的薪资（salary）和服务年限（service）的偏度和峰度情况。

```
In [44]: df[['salary','service']].agg(['skew','kurt'])
Out[44]:
       salary   service
skew  0.452103  0.913750
kurt -0.401713  0.608981
```

事实上，agg()方法的参数可以针对不同的列给出不同的统计，这时，agg()方法内的参数是一个字典对象。字典中是以 key:value 方式来指定统计方式的，其中 key 表示不同的列，value 表示统计指标（如果不止一个统计指标，可以用列表将多个指标括起来），不同的 key 都是以字符串形式表征的。

比如说，如果想统计薪资（salary）这一列的最大值和最小值，而对服务年限（service）这一列统计它的均值和标准差，就可以如下操作。

```
In [45]: df.agg({'salary':['max','min'],'service':['mean','std']})
Out[45]:
       salary    service
max   186960.0      NaN
mean     NaN   15.051282
min    57800.0      NaN
std      NaN   12.139768
```

7.5.7.2 分组

Pandas 提供了一个灵活高效的分组方法——groupby()。通过这个方法，我们能以一种很自然的方式，对每个分组进行数据统计、分析和转换。分组统计的指标包括计数、平均值、标准差，如果标准化的统计不能满足我们的需求，还可以自定义个性化的统计函数。

groupby()的核心操作分三步走：分割–应用–合并（split-apply-combine）[1]。操作的第一步，就是根据一个或多个key将数据分割为若干个组，每个分组包含若干行数据。分组之后，如果不加以操作，意义并不大，因此我们通常会对分组的结果应用某个特定的函数，产生一组新的值。然后再将每组产生的值合并到一起，形成一个新的数据集合。图 7-7 是一个简单的分组示意图。

---

[1] 参考资料：Filip Ciesielski. How to use the Split-Apply-Combine strategy in Pandas groupby.

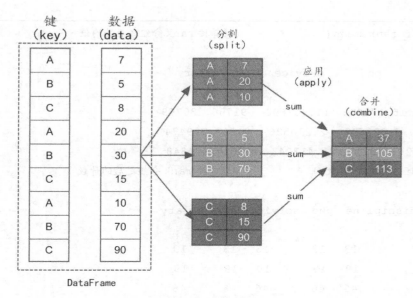

图 7-7 分组示意图

假设，我们想对前面打开的数据集用职称（rank）作为 key 进行数据分割，就可以用如下代码来实现。

```
In [46]: df.groupby(['rank'])
Out[46]: <pandas.core.groupby.generic.DataFrameGroupBy object at 0x11ba58c10>
```

查看上面的结果会发现，这个分组操作可能并非我愿，因为并没有输出分组信息，而是输出一堆我们看不懂的东西。

事实上，groupby()方法仅返回一个 DataFrameGroupBy 对象，而这个对象实际上还没有进行任何计算，只是生成了一系列含有分组键['rank']的中间数据而已。我们可以用全局函数 type()来验证它的身份。

```
In [47]: df_rank = df.groupby(['rank'])
In [48]: type(df_rank)
Out[48]: pandas.core.groupby.generic.DataFrameGroupBy
```

如果想让这个 DataFrameGroupBy 对象真正发挥作用，还需要将特定方法应用在这个对象上，这些方法包括但不限于 mean()、count()、median()等。

```
In [49]: df_rank.mean()                   #计算按 rank 分组之后的均值
Out[49]:
                phd        service        salary
rank
AssocProf  15.076923   11.307692    91786.230769
AsstProf    5.052632    2.210526    81362.789474
Prof       27.065217   21.413043   123624.804348
In [50]: df_rank.count()                  #返回按 rank 分组之后的计数
Out[50]:
         discipline  phd  service  sex  salary
rank
AssocProf        13   13       13   13      13
AsstProf         19   19       19   19      19
Prof             46   46       46   46      46
In [51]: df_rank.median()                 #计算按 rank 分组之后的中位数
Out[51]:
           phd  service    salary
rank
AssocProf  13.0     9.0  103613.0
AsstProf    4.0     2.0   78500.0
Prof       24.5    19.0  123321.5
In [52]: df_rank.describe()               #返回按 rank 分组之后的统计描述
Out[52]:
           phd                          ...    salary
         count       mean       std ...      50%        75%         max
rank                                 ...
AssocProf 13.0  15.076923   5.589597 ... 103613.0  104542.00   119800.0
AsstProf  19.0   5.052632   2.738079 ...  78500.0   91150.00    97032.0
Prof      46.0  27.065217  10.185834 ... 123321.5  143512.25   186960.0
[3 rows x 24 columns]
```

从上面的输出可以看到，一旦根据关键字分组之后，对分组数据实施统计操作，会作用在所有能适用的列上。事实上，我们也可以仅对分组后的部分列进行统计操作。以下代码的功能，就是对分组后的数据的 salary 这一列实施求均值操作。

```
In [53]: df.groupby('rank')[['salary']].mean()    # 返回一个 DataFrame 对象
Out[53]:
              salary
rank
AssocProf   91786.230769
AsstProf    81362.789474
Prof       123624.804348
```

在这里，有一个细节值得注意：如果我们用双层方括号将特定的列（通常用于多个列）括起来，则返回的结果是一个 DataFrame 对象。

反之，如果我们用单层方括号将指定列括起来，这时输出的结果是一个 Series 对象。

```
In [54]: df.groupby('rank')['salary'].mean()        #返回一个 Series 对象
Out[54]:
rank
AssocProf   91786.230769
AsstProf    81362.789474
Prof       123624.804348
Name: salary, dtype: float64
```

实际上，分组和聚合通常会结合在一起使用。比如说，通过 rank 分组之后，我们想求得 salary 和 service 这两列的均值、标准差和偏度，就可以如下操作。

```
In [55]: df.groupby('rank')[['salary','service']].agg(['mean','std','skew'])
Out[55]:
```

	salary			service		
	mean	std	skew	mean	std	skew
rank						
AssocProf	91786.230769	18571.183714	-0.151200	11.307692	5.879124	1.462083
AsstProf	81362.789474	9381.245301	0.030504	2.210526	1.750522	0.335521
Prof	123624.804348	24850.287853	0.070309	21.413043	11.255766	0.759933

由上面的输出可以看到，salary 和 service 这两列下面分别有三个子列：mean（均值）、std（标

准差）和 skew（偏度）。这种带有层级关系的列索引或行索引，通常出现在 DataFrame 的透视表中。

7.5.8 DataFrame 的透视表

透视表（pivot table）是一种常见的数据汇总工具。它能根据一个或多个键对数据进行聚合，并根据行和列上的分组键将数据分配到不同的矩形区域中。之所以称为透视表，是因为我们可以动态地改变数据的位置分布，以便按照不同方式分析数据，它也支持重新安排行号、列标和字段。

DataFrame 对象提供了一个功能强大的 pivot_table()方法供我们使用。此外，Pandas 还提供了一个顶级的 pandas.pivot_table()函数，二者完成的功能是相同的，其函数原型如下。

```
pandas.pivot_table(data, values=None, index=None, columns=None, aggfunc='mean',
fill_value=None, margins=False, dropna=True, margins_name='All', observed=False)
```

其中有很多参数，data、index、values、columns 和 aggfunc 尤为重要，下面简单介绍。

- data：数据源，就是要分析的 DataFrame 对象。如果这个函数是以 DataFrame 对象中的一个方法的身份出现的，那么这个数据源就是这个 DataFrame 对象，因此也就没有这个所谓的 data 参数了。

- values：用于聚合操作的列。

- index：行层次的分组依据，你可以认为它就是一个分组的键（key），它可以是一个值，也可以是多个值，如果是多个值，则需要用列表的方括号括起来。

- columns：列层次的分组依据，这是一种分割数据的可选方式。在理解上和 index 类似。

- aggfunc：对数据执行聚合操作时所用的函数。当我们未设置 aggfunc 时，默认 aggfunc='mean'，表明计算均值。

下面结合前面的案例，来说明这几个参数的具体使用方法。首先，我们还是按照前面介绍的方法读取数据（Salaries.csv）。

```
In [1]: import pandas as pd
In [2]: df = pd.read_csv("Salaries.csv")
In [3]: df
Out[3]:
```

```
        rank discipline  phd  service     sex  salary
0       Prof          B   56       49    Male  186960
1       Prof          A   12        6    Male   93000
2       Prof          A   23       20    Male  110515
3       Prof          A   40       31    Male  131205
4       Prof          B   20       18    Male  104800
..       ...        ...  ...      ...     ...     ...
73      Prof          B   18       10  Female  105450
74 AssocProf          B   19        6  Female  104542
75      Prof          B   17       17  Female  124312
76      Prof          A   28       14  Female  109954
77      Prof          A   23       15  Female  109646
[78 rows x 6 columns]
```

　　默认情况下，DataFrame 拥有默认的数字索引（即 Out[3]输出的最左边一列）。现在我们要构建透视表，就需要提供划分依据，也就是说，此时 pivot_table()需要拥有一个自己独属的 index。比如说，如果我们想按职称（rank）来分组查看教师们的薪资、服务年限等情况，就可以把 rank 设置为 index，代码如下所示。

```
In [4]: pd.pivot_table(df, index=['rank'])
Out[4]:
                 phd        salary     service
rank
AssocProf  15.076923   91786.230769  11.307692
AsstProf    5.052632   81362.789474   2.210526
Prof       27.065217  123624.804348  21.413043
```

　　如前所述，默认情况下，透视表求的是用 index 指定划分依据的数据的平均值（即默认 aggfunc='mean'），从上面的输出可以很容易看出，助理教授（AsstProf）的年平均薪资为 81362.789474 美元，副教授（AssocProf）的年平均薪资为 91786.230769 美元，教授（Prof）的年平均薪资为 123624.804348 美元。从透视表中可以看到，职称越高，收入也越高。

　　前面我们是用 Pandas 的全局函数 pivot_table()来生成透视表的，DataFrame 的对象 df 是作为这个函数的参数传递进去的。而实际上，对象 df 本身就有成员方法 pivot_table()，我们可以用点（.）操作完成这个方法的调用，从而达到相同的透视效果，代码如下。

```
In [5]: df.pivot_table(index=['rank'])
Out[5]:
                 phd            salary      service
rank
AssocProf   15.076923    91786.230769   11.307692
AsstProf     5.052632    81362.789474    2.210526
Prof        27.065217   123624.804348   21.413043
```

假设我们还想看看不同职称的男女教师的薪资差异，则可以设置二级 index 来完成数据透视工作，具体如下。

```
In [6]:    1  df.pivot_table(index=['rank','sex'])
Out[6]:
```

rank	sex	phd	salary	service
AssocProf	Female	15.500000	88512.800000	11.500000
	Male	13.666667	102697.666667	10.666667
AsstProf	Female	5.636364	78049.909091	2.545455
	Male	4.250000	85918.000000	1.750000
Prof	Female	23.722222	121967.611111	17.111111
	Male	29.214286	124690.142857	24.178571

从上面的操作可以看出，index 就是数据划分的层次字段（key），要通过透视表获取什么信息，就按照相应的顺序设置字段即可。因此，在进行透视分析之前，我们需要对数据有足够了解。

有时候，为了更好地进行观察，我们可能需要将行列实施转置。这时，就需要用到 DataFrame 对象的另一个方法 unstack()，下面举例说明。假设想把上述 Out[6]处的内层索引 sex 转置为列，就可以如下操作。

```
In [7]:    1  df.pivot_table(index=['rank','sex']).unstack()
```

Out[7]:

	phd		salary		service	
sex	Female	Male	Female	Male	Female	Male
rank						
AssocProf	15.500000	13.666667	88512.800000	102697.666667	11.500000	10.666667
AsstProf	5.636364	4.250000	78049.909091	85918.000000	2.545455	1.750000
Prof	23.722222	29.214286	121967.611111	124690.142857	17.111111	24.178571

从上面的输出可以看到，原来作为第二层行索引的 sex，被转置为第二层列索引，也就是 phd、salary 和 service 这三列都根据 sex 细分为两个子列（即二级列索引）。

unstack() 的反操作就是 stack()，它的功能是把一个列索引转置为行索引，如下。

```
In [8]:    1  df.pivot_table(index=['rank','sex']).unstack().stack()
```

Out[8]:

		phd	salary	service
rank	sex			
AssocProf	Female	15.500000	88512.800000	11.500000
	Male	13.666667	102697.666667	10.666667
AsstProf	Female	5.636364	78049.909091	2.545455
	Male	4.250000	85918.000000	1.750000
Prof	Female	23.722222	121967.611111	17.111111
	Male	29.214286	124690.142857	24.178571

对于 unstack() 和 stack() 方法的使用，需要注意如下几点。

- unstack()：将数据的行"旋转"为列。
- stack()：将数据的列"旋转"为行。
- 如果不指定旋转的索引级别，stack() 和 unstack() 默认对最内层进行操作（即 level = -1，这里的 "-1" 表示倒数第一层）。
- stack() 和 unstack() 为一组逆运算操作。

在前面的分析中，其实我们仅想分析教师们的薪资（salary）情况，但上述输出结果显示，所有数值类型的字段（如 phd 、salary 和 service）都被透视分析了。如果数据集合本身的数值类型列非常多，这样"大一统"地进行分析就无法很好地实现透视了，我们能不能有选择地"透视"部分列呢？当然是可以的。

记得吗，在 pivot_table()方法中还有第二个好用的参数——values，它就是用来指特定字段的，从而达到筛选所需透视列的目的。例如，下面的代码实现的功能，就是仅对 salary 这一列实施 rank 和 sex 级别的透视。

```
In [9]: df.pivot_table(index=['rank','sex'],values = ['salary'])
Out[9]:
                      salary
rank       sex
AssocProf  Female   88512.800000
           Male    102697.666667
AsstProf   Female   78049.909091
           Male     85918.000000
Prof       Female  121967.611111
           Male    124690.142857
```

在 pivot_table()中，参数 values 是以一个列表的形式出现的。这有什么意义呢？比如说，如果我们想同时透视分析若干个字段，有了这个列表行的参数，我们就可以把相应字段的名称依次添加进列表。比如说，除了 salary 这列数据，我们还想分析服务年限（service）这一列数据，就可以如下操作。

```
In [10]: df.pivot_table(index=['rank','sex'],values = ['salary','service'])
Out[10]:
                      salary      service
rank       sex
AssocProf  Female   88512.800000  11.500000
           Male    102697.666667  10.666667
AsstProf   Female   78049.909091   2.545455
           Male     85918.000000   1.750000
Prof       Female  121967.611111  17.111111
           Male    124690.142857  24.178571
```

　　不知道你发现了没有，前面我们完成的所有透视操作，其实都是对数值型的列"均值"（mean）进行的透视操作，这是该方法的默认设置。假设某个财务部门除了想获取某些列的均值，还想透视一下该列的整体输入（sum），该怎么办呢？这时，就需要启用 pivot_table() 的第三个重要参数 aggfunc。在这个参数里，我们可以设定一个或多个聚合函数。

```
In [11]:  df.pivot_table(index=['rank','sex'],values = ['salary','service'],
aggfunc= [np.mean,'sum'])
Out[11]:
                        mean                     sum
              salary     service       salary    service
rank      sex
AssocProf Female   88512.800000   11.500000    885128      115
          Male    102697.666667   10.666667    308093       32
AsstProf  Female   78049.909091    2.545455    858549       28
          Male     85918.000000    1.750000    687344       14
Prof      Female  121967.611111   17.111111   2195417      308
          Male    124690.142857   24.178571   3491324      677
```

　　和前面讨论聚合函数时的描述类似，如果 aggfunc 中的函数来自第三方（如来自 NumPy 或自定义），则需直接给出函数名，但无须给出函数后跟随的一对括号。如果函数是 Pandas 内置的函数，如 sum、std、var 等，则需要给出这些函数名的字符串（用引号将函数名引起来）。如果聚合操作有多个，则需要将这些实施聚合操作的函数名打包成一个列表，一并给出。

　　学习到这里，或许你会发现，透视表实现的功能好像在哪里见过，有种"似曾相识燕归来"的感觉。是的！它就是我们前面提到的 groupby() 方法。二者在很多方面的功能都是等价的。通常来说，下面两种调用方式在功能上是等价的。

```
df.pivot_table(index=[key1,key2],values=[key3,key4],aggfunc=[函数 1, 函数 2])
df.groupby([key1,key2])[ key3,key4].agg([函数 1, 函数 2])
```

7.5.9　DataFrame 的类 SQL 操作

　　在 Pandas 中，我们还可以用类似 SQL（SQL-like）的语法来查询感兴趣的数据。比如说，基于前面的数据集（Salaries.csv），我们想查看职称为教授（rank 为 Prof）的信息，则可利用布尔索引来实现。

```
In [12]: df[df['rank'] == 'Prof'].head(10)    #输出符合条件的前 10 行
Out[12]:
```

	rank	discipline	phd	service	sex	salary
0	Prof	B	56	49	Male	186960
1	Prof	A	12	6	Male	93000
2	Prof	A	23	20	Male	110515
3	Prof	A	40	31	Male	131205
4	Prof	B	20	18	Male	104800
5	Prof	A	20	20	Male	122400
7	Prof	A	18	18	Male	126300
8	Prof	A	29	19	Male	94350
9	Prof	A	51	51	Male	57800
10	Prof	B	39	33	Male	128250

上述操作完全可以用一个类似 SQL 的查询方法 query() 来完成，代码如下。

```
In [13]: df.query("rank == 'Prof'").head(10)
Out[13]:
```

	rank	discipline	phd	service	sex	salary
0	Prof	B	56	49	Male	186960
1	Prof	A	12	6	Male	93000
2	Prof	A	23	20	Male	110515
3	Prof	A	40	31	Male	131205
4	Prof	B	20	18	Male	104800
5	Prof	A	20	20	Male	122400
7	Prof	A	18	18	Male	126300
8	Prof	A	29	19	Male	94350
9	Prof	A	51	51	Male	57800
10	Prof	B	39	33	Male	128250

从输出效果来看，df.query("rank == 'Prof'")完全等价于 df[df['rank'] == 'Prof']。但显然前者更加简明扼要，可读性也更好。这里需要注意的是，使用 query()方法时，查询字符串需要用双引号引起来，

如果查询字符串里还有索引名称（如 Prof），还需要再次用单引号引起来。

为了提高查询的灵活性，我们还可以用变量指明查询条件。在 Pandas 中，需要用特定的格式表明变量身份，这里 variable_name 就是变量名，任意符合 Python 命名规则的变量均可使用。在查询字符串中，变量名前面的符号"@"不可缺少。

```
In [14]: discip = 'B'   # discip 是 Python 的变量
In [15]: df.query("discipline == @discip").head(10)
Out[15]:
```

	rank	discipline	phd	service	sex	salary
0	Prof	B	56	49	Male	186960
4	Prof	B	20	18	Male	104800
10	Prof	B	39	33	Male	128250
11	Prof	B	23	23	Male	134778
12	AsstProf	B	1	0	Male	88000
13	Prof	B	35	33	Male	162200
14	Prof	B	25	19	Male	153750
15	Prof	B	17	3	Male	150480
16	AsstProf	B	8	3	Male	75044
17	AsstProf	B	4	0	Male	92000

7.5.10　DataFrame 中的数据清洗方法

在前面的案例中，我们所处理的数据是完整且有意义的，但现实可能是"非常骨感"的，可能会存在数据缺失、数据格式不统一或数据不准确的情况。

倘若数据不对（如格式不统一、不准确、有缺失等），那么在其基础上的一切分析都是徒劳。因此，数据清洗通常是数据分析的第一步，也是最烦琐且耗时的一步。

对这些"脏"的数据，自然不能简单地"一扔了之"，因为它们依然包括很多有价值的信息，所以适当的处理这些"脏"数据，变废为宝，便非常有意义。

庆幸的是，Pandas 提供了强大的数据清洗功能，通过必要的处理，最后还是可以得到可用的数据。Pandas 提供了很多好用的数据清洗方法，针对 DataFrame，常用的方法见表 7-4。

表 7-4　常用的数据清洗方法

类别	方法名	功能描述
缺失值检测	isnull()	布尔判断，如果存在缺失值，则返回 True
	notnull()	布尔判断，如果没有缺失值，则返回 True
缺失值填充	fillna(0)	如果存在缺失值，则用指定的值进行填充，默认值为 0
缺失值丢弃	dropna()	如果存在缺失值，则无条件将其抛弃
	dropna(how='all')	当前单元格所在的行或列都为缺失值（NaN）时，则抛弃数据
	dropna(axis = 1, how='all')	当列方向（axis = 1）的所有数据都为缺失值时，则抛弃该列
	dropna(axis=1, how='any')	当列方向有任何一个缺失值时，则抛弃该列
	dropna(thresh=5)	当所在行的数据有效值低于 5 个时，抛弃该行，这里的 thresh 是可修改的阈值

在下一节，我们就以泰坦尼克幸存者数据集为例，来说明上述方法在数据预处理中的应用。

7.6　泰坦尼克幸存者数据预处理

基于泰坦尼克幸存者数据集进行的分析，是一个经典的数据分析案例。它也是很多数据建模和分析竞赛平台上的入门题目，很有代表意义。

7.6.1　数据集简介

我们首先简单介绍一下泰坦尼克号事件。1912 年 4 月 15 日，泰坦尼克号在首次航行期间撞上冰山后沉没，船上共有 2224 名乘客和乘务人员，最终有 1502 人遇难。沉船导致大量伤亡的重要原因之一是，没有足够的救生艇给乘客和船员。虽然从这样的悲剧性事故中幸存下来有一定的运气因素，但还是有一定规律可循的，一些人，比如妇女、儿童和上层人士，比其他人有更高的存活可能性。

泰坦尼克号事件留下了"弥足珍贵"的数据记录。如前所述，乘客的幸存率存在一定的规律，因此这些数据记录集成了 Kaggle 上流行的入门机器学习的数据集。同时，又由于该数据集中的记录不完整，存在缺失值、异常值等，因此也成了很典型的练习数据分析的数据集。

下面，我们以泰坦尼克幸存者数据集（train.csv 和 test.csv）为例，来简要说明必要的数据清洗操作。先参看图 7-8 所示的部分数据，以获得对该数据集的感性认识。

PassengerId	Survived	Pclass	Name	Sex	Age	SibSp	Parch	Ticket	Fare	Cabin	Embarked
1	0	3	Braund, Mr. Owen Harris	male	22	1	0	A/5 21171	7.25		S
2	1	1	Cumings, Mrs. John Bradley (Florence Briggs Thayer)	female	38	1	0	PC 17599	71.2833	C85	C
3	1	3	Heikkinen, Miss. Laina	female	26	0	0	STON/O2. 3101282	7.925		S
4	1	1	Futrelle, Mrs. Jacques Heath (Lily May Peel)	female	35	1	0	113803	53.1	C123	S
5	0	3	Allen, Mr. William Henry	male	35	0	0	373450	8.05		S
6	0	3	Moran, Mr. James	male		0	0	330877	8.4583		Q
7	0	1	McCarthy, Mr. Timothy J	male	54	0	0	17463	51.8625	E46	S
8	0	3	Palsson, Master. Gosta Leonard	male	2	3	1	349909	21.075		S
9	1	3	Johnson, Mrs. Oscar W (Elisabeth Vilhelmina Berg)	female	27	0	2	347742	11.1333		S
10	1	2	Nasser, Mrs. Nicholas (Adele Achem)	female	14	1	0	237736	30.0708		C
11	1	3	Sandstrom, Miss. Marguerite Rut	female	4	1	1	PP 9549	16.7	G6	S
12	1	1	Bonnell, Miss. Elizabeth	female	58	0	0	113783	26.55	C103	S
13	0	3	Saundercock, Mr. William Henry	male	20	0	0	A/5. 2151	8.05		S
14	0	3	Andersson, Mr. Anders Johan	male	39	1	5	347082	31.275		S
15	0	3	Vestrom, Miss. Hulda Amanda Adolfina	female	14	0	0	350406	7.8542		S
16	1	2	Hewlett, Mrs. (Mary D Kingcome)	female	55	0	0	248706	16		S
17	0	3	Rice, Master. Eugene	male	2	4	1	382652	29.125		Q
18	1	2	Williams, Mr. Charles Eugene	male		0	0	244373	13		S
19	0	3	Vander Planke, Mrs. Julius (Emelia Maria Vandemoortele)	female	31	1	0	345763	18		S
20	1	3	Masselmani, Mrs. Fatima	female		0	0	2649	7.225		C

图 7-8　泰坦尼克幸存者部分数据

在机器学习领域，我们经常用这个这个数据集的部分特征，来预测哪些特征对幸存率有显著影响，这是后续章节需要解决的问题。这里，我们仅仅关注对这个"残缺"数据集的预处理。

分析数据的起点，通常是了解数据集中各个字段是什么含义，表 7-5 描述了各个字段（即特征）的含义。

表 7-5　泰坦尼克幸存者数据集的字段含义

字段名称	含义	备注
PassengerId	乘客 ID	自然数编号
Survived	是否幸存	1 表示幸存，0 表示没有幸存，通常作为预测的目标
Pclass	舱位等级	1 表示 Upper，2 表示 Middle，3 表示 Lower
Sex	性别	male 或 female
Age	年龄	自然数，但由于信息不全可能存在缺失值
SibSp	同在船上的配偶或兄弟姐妹数量	自然数，可能存在缺失值
Parch	同在船上的父母或子女数量	自然数，可能存在缺失值
Ticket	船票信息	字符串

续表

字段名称	含义	备注
Fare	票价	浮点数
Cabin	是否住在独立房间	1 表示是，0 表示否
Embarked	乘客登船的港口	C = Cherbourg（瑟堡）， Q = Queenstown（昆士城）， S = Southampton（南安普敦）

7.6.2 数据集的拼接

本节我们将以预测该乘客是否能获救为机器学习的目标，来对该数据集进行预处理。首先，我们要读取该数据集，此处以训练集（train.csv）为例来说明。

```
In [1]: import pandas as pd
In [2]: train_df = pd.read_csv('train.csv')
```

由于我们用到的数据集是 CSV 格式的，所以直接利用 Pandas 提供的 read_csv()方法来读取数据即可。在将数据读取到内存之后，最好对数据进行简单的预览（使用 head()方法）。预览的目的主要是了解数据表的大小、字段的名称及数据格式等。这为理解数据及后续的数据处理工作做了铺垫。

```
In [3]:  1  train_df.head()
Out[3]:
```

	PassengerId	Survived	Pclass	Name	Sex	Age	SibSp	Parch	Ticket	Fare	Cabin	Embarked
0	1	0	3	Braund, Mr. Owen Harris	male	22.0	1	0	A/5 21171	7.2500	NaN	S
1	2	1	1	Cumings, Mrs. John Bradley (Florence Briggs Th...	female	38.0	1	0	PC 17599	71.2833	C85	C
2	3	1	3	Heikkinen, Miss. Laina	female	26.0	0	0	STON/O2. 3101282	7.9250	NaN	S
3	4	1	1	Futrelle, Mrs. Jacques Heath (Lily May Peel)	female	35.0	1	0	113803	53.1000	C123	S
4	5	0	3	Allen, Mr. William Henry	male	35.0	0	0	373450	8.0500	NaN	S

事实上，我们还可以用 shape 属性和 info()方法来获取该数据集的更多信息。

```
In [4]: train_df.shape
Out[4]: (891, 12)          # 查看训练集有 891 条信息及 12 个字段
In [5]: train_df.info()    # 查看各字段的数据类型
<class 'pandas.core.frame.DataFrame'>
RangeIndex: 891 entries, 0 to 890
Data columns (total 12 columns):
```

```
PassengerId    891 non-null int64
Survived       891 non-null int64
Pclass         891 non-null int64
Name           891 non-null object
Sex            891 non-null object
Age            714 non-null float64
SibSp          891 non-null int64
Parch          891 non-null int64
Ticket         891 non-null object
Fare           891 non-null float64
Cabin          204 non-null object
Embarked       889 non-null object
dtypes: float64(2), int64(5), object(5)
memory usage: 83.7+ KB
```

从上面的输出不仅可看出每个字段的数据类型，更重要的是，还可从每个字段的计数信息看出，Cabin 相比于其他字段仅有 204 个有效数据，数据缺失严重。

我们还可以通过 describe()方法获取该数据集的摘要信息。

```
In [6]:   1  train_df.describe()
Out[6]:
```

	PassengerId	Survived	Pclass	Age	SibSp	Parch	Fare
count	891.000000	891.000000	891.000000	714.000000	891.000000	891.000000	891.000000
mean	446.000000	0.383838	2.308642	29.699118	0.523008	0.381594	32.204208
std	257.353842	0.486592	0.836071	14.526497	1.102743	0.806057	49.693429
min	1.000000	0.000000	1.000000	0.420000	0.000000	0.000000	0.000000
25%	223.500000	0.000000	2.000000	20.125000	0.000000	0.000000	7.910400
50%	446.000000	0.000000	3.000000	28.000000	0.000000	0.000000	14.454200
75%	668.500000	1.000000	3.000000	38.000000	1.000000	0.000000	31.000000
max	891.000000	1.000000	3.000000	80.000000	8.000000	6.000000	512.329200

describe()会对所有数值型字段进行一些必要的统计。比如说，我们看到幸存率（Survived）的均值仅为 38.38%（参考 Survived 字段的信息），乘客平均年龄是 29.69 岁（参考 Age 字段的信息），这些都令人"唏嘘不已"。

细细体会 describe()给出的信息，我们还能多少看到"异常值"（Outlier）的侧影。比如说，票价（Fare）的平均值为 32.4 美元，而中位数为 14.45 美元，平均值居然比中位数大很多，说明该特征分布是严重右偏的，我们又看到最大值是 512.32 美元，严重偏离均值和中位数，所以这个值很可能是潜在的异常值。

此外，还可从 describe()的输出大致看到整个数据集的缺失值情况。比如，从 count（计数）这个指标来看，多特征的个数都是 981 个，而年龄只有 714 个，这表明这个数据集中年龄字段至少有 200 个值是缺失的。

这提示我们，数据分析从还得从"查缺补漏"开始，这时就需要用到表 7-4 中提及的方法 isnull()了。

```
In [7]: train_df.isnull().sum()           #探寻整个数据集的缺失值个数
Out[7]:
PassengerId     0
Survived        0
Pclass          0
Name            0
Sex             0
Age           177
SibSp           0
Parch           0
Ticket          0
Fare            0
Cabin         687
Embarked        2
dtype: int64
```

需要注意的是，在 Python 中，是可以对布尔值实施加法操作的，True 被当作 1，而 False 被当作 0，所以在 In [7]中，可以对 train_df.isnull()的结果实施求和操作。

抛开语法细节，我们可以看到，字段 Age、Cabin 和 Embarked 中存在缺失值，这三列首先是我们要进行预处理的对象。

测试集（test.csv）中同样存在类似的"脏"数据，我们可以一起来处理。首先把它加载到内存之中。

```
In [8]: test_df = pd.read_csv('test.csv')
```

同样，我们还是用 head() 方法来"鸟瞰"这些数据长成什么样子。

```
In [9]:    1  test_df.head()
Out[9]:
```

	PassengerId	Pclass	Name	Sex	Age	SibSp	Parch	Ticket	Fare	Cabin	Embarked
0	892	3	Kelly, Mr. James	male	34.5	0	0	330911	7.8292	NaN	Q
1	893	3	Wilkes, Mrs. James (Ellen Needs)	female	47.0	1	0	363272	7.0000	NaN	S
2	894	2	Myles, Mr. Thomas Francis	male	62.0	0	0	240276	9.6875	NaN	Q
3	895	3	Wirz, Mr. Albert	male	27.0	0	0	315154	8.6625	NaN	S
4	896	3	Hirvonen, Mrs. Alexander (Helga E Lindqvist)	female	22.0	1	1	3101298	12.2875	NaN	S

测试集和训练集的差别在于，测试集把标签（即第二列的 Survived）删掉了，因为它刻画的是某个乘客"是否为幸存者"，这是留给训练好的模型来预测的。换句话说，train.csv 比 test.csv 多一列。即使如此，我们还是可以利用 concat() 把这两个数据集堆叠在一起。

```
In [10]: full_df = pd.concat([train_df, test_df], ignore_index=True, sort = False)
```

Pandas 在处理多个数据对象时，往往会用到数据连接操作，这时就可以使用 concat() 方法（类似于 NumPy 中的 concatenate() 方法）。该方法中有很多参数可供调整，可将两组数据堆叠成你想要的形态。该方法的原型如下。

```
concat(objs, axis=0, join='outer', join_axes=None, ignore_index=False,
keys=None, levels=None, names=None, verify_integrity=False, copy=True)
```

我们挑几个比较重要的参数来介绍一下。

参数 objs 是需要连接的数据对象，当多个数据对象连接时，就需要把它们同时放到一个列表里，例如在 In [10] 处，[train_df, test_df] 就是两个需要连接的 DataFrame 对象，它们被放置在一个列表里。

参数 axis 的默认值为 0（axis = 0），表示在垂直方向进行连接，即行变多了。如果设置 axis = 1，就表示在水平方向进行连接，即列变多了。

参数 join 是数据集的连接方式。其默认值为 outer（join=outer），表示外连接，即所有参与连接的索引全部都保留。若某数据源中没有另外一个数据源的索引，则在连接时，缺失部分用 NaN 代替。

若 join=inner，则表示内连接，在这种模式下，只取多个数据集中 index 交集部分的行或列，其余部分删除。

例如，在 In [10]处，由于没有设置 join 这个参数，则表明采用默认值 join=outer，即外连接模式。又因为没有设置 axis 参数，因此也采用默认值 axis = 0。在此方式下要做纵向合并，以 column 为基准，将列字段相同的上下合并，没有交集的自成一列，原本没有这个 column 的数据集则以 NaN 填充，输出如下。

```
In [11]:    1  full_df.tail()
Out[11]:
```

	PassengerId	Survived	Pclass	Name	Sex	Age	SibSp	Parch	Ticket	Fare	Cabin	Embarked
1304	1305	NaN	3	Spector, Mr. Woolf	male	NaN	0	0	A.5. 3236	8.0500	NaN	S
1305	1306	NaN	1	Oliva y Ocana, Dona. Fermina	female	39.0	0	0	PC 17758	108.9000	C105	C
1306	1307	NaN	3	Saether, Mr. Simon Sivertsen	male	38.5	0	0	SOTON/O.Q. 3101262	7.2500	NaN	S
1307	1308	NaN	3	Ware, Mr. Frederick	male	NaN	0	0	359309	8.0500	NaN	S
1308	1309	NaN	3	Peter, Master. Michael J	male	NaN	1	1	2668	22.3583	NaN	C

从上面的输出可以看到，由于测试集（test.csv）中没有 Survived 这一列，在外连接模式下，它们被填充为 NaN。这个填充的标记（NaN）自有妙用，因为它可以作为分割训练集和测试集的标志，后面会提及。

最后我们来说一下 In [10]处的用到的参数 ignore_index，它取值为 True 时，表示忽略原有待堆叠的 DataFrame 对象的 index，重新生成新的从 0 开始的自然数索引。比如说，如果我们没有设置这个参数为 True，那么训练集的 index 的范围为 0~890，然后紧接着是测试集的 index，范围为 0~417，二者的 index 存在交集，当依靠 index 来访问行的时候，就会出现歧义。如果 ignore_index 设置为 True，那么 Pandas 会把训练集和测试集两个 DataFrame 对象的 index 统统删除，重新生成的 index 范围为 0~1308，每个行的索引编号都是独一无二的。

人是有视觉青睐的。其实我们可以用可视化的方式来查看缺失值的情况。在 Python 中，有很多好用的可视化绘图库，如 Seaborn 和 Matplotlib 等，我们会在下一章详细介绍它们的使用方法，这里先简单体会一下。

Seaborn 在 Matplotlib 的基础上进行了更高级的 API 封装，从而使得作图更加容易。在大多数情况下，使用 Seaborn，只需寥寥几行代码就能做出很具吸引力的图。如果是通过 Anaconda 安装 Python

的，那么 Seaborn 是默认安装好的，我们只需要按照正常流程加载它即可。

在 Seaborn 中，借助 heatmap（热力图）可以将数据绘制为颜色方格（编码矩阵），因此可以用来描述数据分布，进而给用户带来更加明晰的视觉冲击力。

对于泰坦尼克幸存者数据集，我们也可以借助于热力图来查看缺失值的情况。

```
In [12]:
import seaborn as sns                                #导入 Seaborn 模块
import matplotlib.pyplot as plt
plt.rcParams['font.sans-serif']=['SimHei']           #正常显示中文标签
sns.heatmap(full_df.isnull(), cbar = False).set_title(r"缺失值热力图")
```

在上述代码中，**full_df.isnull()** 表示的便是各个列的缺失值情况，它将作为热力图的数据源。运行上述代码，便可通过热力图查看各个列缺失值的情况，如图 7-9 所示。从热力图中，我们可以清楚地看出各个列的缺失值情况，颜色分布越密集，说明缺失情况越严重。需要说明的是，对于测试集中的 Survived，我们是有意删除的，所以不能算作缺失值。

图 7-9　通过热力图查看各个列缺失值的情况

前面介绍了好几种查看缺失值的方法，但"醉翁之意不在酒"，只是让读者有多种选择来观察缺失值情况，以便在不同的情况下使用不同的方法。

7.6.3 缺失值的处理

在合并数据阶段，我们发现，待处理的数据共有 1309 行。从前面的分析可知，年龄（Age）、是否住在独立房间（Cabin）、登船港口（Embarked）里面有缺失数据。这为我们指明了下一步进行数据清洗的方向。为了训练模型，很多机器学习算法要求传入的特征中不能有空值，所以需要对缺失值进行填充。

对缺失值实施填充需要用到 fillna() 方法，其原型如下。

```
fillna(self, value=None, method=None, axis=None, inplace=False, limit=None,
downcast=None, **kwargs)[source]
```

其中，参数 value 指明有缺失值时该填充什么值，默认值为 None，相当于不设置填充值。如果不设置填充值，还能填充什么呢？

这时，就可以用 method() 方法来指导填充行为。如果某一行或某一列不全为缺失值，那说明它总会找到合法的有效值。而这个有效值就用来填充空位。这时需要设置填充策略，如果 method = 'backfill' 或 method ='bfill'，则表示在填充时会按照指定的轴方向，向回（back）找到上一个合法有效值，然后把这个有效值填充到当前空缺处。反之，如果 method = 'ffill' 或 method ='pad'，则表明按照指定的轴方向，向前（front）找到一个有效值来填充。

参数 axis 表示的是填充缺失值所沿的轴方向。取值为 0 或'index'时，表示按行填充，取值为 1 或'columns'时，表示按列填充。

如果我们希望在原始 DataFrame 中（而非 DataFrame 的副本中）填充数据，则需要把参数 inplace 设置为 True。设置为 False 时，Pandas 会创建一个副本，填充的结果对原有的数据集没有任何影响。这时，我们需要用一个新 DataFrame 对象来接收 fillna() 方法的执行结果。

缺失值的填充策略有很多。除了在 fillna() 方法中利用 method() 方法来指导填充，我们还可以自定义一些填充策略。

比如，对于数值型空缺，我们可以使用众数、均值、中位数填充。

对于具备时间序列特征的空缺，我们可以使用插值（interpolation）方式来填充。插值是一种离散函数逼近的重要方法，它可通过拟合函数在有限个点处的取值状况，估算出函数在其他点（缺失值）处的近似值。

如果是分类数据（即标签）缺失，一种填充策略就是用最常见的类别来填充空缺处，这类似于众数填充。当然，如果在特征参数很完备的情况下，还可以用模型来预测缺失值，然后填充。

在前面的理论基础上，让我们回到对泰坦尼克幸存者数据集的处理上。

```
In [13]: full_df['Embarked'].isnull().sum()     #填充前缺失值的数量
Out[13]: 2
In [14]: full_df['Embarked'].fillna(full_df['Embarked'].mode()[0], inplace =
True)
In [15]: full_df['Embarked'].isnull().sum()     #填充后缺失值的数量
Out[15]: 0
```

这里我们简单介绍一下 In [14]处的 full_df['Embarked'] . mode() [0]，这个值看起来有点令人费解。其实，稍稍拆解一下这条语句就能很容易地理解。

首先来说 full_df['Embarked']，它返回的是一个 Series 对象，它相当于 DataFrame 中的一列，然后我们求这个 Series 对象的众数，这里用到了 mode()方法。需要注意的是，通过前面的介绍可知，一个数据集中的众数可能不止一个，为了稳妥起见，mode()方法返回的是一个列表，以便存储多个并列的众数。对于一个列表而言，我们想取这个列表中的第一个元素，就可以用下标[0]获得。

接下来，我们对另外一个有缺失值的列 Age 进行填充，这次我们选择了均值填充。或许你会问，为什么不用众数填充呢？用众数填充也是可以的，这取决于你对数据处理的偏好，并无好坏之分。

```
In [16]: full_df['Age'].isnull().sum()   #填充前缺失值的数量
Out[16]: 263
In [17]: full_df['Age'].fillna(full_df['Age'].mean(), inplace = True)
In [18]: full_df['Age'].isnull().sum()   #填充后缺失值的数量
Out[18]: 0
```

下面我们再检查一下哪些字段还缺失。

```
In [19]: percent_1 = full_df.isnull().sum() / full_df.isnull().count() * 100
In [20]: percent_2 = round(percent_1, 2).sort_values(ascending = False)
In [21]: total = full_df.isnull().sum().sort_values(ascending = False)
In [22]: missing_data = pd.concat([total, percent_2], axis = 1, keys = ['Total',
'%'])
In [23]: missing_data.head()
```

```
Out[23]:
        Total      %
Cabin    1014  77.46
Survived  418  31.93
Fare        1   0.08
Embarked    0   0.00
Ticket      0   0.00
```

由上面的输出可以看出，Cabin（是否住在独立房间）字段和 Fare（票价）字段依然存在缺失值，对于 Survived（是否幸存），如前所述，它并不是存在缺失值，只是因为把训练集和测试集（不含该字段）合并了而已。

下面我们对两个有缺失值的列实施填充。由于 Fare 缺失较少，用均值填充还算比较"靠谱"。但 Cabin 缺失较多，接近 80%，虽然我们可以粗暴地将其抛弃，但我们不能这么做，因为还有另外一个层面的考虑：如果我们设计的模型是用来预测 Survived（是否幸存）的，那有没有可能凡是有房间号（即 Cabin 不为空）的乘客就是身份地位较高的人，而这些人被救的可能性就更大呢？作为一个可能有用的特征，我们要将其保留，处理为有或没有房间号两大类，没有房间号的用"NA"填充，NA 常表示 not available（不可用）。

```
In [24]: full_df['Fare'].isnull().sum()      #填充前缺失值的数量
Out[24]: 1
In [25]: full_df['Fare'].fillna(full_df['Fare'].mean(), inplace = True)
In [26]: full_df['Fare'].isnull().sum()
Out[26]: 0
In [27]: full_df['Cabin'].isnull().sum()      #填充前缺失值的数量
Out[27]: 1014
In [28]: full_df['Cabin'].fillna('NA', inplace = True) #缺失值填充 NA
In [29]: full_df['Cabin'].isnull().sum()
Out[29]: 0
```

至此，我们便把数据集中的缺失值填充完毕了。但客观来讲，对数据分析来说，这些还远远不够。比如说，对于机器学习来说，我们还需要构造更加可用的特征，借助可视化手段，挑选可用的特征，这些操作会在后续的章节中介绍。

下面的工作是把已经初步处理好的数据分别存储起来，这里就要用到 to_csv()方法了。与

read_csv()功能相反的是，to_csv()会将内存数据以 CSV 格式写入磁盘中保存。

为了区分测试集和训练集，我们可以用"Survived 是否为 NaN"作为条件进行布尔判断（这是我们在前面的操作中留下的伏笔，测试集与训练集合并时，由于没有这个列索引，因此会被统一填充为 NaN），然后用布尔矩阵来分割数据，代码如下所示。

```
In [30]: train_clean = full_df[full_df['Survived'].notnull()]        #提取训练集
In [31]: train_clean.to_csv('train_clean.csv')                       #保存至磁盘
In [32]: test_clean = full_df[full_df['Survived'].isnull()]          #提取测试集
In [33]: test_clean.drop('Survived', axis = 1).to_csv('test_clean.csv') #保存至磁盘
```

7.7　本章小结

在本章中，我们主要学习了基于 NumPy 构建的数据分析包 Pandas 的用法。在 Pandas 中，我们主要学习了类似于一维数组的 Series，类似二维数组的 DataFrame。

在 Series 部分，我们学习了 Series 的创建、数据访问、切片操作、数据的增删操作等。在 DataFrame 部分，我们学习了 DataFrame 的行或列操作，并详细说明了基于 Pandas 的文件操作、条件过滤、切片操作和排序、聚合与分组、计算透视表等。

最后，我们以泰坦尼克幸存者数据集为例，较为详细地说明了如何对原始数据进行数据预处理，包括数据的连接、缺失值的统计和填充。在下一章，我们将结合可视化图，继续讨论这个案例。

7.8　思考与提高

data.csv 为用户用电数据，数据中有编号为 1~200 的 200 位用户，DATA_DATE 表示时间，如 2015/1/1 表示 2015 年 1 月 1 日，KWH 表示用电量（数据集参考随书源代码）。

（1）将数据进行转置，转置后型如 eg.csv，缺失值用 NAN 代替。

（2）对数据中的异常值进行识别并用 NA 代替。

（3）计算每个用户用电数据的基本统计量，包括最大值、最小值、均值、中位数、和、方差、偏度、峰度。（不包括空值）

（4）每个用户用电数据按日差分，并计算差分结果的基本统计量，统计量同上述第 3 问。

（5）计算每个用户用电数据的 5% 分位数。

（6）对每个用户的用电数据按周求和并差分（一周 7 天），计算差分结果的基本统计量，统计量同第 3 问。

（7）每个用户在一段时间内会有用电数据最大值，统计用电数据大于"0.9 × 最大值"的天数。

（8）获取每个用户用电数据出现最大值和最小值的月份，若最大值（最小值）存在于多个月份中，则输出含有最大值（最小值）最多的那个月份。我们按天统计每个用户的用电数据，假设 1 号用户用电量的最小值为 0（可能是当天外出没有用电），在一年的 12 个月，每个月都可能有若干天用电量为 0，那么就输出含有最多用电量为 0 的天数的所在月份。最大用电量的统计同理。

（9）以每个用户 7 月和 8 月用电数据为同一批统计样本，3 月和 4 月用电数据为另一批统计样本，分别计算这两批样本之间的总体和（sum）之比、均值（mean）之比，最大值（max）之比和最小值（min）之比。

（10）将上述统计的所有特征合并在一张表中显示出来。

【案例分析】

本题属于经典的基于 Pandas 的数据分析题目，每个小题都有多种解法，但殊途同归，这里我们仅仅提供比较具有代表性的解决方案。对于读者而言，希望读者先自行解决，折腾一番以后，有了感性认识，再对照参考答案，这样会收获更多。

首先，我们来加载数据，这是所有数据分析的基础。由于数据是 CSV 格式的，自然，我们用read_csv() 来加载比较方便。

```
In [1] :
#导入模块
import pandas as pd, numpy as np
#导入数据，转换日期，并将前两列变成双重索引
df = pd.read_csv('data.csv', parse_dates = True, index_col= [0, 1])
df.head(10)    #显示前 10 行，此处仅用于验证，非必需
```

```
Out[1]:
                              KWH
        CONS_NO   DATA_DATE
                  2015-01-01   6.68
                  2015-01-02   2.50
                  2015-01-03   5.20
                  2015-01-04   4.17
                  2015-01-05   4.89
             1    2015-01-06   5.26
                  2015-01-07   4.11
                  2015-01-08   3.70
                  2015-01-09   3.74
                  2015-01-10   5.83
```

导入数据后，现在我们讨论问题（1），这个问的解法非常多，以下是一个相对简便的方式。

```
In [2]:
#1.将数据进行转置
df = df.unstack().KWH      #行列转换后，提取列名为 KWH 的数据
df.head(10)    #显示前 10 行，此处仅用于验证，非必需
```

```
Out[2]:
   DATA_DATE  2015-  2015-  2015-  2015-  2015-  2015-  2015-  2015-  2015-  2015-       2017-  2017-  2017-  2017-  2017-  2017-
              01-01  01-02  01-03  01-04  01-05  01-06  01-07  01-08  01-09  01-10  ...  01-29  01-30  01-31  02-01  02-02  02-0
   CONS_NO
         1    6.68   2.50   5.20   4.17   4.89   5.26   4.11   3.70   3.74   5.83  ...   2.37   3.12   2.02   1.74   2.53   3.1
         2    1.22   0.65   1.14   1.04   1.33   1.02   0.08   0.09   0.09   0.09  ...   0.97   0.95   0.93   0.92   0.92   1.9
         3    7.35   6.65   7.76   4.02   4.68   7.06   6.51   7.00   6.53   4.94  ...   0.00   0.00   0.00   0.00   0.00   0.0
         4    0.62   1.92   0.65   1.30   0.71   1.36   0.89   1.24   0.75   1.67  ...   1.14   1.06   0.96   1.12   0.86   0.7
         5    2.58   2.60   2.36   1.83   2.05   1.97   1.98   1.44   2.02   2.33  ...   2.11   2.58   2.22   1.96   1.71   2.2
         6    2.72   2.34   2.79   2.61   2.52   2.52   2.35   2.32   2.28   2.34  ...   3.71   4.16   3.34   3.60   3.04   3.0
         7    0.55   0.57   0.56   0.56   0.60   0.60   2.20   0.82   0.60   0.60  ...   1.05   0.61   0.90   0.90   0.94   4.2
         8   10.98  13.02  13.86  11.51  10.67  11.86  10.26  10.67  11.87  11.13  ...   1.82   1.80   1.38   1.39   1.39   1.1
         9    0.00   0.00   0.00   0.00   0.00   0.00   0.00   0.00   0.00   0.00  ...   3.96   5.05   4.18   4.15   3.38   3.6
        10    1.84   2.50   1.91   2.70   2.26   3.35   2.66   2.45   2.45   2.32  ...   0.00   0.00   0.00   0.00   1.19   0.8

10 rows × 746 columns
```

在上面的代码中，由于原始的 df 有两级行索引，而我们只想将最内层的行索引转置为列，因此不能用“df.T”进行简单的转置，而应该用 unstack() 方法。该方法可以实现更精确的转置，默认 level=-1，

表示将最内层的行索引（参见 Out[1]输出，即日期）转置为列，这样一来，在列的层次上就有二级索引，然后我们提取其中的一级索引 df.unstack().KWH，就可以得到 Out [2]处的输出（这就是题目给出的范例 eg.csv 的数据布局）。

接下来，将转置后的 DataFrame 缺失值标记为 NAN。

```
In [3]:
#缺失值用 NAN 代替
df.fillna(np.nan, inplace = True)    #设置 inplace 为 True，表明在原始 df 对象中填充
```

对异常值进行判断有多种方法，其中一种就是，当前值与均值的差值绝对值大于三倍标准差时，我们即将此值视为异常值。在这种判断下，问题（2）的实现代码如下。

```
In [4]:
#2.对数据中的异常值进行识别
for col in range(df.shape[1]):
    df.iloc[:, col][(df.iloc[:, col] - df.mean(axis = 1)).abs()
                > df.std(axis = 1) * 3] = np.nan
```

问题（3）就是计算简单的统计量，我们都有现成的函数，拿来用即可。

```
In [5]:
#3.计算每个用户用电数据的基本统计量（不包括空值）
df_max = df.max(axis = 1)          #最大值
df_min = df.min(axis = 1)          #最小值
df_mean = df.mean(axis = 1)        #均值
df_median = df.median(axis = 1)    #中位数
df_sum = df.sum(axis = 1)          #和
df_var = df.var(axis = 1)          #方差
df_skew = df.skew(axis = 1)        #偏度
df_kurt = df.kurt(axis = 1)        #峰度
```

如果用聚合函数，上述多行代码可用一行代码完成。

```
df.agg(["max","min","mean","median","sum","std","skew","kurt"], axis = 1)
```

差分是指，在时间序列数据中，将数据进行某种移动之后与原数据比较，从而得出的差异数据。

在 Pandas 中，计算差分是用 diff(self, periods=1, axis=0) 方法实现的。它有两个参数，一个是 periods（周期），默认值为 1，比如说将前一天的数据与当天的数据比较，将前一小时与当前小时的数据比较。计算这类情况下的差分数据时，不需要设置这个参数，启用默认值即可。另一个参数就是比较的轴方向 axis，它的默认值为 0（或 index），表示在行之间做差分，比如将前一行与当前行比较。如果值为 1（或 columns），表示在列之间做差分。采用何种轴方向，取决于时间序列在哪个方向。

通过前面的输出结果，可以看出，转置之后，时间序列在列方向上。因此通过前面的分析可知，问题（4）的解决方案如下。

```
In [6]:
#4.每个用户用电数据按日差分，并计算差分结果的基本统计量
df_diff = df.diff(axis = 1)
df_diff_max = df_diff.max(axis = 1)           #最大值
df_diff_min = df_diff.min(axis = 1)           #最小值
df_diff_mean = df_diff.mean(axis = 1)         #均值
df_diff_median = df_diff.median(axis = 1)     #中位数
df_diff_sum = df_diff.sum(axis = 1)           #和
df_diff_var = df_diff.var(axis = 1)           #方差
df_diff_skew = df_diff.skew(axis = 1)         #偏度
df_diff_kurt = df_diff.kurt(axis = 1)         #峰度
```

类似地，以上操作利用聚合函数，一行代码即可实现，结果如下。

```
1  df.diff(axis=1).agg(["max","min","mean","median","sum","std","skew","kurt"])
```

	2015-01-01	2015-01-02	2015-01-03	2015-01-04	2015-01-05	2015-01-06	2015-01-07	2015-01-08	2015-01-09	2015-01-10	...	201
max	NaN	5.360000	7.800000	16.620000	3.850000	8.880000	4.310000	5.920000	9.890000	12.320000	...	10.5
min	NaN	-8.180000	-5.200000	-8.010000	-10.530000	-6.200000	-6.180000	-9.150000	-5.890000	-8.480000	...	-9.00
mean	NaN	0.006701	0.198889	-0.063990	-0.141010	0.271212	-0.249697	-0.106396	0.041616	0.072150	...	-0.1
median	NaN	0.000000	0.000000	0.000000	0.000000	0.005000	-0.025000	0.000000	0.000000	0.000000	...	0.00
sum	0.0	1.320000	39.380000	-12.670000	-27.920000	53.700000	-49.440000	-20.960000	8.240000	14.430000	...	-34.39
std	NaN	1.401927	1.347194	1.908014	1.372756	1.344020	1.199878	1.173429	1.368294	1.636961	...	1.59
skew	NaN	-0.627370	1.122810	3.012052	-2.246995	1.211841	-0.659373	-1.883948	1.317989	0.790172	...	0.1
kurt	NaN	8.342530	7.017016	30.774185	17.346684	11.267979	5.255458	21.134531	16.040912	20.843411	...	16.5

8 rows × 746 columns

Pandas 模块为我们提供了非常多的描述性统计分析的指标函数，如和、均值、最小值、最大值等，除此之外，它也提供了分位数函数，可拿来即用。因此问题（5）可以用以下方法解决。

```
In [7]:
#5.计算每个用户用电数据的 5%分位数
df_quantile = df.quantile([.05], axis = 1)
```

问题（6）实际上就是按周分组求和，然后再与问题（5）一样计算差分。这里的核心问题是，如何按周分组？这时就要利用日期索引的特性，比如日期索引有专门的 week 属性，它能帮我们判断某些日期是否在同一周内。

```
In [8]:  df_week_diff = df.groupby(df.columns.week, axis = 1).sum().diff(axis = 1)
In [9]:  df_week_diff  #仅作验证，并非需语句
Out[9]:
```

DATA_DATE	1	2	3	4	5	6	7	8	9	10	...	44	45
CONS_NO													
1	NaN	13.32	-9.07	6.56	3.82	-23.02	-14.09	-7.93	13.87	1.44	...	-5.12	10.93
2	NaN	-5.91	8.34	1.40	2.16	-20.77	3.14	-5.35	-2.57	7.79	...	-3.41	6.38
3	NaN	13.99	9.44	-4.62	6.38	-29.93	29.13	-16.67	3.21	9.24	...	-2.74	6.63
4	NaN	2.53	-1.73	2.79	-1.79	-4.59	-3.75	3.61	-0.92	0.21	...	-2.76	4.19
5	NaN	3.87	0.23	1.94	1.86	-20.07	0.63	4.84	-7.60	1.69	...	-2.80	11.52
...	...	...	...	...	...	...	...	...	...	...	...	...	...
196	NaN	-0.26	2.76	-15.10	-1.69	-8.31	-3.20	5.63	0.23	6.14	...	-3.61	6.56
197	NaN	25.92	9.06	-15.20	-28.55	-10.48	3.13	-1.02	-2.29	0.45	...	-8.11	17.01
198	NaN	10.00	-13.66	-2.75	-20.19	-20.37	-10.69	-5.39	17.29	6.99	...	-0.14	2.77
199	NaN	7.93	-26.68	2.72	3.44	-18.06	-15.05	2.86	-7.98	2.58	...	-9.16	22.68
200	NaN	0.00	0.00	0.00	0.00	0.00	0.00	0.00	0.00	0.00	...	0.00	0.00

200 rows × 53 columns

有了上面的铺垫，完成问题（6）就水到渠成了。

```
In [10]:
#6.对每个用户的用电数据按周求和并差分（一周 7 天），计算差分结果的基本统计量
df_week_diff_max = df_week_diff.max(axis = 1)          #最大值
df_week_diff_min = df_week_diff.min(axis = 1)          #最小值
```

```
df_week_diff_mean = df_week_diff.mean(axis = 1)          #均值
df_week_diff_median = df_week_diff.median(axis = 1)      #中位数
df_week_diff_sum = df_week_diff.sum(axis = 1)            #和
df_week_diff_var = df_week_diff.var(axis = 1)            #方差
df_week_diff_skew = df_week_diff.skew(axis = 1)          #偏度
df_week_diff_kurt = df_week_diff.kurt(axis = 1)          #峰度
```

同样地，为了方便起见，我们可以用聚合函数批量处理上述统计量。

```
In [11]:
df_week_diff.agg(["max","min","mean","median","sum","std","skew","kurt"])
```

	1	2	3	4	5	6	7	8	9	10	...
max	NaN	131.450000	52.720000	90.360000	76.410000	12.740000	46.850000	42.870000	37.110000	54.410000	...
min	NaN	-37.770000	-71.700000	-189.260000	-76.250000	-274.270000	-86.440000	-37.460000	-38.140000	-39.740000	...
mean	NaN	8.719700	0.563650	-3.229400	-1.286250	-23.769850	-0.622000	-0.777650	0.632900	2.094000	...
median	NaN	7.165000	0.000000	-2.135000	-0.440000	-17.585000	0.000000	-0.470000	0.000000	0.355000	...
sum	0.0	1743.940000	112.730000	-645.880000	-257.250000	-4753.970000	-124.400000	-155.530000	126.580000	418.800000	...
std	NaN	14.108935	12.150499	18.600432	14.434299	28.321242	12.407866	11.350594	9.185229	10.721819	...
skew	NaN	3.634004	0.118797	-4.490351	-0.404875	-4.225655	-1.766420	0.461681	0.010482	1.589866	...
kurt	NaN	29.312923	9.876588	52.731698	9.873313	30.987007	12.699777	2.353069	3.146994	7.212190	...

8 rows × 53 columns

对于问题（7），统计每个用户用电数据大于 $0.9 \times$ 最大值的天数（这些日子都属于用电高峰期），这个操作比较简单，先来说一种传统的方式。

```
In [12]:
df_per10 = pd.Series([(df.iloc[row, :] > (df_max *0.9).iloc[row]).sum() for row
in range(df.shape[0])],index = range(1, 201))
```

这种方式利用了前面求得的 **df_max**（每个用户用电数据的最大值），然后利用一个列表表达式逐行求和。这里用到一个知识点，Python 中的布尔值是可以直接求和的（True 当作 1，False 当作 0），每一行中 True 的个数可以用 sum() 求解得到。然后 1~200 行的求和结果就形成了一个列表，这个列表作为数据源，形成了一个 Series 对象。

其实，对于问题（7），还有一种更加简单的求解方式，代码如下所示。

```
In [13]:
df_per10 = df.max(axis = 1) * 0.9
df[df.sub(df_per10, axis = 0) > 0].count(axis = 1)
Out[13]:
```

```
CONS_NO
1        8
2        4
3        2
4        8
5        5
         ..
196      2
197      7
198      3
199      5
200      0
Length: 200, dtype: int64
```

简单解释一下上面的代码。实际上，df 的数据类型为 DataFrame，df_per10 的类型是 Series，二者直接做减法是不行的，Pandas 会对 df_per10 进行广播操作，将其拉伸为与 df 维度相同的状态，然后再做减法，减法操作利用了 DataFrame 中的 sub() 方法。

接下来，我们来讨论问题（8）。这里涉及计数问题，我们可以利用第 3 章中讲解的 Counter 来完成。

```
In [14]:
#8.获取每个用户用电数据最大值、最小值的索引月份
from collections import Counter
df_month_max = df_max.copy()      #获取深拷贝
df_month_min = df_min.copy()
for row in range(df.shape[0]):
    df_month_max.iloc[row] = Counter(df.iloc[row, :][df.iloc[row, :] ==
            df_max.iloc[row]].index.month).most_common(1)[0][0]
    df_month_min.iloc[row] = Counter(df.iloc[row, :][df.iloc[row, :] ==
            df_min.iloc[row]].index.month).most_common(1)[0][0]
```

对于上述代码，我们做简单介绍，首先我们导入了 Counter 这个方法，然后深拷贝获取每一行（即每个用户）中用电数据的最大值和最小值，但这里"醉翁之意不在酒"，仅仅是想获取它们的数据结

构用以存储用电数据最大的月份和最小的月份。Counter 有一个好用的方法 most_common()，它能对最常用的关键词（统计对象）进行排序，其中的参数"1"表示返回一个最高频的元素，这符合题意。

　　most_common()方法返回的是一个列表对象，列表中每个元素又是一个个元组。元组中的元素包括两个，即关键词（统计对象）和频率。most_common(1)[0]提取的是列表中的第 0 个元素（即第 0 个元组，从 0 开始计数），most_common(1)[0][0]提取的是第 0 个元组的第 0 个元素（即关键词）。

　　下面我们来验证每个用户用电数据最大值的索引月份。

```
In [15]: df_month_max
Out[15]:
CONS_NO
1        7.0
2        7.0
3        4.0
4        2.0
5        7.0
        ...
196      1.0
197      7.0
198      8.0
199      1.0
200      1.0
Length: 200, dtype: float64
```

　　每个用户用电数据最小值的索引月份如下。

```
In [16]: df_month_min
Out[16]:
CONS_NO
1        2.0
2        2.0
3        7.0
4        2.0
5        2.0
        ...
196      2.0
197      1.0
198      2.0
199      9.0
200      1.0
Length: 200, dtype: float64
```

下面我们再讨论问题（9）。按照题意，只要设置好操作的轴方向（水平方向操作时 axis = 1）就能比较容易地完成任务。

```
In [17]:
# 9.计算每个用户 7 月、8 月用电量和与 3 月、4 月用电量和的比值，最大值的比值，最小值的比值，
# 均值的比值
elec78 = df.groupby(df.columns.month, axis = 1).sum().iloc[:,6:8]
elec34 = df.groupby(df.columns.month, axis = 1).sum().iloc[:,2:4]
df_elec_sum_scale = elec78.sum(axis = 1) / elec34.sum(axis = 1)
df_elec_max_scale = elec78.max(axis = 1) / elec34.max(axis = 1)
df_elec_min_scale = elec78.min(axis = 1) / elec34.min(axis = 1)
df_elec_mean_scale = elec78.mean(axis = 1) / elec34.mean(axis = 1)
```

我们取前两个数据进行验证，取第一个数据（7 月、8 月的用电数据之和），如下。

```
In [18]: elec78
Out[18]:
```

DATA_DATE	7	8
CONS_NO		
1	306.87	286.75
2	155.96	115.92
3	173.49	157.70
4	69.02	78.85
5	322.55	228.70
...	...	...
196	54.25	21.72
197	512.55	250.47
198	239.29	228.86
199	149.28	160.00
200	0.00	0.00

200 rows × 2 columns

取第二个数据（3 月、4 月的用电数据之和），如下。

```
In [19]: elec34
Out[19]:
```

DATA_DATE	3	4
CONS_NO		
1	195.86	159.24
2	118.86	104.09
3	397.54	199.77
4	63.49	65.83
5	132.72	121.00
...	...	...
196	68.05	71.26
197	46.20	48.09
198	194.66	113.11
199	141.27	154.00
200	0.00	0.00

200 rows × 2 columns

　　下面我们来讨论最后一个问题。实际上，这道题主要考察的是如何创建一个 DataFrame 对象。根据前面的特征，我们分别创建了相应的 Series 对象，所以用一个列表将它们连接起来作为数据源，然后设置好对应的索引即可。

```
In [20]:
#10.将所有特征合并在一张表中显示
features = pd.DataFrame([df_max, df_min, df_mean, df_median, df_sum, df_var,
df_skew, df_kurt,   df_diff_max, df_diff_min, df_diff_mean, df_diff_median,
df_diff_sum, df_diff_var,   df_diff_skew, df_diff_kurt, df_week_diff_max,
df_week_diff_min, df_week_diff_mean,   df_week_diff_median, f_week_diff_sum,
df_week_diff_var, df_week_diff_skew,   df_week_diff_kurt, df_per10,
df_month_max, df_month_min, df_elec_sum_scale,   df_elec_max_scale,
df_elec_min_scale, df_elec_mean_scale], index = ['df_max', 'df_min',
'df_mean', 'df_median', 'df_sum', 'df_var', 'df_skew', 'df_kurt', 'df_diff_max',
'df_diff_min', 'df_diff_mean', 'df_diff_median', 'df_diff_sum', 'df_diff_var',
```

```
'df_diff_skew', 'df_diff_kurt', 'df_week_diff_max',   'df_week_diff_min',
'df_week_diff_mean', 'df_week_diff_median', 'df_week_diff_sum',
'df_week_diff_var', 'df_week_diff_skew', 'df_week_diff_kurt', 'df_per10',
'df_month_max', 'df_month_min', 'df_elec_sum_scale', 'df_elec_max_scale',
'df_elec_min_scale', 'df_elec_mean_scale']
)
```

下面，我们来验证这些特征。

```
In [21]: Features
Out[21]:
```

	1	2	3	4	5	6	7	8
df_max	12.610000	6.710000	14.780000	2.700000	10.190000	10.400000	14.430000	28.870000
df_min	0.000000	0.000000	0.000000	0.000000	0.000000	0.000000	0.000000	0.000000
df_mean	3.513940	1.906392	3.491978	1.101363	2.789294	3.256898	3.519455	8.232576
df_median	3.040000	1.755000	3.500000	0.990000	2.240000	3.080000	3.140000	7.745000
df_sum	2470.300000	1342.100000	2524.700000	791.880000	1974.820000	2351.480000	2516.410000	5943.920000	1
df_var	3.863820	0.948781	9.951121	0.192672	2.666192	1.110975	3.714860	24.858692
df_skew	2.166039	1.627766	0.397463	1.080126	2.271119	2.488068	1.266923	1.249781
df_kurt	5.645158	4.302264	-0.786355	1.258425	4.795565	10.828451	2.895866	2.989266
df_diff_max	7.720000	3.790000	8.350000	1.950000	4.740000	5.890000	10.180000	13.910000
df_diff_min	-7.320000	-4.200000	-7.020000	-2.120000	-6.020000	-7.340000	-6.880000	-16.500000
df_diff_mean	-0.009647	-0.005095	0.015246	0.002769	0.010503	0.005175	0.027646	-0.003534
df_diff_median	0.010000	0.000000	0.000000	0.010000	0.000000	-0.010000	0.000000	0.000000
df_diff_sum	-6.550000	-3.480000	10.840000	1.930000	7.310000	3.690000	19.380000	-2.520000
df_diff_var	2.098713	0.848938	2.608314	0.264063	0.919670	1.240109	2.971305	9.061005

这道问题整体来说并不是很难，但十分能考察受试者的 Pandas 基本功，需要受试者对 Pandas 的基本操作掌握得相当熟练。

第8章 Matplotlib 与 Seaborn 可视化分析

人们通常是有视觉青睐的。因此，数据可视化对于数据描述及探索性分析至关重要，恰当的可视化图表，可以更有效地传递数据信息。

Python 中有很多第三方数据可视化工具包，如 Matplotlib、Seaborn 等就是其中的佼佼者。它们的出现，大大降低了人们对数据分析的理解难度。在本章中，我们将主要介绍 Matplotlib 和 Seaborn 的基本用法。

本章要点（对于已掌握的内容，请在对应的方框中打钩）

☐ 掌握 Matplotlib 绘图工具的使用方法

☐ 掌握 Seaborn 的使用方法

☐ 了解可视化在特征选择中的作用

8.1 Matplotlib 与图形绘制

人们对数字是不敏感的，尤其对复杂数字。几百万年以来，人类祖先的生存压力，带来了进化压力，迫使人们对周围的环境必须能快速感知，这也使得人们对视觉带来的冲击青睐有加。

对于现代出版物，有所谓"一图胜千言"的说法。在数据分析领域，亦是如此。人们很希望把晦涩难懂的数字，变成喜闻乐见的图形，以增强对数据的洞察。

Matplotlib 是一款功能强大的数据可视化工具。它与 NumPy 的无缝集成，使得 Python 拥有与MATLAB、R 等语言"叫板"的实力。

通过使用 plot()、bar()、hist()和 pie()等函数，Matplotlib 可以很方便地绘制散点图、条形图、直方图及饼图等专业图形。

但客观来讲，Matplotlib 也有不足。比如说，它绘制的图形还不够细腻，或者说比较底层，如果你想绘制一个相对高级的图形，需要花费较大的精力进行微调和美化。

有需求，自然就会有开发的动力。于是，人们对 Matplotlib 进行了二次封装，开发出了更为高阶的 Seaborn 绘图库，使绘制的图形更加细腻，也显得更加"高大上"。在某些场合，可用 Seaborn 来替代 Matplotlib 绘制更为惊艳的图形。

与 NumPy 类似，如果我们已经通过 Anconada 安装了 Python，那么就无须再次显式安装 Matplotlib了，因为它已经默认被安装了。

如果的确没有安装 Matplotlib，可在控制台的命令行使用如下命令在线安装。

```
conda install matplotlib        #在 Anaconda 平台下安装
```

或在 Python 3 环境下，通过如下命令安装。

```
pip install matplotlib          #在单纯的 Python 平台下安装
```

8.2 绘制简单图形

二维（2D）图形是人们最常用的图形呈现媒介。通常，我们使用 Matplotlib 中的子模块 pyplot来绘制 2D 图形。它能让用户较为便捷地将数据图形化，并能提供多样化的输出格式。

在使用 pyplot 模块之前，需要先显式地导入（import）它。为了引用方便，我们常为这个模块取一个别名 plt。在这一节中，我们将遵循由简入繁的原则，先尝试用默认配置及低阶的数据构造方式，来绘制一个正弦函数图形，以便让读者掌握 Matplotlib 绘图的常用方法，然后我们逐步添加更多设置，让读者理解 Matplotlib 的高级用法。

【范例 8-1】绘制第一个图形（sin_curve.py）

```
01    import math
02    import matplotlib.pyplot as plt
03
04    #生成正弦曲线 x 点
05    nbSamples = 256
06    xRange = (-math.pi, math.pi)  #X轴的取值区间[-π, +π]
07    x, y = [], []
08
09    for n in range(nbSamples):
10        ratio = (n + 0.5) /nbSamples
11        x.append(xRange[0] + (xRange[1] - xRange[0]) * ratio)
12        y.append(math.sin(x[-1]))   #将列表 x 中最后一个数据作为 sin()函数的值，求出 y
13
14    # 绘制正弦曲线
15    plt.plot(x, y)
16    plt.show()
```

【运行结果】

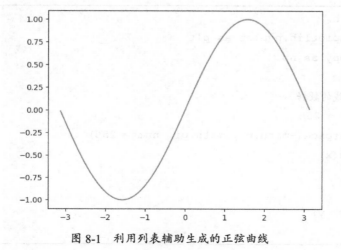

图 8-1　利用列表辅助生成的正弦曲线

【代码分析】

第 01 行导入了 math 模块，这是因为我们要用到该模块中的 sin() 函数。第 02 行导入了 Matplotlib 绘图库，并取别名为 plt。第 07 行创建了两个空列表 x 和 y，第 09~12 行的 for 循环通过追加（append）模式来填充列表 x 和 y，它们分别作为 X 轴和 Y 轴的数据。

列表 x、y 的构造很费劲。需要先算出每个元素在整个数据集合中的比例系数 ratio（第 10 行），然后根据这个比例系数算出该元素在 +π 和 −π 之间的相对位置（第 11 行），这里的 π 用 math.pi 表示。最后，将列表 x 中最后一个数据（即最新的数据）作为 sin() 函数的参数值，求出对应的 sin(x) 值，并逐个将它们追加到 x 和 y 列表中。

实际上，绘图的代码只有一行（第 15 行），即 plt.plot(x,y)。这是一个通用命令，在理论上，该命令可接受任意数量的参数。其中 x 为数据点的横坐标，y 为数据点的纵坐标。x 和 y 可以是列表，也可以是数组，但二者的长度要保持一致，否则难以搭配形成绘图坐标。

当然，只有第 15 行代码也是不够的，图片绘制成功后，如果我们想在屏幕上看到它，还需要通过 plt.show() 函数来显示绘制的图形（第 16 行）。

以上就是 Matplotlib 最简单的应用，如前所述，对充当 X 轴和 Y 轴数据集的两个列表 x 和 y，其构造过程太过于低效。

好在"他山之石，可以攻玉"，在前面的章节中，我们已经学习过高效的数值计算包 NumPy。因此，完全可用 NumPy 来高效构造所需数据。下面我们结合 NumPy 对【范例 8-1】进行局部修改。

【范例 8-2】使用 NumPy 简化数据构造（numpy-arrays.py）

```
01   import math
02   import matplotlib.pyplot as plt
03   import numpy as np
04
05   #生成正弦曲线的数据
06   nbSamples = 256
07   x = np.linspace(-math.pi, math.pi, num = 256)
08   y = np.sin(x)
09
10   # 绘制图形
11   plt.plot(x, y)
12   plt.show()
```

【运行结果】

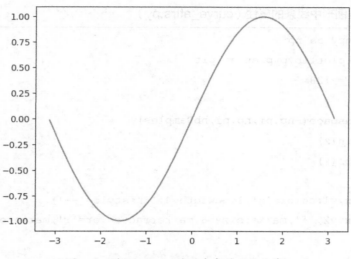

图 8-2　利用 NumPy 辅助生成的正弦曲线

【代码分析】

可以看到，使用 NumPy 后，数据构造变得十分简单。代码第 07 行使用了 NumPy 的内置方法 linspace(linspace(start, stop, num=50)，它能批量生成指定区间[start, stop)内的数量为 num 的均匀间隔的数组向量 x。默认情况下，上限 stop 是无法取到的。不过 linspace 提供了第三个参数 endpoint，这是一个布尔变量，如果它取值为 True，则可以取到 stop，如果为 False，则无法取到 stop。

第 08 行使用了 NumPy 中的方法 sin()。对于 NumPy 而言，它有一个重要的属性，那就是"向量进，向量出"。由于第 07 行构造的 x 为一个向量（你可以理解为具有相同数据类型的一批数据），所以 sin(x)会批量产出一个相同维度的向量数组 y，两个向量中的元素一一对应。这种"向量进，向量出"的编程模式，就是向量化编程。向量化编程是一种能够消除代码中 for 循环的编程艺术，它在机器学习（如神经网络训练）领域被广泛应用。

由以上分析可知，如果我们能得心应手地利用 NumPy，就能大大提高代码编写效率。上面我们只是简单说明如何使用 plot()函数来绘制一条简单的曲线。事实上，我们也可以在 plot()函数中指定线条的属性，通过 color、linewidth、linestyle 参数来指定线条颜色、宽度、形状，还可以选择通过 marker、markerfacecolor、markersize 参数对标记点的形状、颜色、大小进行指定。

下面，我们再通过一个范例来说面如何修改图形中线条的颜色、样式等属性，并尝试在一个画布当中展示出两条曲线。

【范例 8-3】修改图形中线条的属性（curve_attrs.py）

```
01    import numpy as np
02    import matplotlib.pyplot as plt
03    nbSamples = 128
04
05    x = np.linspace(-np.pi,np.pi,nbSamples)
06    y1 = np.sin(x)
07    y2 = np.cos(x)
08
09    plt.plot(x,y1,color='g',linewidth=4,linestyle='--')
10    plt.plot(x,y2,'*',markersize=8,markerfacecolor='r',markeredgecolor='k')
11
12    plt.show()
```

【运行结果】

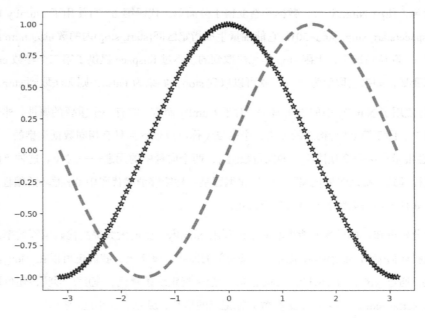

图 8-3　修改属性后的曲线

【代码分析】

首先，我们在一个画布中画出了两条曲线。其实现过程并不复杂，只需配置不同的数据源，然后两次调用 plot() 函数即可。为了区分，还需要指定不同的颜色、线条样式等。

比如，在第 09 行代码中，我们将正弦函数曲线的线条颜色（color）修改成绿色（参数 g 是 green 的简写），将线条宽度（linewidth）设置为 4，将线条样式（linestyle）由原来的实线改成了虚线。一个字母可表示常用颜色，如表 8-1 所示。

表 8–1　单字母表示的常用颜色

r：红色	g：绿色
b：蓝色	c：青色
m：紫色	y：土黄色
k：黑色	w：白色

在第 10 行代码中，我们不再使用连续的线条来呈现余弦函数的数据点，而是用离散的五角星来标记显示。同时，我们还修改了标记点（marker）的大小（markersize）、填充色（markerfacecolor）和边线颜色（markeredgecolor）。

plot() 中的 linestyle 参数可以简化一系列由字符串构成的标识，对于 '[color] [marker] [linestyle]' 而言，'g^-' 就等价于 color='g', marker='^', ls='-'。第 10 行代码所示的 plt.plot(x,y2, '*') 用到了部分简化模式。当我们不指定 color、linestyle 时，plot() 函数会为我们自动匹配。

8.3　pyplot 的高级功能

除了绘制曲线图形，pyplot 中的 bar()、hist() 等函数还可用于绘制条形图、直方图等其他种类的图形。此外，我们也可以修改图形中的各种属性，为图形添加图例、标题、注释等。下面我们来讨论 pyplot 中的一些高级功能。

8.3.1　添加图例与注释

在某些情况下，我们需要将不同曲线放置在同一个坐标系下，以方便对照。为区分不同曲线代表的含义，增强图形的可读性，就需要给不同的曲线设置不同的标记、颜色、宽度等，并添加图例（Legend）来区分它们，方法如【范例 8-4】所示。

【范例 8-4】给图形添加图例（add_legend.py）

```
01    import numpy as np
02    import matplotlib.pyplot as plt
03    nbSamples = 128
04
05    x = np.linspace(-np.pi,np.pi,nbSamples)
06    y1 = np.sin(x)
07    y2 = np.cos(x)
08
09    plt.plot(x,y1,color='g',linewidth=4,linestyle='--',label=r'$y=sin(x)$')
10    plt.plot(x,y2,'*',markersize=8,markerfacecolor='r',
11            markeredgecolor='k',label=r'$y=cos(x)$')
12
13    plt.legend(loc='best')
14    plt.show()
```

【运行结果】

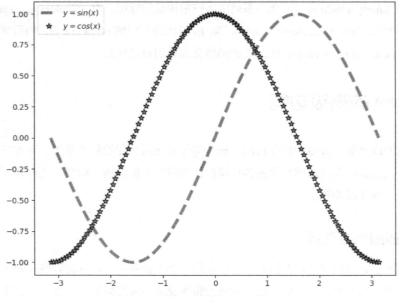

图 8-4 添加图例后的图形

【代码分析】

本例仅在【范例 8-3】的基础上做了简单的修改。首先，在第 09 和第 11 行为曲线添加了标签属性，然后在第 16 行，通过设置 plt.legend(loc='best')使图例能够在画布的"最佳"位置显示，这里的"最佳"是由系统自动判别的，通常哪里留白较多，系统就将图例放到哪里，loc 参数是 location（位置）的简写，表示图例所在位置，通常默认为最佳位置。

当然，我们也可以自行指定图例位置，可供选择的参数有 upper right（右上）、upper left（左上）、lower left（左下）、lower right（右下）、right（右边）、center left（左中）、center right（右中）、lower center（中下）、upper center（中上）、center（中）等。

值得注意的是，Matplotlib 在绘图的过程中，可以为各个轴的标题（Label）、图像的标题（Title）、图形的图例（Legend）等元素添加 LaTeX 风格的公式。添加公式并不复杂，只要在 LaTeX 公式的文本前后各增加一个\$符号，Matplotlib 就可以自动进行解析。如代码第 9 行和第 11 行所示，公式前面通常添加字母 r，它是 raw（原始的）的首字母，表示后面的字符串（即 LaTeX 公式）以原始字符形式存在，不需要进行转义解析。例如，字符串 r'\n'就表示两个字符，一个是"\"另一个是"n"。如果去掉字符串前面的标识 r，'\n'就被解析为一个字符，即换行符。

在机器学习中，在图上显示出点的坐标也是十分重要的，例如在 k 均值聚类算法中，将聚类中心点的坐标显示出来更有利于对数据进行分析。下面，我们举一个简单的例子来说明如何显示坐标点，见【范例 8-5】。

【范例 8-5】显示坐标点（show_coordinate.py）

```
01  import numpy as np
02  import matplotlib.pyplot as plt
03
04  x = np.arange(0, 10 ,1)        #构造 X 轴坐标向量
05  y = 2 * x                      #构造 Y 轴坐标向量
06
07  for a, b in zip(x, y):
08      plt.text(a, b,(a, b),ha = 'center',va = 'bottom',fontsize = 10)
09
10  plt.plot(x, y, 'bo-')
11  plt.show()
```

【运行结果】

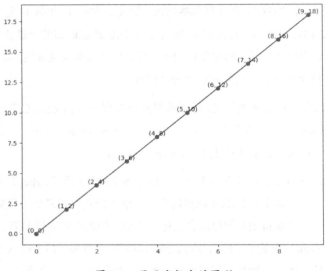

图 8-5　显示坐标点的图形

【代码分析】

在本例中，我们使用 plt.text()函数给图形添加了文本注释，借此把点的坐标逐个标注到了图形当中。

在第 08 行代码中，plt.text(a,b,(a,b),ha='center', va='bottom', fontsize=10)的前两个参数表示要标注的 X 轴和 Y 轴的坐标位置。第三个参数表示标注的文本内容，我们在这里打算显示的是坐标点。

在图 8-5 中，我们可以看到，坐标点文本压在所绘制的曲线上，如果想优化显示文本的位置，我们可以调整前两个参数的位置。例如，plt.text(a- 0.5,b,(a,b))就表示把文本的 X 坐标左移 0.5 个单位。ha、va 分别是 horizontal alignment（水平对齐）、vertical alignment（垂直对齐）的简写。ha 可选的参数有'center'、'right'、'left'，va 可选的参数有'center'、'top'、'bottom'、'baseline'、'center_baseline'。读者朋友们可根据自己的需要，选择合适的参数。

8.3.2　设置图形标题及坐标轴

在某些情况下，我们需要给图形设置一个标题，修改坐标轴的刻度值，或关闭坐标轴显示等。这时，我们可以使用 plt.title()函数来给图形设置标题，使用 plt.xticks()函数设置 X 轴的刻度值，使用 plt.yticks()函数设置 Y 轴刻度值，使用 plt.xlim()函数、plt.ylim()函数分别设置 X 轴和 Y 轴的区间范围，使用 plt.xlabel()函数、plt.ylabel()函数设置 X 轴和 Y 轴的名称。详细方法见【范例 8-6】。

【范例 8-6】设置图形标题及坐标轴（set_title_axis.py）

```
01    import numpy as np
02    import matplotlib.pyplot as plt
03
04    x = np.arange(-5,5,0.05)
05    y1 = np.sin(x)
06    y2 = np.cos(x)
07    #为在 Matplotlib 中显示中文，设置特殊字体
08    #plt.rcParams['font.sans-serif'] = ['Arial Unicode MS'] #macOS 环境下中文
09    plt.rcParams['font.sans-serif']=['SimHei']
10    plt.title('双曲线')
11
12    plt.ylim(-1.2,1.2)
13    plt.xlim(-6,6)
14    plt.xticks(ticks  = np.arange(-1.5*np.pi, 2*np.pi,0.5*np.pi),
15            labels = ['$-\\frac{3}{2}\pi$','$-\pi$','$-\\frac{1}{2}\pi$',
16                    '0','$\\frac{1}{2}\pi$','$\pi$','$\\frac{3}{2}\pi$'])
17    plt.yticks(ticks = [-1,0,1])
18    plt.xlabel('我是$X$轴')
19    plt.ylabel('我是$Y$轴')
20
21    plt.plot(x,y1,'r-',label='$y_1=sin(x)$')
22    plt.plot(x,y2,'b:',label='$y_2=cos(x)$')
23
24    plt.legend(loc='best')
25    plt.show()
```

【运行结果】

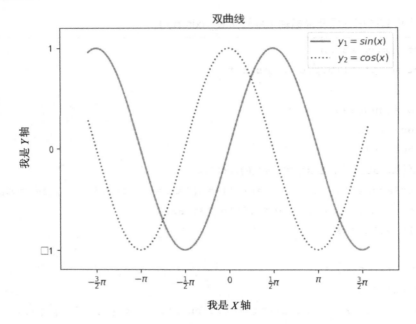

图 8-6　设置了标题及坐标轴的图形

【代码分析】

Matplotlib 功能很强大，但对中文支持不够友好。如果不指定具体的中文字体，凡是涉及中文文本的地方，都可能出现乱码。在 Windows 平台下，我们可以在每次编写代码时设置如下参数，正确显示中文（见【范例 8-6】第 09 行）。

```
plt.rcParams['font.sans-serif']=['SimHei']          #用来正常显示中文标签
plt.rcParams['axes.unicode_minus']=False            #用来正常显示负号
```

在中文字体设置中，'SimHei'表示简体（Simple）黑体（Hei），当然你也可以设置其他中文字体，但前提是 Matplotlib 能找到你所指定的字体。注意，在 macOS 系统下，中文字体为'Arial Unicode MS'。如果想一劳永逸解决这个问题，就要修改 Matplotlib 的配置文件，请参考本章后面的思考与提高部分。

然后，在代码第 12 行，我们使用 plt.xlim()设置 X 轴的坐标范围为(-6, 6)。这里 xlim 表示 X 轴的限度（limit）。类似地，ylim 表示 Y 轴的限度（limit）。代码第 13 行使用 plt.ylim()设置 Y 坐标轴范围为(-1.2, 1.2)。接着，使用 plt.xlabel()设置 X 坐标轴名称'我是 X 轴'，使用 plt.ylabel 设置 Y 坐标轴名称'我是 Y 轴'。

我们使用 plt.xticks()（代码第 14 行~16 行）设置 X 轴的刻度，使用 plt.yticks()（代码 17 行）设置 Y 轴的刻度。xticks()、yticks()函数分别用于设置 X 轴和 Y 轴的刻度与标签。这两个函数都有相同的参数 ticks 和 labels。其中 ticks 用于设置坐标轴的刻度值，labels 用于设置坐标轴的标签值，标签中可以添加 LaTeX 公式。

在【范例 8-6】中，我们调用了两次 plot()方法，从而实现了在一张画布中绘制两条曲线的目的。实际上，只要给足绘图所需的信息，调用一次 plot()即可绘制多条曲线，如【范例 8-7】所示。

【范例 8-7】一次性绘制多条曲线（multiple-line.py）

```
01    import matplotlib.pyplot as plt
02    import numpy as np
03
04    #在[0,4)区间，以间隔0.2均匀分割
05    data = np.arange(0, 4, 0.2)
06
07    # 分别使用红色的点画线、蓝色的方块和绿色的三角形来区分这三条曲线
08    plt.plot(data, data, 'r-.', data, data**2, 'bs', data, data**3, 'g^')
09    plt.savefig('mult_lines.png',dpi=600)
```

【运行结果】

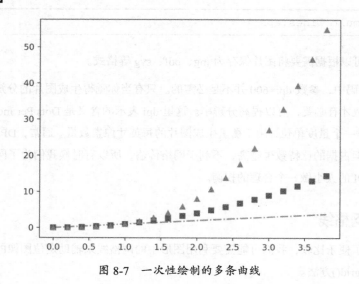

图 8-7　一次性绘制的多条曲线

【代码解析】

在本例中有两个小技巧值得借鉴。

第一个小技巧就是前面所说的，我们可以一次性地绘制多条曲线，如代码第 08 代码按照顺序先后提供了三条线段的 X 轴数据、Y 轴数据和线条样式，实际上实现了 $y = x$、$y = x^2$ 和 $y = x^3$ 这三条曲线的绘制。

为了区分这三条曲线，要让它们在样式上有所不同，例如第一条曲线的参数是 "r-."，其中 "r" 表示红色（red），"-." 是非常形象的点画线。显而易见的是，"--" 表现虚线，读者可自行测试一下。第二条曲线的样式是 "bs"，其中 "b" 表示的是颜色 blue（蓝色），"s" 表示图形为方形（square）。第三条曲线的原始设置是 "g^"，其中 "g" 表示的是颜色 green（绿色），第二个字符 "^" 表示图形是 "三角形"，看这个字符 "^" 外形，是不是也很形象？

其实，Matplotlib 的标记远不止这些，更多详情可以访问官方文档。

第二个值得关注的小技巧是，如果我们不想在屏幕显示图形，而是想将显示结果另存为一张图片以备后用，就可以使用 savefig()方法。在该方法中填写对应的存储路径和文件名（包括扩展名）即可。这个方法神奇的地方在于，它会根据文件名的扩展名不同，自动识别图片并将其存储为对应的格式。例如，如果你利用 LaTeX 撰写学术论文，可能会对 eps 格式的这类矢量图情有独钟，这时你可以把第 09 行代码修改如下。

```
plt.savefig('mult_lines.eps')
```

当然，你也可以根据需要将图片保存为 jpg、pdf、svg 等格式。

在第 09 行代码中，参数 dpi=600 并不是必需的。只有当你觉得生成图片的分辨率 "惨不目睹" 时，设置这个参数才有必要，可以提高分辨率。这里 dpi 表示的含义是 Dots Per Inch（每英寸点数，简称 DPI），它是一个量度单位，用于衡量生成图片的每英寸像素数量。通常，DPI 越大，图片的清晰度也就越高，但占据的比特数也越高，不利于网络传输，所以有时候我们为了网络传输质量和传输速度，会对 DPI 的大小做一个合理的权衡。

8.3.3 添加网格线

有时候，为了便于比较，我们可能需要利用图形中的网格线来辅助定位图像的大致坐标位置，这时就需要利用 grid()方法。

修改【范例 8-7】，添加一行代码即可添加网格线，参见【范例 8-8】。

【范例 8-8】添加网格线（plot-grid.py）

```
01    import matplotlib.pyplot as plt
02    import numpy as np
03    data = np.arange(0, 4, 0.2)
04
05    plt.plot(data, data, 'r-.', data, data**2, 'bs', data, data**3, 'g^')
06
07    plt.grid(b = True)   #添加网格线
08    plt.savefig('mult_lines-grid.png',dpi=600)
```

【运行结果】

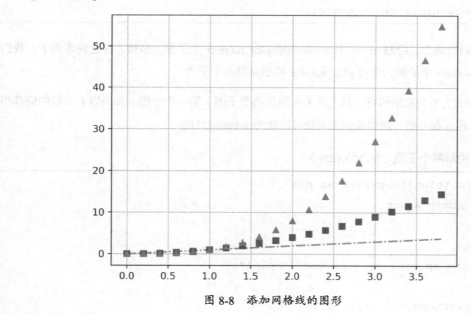

图 8-8　添加网格线的图形

【代码分析】

本例中的核心代码是第 07 行中的 grid() 方法，其原型如下。

```
grid(b=None, which=u'major', axis=u'both', **kwargs)
```

grid()方法的参数解释如下。

- b：布尔类型变量，取值为[True | False]，表示是否为图形添加网格，默认为 False，即不添加。

- which：取值为['major' | 'minor' | 'both']，表示使用大网格（'major'）或小网格（'minor'），或大网格里套小网格（'both'），默认为'major'。

- axis：取值为['both' | 'x' | 'y']，表示在哪个轴添加网格线，可以是 X 轴、Y 轴，或 X 轴和 Y 轴均添加，默认为'both'，即 X 轴和 Y 轴均添加网格线。

8.3.4 绘制多个子图

在前面的讨论中，每次我们都绘制一张图片，实际上，有时候我们需要将多个子图绘制在一起进行比较。这时需要利用绘制子图的方法 subplot()，其函数原型大致如下。

```
subplot(nrows, ncols, plot_number)
```

上述方法的功能为，绘制 nrows 行 ncols 列第 plot_number 个子图。显然，在这种布局下，我们一共有 nrows × ncols 个子图，参数 plot_number 指明是第几个子图。

例如 subplot(2, 1, 1)表示两行一列（共上下结构两个子图）第一个子图。如果以上参数的值都小于 10，则可以连写在一起。例如前面的写法可简化为 subplot(211)。

【范例 8-9】绘制两个子图（subplot.py）

```
01    import matplotlib.pyplot as plt
02    import numpy as np
03
04    def f(t):
05        return np.exp(-t) * np.cos(2*np.pi*t)
06
07    t1 = np.arange(0.0, 5.0, 0.1)
08    t2 = np.arange(0.0, 5.0, 0.02)
09
10    #第一种绘制子图的方法
11    fig = plt.figure()      #创建一个画布
12    sub_fig1 = fig.add_subplot(211)   #在画布上创建一个子图
```

```
13   sub_fig1.grid(True)     #添加网格线
14   plt.plot(t1, f(t1), 'bo', t2, f(t2), 'k')
15
16   #第二种绘制子图的方法
17   plt.subplot(2,1,2)
18   plt.plot(t2, np.cos(2*np.pi*t2), 'r--')
19   plt.show()
```

【运行结果】

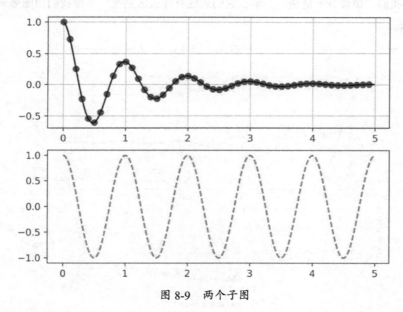

图 8-9　两个子图

【代码分析】

在本例中，我们提供了两种绘制子图的方法，二者是等价的。

第一种方法的思路是，我们先构建一个画布（第 11 行），然后在该画布上利用 add_subplot()方法添加一个子图，其参数的含义同 subplot()方法。这里的"211"，表示的就是两行一列第一个子图。构造子图时，我们可以添加网格线。

需要特别注意的是第 14 行代码。实际上，第 14 行中的 plot()绘制了两个图形。第一个是由蓝色（标记为 b）的实心圆（标记为 o）标记的，X 轴的数据为 t1（第 07 行），Y 轴的数据由第 04~05 行的函数 f(t1)构造。第二个图形为黑色（标记符号为 k）的曲线，其中，X 轴的数据为 t2（第 08 行），

Y 轴数据由第 04~05 行的函数 f(t2)构造。两个图形叠加在一起构成了点画线。

第二种方法就是利用 subplot()方法，它是子模块 pyplot 下属的方法，用起来更加简单明了。此处绘制的是红色虚线，绘制函数是 $\cos2\pi x$。这里的 π 是用 NumPy 模块中的 np.pi 表示的。

8.3.5　Axes 与 Subplot 的区别

在前面的绘图过程中，为了简单起见，我们通常通过 plt.xxx 来绘制图形（这里的 xxx 代表某类图形）。当我们在绘制比较高级的图形时，比如绘制子图、图中图时，会出现诸如 Figure、Axes、axis 等对象让我们"傻傻分不清楚"，那么它们到底有什么区别呢？下面我们用图形来说明一下，如图 8-10 所示。

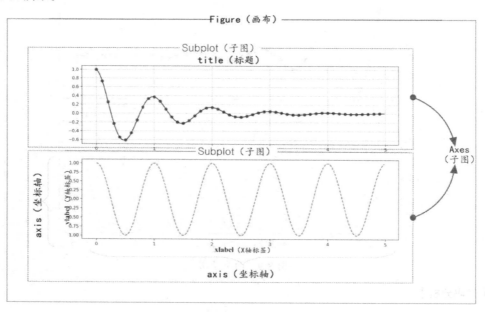

图 8-10　Figure、Axes、axis 的区别

首先要说明的是，在绘图时，Figure（画布）最大，它有点像绘制实体画所用的画板，例如代码 fig = plt.figure()的意思就是创建一个空画布。

在画布里，我们可以创建各种子图。子图主要有两类：一类是规规矩矩、排列整齐的子图，叫作 Subplot；另一类是可以不那么规则摆放的子图，叫作 Axes。

如果你不能很好地理解，这里有个比喻：把 Figure 想象成 Windows 操作系统的桌面，在桌面上会有各种图标（icon），如果图标是自动对齐到网格的，就称之为 Subplot；如果图标是自由摆放的，甚至可以相互重叠的那种，就称之为 Axes。但不管怎么摆放，Subplot 和 Axex 本质上都是 Figure 内的子图。

但在本质上，Axes 更加底层。事实上，Subplot 内部也是调用 Axes 来实现的，不过是子图排列得更加规范罢了。换句话说，Subplot 在某种程度上是 Axes 的特例。

但让我们比较困惑的是，在绘图时 axis 会出来捣乱。其实 axis 是地地道道的坐标轴。每个子图都有坐标轴。为了获得更好的可读性，每个坐标轴都可以配上标签（label）。例如，X 轴有 xlabel 这个属性，Y 轴有 ylabel 属性等。

可能 Matplotlib 的设计者认为，任何一个子图都要通过多个轴（axis）来呈现（二维图有两个轴，三维图有三个轴），**众轴成图**，所以就用 "axis" 的复数形式 "Axes" 表示子图。但切不可认为 Axes 是多个轴（axis）的意思，而应该在整体上把它视为一个在画布中可任意摆放的子图。下面，我们举例说明。

```
In [1]
import matplotlib.pyplot as plt
# 生成一个没有子图（Axes）的画布 fig
fig = plt.figure()
plt.show()
```

执行上述代码，会得到如下结果，并没有图形显示出来。

```
<Figure size 432x288 with 0 Axes>
```

正如 "无木不成林"，如果没有子图，光有一个画布，是无法构成一个图形显示对象的。但是，如果我们有意识地添加子图，哪怕是一个空子图，它也构成了可显示的图形对象。

```
In [2]
# 生成一个画布 fig，fig 中有 2×2 分布均匀的子图
fig, axes_lst = plt.subplots(2, 2)
plt.show()
```

【运行结果】

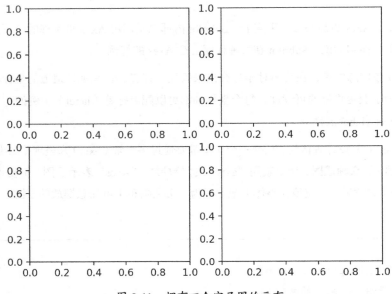

图 8-11　拥有四个空子图的画布

　　值得注意的是，plt.subplots()返回两个值，一个是 Figure（画布），另一个就是 Axes 对象，此处命名为 axes_lst。如前文所述，在这种场景下，Axes 就是 Subplot。

　　现在，我们有四个子图（Axes），那该如何区分它们呢？这个区分并不复杂，类似于 NumPy 的多维数组访问，ax_lst[0,0]就表示第 0 行第 0 列的子图（下标从 0 开始计数，下同），即左上角的图。类似地，ax_lst[0,1]就表示第 0 行第 1 列的子图，即右上角的图。以此类推。

　　如果我们知道这个区分方式，就可以"指哪打哪"了。比如说，我们仅仅想在右下角的子图上绘制特定图形，就可以如下操作。

```
In [3]
#构造 X 轴和 Y 轴数据
x = np.linspace(0, 2*np.pi, 400)
y = np.sin(x**2)
#在第 1 行第 1 列的子图中绘图
axes_lst[1, 1].plot(x, y)
plt.show()
```

【运行结果】

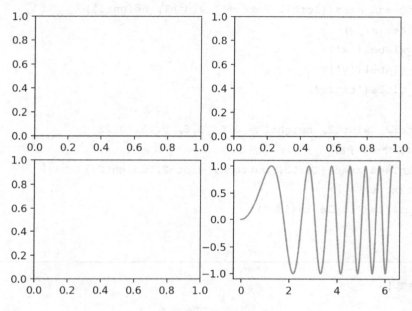

图 8-12　在特定子图中绘图

上述代码中的 axes_lst[1, 1].plot(x, y)完全等价于 pyplot 模型下的如下两行代码。

```
plt.subplot(2,2,4)  #2 行 2 列第 4 个子图
plt.plot(x, y)
```

使用 pyplot（通常简写为 plt）来绘图也很方便，我们可以把它理解为一辆自动挡汽车。而使用 Axes 来绘图，模式更像是一辆手动挡汽车，它操作起来略显麻烦，但能让专业选手对绘制的图形更有"掌控感"。

比如说，我们想绘制一个大图中套小图的图形，即"图中图"，使用 Axes 就相对容易操控一些，代码如下。

```
In [4]
#创建空画布
fig = plt.figure()

left1, bottom1, width1, height1 = 0.1, 0.1, 0.8, 0.8
```

```
#在画布上添加一个子图
axes_1 = fig.add_axes([left1, bottom1, width1, height1])
axes_1.scatter(x, y)
axes_1.set_xlabel('x')
axes_1.set_ylabel('y')
axes_1.set_title('title')

left2, bottom2, width2, height2 = 0.6, 0.6, 0.25, 0.25
#在画布上添加另外一个子图
axes_2 = fig.add_axes([left2, bottom2, width2, height2])
axes_2.plot(x, y)
axes_2.set_title('title inside')

plt.show()
```

【运行结果】

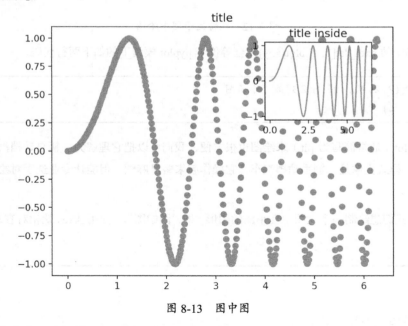

图 8-13　图中图

　　在以上代码中，我们使用 fig.add_axes([left, bottom, width, height])添加子图时，要事先确定子图在画布的位置，这时需要四个参数来定位：图左下角（即原点的左边坐标和底部坐标）的位置和图形大小（宽和高）。但需要注意的是，这四个值都用占整个 Figure 坐标系的百分比来表示，即都是小于 1 的小数。

假设 Figure 的大小是 10×10，对于上述代码的配置，我们绘制的大图起点（原点）就是坐标(1, 1)，因为 left = 10*0.1 = 1，bottom = 10 * 0.1 = 1。类似地，我们也很容易获知大图的 width = 8，height = 8。对小图的计算也是类似的，不再赘述。从图 8-13 可以看出，我们同样可以对小图设置 *X* 轴和 *Y* 轴的标签及图形标题。

由上面的分析可知，用 add_axes()方法生成子图灵活性更强，它完全可以实现 add_subplot()方法的功能，且更容易控制子图的显示位置，甚至实现相互重叠的效果（参见以下代码）。

```python
import matplotlib.pyplot as plt
import numpy as np


x = np.linspace(0, 2*np.pi, 400)
y = np.sin(x**2)


fig = plt.figure()


axes_1 = fig.add_axes([ 0.1, 0.1, 0.5, 0.5])
axes_2 = fig.add_axes([0.2, 0.2, 0.5, 0.5])
axes_3 = fig.add_axes([0.3, 0.3, 0.5, 0.5])
axes_4 = fig.add_axes([0.4, 0.4, 0.5, 0.5])
axes_4.plot(x, y)


plt.show()
```

【运行结果】

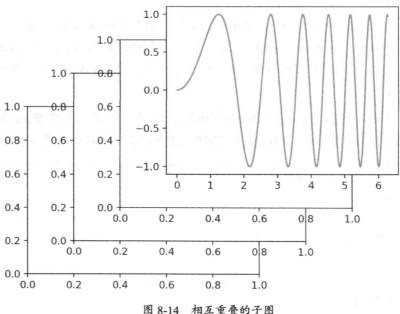

图 8-14　相互重叠的子图

8.4　散点图

在可视化图形应用中，散点图的应用范围也很广泛。例如，如果某一个点或某几个点偏离大多数点，成为孤立点（Outlier），通过散点图就可以一目了然。在机器学习中，散点图常常用在分类、聚类当中，以便显示不同类别。

在 Matplotlib 中，绘制散点图的方法与使用 **plt.plot()** 绘制图形的方法类似，参见【范例 8-10】。

【范例 8-10】绘制散点图（scatter.py）

```
01   import matplotlib.pyplot as plt
02   import numpy as np
03
04   #产生 50 对服从正态分布的样本点
05   nbPointers = 50
06   x = np.random.standard_normal(nbPointers)
```

```
07   y = np.random.standard_normal(nbPointers)
08
09   # 固定种子，以便实验结果具有可重复性
10   np.random.seed(19680801)
11   colors = np.random.rand(nbPointers)
12
13   area = (30 * np.random.rand(nbPointers))**2
14   plt.scatter(x, y, s = area, c = colors, alpha = 0.5)
15   plt.show()
```

【运行结果】

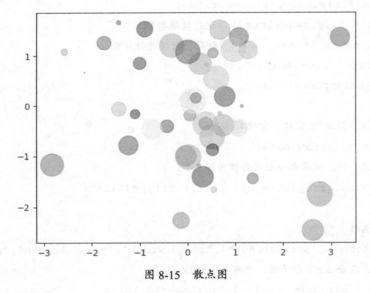

图 8-15　散点图

【代码分析】

plt.scatter()与 plt.plot()的使用方法大致相同。但相比而言，plt.scatter()只能绘制点状图，且不支持将点与点连成线。

在第 14 行代码中，scatter()函数的参数 s 就是 plot()函数中的 markersize。在本例中，它的值是一个随机大小的圆，这些随机大小的圆由第 11 行代码产生。参数 c 表示点的颜色；alpha 表示透明度，其大小不超过 1，数值越大越不透明。

下面，我们再来看看散点图在机器学习中的一些具体应用。【范例 8-11】使用的是经典的 Iris

（鸢尾花）数据集。该数据集中包含了 150 个样本，都属于鸢尾属下的三个亚属，分别是山鸢尾、变色鸢尾和维吉尼亚鸢尾。数据集中共有四个特征，分别是花萼长度、花萼宽度、花瓣长度、花瓣宽度。由于 pyplot 模块只能画出二维图形，则这四个特征两两组合，可以构成 6 副（即 $C_4^2=6$）二维散点图。

【范例 8-11】鸢尾花数据集中的散点图（scatter_example.py）

```
01    import matplotlib.pyplot as plt
02    import numpy as np
03    #读取文本数据
04    data = []
05    with open('iris.csv','r') as file :
06        lines = file.readlines()  #逐行读取数据
07        for line in lines:          #对每行数据进行分析
08            temp = line.split(',')
09            data.append(temp)
10
11    #将列表转换为 NumPy 数组，方便后续处理
12    data_np = np.array(data)
13    #不读取最后一列，并将部分数值转换为浮点数
14    data_np = np.array(data_np[:,:-1]).astype(float)
15
16    #设置特征名称
17    feature_name = ['sepal length','sepal width','petal length','petal width']
18    #创建画布，包含3×2个子图，画布大小为(20,10)
19    fig,axes = plt.subplots(3,2,figsize=(20,10))
20    #为在 Matplotlib 中显示中文，设置特殊字体
21    plt.rcParams['font.sans-serif']=['SimHei']
22    #设置总标题
23    fig.suptitle('鸢尾花散点图',fontsize=25)
24
25    #获取不同的特征组合，两两组合绘制散点图
26    i = 0
27    for x in range(data_np.shape[1]):
```

```
28      for y in range(x + 1,data_np.shape[1]):
29          X = data_np[:,x]
30          Y = data_np[:,y]
31          axes[i%3][i%2].scatter(X[:50],Y[:50],
32                      marker='x',c='b',label='setosa')
33          axes[i%3][i%2].scatter(X[50:100],Y[50:100],
34                      marker='o',c='r',label='versicolor')
35          axes[i%3][i%2].scatter(X[100:],Y[100:],
36                      marker='*',c='g',label='virginica')
37          axes[i%3][i%2].set_xlabel(feature_name[x],fontsize = 10)
38          axes[i%3][i%2].set_ylabel(feature_name[y],fontsize = 10)
39          axes[i%3][i%2].legend(loc='best')
40          i += 1
41
42  plt.show()
```

【运行结果】

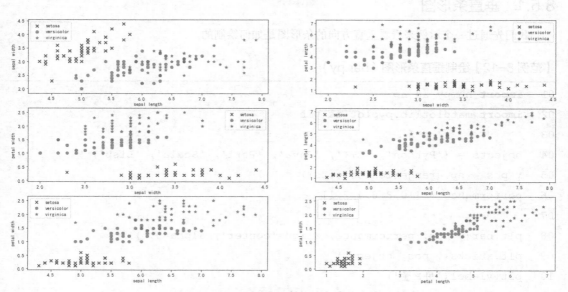

图 8-16　鸢尾花的两两特征散点图

【代码分析】

本质上，CSV 文件也是一个纯文本文件。所以，在第 04~09 行，我们可以利用基本的文件操作，读取鸢尾花数据集 Iris（当然，读者也可以用 Pandas 的 read_csv 方法来读取）。

Iris 数据集中包含了 150 个样本，都属于鸢尾属下的三个亚属，分别是山鸢尾（Iris setosa）、变色鸢尾（Iris virginica）和维吉尼亚鸢尾（Iris versicolor）。鸢尾花的四个特征被用作进行样本的定量分析。Iris 数据集已按顺序分好类别，每 50 个数据为同一类，所以我们按顺序读取数据即可。

在代码第 27~40 行，我们通过一个 for 循环来实现绘制 6 个子图的功能。散点图能很直观地反映数据的"聚类"特性，从中我们也很容易看出选取不同的特征对分类结果有着很大的影响。

8.5 条形图与直方图

在数据可视化中，条形图（bar，又称柱状图）常用来展示和对比可测量数据。bar()和 barh()函数都可用于绘制一般的条形图。其区别在于，bar()用于绘制垂直条形图，而 barh 中的"h"是英文"horizontal"（水平的）的简写，因此，barh()函数只用于绘制水平条形图。

8.5.1 垂直条形图

我们先通过一个示例来看看垂直方向的条形图是如何绘制的。

【范例 8-12】绘制垂直条形图（bar.py）

```
01    import numpy as np
02    import matplotlib.pyplot as plt
03
04    objects = ('Python', 'C++', 'Java', 'Perl', 'Scala', 'Lisp')
05    y_pos = np.arange(len(objects))
06    performance = [10,8,6,4,2,1]
07
08    plt.bar(y_pos, performance, align='center', alpha=0.5)
09    plt.xticks(y_pos, objects)
10    plt.ylabel('用户量')
11    plt.title('数据分析程序语言使用分布情况')
12
```

```
13   plt.show()
```

【运行结果】

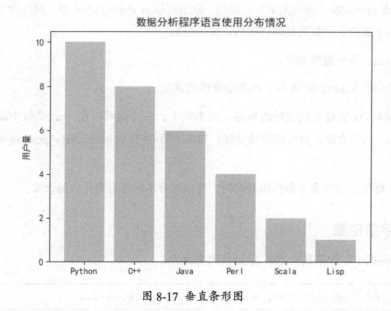

图 8-17　垂直条形图

【代码解析】

绘制垂直条形图的核心方法是 bar()，其原型如下所示。

```
bar(left, height, width=0.8, bottom=None, , align='center', data=None, kwargs*)
```

该方法的部分参数含义如下。

- left：X 轴的位置序列，一般采用 arange() 函数产生一个序列，见本例第 05 行代码。

- height：Y 轴的数值序列，也就是条形图的高度，一般就是我们需要显示的数据。见本例第 06 行代码。本例中所表达的程序设计语言使用情况，仅仅是为了说明一个条形图如何绘制而杜撰的数字，不可较真。

- width：条形图的宽度，取值范围为 0~1，默认为 0.8（相对缩小）。

- bottom：条形图的起始位置，也是 Y 轴的起始坐标。默认值为 None（即以 X 轴作为起点），如果为叠状条形图，该值通常为次一级条形图的高度。

- alpha：透明度，其取值范围为 0~1。0 为全透明，1 为不透明。本例取值 0.5，读者可根据情况自行调整。

- color 或 facecolor：条形图填充的颜色。取值可以为 rbg#123465 等，默认为 b。这里的 b 表示 blue（蓝色）。如果是黑色的话，简写为 k。

- edgecolor：图形边缘的颜色。

- Linewidth、linewidths 或 lw：图形边缘线的宽度。

- tick_labe：设置每个刻度处的标签。在本例中，一方面可以在 bar 参数中设置 tick_label=objects。另一方面，也可以单独设置，如本例第 09 行的 plt.xticks(y_pos, objects)。二者功能相同。

- label：标签，当有多个条形图并列时，可以区分不同条形图代表的含义。

8.5.2 水平条形图

在前面的范例中，如果我们把第 08 行代码更改为：

```
plt.barh(y_pos, performance, align='center', alpha=0.5)
```

仅仅一个字母（h）之差，就可以得到水平条形图。具体代码见【范例 8-13】。

范例【8-13】绘制水平条形图（barh.py）

```
01   import numpy as np
02   import matplotlib.pyplot as plt
03
04   objects = ('Python', 'C++', 'Java', 'Perl', 'Scala', 'Lisp')
05   y_pos = np.arange(len(objects))
06   performance = [10,8,6,4,2,1]
07
08   #修改：填充色为黑色，将刻度标签融合在参数中
09   plt.barh(y_pos, performance, align='center', alpha=0.5, color = 'k',
10          tick_label = objects)
11   #修改 X 轴的标题
12   plt.xlabel('用户量')
```

```
13  plt.title('数据分析程序语言使用分布情况')
14
15  plt.show()
```

【运行结果】

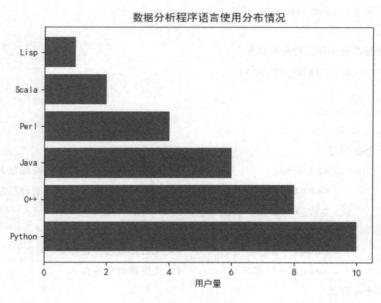

图 8-18　水平条形图

8.5.3　并列条形图

不论是绘制垂直条形图，还是绘制水平条形图，我们都可能会有这种需求：如果有多个对象要同时进行比较，该怎么画出相应的条形图呢？其实方法并不复杂，请参考如下范例。

【范例 8-14】绘制并列条形图（muti-bar.h）

```
01  import numpy as np
02  import matplotlib.pyplot as plt
03  #设置字体以便支持中文
04  plt.rcParams['font.sans-serif']=['SimHei']
05
06  #用于绘制图形条的数据
```

```
07    n_groups = 4
08    means_frank = (90, 55, 40, 65)
09    means_guido = (85, 62, 54, 20)
10
11    #创建图形
12    fig, ax = plt.subplots()
13
14    #定义条形图在横坐标上的分类位置
15    index = np.arange(n_groups)
16
17    bar_width = 0.35
18    opacity = 0.8
19    #绘制第一个条形图
20    rects1 = plt.bar(index,            #定义第一个条形图的 X 轴坐标信息
21                    means_frank,       #定义第一个条形图的 Y 轴坐标信息
22                    bar_width,         #定义图形的宽度
23                    alpha = opacity,   #定义图形的透明度
24                    color ='b',        #定义图形颜色为蓝色
25                    label = '张三')     #定义图形的标签信息
26    #绘制第二个条形图
27    rects2 = plt.bar(index + bar_width,    # 与第一个条形图在 X 轴上无缝"肩并肩"
28                    means_guido, bar_width,
29                      alpha = opacity,
30                      color = 'g',         #定义第二个图形颜色为绿色
31                      label = '李四')       #定义第二个图形的标签信息
32
33    plt.xlabel('课程')
34    plt.ylabel('分数')
35    plt.title('分数对比图')
36    plt.xticks(index + bar_width, ('A', 'B', 'C', 'D'))
37    plt.legend()
38    plt.show()
```

【运行结果】

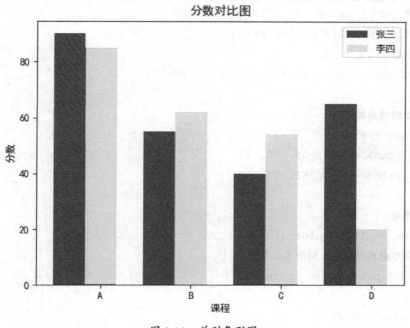

图 8-19　并列条形图

【代码分析】

在本质上，垂直并列条形图就是在 X 轴上分别画两组并列的条形图，但二者在 X 轴的位置上有先后关系。举例来说，代码第 20~25 行画出了第一个条形图。请注意，实际上代码第 20~25 行是一行语句，不过是为了注释方便，将不同的参数放置于不同的行罢了。

代码第 27~31 行画出了第二个条形图。值得注意的是，在细节处理上，它的 X 轴坐标的向右偏移量正好等于第一个条形图的宽度，通过 X 轴上的偏移操作 index + bar_width，第二个条形图能与第一个条形图在 X 轴上无缝"肩并肩"。

为了区分两组条形图，我们用 label 属性（见代码第 25 行和第 31 行）来区分不同图形的标签。

我们知道，即使不同的条形图使用了不同颜色加以区分，但有时效果也欠佳。这是因为，在彩色的电子显示设备中，这些多彩图形清晰可分，但当黑白打印时，颜色往往难以区分。

因此，在科技论文写作中，常常使用不同纹理而非不同颜色来区分不同的条形图。这时，就需要使用条形图的 hatch（填充）参数了。下面，我们接着改写前面的范例，绘制带有纹理填充的条形图。

【范例 8-15】绘制带有纹理填充的条形图（hatch.py）

```
01   import numpy as np
02   import matplotlib.pyplot as plt
03   #设置字体以便支持中文
04   plt.rcParams['font.sans-serif']=['SimHei']
05
06   #用于绘制图形的数据
07   n_groups = 4
08   means_frank = (90, 55, 40, 65)
09   means_guido = (85, 62, 54, 20)
10
11   #创建图形
12   fig, ax = plt.subplots()
13   #定义条形图在横坐标上的分类位置
14   index = np.arange(n_groups)
15
16   bar_width = 0.35
17   opacity = 0.8
18   #绘制第一个条形图
19   rects1 = plt.bar(index,          #定义第一个条形图的 X 轴坐标信息
20                    means_frank,    #定义第一个条形图的 Y 轴坐标信息
21                    bar_width,      #定义条形图的宽度
22                    alpha = opacity,#定义图形的透明度
23                    color="w",edgecolor="k",
24                    hatch='.....',
25                    label = '张三')   #定义第一个条形图的标签信息
26   #绘制第二个条形图
27   rects2 = plt.bar(index + bar_width,
28                    means_guido,
29                    bar_width,
30                    alpha = opacity,
31                    color="w",edgecolor="k",
32                    hatch='\\\\\\',
```

```
33                    label = '李四')  #定义第二个条形图的标签信息
34   plt.xlabel('课程')
35   plt.ylabel('分数')
36   plt.title('分数对比图')
37   plt.xticks(index + bar_width, ('A', 'B', 'C', 'D'))
38   plt.legend()
39   plt.show()
```

【运行结果】

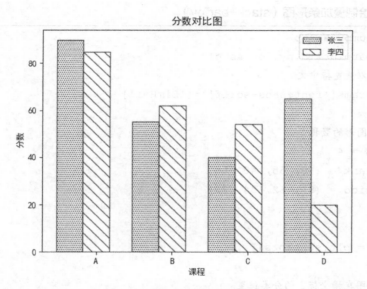

图 8-20　带有纹理填充的条形图

【代码分析】

本例的绘图关键在于，首先要将图形的填充色设置为白色：color="w"。同时把图形的边界颜色设置为黑色：edgecolor="k"。最后我们再设置图形的纹理。

参数 hatch 可用来设置填充的纹理类型，其可取值为/、\、|、-、+、x、o、O、.、*。这些符号表示图形中填充的符号，大多都能"见号知意"。

这里有一个小技巧，即你使用的填充单一符号越多，图形中对应的纹理就越密集，例如，通过第 24 行的 hatch='.....'绘制的图形就比通过 hatch='..'绘制的图形纹理更密集，这个填充符号表示图形里面填充的都是点（.）。

同理，第 32 行的 hatch='\\\\'，就比 hatch='\\'纹理密集，这里表示填充的是反斜线。

最后需要说明的是，注意转义字符的干扰。如果我们在第 32 行的字符串前添加一个字符 r，即变为 hatch=r'\\\\'，则图 8-20 中条形图的斜线纹理要密集得多，请读者思考一下这是为什么。

8.5.4 叠加条形图

有时，我们还会有这样的需求：将不同的条形图，在相同的位置叠加起来而非并列摆放。这时，就需要启用 bar()函数中的 bottom 参数。请参考如下范例。

【范例 8-16】绘制叠加条形图（stack-bar.py）

```python
01    import numpy as np
02    import matplotlib.pyplot as plt
03    #设置字体以便支持中文
04    plt.rcParams['font.sans-serif']=['SimHei']
05
06    #用于绘制图形的数据
07    n_groups = 4
08    means_frank = (90, 55, 40, 65)
09    means_guido = (85, 62, 54, 20)
10
11    #创建图形
12    fig, ax = plt.subplots()
13
14    #定义条形图在横坐标上的分类位置
15    index = np.arange(n_groups)
16
17    bar_width = 0.35
18    opacity = 0.8
19    #绘制第一个条形图
20    rects1 = plt.bar(index,          #定义第一个条形图的 X 轴坐标信息
21                     means_frank,    #定义第一个条形图的 Y 轴坐标信息
22                     bar_width,      #定义图形的宽度
23                     alpha = opacity,    #定义图形的透明度
24                     color="w",edgecolor="k",
25                     hatch='.....',
```

```
26                    label = '张三')    #定义图形的标签信息
27  #绘制第二个条形图
28  rects2 = plt.bar(index,
29              means_guido,
30              bar_width,
31              bottom = means_frank,
32              alpha = opacity,
33              color="w",edgecolor="k",
34              hatch=r'\\\\',
35              label = '李四') #定义第二个条形图的标签信息
36
37  plt.xlabel('课程')
38  plt.ylabel('分数')
39  plt.title('分数对比图')
40  plt.xticks(index, ('A', 'B', 'C', 'D'))
41  plt.legend()
42  plt.show()
```

【运行结果】

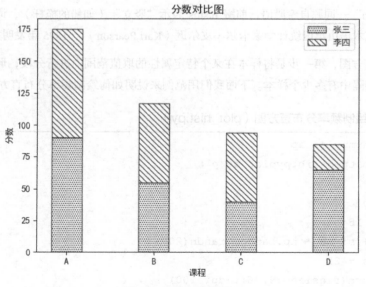

图 8-21　叠加条形图

【代码分析】

在本例中，成功绘图的关键有两点：首先，第一个条形图和第二个条形图的 X 轴坐标是一样的（参见第 20 行和第 28 行代码）；其次，第二个条形图的 Y 轴坐标是站在第一个肩膀上的（参见第 31 行），第 31 行代码的含义是说，第二个条形图是以第一个为底（bottom）的。

于是，顺理成章地，如果我们还有第三个条形图需要叠加的话，它的起点是第二个条形图的顶点，以此类推。

8.5.5　直方图

前面我们讨论了条形图的绘制。如前所述，条形图一般用来描述顺序数据，其中的各个长条形之间留有空隙，以区分不同的类别，不同的类别之间没有必然的先后关系，调整彼此的顺序，并不会影响数据的可视化表达。

对比而言，直方图（Histogram）则像一种统计报告图。在外观上，它也由一个个的长条形构成，但直方图在宽度（即 X 轴）方向将样本的取值范围从小到大划分为若干个间隔（bin），这个间隔越大，表明涵盖的属性值跨度就越大（换句话说，间隔并不必须是等分的）。在高度（即 Y 轴）方向，直方图可表示特定间隔区间样本出现的次数（即频数），长条形越高，表明此间隔内的样本越多。换句话说，直方图的宽度和高度均有意义，特别是在宽度方向，"尊卑有序"，不可随意调整顺序。

"Histogram" 一词源自希腊语，前缀 histos 表示"竖立"（如船的桅杆），词根 gramma 则表示"描绘"。该术语由英国统计学家卡尔·皮尔逊（Karl Pearson）于 1895 年发明并提出。

为了构建直方图，第一步是将样本在某个特定属性的取值范围内进行分段，形成一系列间隔，然后计算每个间隔中有多少个样本。下面我们用范例来说明如何绘制频率分布直方图。

【范例 8-17】绘制频率分布直方图（plot_hist.py）

```
01    import numpy as np
02    import matplotlib.pyplot as plt
03
04    mu = 100
05    sigma = 15
06    x = mu + sigma * np.random.randn(200)
07    num_bins = 25
08    plt.figure(figsize=(9, 6), dpi=100)
09
```

```
10   n,bins,patches = plt.hist(x, num_bins,
11                   color="w", edgecolor="k",
12                   hatch=r'ooo',
13                   density = 1,
14                   label = '频率')
15
16   y = ((1 / (np.sqrt(2 * np.pi) * sigma)) *
17        np.exp(-0.5 * (1 / sigma * (bins - mu))**2))
18
19   plt.plot(bins, y, '--',label='概率密度函数')
20   plt.rcParams['font.sans-serif']=['SimHei']
21   plt.xlabel('聪明度')
22   plt.ylabel('概率密度')
23   plt.title('IQ 直方图:$\mu=100$,$\sigma=15$')
24
25   plt.legend()
26   plt.show()
```

【运行结果】

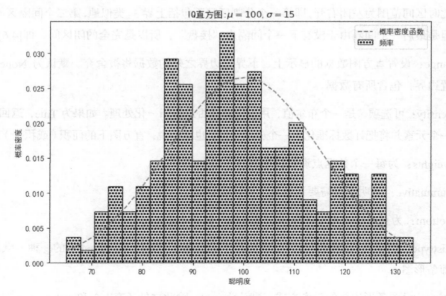

图 8-22　频率分布直方图

【代码分析】

代码第 06 行使用 np.random.randn() 函数随机生成期望为 100，标准差为 15 的 200 个数据，num_bins 表示划分的组数。本例中的核心函数是 hist()，其原型如下所示。

```
matplotlib.pyplot.hist(
    x, bins=10, range=None, normed=False,
    weights=None, cumulative=False, bottom=None,
    histtype=u'bar', align=u'mid', orientation=u'vertical',
    rwidth=None, log=False, color=None, label=None, stacked=False,
    hold=None, **kwargs)
```

该函数中的大部分参数都能见名知意，下面我们挑选重要的参数简单说明。

- x：指定要在 X 轴上绘制直方图所需的数据；在形式上，它可以是一个数组，也可以是数组序列。如果是数组序列，数组的长度不需要相同。

- bins：指定直方图条形的个数。如果此处的值为整数，就会产生 bins + 1 个分割边界，此时该方法就等价于 numpy.histogram，默认值为 10，即将属性值 10 等分。如果该值是一个序列，则可构建一个非分等的间隔序列，如取值为[1, 3, 4, 6]，表示第一个间隔区间是[1,3)，请注意此时区间范围为左闭右开，即第一个分割区间不包括上界 3。类似地，第二个间隔区间是[3,4)。但是最后一个间隔由于没有下一个间隔来"接盘"，所以是完全的闭区间，即[4,6]。

- range：设置直方图数据的显示上、下界，边界之外的数据将被舍弃。默认为 None，即不设置边界，包含所有数据。

- density：可选项，是一个布尔值，用于设置是否进行归一化处理。如果为 True，返回元组的第一个元素并将把计数标准化为一个概率密度，也就是说，直方图下的面积（或积分）总和为 1。

- weights：为每一个数据点设置权重。

- cumulative：表明是否需要计算累计频数或频率。

- bottom：为直方图的每个条形添加基准线，默认为 0。

- histtype：指明直方图的类型，可选 bar、barstacked、step、stepfilled 中的一种，默认为 bar，即条形图。

- align：设置条形边界的对齐方式，默认为 mid，除此之外还有 left 和 right。

- normed：表明是否将得到的直方图向量归一化，布尔类型，默认为 False。

- orientation：指明直方图中条形的呈现方向，要么水平，要么垂直。因此可选值为 horizontal、vertical，默认值为垂直方向（horizontal）。

- rwidth：设置直方图各条形宽度的百分比，默认是 0。

- log：指明是否需要对绘图数据进行对数（log）变换。

- color：设置直方图的填充色。

- label：设置直方图的标签，可展示图例。

- stacked：指明当有多个数据时，是否需要将直方图呈堆叠摆放，默认设置是水平摆放。

- normed：指明是否将直方图的频数转换成频率（已弃用，被 density 替代）。

下面我们再来看一下 hist() 函数的返回值，分别如下。

- n：直方图每个间隔内的样本数量，数据形式为数组或数组列表。

- bins：返回直方图中各个条形（分组）的区间范围，数据形式为数组。

- patches：返回直方图中各个间隔的相关信息（如颜色、透明度、高度、角度等），数据形式为列表或列表的列表（即嵌套列表，相当于多维数组）。

如果我们想对每个条形做个性化修饰，就可以在这个方法返回的参数上做文章。请参考【范例 8-18】。

【范例 8-18】利用 hist() 返回值美化直方图

```
01  import matplotlib.pyplot as plt
02  import numpy as np
03  x = np.random.normal(0, 1, 5000)         # 生成符合正态分布的 5000 个随机样本
04  plt.figure(figsize=(14,7))               # 设置图片大小为 14×7inch
05  plt.style.use('seaborn-whitegrid')       # 设置绘图风格
06  n, bins, patches = plt.hist(x, bins=90, facecolor = '#2ab0ff',
07                          edgecolor='#169acf', linewidth=0.5)
08  n = n.astype('int')                      # 返回值 n 必须是整型
09  # 设置显式中文的字体
10  plt.rcParams['font.sans-serif']=['SimHei']
11  plt.rcParams['axes.unicode_minus'] = False   # 显示负号'-'
```

```
12    #为每个条形设置颜色
13    for i in range(len(patches)):
14        patches[i].set_facecolor(plt.cm.viridis(n[i]/max(n)))
15    #对某个特定条形（如第49个）做特别说明
16    patches[49].set_fc('red')   # 设置颜色
17    patches[49].set_alpha(1)    # 设置透明度：不透明
18    #添加注释
19    plt.annotate('这是一个重要条形！', xy=(0.6, 155), xytext=(1.5, 130),
fontsize=15, arrowprops={'width':0.4,'headwidth':5,'color':'#333333'})
20    # 设置 X 轴和 Y 轴的标题、字体
21    plt.title('正态分布', fontsize=12)
22    plt.xlabel('不同的间隔（bins）', fontsize=10)
23    plt.ylabel('频度大小', fontsize=10)
24    plt.show()
```

【运行结果】

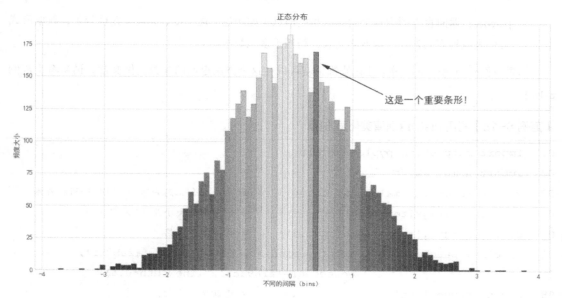

图 8-23　美化后的直方图

【代码分析】

在本例中，我们利用 NumPy 生成了 5000 个服从正态分布的随机样本点（第 03 行），然后通过

直方图来可视化它们的分布。第 06 行除了绘制普通的直方图，更重要的是返回了是三个参数。

本例中的关键之处在于，不同的 patch 参数代表不同间隔（bin）的构造信息，第 13~14 行为每个 patch 设置了不同的前置色。第 16~17 行为特定的 patch 设置了填充色和透明度。

第 19 行是一个绘图小技巧，即利用 annotate() 方法在图形上给数据添加文本注解，以方便我们在合适的位置添加描述信息。

8.6　饼图

当我们需要反映某个部分占整体的比重（如学校里的走读学生人数占总学生人数的百分比）时，就要使用饼图来体现。以下范例使用饼图表示，选择三种不同上学方式的学生人数占所有学生人数的百分比。

【范例 8-19】绘制饼图（plot_pie.py）

```
01  import matplotlib.pyplot as plt
02  #为在 Matplotlib 中显示中文，设置特殊字体
03  plt.rcParams['font.sans-serif']=['SimHei']
04  #设置图片大小和分辨率
05  plt.figure(figsize=(9, 6), dpi = 100)
06  x = [217,743,426]
07  labels = ['走路去','自行车','公交车']
08  explode = [0,0.05,0]
09
10  _, _, autotexts = plt.pie(x = x,labels = labels,shadow = 1,
11                      autopct = '%.1f%%',explode = explode)
12  #将饼图中的字体改成白色
13  for autotext in autotexts:
14      autotext.set_color('white')
15
16  plt.title('3 种去学校的方式')
17  plt.show()
```

【运行结果】

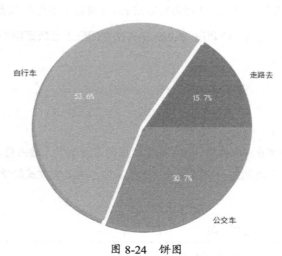

图 8-24　饼图

【代码分析】

绘制饼图用到的方法为 pie()，它的原型如下。

```
matplotlib.pyplot.pie(x, explode=None, labels=None, colors=None, autopct=None,
pctdistance=0.6, shadow=False, labeldistance=1.1, startangle=None, radius=None,
counterclock=True, wedgeprops=None, textprops=None, center=(0, 0),
frame=False,rotatelabels=False, *, data=None)
```

pie()方法中的重要参数解释如下。

- x：传入的数据。该数据类似于数组，其中每个元素代表每个饼块的比例。如果所有元素之和 sum(x) > 1，则每个元素都会被除以 sum(x)，也就是进行归一化处理。

- explode：默认情况下每个饼块都是彼此相连的，有时为了突出某一个饼块，我们可以将其与其他部分分开（即饼图爆裂），自定义一个类似于数组的数据来规定每个饼块的爆裂距离。

- labels：默认情况下 x 没有标签。如果想定义标签，需要启用 labels 参数，它通常和数据 x 的维度相同。

- labeldistance：标签位置，如果定义标签，则默认位于 1.1 倍半径处。

- autopct：默认情况下不显示每个饼块的百分比标注，如果启用 autopct，则可以自定义每个饼块的百分比属性，如保留几位小数，格式类似于 print()语句的 format 定义。

- pctdistance：每个饼块都要显示一个百分数字符串，该参数将指明在何处显示这个字符串。通过该参数可以自定义一个比值，它表示沿着半径偏离圆心的比例，默认为 0.6，表示在距离圆心 60%半径处显示百分数。

- shadow：布尔值，自定义饼图是否有阴影属性。

观察图 8-24 所示的饼图，可以发现，"自行车"这个类别和其他两类没有紧密相连，而是稍微分开了一点，这是因为使用了 pie()方法中的 explode 参数，该参数是一个列表，列表中的第二个元素值为 0.05（见代码 08 行），它对标 x（代码第 06 行定义）中的第二个元素 743（即自行车）。这个"0.05"表示当前饼块相对于其他饼块的偏移距离，但并非具体的值（如多少 cm），而是相对于半径的比值。假设这个饼图的半径为 5cm，那么实际偏移的量为 5cm × 0.05=0.25cm。这一功能使我们绘制出来的饼图更加美观，且可突出显示关键数据。

关于 autopat 参数，我们这里保留了一位有效数字（代码第 11 行）。此外，为了让饼图中的文字更加醒目，我们将饼图的字体修改为白色（代码第 10~14 行）。

8.7　箱形图

箱形图（boxplot）又称盒须图或箱线图，是一种用来显示某一组数据分散情况的统计图，因形状如箱子而得名。箱形图是由美国的统计学家约翰·图基（John Tukey）在 1977 年发明的。

箱形图在各种领域都有应用，尤其常见于品质管理领域。它主要用于反映原始数据的分布特征，还可以实现多组数据分布特征的比较。它是由六个数值点组成的：异常值（outlier）、最小值（min）、下四分位数（Q1，即第 25%分位数）、中位数（median，即第 50%分位数）、上四分位数（Q3，即第 75%分位数）、最大值（max），如图 8-25 所示。

四分位距离（interquartile range，简称 IQR）被定义为 Q3–Q1，即 Q3 和 Q1 的差值，也就是中间的 50%部分。如果某个值比 Q1 还小 1.5 倍的 IQR，或者比 Q3 还大 1.5 倍的 IQR，则被视为异常值。依据这个标准，箱形图有时候也被用于异常检测。

为了便于解释，图 8-25 是水平放置的，实际上，更多的箱形图是垂直放置的。对于垂直放置的箱形图，其绘制方法是：先找出一组数据的上边缘（最大值）、下边缘（最小值）、中位数和两个四分位数（Q1 和 Q3）；然后，连接两个四分位数画出箱体；再将上边缘（最大值）、下边缘（最小值）与箱体相连，中位数在箱体中间。

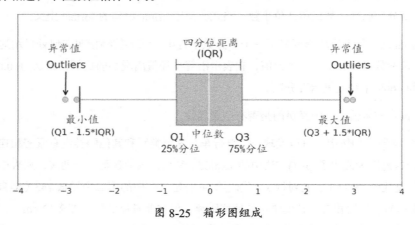

图 8-25　箱形图组成

下面，我们还是用鸢尾花（Iris）数据集为例来实际说明箱形图的绘制方法。

【范例 8-20】绘制箱形图（plt_box.py）

```
01    import matplotlib.pyplot as plt
02    import numpy as np
03    #读取数据
04    data = []
05    with open('iris.csv','r') as file :
06        lines = file.readlines() #读取数据行的数据
07        for line in lines:          #对每行数据进行分析
08            temp = line.split(',')
09            data.append(temp)
10
11    #转换为 NumPy 数组，方便后续处理
12    data_np = np.array(data)
13    #不读取最后一列，并将数值部分转换为浮点数
14    data_np = np.array(data_np[:,:-1]).astype(float)
15
16    #特征名称
17    labels = ['sepal length','sepal width','petal length','petal width']
18    plt.boxplot(data_np,labels=labels)
19    plt.show()
```

【运行结果】

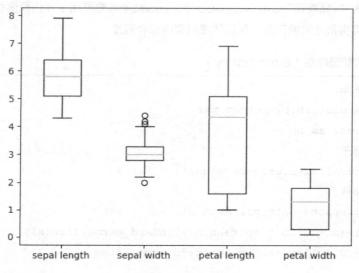

图 8-26　箱形图

【代码分析】

代码第 03～09 行的功能是，"纯手工"读取 Iris.csv 文件中的数据。自然，如果我们利用 Pandas，这部分代码可以简化为寥寥几行。

在以鸢尾花的四个特征为数据绘制出的四个箱形图中，我们可以看到每个箱形图中都有五条横线。从上到下，第一条横线为最大值所在位置，第二条横线是上四分位点（Q3）所在位置，箱体内的横线为中位数（median）所在位置，第四条横线为下四分位点（Q1）所在位置，最下面的横线为最小值（min）所在位置。如前所述，中间箱体为四分位距离 IQR（Q3-Q1），大于 Q3+1.5IQR，或小于 Q1-1.5IQR 的点，我们将它们视为异常值。

在 sepal width 这一特征的箱形图中有四个异常值点。通过箱形图，我们对于中位数、异常值、分布区间等形信息一目了然。数值的分布集中还是分散，观察箱体和线段的长短便能明白。所以，在数据预处理阶段，我们可以先选择使用箱形图来查看数据的特征，以便后续处理。

8.8　误差条

在机器学习中，单次实验总难免会产生误差。为减少误差的影响，我们经常实验多次，然后用实验的均值表示要测量或计算的值。这时，我们可以用误差条（Error Bar）来表征数据的分布，其中误差条的高度为"±标准误"。在 Matplotlib 中，errorbar()函数可用于评估预测结果的浮动程度，并显示预测值与真实值之间的误差，从而体现模型的拟合程度。

【范例 8-21】绘制误差条（error-bar.py）

```
01   import math
02   import matplotlib.pyplot as plt
03   import numpy as np
04   #正确显示负号
05   plt.rcParams['axes.unicode_minus'] = False
06   #生成正弦曲线
07   x = np.linspace(-math.pi, math.pi, num = 48)
08   y = np.sin(x + 0.05 * np.random.standard_normal(len(x)))
09   y_error = 0.1 * np.random.standard_normal(len(x))
10
11   #设置图形框架
12   fig = plt.figure()
13   axis = fig.add_subplot(111)
14
15   #绘制图形
16   axis.set_ylim(-0.5 * math.pi, 0.5 * math.pi)     #Set the y-axis view limits.
17   #plt.figure(figsize=(9, 6), dpi=100)
18   plt.plot(x, y, 'r--', label= 'sin(x)')
19   plt.errorbar(x, y, yerr = y_error, fmt='o')
20
21   plt.legend(loc = 'best')
22   plt.show()
```

【运行结果】

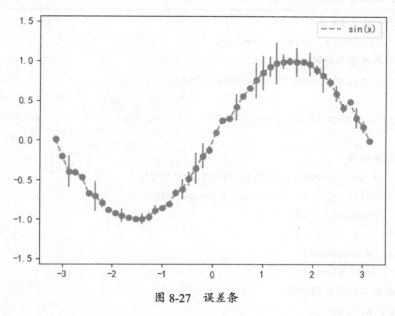

图 8-27　误差条

【代码分析】

第 08 行代码实现的功能是模拟一个目标函数 $y = \sin(x)$。自变量 x 存在测量误差，这里我们用 NumPy 中的 random.standard_normal() 来模拟测量误差。该函数产生与自变量 x 等长度的正态分布（即均值为 0，方差为 1）随机数。为了防止误差过大而淹没正常值，因此这里乘以比例因子 0.05 来降低影响。代码第 09 行用类似的方法模拟预测误差。

第 16 行代码中的 plt.errorbar() 函数可绘制误差条，其中最少含有三个参数：x 值、y 值，以及 y 的误差值。fmt 用于指定预测值形状，在图 8-27 中采用的就是圆点，圆点上的竖直线段就是预测值与真实值之间的误差。这些竖直线段的长短表示误差的大小。

8.9　绘制三维图形

在前面章节中，我们介绍了 Matplotlib 中大部分常用的二维图形绘制方法，其实 Matplotlib 还支持三维绘图，不过需要额外导入 mpl_toolkits.mplot3d.axes3d 模块。我们需要在实例化子图类型时指定 projection 为 3D，接下来不论是绘制散点图、曲线图，还是给图形添加文字注释，方法都与绘制二维图形相同，区别仅是多出了一个维度。

【范例 8-22】绘制三维图形(3d.py)

```python
01  import numpy as np
02  import matplotlib.pyplot as plt
03  #导入绘制三维图形的模块
04  from mpl_toolkits.mplot3d import Axes3D
05
06  fig = plt.figure(figsize=(20,10))
07
08  #绘制三维曲线图
09  ax1 = fig.add_subplot(221,projection='3d')
10  theta = np.linspace(-4*np.pi,4*np.pi,500)
11  z = np.linspace(-2,2,500)
12  r = z**2 + 1
13  x = r*np.sin(theta)
14  y = r*np.cos(theta)
15  #方法与绘制二维曲线图相同
16  ax1.plot(x,y,z)
17  ax1.set_xlabel('x',fontsize=15)
18  ax1.set_ylabel('y',fontsize=15)
19  ax1.set_zlabel('z',fontsize=15)
20
21  #绘制三维散点图
22  ax2 = fig.add_subplot(222,projection='3d')
23  x = np.random.randn(500)
24  y = np.random.randn(500)
25  z = np.random.randn(500)
26  #方法同绘制二维散点图
27  ax2.scatter(x,y,z,c='r')
28  ax2.set_xlabel('x',fontsize=15)
29  ax2.set_ylabel('y',fontsize=15)
30  ax2.set_zlabel('z',fontsize=15)
31
32  #绘制三维曲面图
33  ax3 = fig.add_subplot(223,projection='3d')
34  x = np.linspace(-2,2,500)
```

```
35    y = np.linspace(-2,2,500)
36    x,y = np.meshgrid(x,y)
37    z = np.sqrt(x**2 + y**2)
38    ax3.plot_surface(x,y,z,cmap=plt.cm.winter)
39    ax3.set_xlabel('x',fontsize=15)
40    ax3.set_ylabel('y',fontsize=15)
41    ax3.set_zlabel('z',fontsize=15)
42
43    #绘制三维条形图
44    ax4 = fig.add_subplot(224,projection='3d')
45    for z in np.arange(0,40,10):
46        x = np.arange(20)
47        y = np.random.rand(20)
48        ax4.bar(x,y,zs=z,zdir='y')
49    ax4.set_xlabel('x',fontsize=15)
50    ax4.set_ylabel('y',fontsize=15)
51    ax4.set_zlabel('z',fontsize=15)
52
53    plt.show()
```

【运行结果】

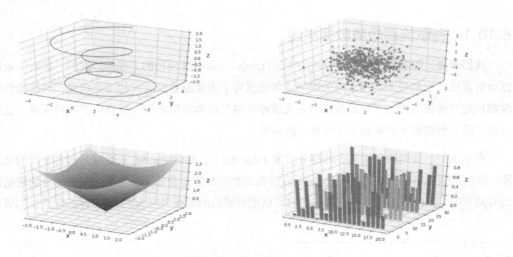

图 8-28　利用 Matplotlib 绘制的三维图形

【代码分析】

在本例中，我们使用了 Matplotlib 的三维绘图模块，共绘制了四种图形，前两个三维图形的绘制方法与二维绘图方法类似，这里不再赘述。

需要注意的是曲面图与条形图的绘制。在第三个三维曲面图中，meshgrid()函数对 x、y 进行了一一映射，将其处理成网格数据，经过 meshgrid()函数处理后（代码第 36 行），才能对 z 轴坐标进行取样。

绘制三维条形图时，需要注意的是 bar()函数中的参数，三维条形图更像将几组二维条形图放在了统一坐标系下。具体函数原型为 Axes3D.bar(left, height, zs=0, zdir='z', *args, **kwargs)，其中参数 left 表示组的宽度，height 表示条形图的高度，zs 表示二维条形图的组数，zdir 指定哪个坐标轴将充当 z 轴，多个二维条形图延该轴方向排列，从而表现出三维效果。

至此，关于 Matplotlib 绘图的知识点讲解完毕，如果想要更深入地了解 Matplotlib，经常查阅官方文档，不失为一个好办法。

8.10　与 Pandas 协作绘图——以谷歌流感趋势数据为例

如前所述，Matplotlib 是一个相当底层的绘图工具。为了更方便地对数据进行分析，Matplotlib 还被有机集成到了 Pandas 之中。

8.10.1　谷歌流感趋势数据描述

我们知道，谷歌流感趋势（Google Flu Trends）[①]是谷歌公司的工程师开发的一款有代表性的数据分析算法，它利用人们搜索的关键词（如流感等）来预测各个地区的流感状况，其准确性和时效性都远超过传统的方法，一度被认为是大数据领域的经典应用案例。虽然由于种种原因，这款应用已经下线，但它留下的数据还可以被二次利用。

在本节中，我们就利用其中的部分数据（data.txt），结合 Pandas 来绘制美国各个州的流感趋势图。我们把数据下载下来之后，把 data.txt 前面的数据描述部分删除，会看到其余部分的数据都是用逗号隔开的，因此，为了方便处理，我们可以把删减后的数据另存为 CSV 文件。这里我们假设另存

[①]　参考文献：Ginsberg J, Mohebbi M H, Patel R S, et al. Detecting influenza epidemics using search engine query data[J]. Nature, 2009, 457(7232): 1012.

后的文件名为 us.csv（参见随书源代码），部分数据截图如图 8-29 所示。

	Date	United States	Alabama	Alaska	Arizona	Arkansas	California	Colorado	Connecticut	Delaware	District of Columbia	Florida	Georgia
2	2003/6/1	0.509	0.598	0.349	0.351	0.907	0.419	0.315	0.477	1.478	0.703	0.426	0.472
3	2003/6/8	0.546	0.679	0.451	0.423	0.671	0.429	0.394	0.754	0.86	0.636	0.538	0.521
4	2003/6/15	0.501	0.579	0.534	0.394	0.605	0.4	0.315	0.584	0.598	0.625	0.535	0.516
5	2003/6/22	0.457	0.564	0.406	0.439	0.502	0.324	0.422	0.448	0.542	0.523	0.442	0.474
6	2003/6/29	0.357	0.459	0.554	0.402	0.519	0.349	0.336	0.371	0.923	0.384	0.407	0.354
7	2003/7/6	0.408	0.594	0.701	0.42	0.378	0.358	0.345	0.362	0.542	0.37	0.548	0.426
8	2003/7/13	0.397	0.439	0.367	0.505	0.363	0.359	0.351	0.381	0.488	0.334	0.475	0.451
9	2003/7/20	0.372	0.617	0.377	0.342	0.85	0.314	0.359	0.404	0.488	0.379	0.381	0.379
10	2003/7/27	0.369	0.504	0.328	0.381	0.43	0.32	0.336	0.351	0.777	0.33	0.406	0.368
11	2003/8/3	0.362	0.507	0.701	0.31	0.275	0.325	0.301	0.463	0.237	0.327	0.417	0.338
12	2003/8/10	0.354	0.694	0.432	0.364	0.57	0.314	0.271	0.409	0.627	0.364	0.401	0.366
13	2003/8/17	0.399	0.507	0.509	0.417	0.641	0.307	0.362	0.448	0.462	0.37	0.496	0.511
14	2003/8/24	0.409	0.829	0.658	0.549	0.706	0.285	0.484	0.499	0.462	0.429	0.524	0.526
15	2003/8/31	0.428	0.655	0.392	0.492	0.605	0.362	0.394	0.539	0.686	0.399	0.529	0.472
16	2003/9/7	0.561	1.089	0.413	0.622	0.611	0.451	0.413	0.663	0.891	0.307	0.69	0.707
17	2003/9/14	0.629	1.338	0.397	0.758	0.511	0.429	0.54	0.555	0.947	0.575	0.749	0.628
18	2003/9/21	0.707	1.291	0.674	0.593	1.26	0.498	0.513	0.817	0.554	0.552	0.766	0.774
19	2003/9/28	0.75	0.934	0.392	0.805	0.687	0.528	0.696	0.731	0.916	0.703	0.791	0.711
20	2003/10/5	0.79	1.151	0.695	0.723	0.671	0.547	0.711	0.871	1.186	0.64	0.78	0.831
21	2003/10/12	0.911	1.617	0.893	0.812	1.342	0.639	0.614	1.086	1.591	0.795	0.887	0.862
22	2003/10/19	1.022	1.37	1.336	0.963	1.648	0.696	0.762	1.209	2.583	0.812	1	1.119

图 8-29　谷歌流感趋势部分数据

8.10.2　导入数据与数据预处理

基于 us.csv 文件，我们来讨论一下如何结合 Pandas 来绘制图形。

首先，加载这个数据文件（假设这个文件已经处于与 Python 脚本相同的路径之下）。

```
In [1]: #导入必要的库
   ...: import matplotlib.pyplot as plt        #导入 pyplot 包
   ...: from matplotlib import style            #导入 Matplotlib 显示风格
   ...: import pandas as pd                      #导入 Pandas
   ...: df = pd.read_csv('us.csv')
```

然后，我们来显示部分数据，以证明数据能正确加载。由于这批数据的列太多，这里只能显示部分列。

```
In [2]: df.head()
Out[2]:
```

```
      Date  United States  ...  Mountain Region  Pacific Region
0  2003/6/1          0.509  ...            0.354           0.418
1  2003/6/8          0.546  ...            0.437           0.439
2  2003/6/15         0.501  ...            0.362           0.406
3  2003/6/22         0.457  ...            0.388           0.354
4  2003/6/29         0.357  ...            0.310           0.346
[5 rows x 62 columns]
```

从上面的输出可以看到，数据集的第一列为日期类型，但实际上，目前它们仅仅是看起来像日期的字符串，我们可以用 DataFrame 的 dtypes 属性来核实。

```
In [3]: df.dtypes
Out[3]:
Date                          object
United States                 float64
Alabama                       float64
Alaska                        float64
Arizona                       float64
                              ...
South Atlantic Region         float64
East South Central Region     float64
West South Central Region     float64
Mountain Region               float64
Pacific Region                float64
Length: 62, dtype: object
```

从上面的输出可以看到，列 Date 的数据类型为 Object，如前面章节中所讲，Pandas 中的这个类型就等同于 Python 中的原生态类型——字符串（str）。如果想利用日期类型中的某些特性，就需要把第一个列的类型转换为日期类型。

把字符串转换为日期类型有很多方法。我们列举其中的几种方法，以帮助读者巩固 Pandas 的相关知识。

第一个方法比较"笨"，但依然值得掌握，那就是自己设计一个匿名函数（即 lambda 表达式）lambda x : datetime.strptime(str(x), '%Y/%m/%d')，将每个字符串转化为对应的日期格式（不同格式的字符串对应不同的日期格式）。特别需要注意的是日期格式中的格式字符串，第 3 章中进行了详细的描述，如果你忘记了，不妨去查看一下相关知识点。

```
In [4]: from datetime import datetime
In [5]:  df['Date'] = df['Date'].map(lambda x : datetime.strptime(str(x),
'%Y/%m/%d'))
```

在这个匿名函数设计好之后，就可以利用 Pandas 提供的 map()方法了，该方法可作用于 Series 对象或 DataFrame 对象的一列。这一列的所有数据，都会通过 map()方法中参数———一个设计好的函数，逐个被"加工"为另一批数据，这种一一对应的关系，就是所谓的"映射"。

此时，如果我们再次查看这个数据集中的数据，第一列的输出格式就会有所不同。

```
In [6]: df.head()
Out[6]:
        Date  United States  ...  Mountain Region  Pacific Region
0 2003-06-01          0.509  ...            0.354           0.418
1 2003-06-08          0.546  ...            0.437           0.439
2 2003-06-15          0.501  ...            0.362           0.406
3 2003-06-22          0.457  ...            0.388           0.354
4 2003-06-29          0.357  ...            0.310           0.346

[5 rows x 62 columns]
```

从上面的输出可以看到，此时 DataFrame 的索引还是从 0~n-1 的（ n 为数据的记录数）。有时，我们更希望索引为日期，因为这样就可以很容易地利用 Pandas 画出基于日期时序的图形。此时，我们可以利用 set_index()来重新设置索引。

```
In [7]: df.set_index(['Date'], inplace = True)
```

请注意，上面代码中的参数 inplace = True 是非常关键的，否则，我们设置了一个新的索引后，旧的索引并不会自动消失，而是二者并存，这样就形成了双重索引，而这并不是我们想要的。

下面我们再利用 head()方法查看一下目前的数据状态。

```
In [8]: df.head()
Out[8]:
          United States  Alabama  ...  Mountain Region  Pacific Region
Date                              ...
2003-06-01       0.509    0.598   ...            0.354           0.418
2003-06-08       0.546    0.679   ...            0.437           0.439
2003-06-15       0.501    0.579   ...            0.362           0.406
2003-06-22       0.457    0.564   ...            0.388           0.354
2003-06-29       0.357    0.459   ...            0.310           0.346

[5 rows x 61 columns]
```

　　从上面的输出可以看到，原来的纯数字索引已经不见踪影。整个 DataFrame 对象的列少了一个，因此 Date 这一列已经升级为行索引了。

　　事实上，对于 Pandas 这样一个"久经考验"的经典数据分析工具，其设计者早已考虑到如何将字符串转换为日期类型，我们可以直接利用 Pandas 提供的 to_datetime()方法实现这一功能。现在我们假设 DataFrame 的数据状态回到刚刚导入的状态，我们可以重新完成 In [1]处的功能，让数据重新加载。

```
In [9]: df = pd.read_csv('us.csv')          #重新加载数据
In [10]: df ['Date'] = pd.to_datetime(df ['Date'])      #转换为日期类型
In [11]: df.set_index(['Date'], inplace = True)      #重新设置索引
In [12]: df.head()                      #验证
Out[12]:
          United States  Alabama  ...  Mountain Region  Pacific Region
Date                              ...
2003-06-01       0.509    0.598   ...            0.354           0.418
2003-06-08       0.546    0.679   ...            0.437           0.439
2003-06-15       0.501    0.579   ...            0.362           0.406
2003-06-22       0.457    0.564   ...            0.388           0.354
2003-06-29       0.357    0.459   ...            0.310           0.346
[5 rows x 61 columns]
```

　　相比于第一种方法，第二种方法稍微方便一些，至少我们不需要自己设计变换函数，但是重新

设置索引的活还得自己干，多少还是有点烦琐，那有没有更简单的方法呢？

当然是有的。事实上，在数据加载时，Pandas 为我们提供了功能强大的 read_csv() 方法，我们要"善待"它，它才能发挥最大的功效。

让我们回到初始状态——加载数据。

```
In [13]: df = pd.read_csv('us.csv', parse_dates = True, index_col= [0])
```

是的，就一行代码！一行代码就完成了数据的加载、日期的转换和索引的设置。其中，parse_dates 设置为 True 时，它就会尝试把"疑似"日期的字符串列转换为日期类型。然后，我们对参数 index_col 进行赋值，把索引设置为第 0 列。可以看到，我们是利用列表对 index_col 赋值的。也就是说，如果想把多列设置为索引，把对应的列编号放到列表中即可。例如，index_col= [0,1] 就表示把第 0 和第 1 列都设置为索引，形成一个双重索引。

8.10.3　绘制时序曲线图

我们"折腾"好几种方法，其实就是为了让日期类型成为 DataFrame 对象的索引，有了这个索引，就可以直接绘图了。

```
In [14]: df.plot()        #利用 Pandas 绘图
```

是的，还是一行代码，无须额外设置，就可以完成绘图，运行结果如图 8-30 所示。

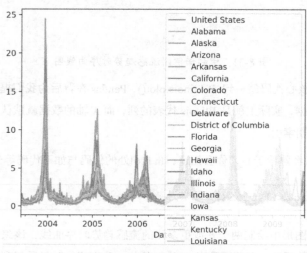

图 8-30　流感趋势时序曲线图

图 8-30 是一张"部分图"，因为美国的州太多，如果将所有数据都放到一张图上，"图注"就会显示不全。因此，有时候我们更希望利用更多的子图来显示不同州的数据。

一步一步来，我们先绘制一个州（如伊利诺伊州）的流感趋势时序曲线图。

```
In [15]:  style.use('ggplot')      #换成ggplot的绘图风格
In [16]:  df.Illinois.plot()       #绘制伊利诺伊州（Illinois）的流感趋势时序曲线图
In [17]:  plt.show()
```

运行结果如图 8-30 所示。

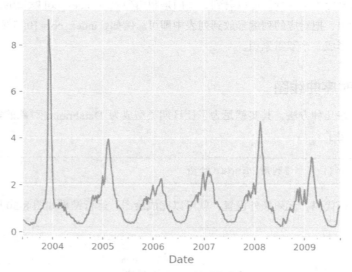

图 8-31　伊利诺伊州流感趋势时序曲线图

如你所知，绘图的核心代码就一句 df.Illinois.plot()，Pandas 在背后为我们提供了很多语法糖，我们只需要给出 Y 轴的数据，实际上就是 Illinois 代表的列，而 X 轴的数据就默认启用行索引，即前面我们反复"折腾"的日期索引。

如果你对 Pandas 已经熟稔于心，你会知道，In [16]处的代码与如下代码等价。

```
In [16]:  df['Illinois'].plot()
```

如果我们想在一个图形中绘制两个州或更多州的流感趋势时序曲线，该怎么办呢？方法也非常简单，就是利用不同的数据源，多调用几次 plot()。例如，我们想同时显示伊利诺伊州和爱达荷州的流感趋势，可以这么做。

```
In [18]: df['Illinois'].plot()    #绘制伊利诺伊州的流感趋势时序曲线图
In [19]: df.Idaho.plot()          #绘制爱达荷州的流感趋势时序曲线图
In [20]: plt.show()
```

【运行结果】

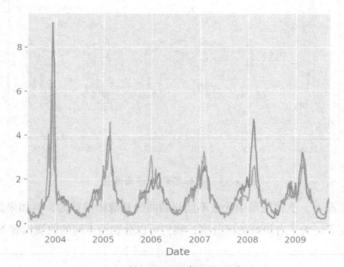

图 8-32　多个州的流感趋势时序曲线图

8.10.4　选择合适的数据可视化表达

如果你觉得两个州的流感趋势曲线纠缠在一起无法区分，我们可以为它们添加标签，代码如下所示。

```
In [21]:
import matplotlib.pyplot as plt
style.use('default')
df.Illinois.plot(label = "Illinois")    #添加标签
df['Idaho'].plot(label = 'Idaho')       #添加标签
plt.legend(loc = 'best')
plt.show()
```

【运行结果】

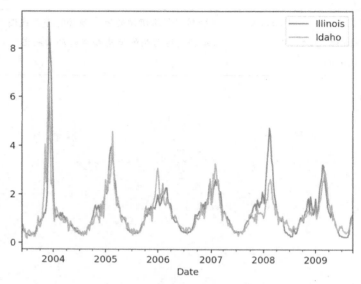

图 8-33　有标签的时序曲线图

在彩色显示的情况下，上述图形中代表不同州的曲线是清晰可辨的，但如果是在黑白显示的情况下，分别就有难度了。为了有更好的区分度，我们可以分别给不同的曲线设置不同的风格。

```
In [22]:
temp_df = df[['Illinois','Idaho', 'Indiana']]   #读取部分需要绘图的数据

styles = ['bs-','ro-','y^-']    #设置不同的曲线风格
linewidths = [2, 1, 1]
labels = ['Illinois','Idaho', 'Indiana']
fig, ax = plt.subplots()
for col, style, lw, label in zip(temp_df.columns, styles, linewidths, labels):
    temp_df[col].plot(style=style, lw=lw, ax=ax, label = label)

plt.legend(loc = 'best')
plt.show()
```

【运行结果】

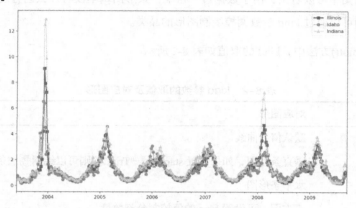

图 8-34　设置了不同风格的时序曲线图

从上面的输出可知，由于数据密度太高，导致各条曲线高度重叠，区分度并不是很大。好在我们的目的仅仅在于，利用上述代码学习 Pandas 的曲线风格设置。

当然，Pandas 并不是只能绘制曲线图。基本上，Matplotlib 能实现的绘图功能，Pandas 都能实现。比如，我们也可以绘制条形图，修改上述代码，添加一个参数即可。

```
In [23]:
df.Illinois.plot(kind = 'bar', label = 'Illinois')
plt.show()
```

【运行结果】

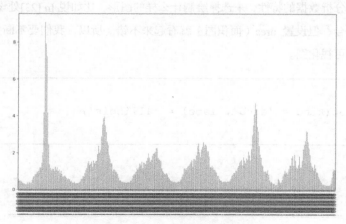

图 8-35　没有区分度的条形图

从上面输出的图中可以看出，由于数据过于密集，条形图基本没有什么区分度，但这里要强调的重点在于，我们可以通过 kind 参数调控绘制图形的品类。

在 Pandas 的 plot()方法中，kind 的取值如表 8-2 所示。

表 8-2　kind 参数的取值及对应图形

取值	对应图形
line	默认值，曲线
bar	垂直条形图，如果设置 stacked = "True"，则可以绘制叠加条形图
barh	水平条形图
hist	直方图，可设置 bins 的值控制分割数量
box	箱形图
kde	核密度估计图，对条形图添加核概率密度线
density	等同于 kde
area	面积图
pie	饼图
scatter	散点图
hexbin	六角分箱图（全称为 hexagonal binning，形式上类似于热力图，用于显示一个区域中点的个数，不过是用正六边形表示数值区域的）

我们要根据所分析数据的特性，来选择绘制什么样的图形，比如说 In [23]处设置 bar（绘制垂直柱状图）就不太适合，但设置 area（面积图）就看起来不错。所以，我们要不断探索，选择合适的方法来呈现数据的可视化图。

```
In [24]:
df.Illinois.plot(kind = 'area', label = 'Illinois')
plt.show()
```

【运行结果】

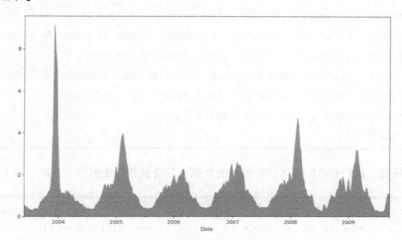

图 8-36　流感趋势面积图

8.10.5　基于条件判断的图形绘制

Pandas 具有强大的数据分析能力，我们可以利用 Pandas 的布尔矩阵表达形式有选择地绘制某些图形，从而过滤掉不想要的数据。

美国有很多州，假设我们仅仅想绘制首字母为"M"的州的流感趋势图，根据前面章节中学习的 Pandas 的知识，我们至少有三种可选的方案。

我们知道，在前面导入的流感数据中，第一列为美国的整体情况，其他列都是美国的州名，因此，我们可以很容易地利用 DataFrame 的 colomns 属性来查看美国的州名。

```
In [25]: df.columns
Out[25]:
Index(['United States', 'Alabama', 'Alaska', 'Arizona', 'Arkansas',
       'California', 'Colorado', 'Connecticut', 'Delaware',
       'District of Columbia', 'Florida', 'Georgia', 'Hawaii', 'Idaho',
       'Illinois', 'Indiana', 'Iowa', 'Kansas', 'Kentucky', 'Louisiana',
       'Maine', 'Maryland', 'Massachusetts', 'Michigan', 'Minnesota',
       'Mississippi', 'Missouri', 'Montana', 'Nebraska', 'Nevada',
       'New Hampshire', 'New Jersey', 'New Mexico', 'New York',
       'North Carolina', 'North Dakota', 'Ohio', 'Oklahoma', 'Oregon',
```

```
'Pennsylvania', 'Rhode Island', 'South Carolina', 'South Dakota',
'Tennessee', 'Texas', 'Utah', 'Vermont', 'Virginia', 'Washington',
'West Virginia', 'Wisconsin', 'Wyoming', 'New England Region',
'Mid-Atlantic Region', 'East North Central Region',
'West North Central Region', 'South Atlantic Region',
'East South Central Region', 'West South Central Region',
'Mountain Region', 'Pacific Region'],
   dtype='object')
```

有了这些州名，我们就可以提取想要的州的数据，并绘制相应的图形。方案一如下。

```
In [26]:        #方案一
df[[state for state in df.columns if state[0] == 'M']].plot()
```

【运行结果】

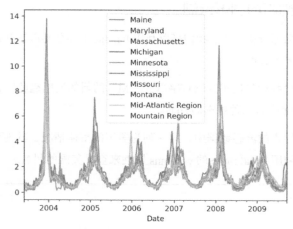

图 8-37　首字母为 M 的州的流感趋势时序曲线图

方案一利用了一个 for 循环，把首字母为 M 的州所在的列提取出来，然后绘图。如果我们想改变数据呈现方式（如用面积图来呈现），则可用方案二所示的方法，这种绘图风格看起来更加"魔幻"。

```
In [27]:        #方案二
df[[state for state in df.columns.values if state[0] == 'M']].plot(kind = 'area')
plt.gcf().autofmt_xdate()
```

【运行结果】

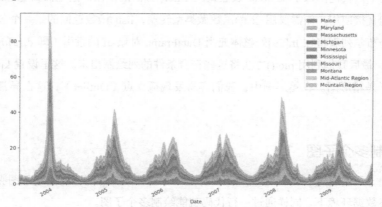

图 8-38　首字母为 M 的州的流感趋势面积图

方案二类似于方案一，也用了 for 循环逐个判断每个列是否符合条件。这里，我们主要回顾了获取 DataFrame 对象列值的方法 df.columns.values。

当然，我们还可以采用第三种方案，这些方案实现的功能是类似的，但能让我们更加熟悉 Pandas 或 Python 的相关知识。下面我们绘制首字母为 M 的州的流感趋势箱形图。

```
In [28]:        #方案三
a = list(filter(lambda x : str(x)[0] == 'M', df.columns.values))
In [29]: df[a].plot(kind = 'box')
```

【运行结果】

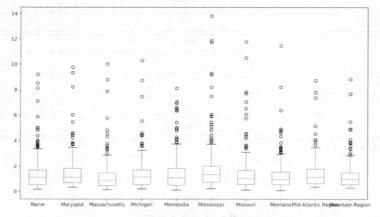

图 8-39　首字母为 M 的州流感趋势箱形图

在这个方案中，我们回顾了 lambda 表达式及 filter()方法的使用。这里需要注意的是，filter()返回的对象并不能直接使用，而需要用 list()函数做类型转换，list()函数返回的是一个包含布尔值的列表。然后，这个布尔列表将在 In[29]处整体充当 DataFrame 对象 df 的索引（即 df[a]），返回所有首字母为 M 的列，最后我们利用 plot()方法将这些符合条件的列绘制出来。这里设置 kind = 'box'，表明要绘制的图形是箱形图。在箱形图中，我们容易发现孤立点（Outlier），这在异常检测中十分有帮助。

8.10.6 绘制多个子图

到目前为止，我们通过 Pandas 绘制的图形都是一个整体图，那能不能绘制子图呢？事实上，这并不难。在上述数据环境下，同样通过一行代码就能绘制多个子图。

```
In [30]: df[a].plot(subplots = True, figsize = (15,60))
```

上述代码的含义很简单，结合前面的分析可知，a 实际上是一个布尔列表，用以提取符合条件的州（即首字母为 M 的州）的数据，否则子图太多将难以显示。

参数 subplots = True 表示要绘制子图，而不是将多个不同的列绘制在同一个画布上，figsize = (15,60)用来设置每个子图的大小，我们可以根据自己的需要来调整元组中的参数（heigh、width）。

【运行结果】

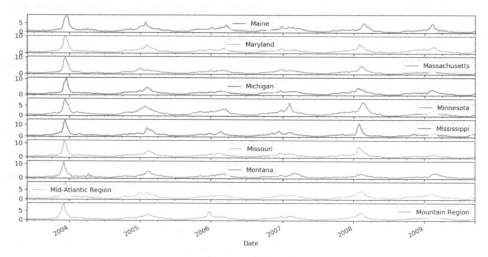

图 8-40　多个子图

在上面的图形中，每一行显示一个子图，子图看起来很小，可视化效果较差。那能不能控制一下子图的布局呢，比如显示为三行四列。当然是可以的。只要在 Pandas 的 plot()方法中添加一个布局参数 layout 即可，代码如下所示。

```
In [31]:  df[a].plot(subplots = True, figsize = (15,60), layout=(3,4))
```

【运行结果】

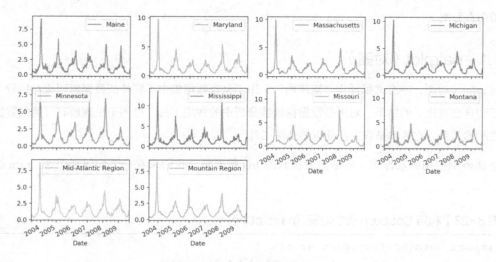

图 8-41　具有布局参数的子图

通过上面的分析可知，有了 Pandas 的协助，数据的分析及可视化，可以更加"浑然一体"。下面我们将介绍另外一款好用的绘图工具——Seaborn，它与 Pandas 配合使用，能让我们绘制的图形更加"技压群芳"。

8.11　惊艳的 Seaborn

Seaborn 是基于 Matplotlib 的数据可视化库。它在 Matplotlib 的基础上，进行了更高级的 API 封装，从而使得作图更加容易，不需要经过大量的调整，就能使图形变得精致。

有了 Seaborn 的加持，加之使用 Pandas 能方便地导入数据，我们能够更加高效地对数据进行可视化分析。

但需要说明的是，我们应该把 Seaborn 视为 Matplotlib 的补充，而不是替代物。这就好比，Seaborn 是"锦上添花"中的"花"，而 Matplotlib 才是"锦"。有了"花"，可以让"锦"更好看，但如果没有"锦"，"花"之不存。

Seaborn 不仅可以配合 Matplotlib 来绘制更好的图形，事实上，它还可以与 Pandas 高效对接。Seaborn 所处理的数据类型大多基于 Pandas 中的数据结构——DataFrame。这里我们只介绍几个常见的图形类型，如 pairplot（对图）、heatmap（热力图）、boxplot（箱形图）、vilolinplot（小提琴图）、密度图和直方图。

8.11.1 pairplot（对图）

pairplot（对图，亦有文献译作"矩阵图"）用于呈现数据集中不同特征数据两两成对比较（包括自己和自己对比）的结果。对图是数据探索性分析中的常用工具，可用于呈现所有可能的数值变量对之间的关系。它基本是双变量分析的必备工具。

下面范例使用的数据集，还是前面提到的 Iris 数据集。我们来看一下如何利用 Seaborn 绘制对图。

【范例 8-23】利用 Seaborn 绘制对图（pairplot.py）

```
01    import matplotlib.pyplot as plt
02    import seaborn as sns
03    import pandas as pd
04
05    sns.set(style="ticks")
06    iris = pd.read_csv('iris.csv',header=None)    #利用 Pandas 读取数据
07    iris.columns=['sepal_length','sepal_width',
08             'petal_length','petal_width','species']
09
10    sns.pairplot(iris,hue="species",diag_kind="kde",    #配对绘制图形
11             palette="muted")
12    plt.show()
```

【运行结果】

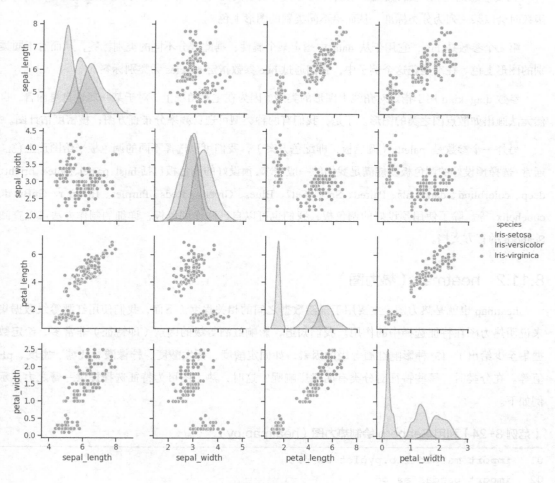

图 8-42　对图

【代码分析】

通过 Seaborn，我们仅使用十行左右的代码就能绘制出非常美观的图形，第 07 行代码 sns.set_style("ticks")用于设置图片的风格，与 plt.style.use()作用相同。Seaborn 中预设好了五种主题风格：darkgrid、whitegrid、dark、white、ticks。

pairplot()函数内有很多参数，我们挑选比较重要的介绍一下。

第一个参数就是 data，它表示绘制图形的数据源。这里，我们利用 Pandas 读取数据（代码第 06

行），需要注意的是，读取的数据如果没有列名就要主动设置列名（第 07 行），因为后面使用 pairplot() 函数时会以某一列为分类标准，从而给不同类别的图形上色。

第二个参数是 hue，它用于从 data 中指定某个属性，据此区分不同的类别标签，从而对不同类别的图形上色。在鸢尾花这个例子中，我们通过 hue 参数指定 species 为类别标签。

参数 diag_kind 用于指定对角线上图形的类别。因为在主对角线上，对于某一属性自身而言，自然无法画出如散点图之类的图形。于是，我们有两种类型可选：频率分布直方图；核密度估计图。

另外一个参数是 palette（调色板，即配色方案），我们可以选择不同的调色板来给图形上色。通常，选择预设好的调色板就能满足我们的一般需求，预设好的调色板包括 husl、pastel、muted、bright、deep、colorblind、dark、hls、Paired、Set1、Set2、Blues、Greens、Reds、Purples、BuGn_r、GnBu_d、cubehelix 等。除了使用预设好的调色板，我们也可以自己制作调色板，详细的制作方法可以查阅 Seaborn 的官方文档。

8.11.2　heatmap（热力图）

heatmap 也就是热力图，主要用于描绘数据之间的相关程度。下面，我们使用红酒等级数据集来说明热力图在特征选择中的作用。我们知道，影响红酒等级的因素（即特征）非常多，给定数据集至少给出了 13 种影响红酒等级的因素，如固定酸度、挥发酸度、柠檬酸、残糖、密度、pH 值等。在分类时，哪些特征对分类有明显影响呢？这时，热力图可为特征选择提供一臂之力。示例如下。

【范例 8-24】利用 Seaborn 绘制热力图（heatmap.py）

```
01   import matplotlib.pyplot as plt
02   import pandas as pd
03   import seaborn as sns
04
05   plt.figure(figsize=(20,10),dpi = 150)
06   wine = pd.read_csv('wine.csv')
07   wine_corr = wine.corr()
08   plt.figure(figsize=(20,10))
09   sns.heatmap(wine_corr,annot=True,square=True,fmt='.2f')
10   plt.show()
```

【运行结果】

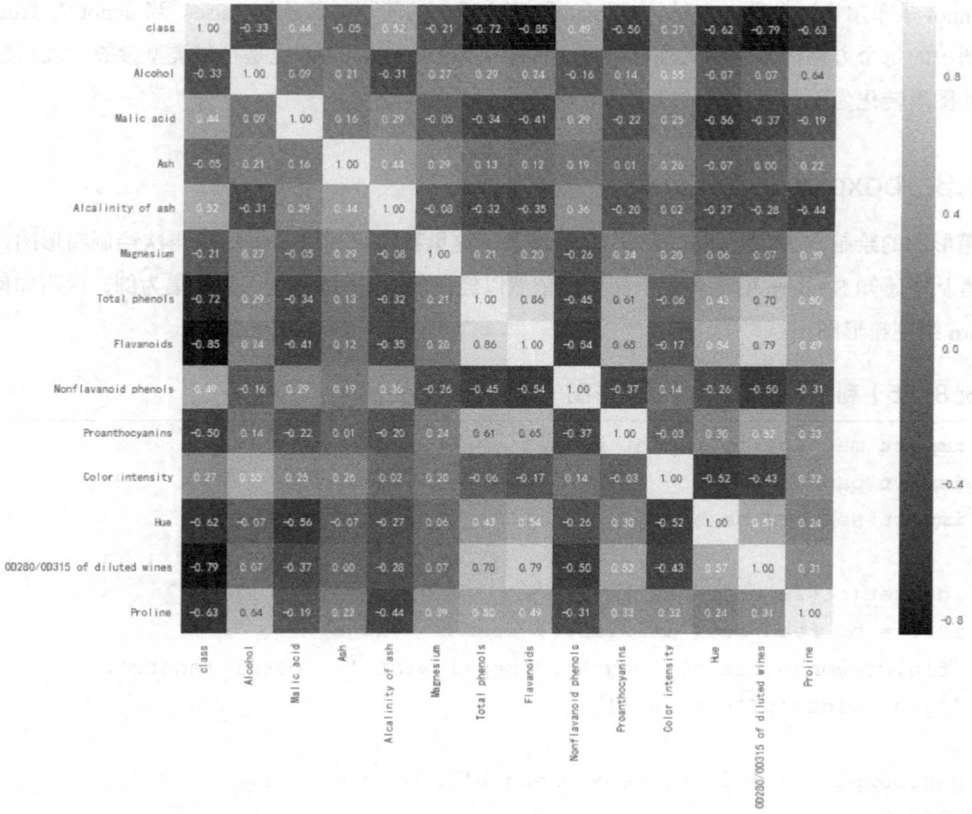

图 8-43　热力图

【代码分析】

图 8-43 中所示的数字，就是我们需要的相关系数，其绝对值越大（要么正相关大，要么负相关大），两个变量之间的相关性越强，找到相关性，便容易进行预测，而预测是数据分析的核心本质。反过来，相关系数的绝对值越接近于 0，说明两个变量之间的相关性越小。

比如说，我们观察 class（红酒等级）这一列，就会发现，class 与 Ash 这个特征之间相关系数最小，仅为–0.05。通过查看数据也发现，不同种类的红酒的 Ash 值并无太大变化。这说明什么呢？在对红酒进行评级时，我们大可不必将 Ash 作为特征值。此外，当特征比较多时，热力图体现了颜色的深度，我们一眼就可以看出，颜色越深，特征彼此间就越相关。

绘制热力图时，我们首先需要计算出数据集的相关系数矩阵，通过 Pandas 中 DataFrame 对象自带的 corr() 方法很容易求出，见第 07 行代码 wine_corr = wine.corr()。sns.heatmap() 函数用来绘制热力图，annot 是布尔类型参数，它是 "annotate"（注释）的简写，默认为 False。当 annot 为 True 时，热力图中的每个方格内都会写入注释数据（即相关系数）。square 也是布尔类型参数，表示是否将输出的图形转化为正方形，默认输出长方形。

8.11.3　boxplot（箱形图）

箱形图的绘制方法在前面的范例中已经涉及，这里我们想利用 Seaborn 再次绘制箱形图，让各位读者从中感知 Seaborn 的优势。下面我们依然以经典的 Iris（鸢尾花）数据集为例，说明如何利用 Seaborn 绘制箱形图。

【范例 8-25】利用 Seaborn 绘制箱形图（sns-boxplot.py）

```
01    import matplotlib.pyplot as plt
02    import pandas as pd
03    import seaborn as sns
04
05    sns.set(style = "ticks")
06    iris = pd.read_csv('iris.csv', header = None)
07    iris.columns=['sepal_length', 'sepal_width', 'petal_length',
      'petal_width', 'species']
08
09    sns.boxplot(x = iris['sepal_length'], data = iris)
10    plt.show()
```

【运行结果】

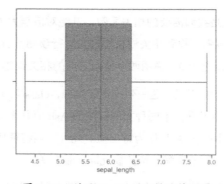

图 8-44　利用 Seaborn 绘制的箱形图

【代码分析】

从代码层面，你会发现，【范例 8-25】和【范例 8-23】基本相同，只是绘图的方法稍有不同，本例使用了 Seaborn 内置的方法 boxplot() 来绘制箱形图。该方法的原型如下所示。

```
boxplot(x=None, y=None, hue=None, data=None, order=None, hue_order=None,
orient=None, color=None, palette=None, saturation=0.75, width=0.8, dodge=True,
fliersize=5, linewidth=None, whis=1.5, notch=False, ax=None, **kwargs)
```

该方法中的参数较多，我们挑选几个相对常用的给予简单介绍。

- x：指定 X 轴的数据，若不设置，默认为 None。
- y：指定 Y 轴的数据，若不设置，默认为 None。
- hue：字符串类型，它是 DataFrame 中某个代表类别的列名，boxplot() 方法会将这个列中包含的不同属性值作为分类依据，不同分类对应不同颜色的箱体，以示区分。
- data：设置输入的数据集，可以是 DataFrame 对象，也可以是数组、数组列表等，是可选项。
- palette：调色板，控制图形的色调。
- order、hue_order：控制箱体的顺序。
- orient：取值为 v、h，用于控制图像是水平（horizontal）显示，还是垂直（vertical）显示。

事实上，Seaborn 内部已经集成了很多常见的经典数据集合。上面范例中的绘图代码（第 05~10 行）也可以用如下代码替代，绘图的效果是相同的。

```
# 导入基本环境包的语句省略
# 用 Seaborn 导入数据
df = sns.load_dataset('iris')
# 绘制一维箱形图
sns.boxplot( x = df["sepal_length"] )
```

如果仅绘制显示一列数据的箱形图，其实意义并不大，下面我们还用鸢尾花的例子来说明如何绘制每个特征的箱形图。

【范例 8-26】利用 Seaborn 绘制多个箱形图

```
01  import seaborn as sns, matplotlib.pyplot as plt
02  #用来正常显示中文标签
03  plt.rcParams['font.sans-serif']=['SimHei']
```

```
04    #导入数据集，返回一个 DataFrame 对象
05    df = sns.load_dataset("iris")
06    #设置 X 轴、Y 轴及数据源
07    ax = sns.boxplot(x = "species", y = "sepal_length", data=df)
08
09    # 计算每组的中位数
10    medians = df.pivot_table(index="species", values="sepal_length",
      aggfunc="median").values
11    # 形成要显示的文本：每个子类的数量
12    nobs = df['species'].value_counts().values
13    nobs = [str(x) for x in nobs.tolist()]
14    nobs = ["数量: " + i for i in nobs]
15
16    # 设置要显示的箱形图的数量
17    pos = range(len(nobs))
18    # 将文本分别显示在中位数线条的上方
19    for tick,label in zip(pos, ax.get_xticklabels()):
20        ax.text(pos[tick], medians[tick] + 0.03, nobs[tick],
21               horizontalalignment='center', size='x-small',
22               color='w', weight='semibold')
23    # 显示图形
24    plt.show()
```

【运行结果】

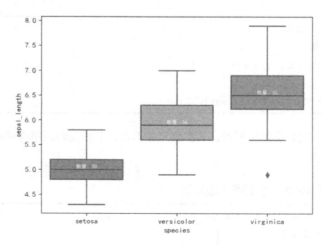

图 8-45　多个箱形图

【代码分析】

从数据导入的方式可以看出，Seaborn 和 Pandas 做了很好的集成，例如第 05 行代码直接返回了一个 DataFrame 对象。我们可以按照操作 DataFrame 对象的方式来操作它。

在功能上，第 10 行代码和如下代码（即利用分组聚合方式）是等价的，选择哪一种方式，就看你更喜欢哪种方式，但明显可以看出，利用透视表（pivot_table）能使代码更加具有可读性。

```
medians = df.groupby(['species'])['sepal_length'].median().values
```

如果仅仅关注于把鸢尾花三个种类的箱形图绘制出来，那么代码到第 07 行就可以结束了。第 08 行以后的代码，主要是为在中位数（50%处）横线上方显示每个子类的数量。碰巧的是，在这个鸢尾花数据集里，每个子类的数量都是 50，在其他数据集中自然不会是这个数值。

前面绘制的图形都是整体图，那 Seaborn 能不能绘制出多个不同的子图呢？如果结合 Matplotlib 来配置参数，这个流程并不复杂，示例如下。

【范例 8-27】利用 Seaborn 绘制多个子图(sns-subplot.py)

```
01    import seaborn as sns, matplotlib.pyplot as plt
02    #导入数据集
03    df = sns.load_dataset("iris")
04
05    fig,axes=plt.subplots(1,2,sharey=True) #设置一行两列共两个子图
06    # 绘制左子图
07    sns.boxplot(x="species",y="petal_width",data=df,ax = axes[0])
08    # 绘制右子图
07    sns.boxplot(x="species",y="petal_width",data=df, palette="Set3", ax =
      axes[1])
```

【运行结果】

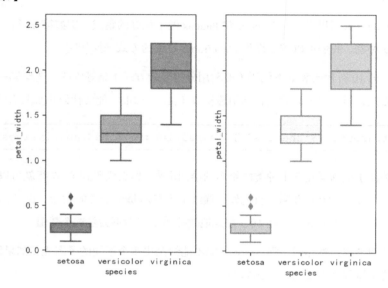

图 8-46 多个子图（箱形图）

【代码分析】

本例的代码本身并不复杂，但有两个语法层面的细节值得注意。

第一，代码第 05 行设置了共享 *Y* 轴（sharey=True），如果不设置，两个子图可能会相互重叠。共享坐标轴还有一个好处，让它们处于同一个坐标系，便于观察和比较。

第二，在本例中，为了演示方便，左右两个子图的数据完全相同，仅调色板的参数不同，右图的调色板 palette="Set3"。作为一个高阶绘图工具，Seaborn 已经内置了很多预先设置好的调色板，我们可以选择适合数据呈现和视觉感受的颜色。关于调色板的内容，大家可参考官方文档。

如果我们把左右子图的数据换成不同的数据，如把第 07 行代码换作如下内容，结果又会如何呢？

```
sns.boxplot(x = "species",y = "petal_length",data = df, palette="Set2", ax =
axes[1])
```

【运行结果】

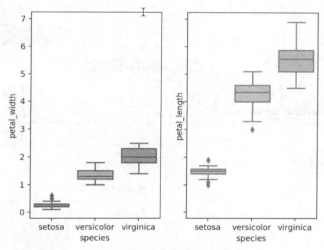

图 8-47　不同数据范围的子图

从图 8-47 中可以看到，第一类鸢尾花（setosa）的花瓣宽度（sepal width）和花瓣长度（sepal length）普遍偏小。我们还可以看出，甚至 setosa 花瓣长度的最大值（含孤立点）都小于其他品类的最小值。如果我们看到某类别的花瓣长度小于某一阈值，就可以直接判断它为 setosa 类，这就简化了分类的特征选择这一步。

Seaborn 能绘制左右结构的子图，上下结构子图的绘制自然也不在话下，示例如下。

范例【8-28】利用 Seaborn 绘制上下结构的子图（up_down_subplot.py）

```
01   import seaborn as sns, matplotlib.pyplot as plt
02   #导入数据集
03   df = sns.load_dataset("iris")
04
05   fig,axes=plt.subplots(2,1) #两行一列共两个子图
06
07   sns.boxplot(x = "species", y = "petal_width", data = df, orient="v", ax =
     axes[0]) #上子图垂直显示
08
09   sns.boxplot(x = "petal_length", y = "species", data = df, orient="h",
     palette="Set2", ax = axes[1]) #下子图水平显示
```

【运行结果】

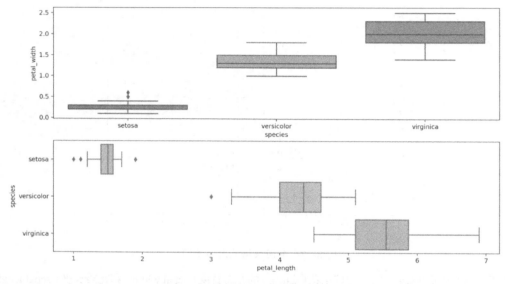

图 8-48　上下结构的子图

【代码分析】

聪慧如你，你可能很快就会发现，决定上下结构子图的参数，就是代码第 05 行的参数(2,1)，它表示两行一列，这自然就是上下结构的构图方式。

在本例中，我们额外采用了另外一个绘图参数 orient（方向），当它的取值为 "v" 时，表示箱形图是垂直方向的，这里的 v 是 "vertical"（垂直的）的简写。类似地，当 orient 取值为 "h" 时，表示箱形图为水平方向的，这里的 h 是 "horizontal"（水平的）的简写。

此外，需要注意的是，在垂直绘图和水平绘图时，它们的 X 轴和 Y 轴的数据是不一样的。

8.11.4　violin plot（小提琴图）

小提琴图和箱形图有点类似，它也可以显示四分位数（quartile）。不同于箱形图是通过长方形呈现的，以及绘图组件都对应实际的数据点，小提琴图集合了箱形图和密度图的特征，主要用来显示数据的分布状态，它能很好地表征了连续变量数据的分布情况。在外形上，因为所绘制的图形像一把把小提琴，故名 "小提琴图"。小提琴图是用于观察多个数据分布情况的有效媒介，相比于箱形图，它在视觉上更令人愉悦。

下面我们还是以熟悉的鸢尾花数据集为例，来说明小提琴图的绘制方法。

【范例 8-29】绘制小提琴图（violin_plot.py）

```
01  import pandas as pd
02  import matplotlib.pyplot as plt
03  import seaborn as sns
04  # 导入数据集
05  iris = pd.read_csv("iris.csv")
06  iris.columns=['sepal_length', 'sepal_width', 'petal_length','petal_width',
    'species']
07  # 绘图
08  plt.figure(dpi = 200)
09  sns.violinplot(x='species', y = 'sepal_length', data = iris, scale='width',
    inner='quartile')
10
11  # 输出显示
12  plt.title('Violin Plot', fontsize=12)
13  plt.show()
```

【运行结果】

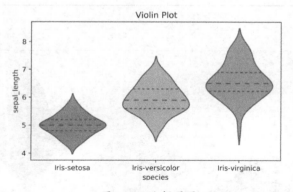

图 8-49　小提琴图

【代码分析】

在小提琴图中，由于横线的宽度代表密度（就是这个值出现的频率），所以，我们可以很容易地观察到某个特征主要的密集分布区域。形象点来说，横向越"胖"，这个值就出现得越频繁。

绘制小提琴图的方法是 violinplot()，其原型如下。

```
violinplot(x=None, y=None, hue=None, data=None, order=None, hue_order=None,
bw='scott', cut=2, scale='area', scale_hue=True, gridsize=100, width=0.8,
inner='box', split=False, orient=None, linewidth=None, color=None, palette=None,
saturation=0.75, ax=None, **kwargs)
```

该方法参数众多，大多都能见名知意。这里，我们挑选几个重要的参数介绍如下。

- scale：可选参数，取值为 area、count、width 其中之一，主要用于调整小提琴图的缩放。area 表示每个小提琴图拥有相同的面域，count 根据样本数量来调节宽度，width 表示每个小提琴图拥有相同的宽度。

- inner：可选参数，取值为 box、quartile、point、stick、None 其中之一，用于控制小提琴图内部数据点的形态。box 表示绘制微型小提琴图，quartiles 表示显示四分位分布，point、stick 表示绘制点或小竖条，None 表示绘制朴素的小提琴图。

- split：可选参数，布尔值，取值为 True 或 False，表示是否将小提琴图从中间分开。

比如，我们可以把【范例 8-29】中第 09 行代码的参数调整为如下形式。

```
sns.violinplot(x='species', y = 'sepal_length', data = iris, split = True,
scale='width', inner="box")
```

【运行结果】

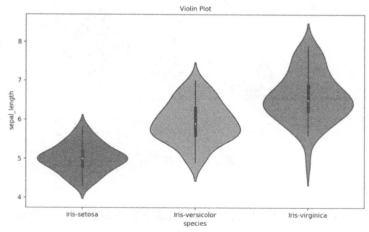

图 8-50　调整参数后的小提琴图

关于参数的运用，需要读者朋友根据自己的需求，多多探索。

我们知道，鸢尾花有四个特征：花瓣长度、花瓣宽度、花萼长度、花萼宽度。下面我们就讨论一下如何画出表征这四个特征的小提琴图子图。

【范例 8-30】绘制多个小提琴图子图（violin-subplot.py）

```python
01    import pandas as pd
02    import matplotlib.pyplot as plt
03    import seaborn as sns
04    # 导入数据集
05    iris = pd.read_csv("iris.csv")
06    iris.columns=['sepal_length','sepal_width','petal_length','petal_width',
      'species']
07
08    # 绘图设置
09    fig, axes = plt.subplots(2, 2, figsize=(7, 5), sharex=True)
10
11    sns.violinplot(x = 'species', y = 'sepal_length',
12                data = iris, split = True,
13                scale='width', inner="box",
14                ax = axes[0, 0])
15    sns.violinplot(x = 'species', y = 'sepal_width',
16                data = iris, split = True, scale='width',
17                inner="box",
18                ax = axes[0, 1])
19    sns.violinplot(x = 'species', y = 'petal_length',
20                data = iris, split = True, scale='width',
21                inner="box",
22                ax = axes[1, 0])
23    sns.violinplot(x = 'species',
24                y = 'petal_width',
25                data = iris, split = True,
26                scale='width', inner="box",
27                ax = axes[1, 1])
```

```
28   # 输出显示
29   plt.setp(axes, yticks=[])
30   plt.tight_layout()
```

【运行结果】

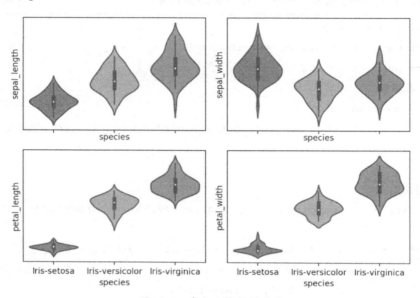

图 8-51 多个小提琴图子图

【代码分析】

本例中的代码比较容易理解。代码第 09 行设置了子图的分布为两行两列，并规定了每个子图的大小（figsize）为(7,5)，其中 7 为宽度，5 为高度，二者放在一起构成一个元组，且上下子图共享 X 轴（这样能让上下子图中相同类别的小提琴图对齐）。

需要特别注意的是，当子图布局为二维时，需要用一个列表描述给定子图的相对位置，也就是说子图的轴坐标也是二维的。例如，代码第 14 行的 ax = axes[0, 0]，表示第 0 行第 0 列（坐标从 0 开始计数，下同）第 1 个子图。代码第 18 行的 ax = axes[0, 1]，表示第 0 行第 1 列第 2 个子图，以此类推。

8.11.5 Density Plot（密度图）

数据分析的重要目的之一在于，了解数据的基本性质，为后续的模型选择和模型训练提供依据。

了解特征的分布，通常是机器学习的第一步，同时也是相当关键的一步。通常，我们会用核密度估计来掌握数据的基本分布情况。

　　类似于小提琴图，基于核密度估计的密度图（Density Plot），是一种常用的可视化图形。这种密度图是将连续型随机变量分布情况可视化的利器。在密度图中，分布曲线上的每一个点都表示概率密度，分布曲线下的每一块面积都是特定变量区间发生的概率。

　　下面，我们还是以鸢尾花数据集为例，说明三种不同品类鸢尾花的花瓣长度的概率密度分布。

【范例 8-31】绘制鸢尾花花瓣长度的密度图（kde-subplot.py）

```
01   import pandas as pd
02   import matplotlib.pyplot as plt
03   import seaborn as sns
04   # 用来正常显示中文标签
05   plt.rcParams['font.sans-serif']=['SimHei']
06   # 导入数据集
07   iris = pd.read_csv("iris.csv")
08   iris.columns=['sepal_length', 'sepal_width', 'petal_length',
     'petal_width', 'species']

10   # 绘图
11   sns.kdeplot(iris.loc[iris['species'] == 'Iris-versicolor',
     'sepal_length'],shade=True, color="g", label="Iris-versicolor", alpha=.7)
12   sns.kdeplot(iris.loc[iris['species'] == 'Iris-virginica',
     'sepal_length'],shade=True, color="deeppink", label="Iris-virginica",
     alpha=.7)
13   sns.kdeplot(iris.loc[iris['species'] == 'Iris-setosa', 'sepal_length'],
     shade=True, color="dodgerblue", label="Iris-setosa", alpha=.7)
14   # 设置绘图标题参数
15   plt.title('鸢尾花花瓣长度的密度图', fontsize=16)
16   plt.legend()
17   plt.show()
```

【运行结果】

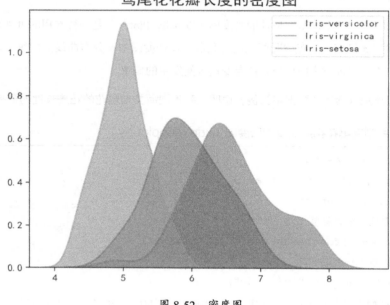

图 8-52 密度图

【代码分析】

所谓核密度估计（Kernel Density Estimates，简称 KDE），就是采用平滑的峰值函数（核）来拟合观察到的数据点，从而模拟出真实数据的大致概率分布曲线。密度图其实是对直方图的一个自然拓展。

若要绘制密度图，需要用到 Seaborn 提供的一个专门方法 kdeplot()，和其他 Seaborn 提供的绘图方法类似，它有很多好用的参数，其方法的原型如下。

```
kdeplot(data, data2=None, shade=False, vertical=False, kernel='gau', bw='scott',
gridsize=100, cut=3, clip=None, legend=True, cumulative=False, shade_lowest=True,
cbar=False, cbar_ax=None, cbar_kws=None, ax=None, **kwargs)
```

下面我们简单介绍几个常用的参数。

- data、data2：这两个参数都用于指定绘图的数据源。如果除了 X 轴的数据，我们还想指定 Y 轴的数据，那么就要启用 data2。

- shade：指明密度曲线内是否填充阴影。对于本例的第 11~13 行，如果这个参数设置为 False，即不需要填充阴影，那么运行结果将如图 8-53 所示。

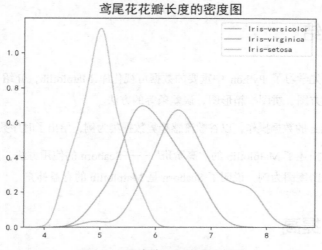

图 8-53　没有填充阴影的密度图

- vertical：布尔值，指定密度图的方向，默认为 False（即非垂直显示），如果此值设置为 True，本例的运行结果将如图 8-54 所示。

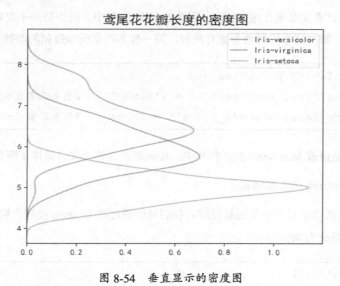

图 8-54　垂直显示的密度图

很显然，不论是基础款的 Matplotlib，还是进阶版的 Seaborn，它们所能绘制的可视化图，远远不是一本小书所能覆盖的。好在网络上有很多资源可供参考，这里推荐学有余力的读者参考《Matplotlib 可视化最有价值的 50 个图表》，其中介绍的很多图形都非常美观。

8.12　本章小结

在本章中，我们先学习了 Python 中重要的数据可视化库 Matplotlib，介绍了绘制基础图形，如散点图、条形图、直方图、饼图、箱形图、误差条等的方法。

然后，结合 Pandas 的数据操作，以谷歌流感趋势数据集为例，给出了时序数据的主要分析方法。

最后，我们简单描述了 Matplotlib 的"高阶班"——Seaborn 的使用方法，并以对图、热力图、箱形图、小提琴图及密度图为例，说明了 Seaborn 是 Matplotlib 的有益补充。

8.13　思考与提高

1. 如何"一劳永逸"地解决 Matplotlib 的中文显示问题？

【案例分析】

Matplotlib 的设计者主要来自西方国家，因此 Matplolib 对中文的支持并不友好。在默认环境中，中文会显示为乱码。解决这个问题的方案有两种，第一种是本章前面提到的参数设置。

```
01   import matplotlib.pyplot as plt
02   plt.rcParams['font.sans-serif'] = ['SimHei']   #用来正常显示中文标签
03   plt.rcParams['axes.unicode_minus'] = False      #用来正常显示负号
```

还有一种方案是修改 Matplotlib 的工作环境，使其默认支持中文，具体步骤如下。

（1）查询 Matplotlib 的安装路径

Matplotlib 包的所处路径并非显而易见的。我们可以通过在 IPython 控制台输入如下两行代码获得路径（假设操作系统为 Windows）。

```
01   import matplotlib
02   matplotlib.matplotlib_fname() #获得 matplotlib 包所在文件夹
```

执行上述代码，结果如下。

```
'C:\\ProgramData\\Anaconda3\\lib\\site-packages\\matplotlib\\mpl-data\\matpl
otlibrc'
```

在上述路径中，两个反斜杠"\\"中的第一个"\"表示转义字符，除掉不必要的转义字符，找到需要修改的配置文件如下。

```
C:\ProgramData\Anaconda3\lib\site-packages\matplotlib\mpl-data\matplotlibrc
```

请注意，如果 Anaconda 的安装路径和 Windows 的版本不同，此处路径也可能稍有不同。上面的 matplotlibrc 就是我们要修改的配置文件。

（2）用 Notepad++打开配置文件 matplotlibrc，找到字体设置行

我们可以通过以下代码找到字体设置行。

```
#font.family         : sans-serif
……
#font.sans-serif     : DejaVu Sans, Bitstream Vera Sans, Computer Modern Sans
Serif, Lucida Grande, Verdana, Geneva, Lucid, Arial, Helvetica, Avant
```

然后，将以上两行代码前面的注释（#）去掉，表示启用指定字体，并在 font.sans-serif:后添加 SimHei（或者设置其他你想设置的字体名称，前提是这些字体已经在你的计算机中事先安装过）。简单解释一下，SimHei 表示的是简体黑体（Simple Heiti）。保存后，重新运行画图程序即可修复。

2. 在 Matplotlib 中，不仅可以在直角坐标系下绘制图形，还可以在极坐标系下绘制图形。图 8-55 所示的能力属性图，就是在极坐标系下绘制的图形。你能通过查阅资料，绘制出类似的图形吗？（答案参考随书源代码）

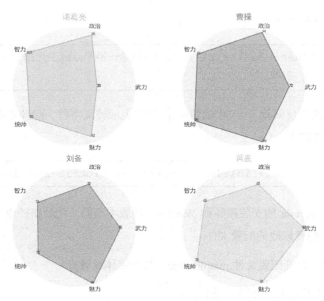

图 8-55　能力属性图

3. 在泰坦尼克幸存者数据集分析中，可视化在特征选择中有什么作用？

【案例分析】

我们知道，中医看病讲究"望闻问切"。事实上，分析数据的过程也与"望闻问切"有几分神似。

首先，我们也要"望"：看看数据长什么样。望通常是数据分析的起点，也是本章的重点——数据可视化，这无疑是最能反映数据特征，给用户（数据分析者）最直观"数感"的过程。

我们也要"闻"：所谓闻，就是分析数据越久就越需培养一种敏感性，判断收集的数据是否合理。

还要不断地"问"：亲上"前线"，针对前两步工作搜集到的问题，与业务方面对面交流，获得第一手感知，不闭门造车、自我陶醉。

我们要"切"中要害：结合业务方反馈的结果和项目需求，进行数据分析，洞察数据背后的意义。

下面，我们还以泰坦尼克幸存者数据集为例，说明可视化在特征选择中起的"望"之作用。

首先，我们要读取数据集，以训练集（train.csv）为例。

```
In [1]: import pandas as pd        #导入必要的库
In [2]: import matplotlib.pyplot as plt
In [3]: import seaborn as sns
In [4]: train_df = pd.read_csv('train.csv')   #导入数据集
```

下面我们来用可视化图形直观感受一下基于训练集的乘客幸存率。为了复习前面的知识，我们分别用条形图和饼图来呈现。

```
In [5]:
plt.rcParams['font.sans-serif']=['SimHei']   #设置中文字体
plt.figure(figsize = (10,5))       #创建画布
plt.subplot(121)                   #绘制一行二列第一个子图
sns.countplot(x = 'Survived', data = train_df, hue = 'Survived')
```

顾名思义，countplot()是"计数图"的意思。我们可将它认为是一种对某些分类进行计数的直方图。通过设置方法中的 hue 参数，可分标签显示不同类别。

当然，我们也可以用饼图来分块显示不同类别的计数。这时，给饼图提供的分类统计数据可通过 value_counts()方法来获得，该方法以一个列表的形式返回各个类别的计数信息，所以如果想读取其中的数据，就可以用方括号加下标的方式来分别读取，代码如下。

```
In [6]:
plt.subplot(122)                    #绘制一行二列第二个子图
_, _, autotexts = plt.pie([train_df.Survived.value_counts()[0],
        train_df.Survived.value_counts()[1]],
      labels=['幸存者','非幸存者'],
autopct='%1.1f%%', explode = [0,0.05], shadow = True)

#将饼图中的字体改成白色
for autotext in autotexts:
    autotext.set_color('white')

plt.title('幸存者数据统计')
plt.show()
```

【运行结果】

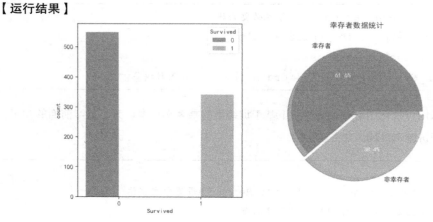

图 8-56 泰坦尼克幸存者比例

利用类似的方法，我们可以直观感知其他特征（如 Sex、Pclass、Embarked）与幸存率的关联情况。

```
In [7]:
fig, [ax1, ax2, ax3] = plt.subplots(1, 3, figsize=(20, 5))
sns.countplot(x='Sex', hue='Survived', data=train_df, ax=ax1)
sns.countplot(x='Pclass', hue='Survived', data=train_df, ax=ax2)
sns.countplot(x='Embarked', hue='Survived', data=train_df, ax=ax3)
ax1.set_title('Sex 特征分析')
ax2.set_title('Pclass 特征分析')
ax3.set_title('Embarked 特征分析')
```

【运行结果】

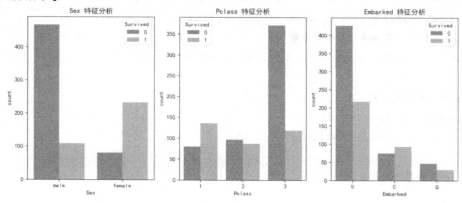

图 8-57 Sex、Pclass 和 Embarked 与幸存率的关联情况

如果我们仅仅得到一个大致的可视化图，而没有从可视化图中获得一些"额外"的洞察，那么可视化图的作用就大打折扣了。事实上，我们观察性别（Sex）特征与幸存率的关系，可以发现，女性的获救率更高，虽然男性总人数更多，但是获救率明显偏低，这也多少能印证西方社会"女士优先"的绅士风范。这种绅士风范，并不仅仅是平时表现出的温文尔雅，更是在生命攸关时体现出的高尚品行。

我们再来观察乘客舱位等级（Pclass）可视化图中的信息。需要说明的是，1 表示 Upper（一等舱），2 表示 Middle（二等舱），3 表示 Lower（三等舱）。从图 8-57 可以看出，虽然三类舱位被营救的绝对人数差别不是很大，但是相对比例（百分比）却大有不同。三等舱的总人数最多，也就是说，大多数人都是像电影《泰坦尼克》中 Jack 一样的普通民众，但幸存率却是非常低的。相反，诸如 Rose 这样社会地位相对较高的人群，大概率会被优先救助。

最后我们来看一下登船港口（Embarked）可视化图中的信息。即使我们不考虑宿命论因素，也会发现，S（Southampton，南安普敦）港口登船的乘客数量最多，但是获救率却是最低的，C（Cherbourg，瑟堡）港口登船的乘客获救率最高。

接下来，我们再来看看另外两个特征 SibSp（同在船上的配偶或兄弟姐妹数量）和 Parch（同在船上的父母或子女数量）的可视化图，看看有没有什么有趣的发现。

```
In [8]:
fig, ax = plt.subplots(1, 2, figsize=(20, 5))
sns.countplot(x='SibSp', hue='Survived', data=train_df, ax=ax[0])
sns.countplot(x='Parch', hue='Survived', data=train_df, ax=ax[1])
ax1.set_title('SibSp 特征分析')
ax2.set_title('Parch 特征分析')
```

【运行结果】

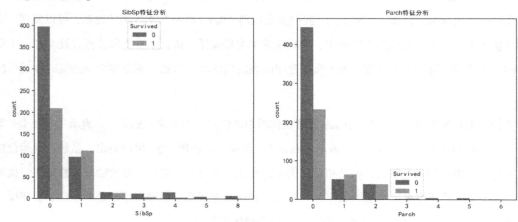

图 8-58　SibSp 和 Parch 的可视化图

从图 8-58 的左图（SibSp 可视化图）中可以看出，配偶或兄弟姐妹数量为 0 的人（如同 Jack 一样的单身汉）最多，但获救率最低，而配偶或兄弟姐妹数量为 1 的人群获救率相对较高，超过 50%。

观察 Parch 这个特征可以发现，情况和 SibSp 基本相同，在做模型特征选择时，可考虑将二者合并。

仅仅从上面的五个特征来看，性别（Sex）和舱位等级（Pclass）两个特征是最能影响生死（是否能幸存）的因素，因此这两个特征是我们要优先考虑的。

以上仅就单特征对幸存率（目标变量）的影响做了简单分析，但实际上，对目标变量的影响通常是由多个因素造成的，所以还需要进一步协同分析。

此外，以上分析多是定量分析，我们还可以定性分析。这里的定性特指基于密度图进行分析。下面我们以年龄（Age）特征为例来说明。

```
In [9]:
fig,ax = plt.subplots(figsize=(10,5))
sns.kdeplot(train_df.loc[(train_df['Survived'] == 0),'Age'] , # kde 分布
        color='gray',linestyle="--", shade=True,label='非幸存')
sns.kdeplot(train_df.loc[(train_df['Survived'] == 1),'Age'] ,
        color='g',shade=True, label='幸存')
plt.title('Age 特征分布 - Survivor V.S. Not Survivor', fontsize = 15)
plt.xlabel("Age（年龄）", fontsize = 15)
plt.ylabel('Frequency（频度）', fontsize = 15)
```

【运行结果】

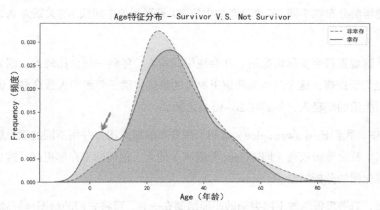

图 8-59　年龄特征与幸存率的密度分布图

从图 8-59 中可以很明显看到，15 岁以下的乘客的幸存率出现了小高峰，也就是说孩子的幸存率比较高（这多少可以反映人性的伟大），而对于 15 岁以上的乘客，幸存与否并无明显区别。

当然，我们还可以接着挖掘，看看年龄（Age）和舱位等级（Pclass）有什么关联。

```
In [10]: # 箱形图特征分析
fig, ax = plt.subplots(figsize=(10,5))
sns.boxplot(x = "Pclass", y = "Age", data = train_df, ax = ax)
sns.swarmplot(x = "Pclass", y = "Age", data = train_df, ax = ax, hue = 'Survived')
```

【运行结果】

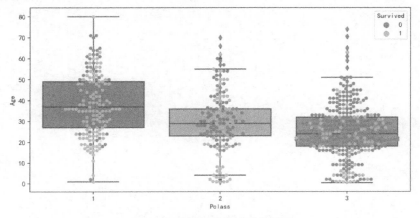

图 8-60　年龄与舱位关系箱形图

从图 8-60 中可以看出，如果说舱位等级（Pclass）能在一定程度上代表社会地位的话，那么，不同 Pclass 下的年龄分布也不同，三个分布的中位数（箱形图的中间线）的关系为 Pclass1 > Pclass2 > Pclass3。

仔细想想，这也挺符合实际情况的。社会地位高的人，年龄一般会比较大，因为没有谁是随随便便成功的，他们要拼搏，这个过程就要留下岁月的痕迹。而三等舱中人数众多，他们大多数是普通的想去美国讨生活的年轻人，年龄在 20~30 岁之间。

在图 8-60 中，我们还用 swarmplot() 绘制了带分布的散点图，并用不同的颜色展示是否幸存，从图中可以看出，社会等级较高（即 Pclass 等级高）的人，他们的幸存率更高，这也从另一个层面印证了前面可视化图的分析结论。

从代码层面，如果想将两种不同类型的图形绘制在一起，可将它们的绘图坐标轴设置为一样的。

以上就是我们对泰坦尼克幸存者数据集进行的可视化分析，事实上，还可以做得更加细致，这个深入探索的工作就留给爱学习的你吧！

第 9 章 机器学习初步

从数据中获得洞察，是数据分析的核心目的。为达到这个目的，光靠人的观察是不够的，我们离不开机器学习算法。在本章中，我们将介绍有关机器学习的初步知识，带领大家审视什么是学习，什么是机器学习，以及机器学习的几个主要流派（监督学习、非监督学习、半监督学习），并讨论机器学习的模型评估和性能度量，包括混淆矩阵、查准率、ROC 曲线等。

本章要点（对于已掌握的内容，请在对应的方框中打钩）

☐ 理解学习和机器学习的含义

☐ 理解监督学习、非监督学习和半监督学习的内涵

☐ 掌握过拟合和欠拟合

☐ 了解混淆矩阵、P-R 曲线和 ROC 曲线

9.1 机器学习定义

在本节中，我们将主要讨论机器学习的定义及机器学习过程中的三个重要步骤。

9.1.1 什么是机器学习

提到机器学习，追根溯源，我们需要先知道什么是"学习"。著名学者、1975 年图灵奖获得者、1978 年诺贝尔经济学奖获得者，赫伯特·西蒙（Herbert Simon）教授曾对"学习"下过一个定义：如果一个系统，能够通过执行某个过程，就此改进它的性能，那么这个过程就是学习。

在西蒙看来，**学习的核心目的就是改善性能**。其实对于人而言，这个定义也是适用的。如果我们仅仅进行低层次的重复性学习，而没有达到认知升级的目的，那么即使表面看起来非常勤奋，其实也仅仅是一个"伪学习者"，因为我们的性能并没有得到改善。

西蒙认为，对于计算机系统而言，通过运用数据及某种特定的方法（比如统计方法或推理方法）来提升机器系统的性能，就是机器学习（Machine Learning，简称 ML）。

英雄所见略同。在经典教材《机器学习》[①]中，著名学者、卡耐基梅隆大学教授，汤姆·米切尔（Tom Mitchell）也给"机器学习"下了更为具体（其实也很抽象）的定义：

对于某类任务（Task，简称 T）和某项性能评价准则（Performance，简称 P），如果一个计算机程序在 T 上，以 P 作为性能的度量，随着经验（Experience，简称 E）的积累，不断自我完善，那么我们称这个计算机程序从 E 中进行了学习。

比如，学习围棋的程序 AlphaGo，它可以通过和自己下棋获取经验，那么，它的任务 T 就是"参与围棋对弈"，它的性能 P 就是用"赢得比赛的概率"来度量的。类似地，学生的任务 T 就是"上课、看书、写作业"，他们的性能 P 就用"考试成绩"来度量。

米切尔认为，对于一个学习问题，我们需要明确三个特征：任务的类型、衡量任务性能提升的标准，以及获取经验的来源。

事实上，看待问题的角度不同，对机器学习的定义也略有不同。比如，支持向量机（SVM）的主要提出者弗拉基米尔·万普尼克（Vladimir Vapnik），在其著作《统计学习理论的本质》[②]中就提

---

① Tom Mitchell. 曾华军等译. 机器学习[M]. 北京：机械工业出版社，2002.
② Vladimir N. Vapnik. 张学工译. 统计学习理论的本质[M]. 北京：清华大学出版社，2000.

出：机器学习就是一个基于经验数据的函数估计问题。

而另一本由斯坦福大学统计系的特雷弗·哈斯蒂（Trevor Hastie）等人编写的经典著作《统计学习基础》[1]中则提到，机器学习就是抽取重要的模式和趋势，理解数据的内涵表达，即从数据中学习。

这三个有关机器学习的定义，各有侧重，各有千秋。米切尔的定义强调学习的效果；万普尼克的定义侧重机器学习的可操作性；而哈斯蒂等人的定义则突出了学习任务的分类。但三者共同的特点在于，都强调了经验和数据的重要性，都认可机器学习提供了从数据中提取知识的方法。

9.1.2　机器学习的三个步骤

所谓机器学习，在形式上可近似等同于，在数据对象中通过统计或推理的方法，寻找一个有关特定输入和预期输出的功能函数 f（如图 9-1 所示）。

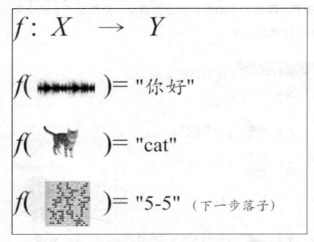

图 9-1　机器学习近似于找一个好用的函数

通常，我们把输入变量（特征）空间记作大写的 X，而把输出变量空间记作大写的 Y。那么所谓的机器学习，在形式上就近似等同于 $Y \approx f(X)$。

在这样的函数中，针对语音识别功能，如果输入一个音频信号，那么这个函数 f 就能输出诸如“你好”“How are you?”这类识别信息。针对图片识别功能，如果输入的是一张图片，在这个函数的加工下，就能输出（或识别出）一个或猫或狗的判定。针对下棋博弈功能，如果输入的是一个围棋的棋谱局势，就能输出这局棋的下一步“最佳”走法。

---

① Hastie T, Tibshirani R, Friedman J. The Elements of Statistical Learning[M]. 北京: 世界图书出版公司, 2015.

而对于具备智能交互功能的系统（比如微软的小冰），当我们给这个函数输入如"How are you？"一样的语句，它就能输出如"I am fine, thank you."这样的智能回应。

每个具体的输入都是一个实例（instance），它通常由特征向量（feature vector）构成。在这里，所有特征向量存在的空间称为特征空间（feature space），特征空间的每一个维度对应实例的一个特征。

但问题来了，这样"好用的"函数并不那么好找。在输入猫的图片后，这个函数并不一定就能输出"这是一只猫"，它可能会错误地输出这是一只狗或这是一条蛇。

这样一来，我们就需要构建一个评估体系来辨别函数的好赖。当然，这中间自然需要通过训练数据（training data）来"培养"函数的好品质。

前面我们提到，学习的核心就是改善性能。图 9-2 展示了机器学习的三步走，通过训练数据，我们把 f_1 改善为 f_2 的样子，即使 f_2 中仍然存在分类错误，但相比于 f_1 的全部出错，它的性能（分类的准确度）还是提高了，这就是学习。

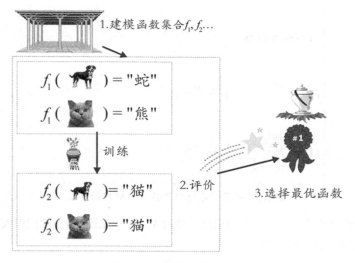

图 9-2　机器学习的三步走

具体来说，机器学习要想做得好，需要走好三大步。

（1）如何找到一系列的函数来实现预期功能，这是一个建模问题。

（2）如何找到一系列评价标准来评价函数的好坏，这是一个评价问题。

（3）如何快速找到性能最优的函数，这是一个优化问题。

习惯上，我们把具体的输入变量、输出变量用小写的 x 和 y 表示。变量既可以是标量（scalar），也可以是向量（vector）。除做特殊说明外，本书所言向量均为列向量。标准的写法如图 9-3（a）所示，但这种写法比较占用空间，因此我们通常采用转置的写法，如图 9-3（b）所示，图中的上标"T"就是转置（Transpose）符号。

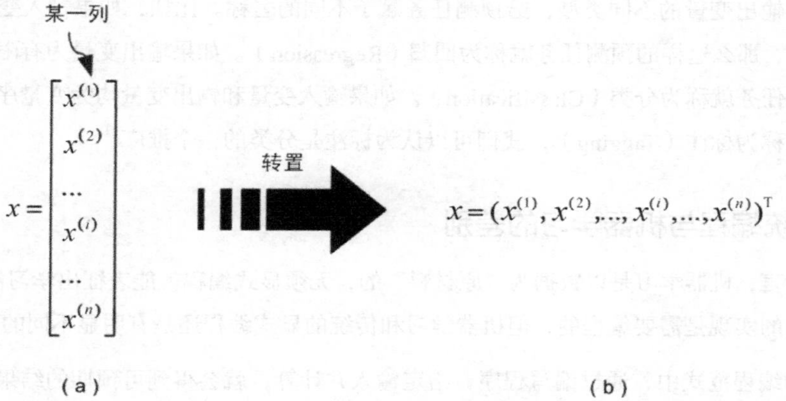

$$\text{某一列} \searrow$$

$$x = \begin{bmatrix} x^{(1)} \\ x^{(2)} \\ \cdots \\ x^{(i)} \\ \cdots \\ x^{(n)} \end{bmatrix} \xrightarrow{\text{转置}} x = \left(x^{(1)}, x^{(2)}, \ldots, x^{(i)}, \ldots, x^{(n)}\right)^{\mathrm{T}}$$

（a）　　　　　　　　　　　　　　　　　　　（b）

图 9-3　特性向量及转置

这里的 $x^{(i)}$ 表示的是输入变量 x 的第 i 个特征。需要特别注意的是，当输入变量有多个时，我们用 x_j 表示。如此一来，$x_j^{(i)}$ 就表示第 j 个变量的第 i 个特征，特征向量矩阵如图 9-4 所示。

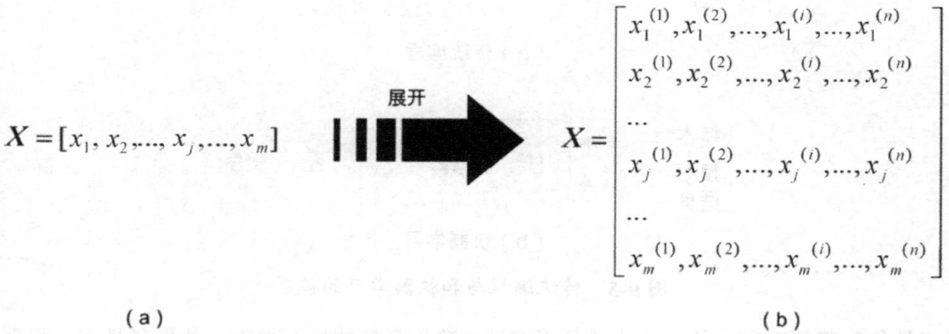

$$X = [x_1, x_2, \ldots, x_j, \ldots, x_m] \xrightarrow{\text{展开}} X = \begin{bmatrix} x_1^{(1)}, x_1^{(2)}, \ldots, x_1^{(i)}, \ldots, x_1^{(n)} \\ x_2^{(1)}, x_2^{(2)}, \ldots, x_2^{(i)}, \ldots, x_2^{(n)} \\ \cdots \\ x_j^{(1)}, x_j^{(2)}, \ldots, x_j^{(i)}, \ldots, x_j^{(n)} \\ \cdots \\ x_m^{(1)}, x_m^{(2)}, \ldots, x_m^{(i)}, \ldots, x_m^{(n)} \end{bmatrix}$$

（a）　　　　　　　　　　　　　　　　　　　（b）

图 9-4　特征向量矩阵

对于监督学习来说，所构建的模型通常在训练数据（Training Data）集中学习，调整模型参数，然后在测试数据（Test Data）集中进行预测验证。

对于训练数据，输入信号（或变量）与输出信号（或变量）通常是成对出现的。有时，输出信号也被称为"教师信号"，因为它具备指导性，可通过损失函数来"调教"模型中的参数。因此，训练数据集通常用如公式(9-1)所示的方式进行描述。

$$T = \{(x_1, y_1), (x_2, y_2), ..., (x_j, y_j), ..., (x_m, y_m)\} \tag{9-1}$$

输入变量和输出变量有不同的类型，它们既可以是连续的，也可以是离散的。通常，人们会根据输入变量和输出变量的不同类型，给预测任务赋予不同的名称。比如，如果输入变量和输出变量均为连续变量，那么这样的预测任务就称为回归（Regression）。如果输出变量为有限的离散值，那么这样的预测任务就称为分类（Classification）。如果输入变量和输出变量均为变量序列，那么这样的预测任务就称为标注（Tagging），我们可以认为标注是分类的一个推广 [①]。

9.1.3 传统编程与机器学习的差别

如前面所言，机器学习是以数据为"原材料"的，无须显式编程就能表征出学习能力。自然地，机器学习算法的实现是需要编程的，但机器学习和传统的显式编程还是有明显不同的。

在传统的编程范式中，通过编写程序，给定输入并计算，就会得到可预期的结果。但机器学习不一样，它会在给定输入和预期结果的基础之上，经过计算（拟合数据）得到模型参数，这些模型参数反过来将构成程序中很重要的一部分。两者的差别如图 9-5 所示。

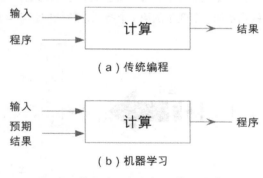

图 9-5　传统编程与和机器学习的差别

对于软件工程师而言，他们关注的是程序的正确性和鲁棒性。然而，数据科学家（机器学习算法的设计者）通常与不确定性和可变性打交道，因为在模型还没有被计算完毕之前，他们也不知道程序最终会是什么模样。

传统的编程范式把人的思维"物化"为一行行代码，代码中充斥着各种 if 条件语句，应对每一

---

① 李航. 统计学习方法[M]. 第 2 版. 北京: 清华大学出版社, 2019.

种"个性化"的情况,一旦代码"固化",每次运行的结果都是一样的,没有性能上的提升,因此传统编程谈不上是"学习"。

YC 中国创始人陆奇先生曾在一次主题报告中指出,目前大部分的软件都是"长颈鹿"软件。为什么这么说呢?长颈鹿一出生,就基本具备了一辈子生存的能力(奔跑、吃树叶等),然而,它们没有学习能力,其技能都是上天给予的,一辈子再也没有提升空间。

而我们知道,机器学习的核心特征就是"从数据中学习,获得性能提升,且无须显式编程",这里的无须显式编程,并不是指不需要编程,而是指在功能实现上无须显式地给出逻辑,让算法从数据中"学习"出规律。而且,一旦程序具备了"学习"能力,数据发生了变化,程序的功能也会发生相应的变化,但程序逻辑基本无须变更,能达到"以不变应万变"的目的。

9.1.4　为什么机器学习不容易

乍看起来,机器学习似乎并不复杂,只要我们编写好学习算法,给算法"喂食"数据,那么算法就会自动学习。而事实上,机器学习哪有这么简单!请参考【范例 9-1】的运行结果。

【范例 9-1】计算机看到的世界(show_image.py)

```
01   import matplotlib.pyplot as plt
02   from sklearn import datasets
03
04   #导入数据集
05   digits = datasets.load_digits()
06   digital = digits.images[0]
07   label = digits.target[0]
08
09   #显示数字的矩阵形式
10   print(digital)
11   #显示数字的图片形式
12   print("\n手写数字为: ", label)
13   plt.axis('off')
14   plt.imshow(digital, cmap = plt.get_cmap('gray_r'))
15   plt.show()
```

【代码分析】

要想运行上述程序，读者需要提前安装 sklearn（一个流行的机器学习框架）。此处代码主要用于说明运行结果的含义，所以暂不细致研究。运行的结果是，先显示一个 8×8 的数字矩阵，随后输出这个数字矩阵表征的图像。图 9-6 表明了计算机看到的世界与人看到的世界有什么差异。

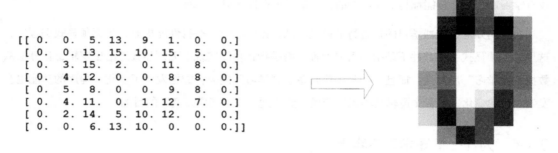

```
[[ 0.  0.  5. 13.  9.  1.  0.  0.]
 [ 0.  0. 13. 15. 10. 15.  5.  0.]
 [ 0.  3. 15.  2.  0. 11.  8.  0.]
 [ 0.  4. 12.  0.  0.  8.  8.  0.]
 [ 0.  5.  8.  0.  0.  9.  8.  0.]
 [ 0.  4. 11.  0.  1. 12.  7.  0.]
 [ 0.  2. 14.  5. 10. 12.  0.  0.]
 [ 0.  0.  6. 13. 10.  0.  0.  0.]]
```

（a）计算机看到的世界　　　　　　　　　　　　（b）人看到的世界

图 9-6　计算机看到的世界和人看到的世界

针对图 9-6，我们想说的是，计算机和人看到的世界是完全不同的。计算机看到 8×8=64 个无差别的数字，然后通过算法计算，判定出一个人类能够懂得的数字 "0"，从 64 个无意义的数字中推演出一个有意义的数字，想想都觉得很神奇，正所谓 "不识庐山真面目，只缘身在此山中"。

事实上，这还不算难为计算机。有些手写的数字，人类都难以识别（如图 9-7 所示的被框起来的数字，这些都是数字 "2"），但我们却要训练机器让它给出正确的数字分类，这不是为难机器吗？

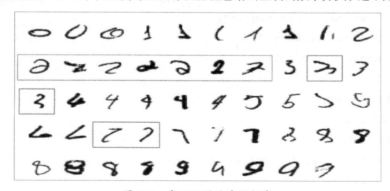

图 9-7　难以识别的手写数字

小时候，我们基本上都学过《三字经》，其中有一句 "性相近，习相远"，大概意思是，人们生下来的时候性情都差不多，但由于后天的学习环境不一样，性情也就有了差别。

其实，这句话用在机器学习领域也是合适的。机器学习的对象是数据，数据标签的差异造就了机器学习所处环境的差异，环境不一样，机器表现出来的"性情"也有所不同。机器学习大致可分为三类：监督学习、非监督学习、半监督学习。下面分别进行介绍。

9.2　监督学习

在本节中，我们将重点讨论监督学习。首先，感性地认识一下监督学习的内涵，然后给出监督学习的形式化定义，最后将给出监督学习的显著特征——各种常用的损失函数是如何定义的。

9.2.1　感性认识监督学习

用数据挖掘领域著名学者韩家炜教授的话来说，所有的监督学习（Supervised Learning），基本上都是分类（Classification）的代名词。**它从有标签的训练数据中学习模型，然后对某个给定的新数据利用模型预测它的标签。**

这里的标签其实就是某个事物的分类。在某种程度上，你可以把它理解为作业的"标准答案"，而对于每次监督学习的输出，可理解为自己作答的答案。如果我们给出的答案和标准答案不一致，老师或家长就会监督我们来纠错，这样一来二去，我们对题目的理解就会更加深刻，在做新题时，正确率也会越来越高。

比如，小时候父母告诉我们某个动物是猫、狗或猪，然后在我们的大脑里就会形成或猫或狗或猪的印象（相当于模型构建），当面前来了一只"新"小狗时，如果你能叫出"这是一只小狗"，那么恭喜你，标签分类成功！

但如果你回答说"这是一头小猪"，这时你的父母就会纠正你的偏差："乖，不对，这是一只小狗。"这样一来二去地进行训练，不断更新你大脑的认知体系，当下次再遇到这类新的猫、狗、猪时，你就会在很大概率上做出正确的"预测"分类。监督学习的示意图如图 9-8 所示。

事实上，整个机器学习的过程就是在干一件事，即通过训练学习得到某个模型，然后期望这个模型也能很好地契合（fitting）"新样本"。这种让模型契合新样本的能力，也称为"泛化能力"，它是机器学习算法中非常重要的性质。

(a) 根据已知数据集做训练

(b) 对未知数据集做分类（预测）

图 9-8　监督学习的示意图

9.2.2　监督学习的形式化描述

本节中我们将给出更加形式化（或者说更正式）的监督学习描述。

所谓监督学习，就是先利用有标签的训练数据学习得到一个模型，然后使用这个模型对新样本进行预测。 在本质上，监督学习的目标在于，构建一个由输入到输出的映射，该映射用模型来表示。模型属于由输入空间到输出空间的映射集合，这个集合就是假设空间（hypothesis space）。假设空间的确定，就意味着学习范围的确定。而如何在假设空间中找到最好的映射，这就是监督学习的最大动机所在[1]。

对于监督学习来说，所构建的模型通常在训练集中学习，调整模型参数，而在测试数据集中进行预测验证。因此，训练集通常用公式(9-2)的方式进行描述。

$$T = \left\{ (x_1, y_1), (x_2, y_2), ..., (x_j, y_j), ..., (x_m, y_m) \right\}$$ (9-2)

---

[1]　引用自《统计学习方法》。

在学习过程中需要使用训练数据，而训练数据往往是人为给出的。在这个训练集中，系统的预期输出（即标签信息）已经事先给定，如果模型的实际输出与预期不符（二者有差距），那么模型就有责任"监督"学习系统重新调整模型参数，直至二者的误差在可容忍的范围之内。因此，**预期输出（标签信息）也被称为"教师信号"**。

监督学习的流程框架大致分为两个部分——学习和预测，如图 9-9 所示。具体来说，首先准备输入数据，这些数据可以是文本、图片，也可以是音频、视频等，然后从数据中抽取所需的特征，形成特征向量。接下来，把这些特征向量和输入数据的标签信息送入学习模型（具体来说就是某个学习算法），经过反复训练"打磨"出一个可用的预测模型，再采用同样的特征抽取方法作用于新样本，得到新样本的特征向量。最后，把这些新样本的特征向量作为输入，使用预测模型实施预测，并给出新样本的预测标签（Expected Label）信息。

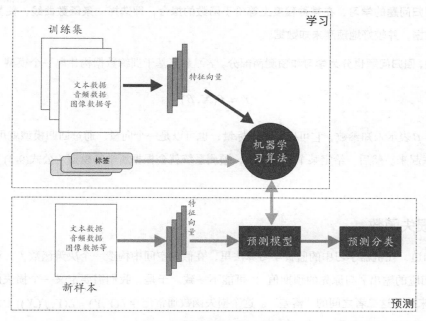

图 9-9 监督学习的流程框架

前面讲过，如果输入变量和输出变量是不同的类型（既可以是连续的，也可以是离散的），那么人们通常会根据输入和输出变量的不同类型，给预测任务赋予不同的名称，如分类、回归、标注。

举例来说，诗仙李白的那首《梦游天姥吟留别》中有一句"云青青兮欲雨"，如果我们用机器学习的角度来解析它，这个"云青青"就是输入，"青青"就是云的特征，而"雨"就是我们的预测结果。在这个问题中，我们想得到的输出是天气状态，它可能是晴朗、阴或雨等，这些状态是离散值，非此即彼，所以这就是一个典型的分类问题。

我们还拿诗仙李白的诗歌来说事。他有一首《秋浦歌》，里面有一句"白发三千丈，缘愁似个长"，假设这个"白发"是我们提取的特征，"三千丈"就是特征值，而"愁"是我们要预测的输出。那么到底有多愁呢？有一丝丝愁？有点愁？比较愁？深愁？其实它们之间并没有明显的界限，我们把这类输出变量看作连续的。对于输出变量连续的监督学习，我们将这类问题称为回归问题。

回归的主要功能在于，预测输入变量 X（自变量，即特征向量）和输出变量 Y（连续的因变量，即标签）之间的关系。这个关系的表现形式通常是一个函数解析式。在函数中，每个输入变量都有一个权值，也称为"系数"，对于特定的训练集而言，输入变量 X 可视为已知量，训练的目的在于，找到合适的系数，让 Y 和 X 在学习得到的系数框架下得到很好的拟合，即给定 X 就能很好地预测 Y。因此，对**回归问题的学习，在某种程度上等价于函数的拟合，即选择一条函数曲线，使其能很好地拟合已知数据，并较好地预测未知数据**。

类似地，回归问题也分为学习和预测两部分。学习系统基于训练数据构建出一个模型，即函数 Y：

$$Y \approx f(X, \beta) \tag{9-3}$$

其中，β 表示未知参数，它可以是一个标量，也可以是一个向量。通过回归模型就可以把 Y 与 X 和 β 关联起来。然后，给定某个新的输入，预测系统就会根据所学的模型（公式(9-3)）给出相应的输出。

9.2.3 损失函数

我们知道，在机器学习中的监督学习算法里，在假设空间中构造一个决策函数 f，对于给定的输入 X，相应的输出 $\overline{Y}$ 与原先的预期值 Y 可能不一致。于是，我们需要定义一个损失函数（Loss Function）来度量这二者之间的"落差"。这个损失函数通常记作 $L(Y, \overline{Y}) = L(Y, f(X))$，为了方便起见，这个函数的值为非负数。

常见的损失函数有如下四类。

（1）0-1 损失函数（0-1 Loss Function）：

$$L(Y, f(X)) = \begin{cases} 1, & Y \neq f(X) \\ 0, & Y = f(X) \end{cases} \tag{9-4}$$

（2）绝对损失函数（Absolute Loss Function）：

$$L(Y, f(X)) = |Y - f(X)| \tag{9-5}$$

（3）平方损失函数（Quadratic Loss Function）：

$$L(Y, f(X)) = (Y - f(X))^2 \tag{9-6}$$

（4）对数损失函数（logarithmic Loss Function）：

$$L(Y, P(Y|X)) = -\log P(Y|X) \tag{9-7}$$

损失函数值越小，说明实际输出 $\bar{Y}$ 和预期输出 Y 之间的差值就越小，也就说明我们构建的模型越好。第一类损失函数很容易解释，就是表明目标达到了没有。达到了，输出为 0（没有落差）；没有达到，输出为 1。

第二类损失函数就更具体了。拿减肥的例子来说，当前体重秤上的读数和减肥目标的差值有可能为正，也有可能为负。比如，假设我们的减肥目标是 70 公斤，但一不小心减肥过猛，减到 60 公斤，这时差值就是 "-10" 公斤，为了避免这样的正负值干扰，干脆就取绝对值好了。

第三类损失函数类似于第二类，同样起到避免正负值干扰的目的。但是为了计算方便（主要是为了求导），有时还会在前面加一个系数 "1/2"（如公式(9-8)所示），这样一求导，指数上的 "2" 和系数的 "1/2" 相乘就可以得到 "1" 了。

$$L(Y, f(X)) = \frac{1}{2}(Y - f(X))^2 \tag{9-8}$$

当然，为了计算方便，还可以使用对数损失函数，即第四类损失函数。这样做的目的在于，可以使用最大似然估计来求极值（将难以计算的乘除法变成相对容易计算的加减法）。总而言之一句话，怎么求解方便，就怎么来！

或许你会问，这些损失函数到底有什么用呢？当然有用了！因为我们靠这些损失函数的大小来 "监督" 机器学习算法，使之朝着预期目标前进，因此，它是监督学习的核心标志之一。

9.3　非监督学习

与监督学习相反，非监督学习（Unsupervised Learning）所处的学习环境中都是没有标签的数据。韩家炜教授又指出：非监督学习，本质上就是 "聚类"（Cluster）的近义词。

聚类的思想起源非常早，在中国最早可追溯到《周易·系辞上》中的"方以类聚，物以群分，吉凶生矣。"

但真正意义上的聚类算法，却是 20 世纪 50 年代前后才被提出的。为何会如此滞后呢？原因在于，聚类算法的成功与否高度依赖于数据。数据量小了，聚类意义不大；数据量大了，人脑就不灵光了，只能交由计算机来解决问题，而计算机在 1946 年才出现。

如果说分类是指根据数据的特征或属性，将新对象划分到已有的类别当中，那么聚类一开始并不知道数据会分为几类，而是通过分析将数据聚成若干个群。

简单来说，给定数据后，聚类能从数据中学习得到什么，就看数据本身具备什么特性了。基于此，北京航空航天大学的于剑教授对聚类做出了 12 字的精彩总结："归哪类，像哪类。像哪类，归哪类。"但这里的"类"也好，"群"也罢，事先我们是不知情的。一旦归纳出一系列"类"或"群"的特征，再来一个新数据时，我们就可以根据它距离哪个"类"或"群"较近，预测它属于哪个"类"或"群"，从而完成新数据的"分类"或"分群"功能。这就是非监督学习，其示意图如图 9-10 所示。

(a) 在非标签数据集中做归纳

(b) 对未知数据集做归类（预测）

图 9-10　非监督学习示意图

比较有名的非监督学习算法有 K 均值聚类（K-Means Clustering）、层次聚类（Hierarchical Clustering）、主成分分析（Principal Components Analysis，PCA）、DBSCAN、深度信念网络（Deep Belief Net）等。

9.4　半监督学习

半监督学习（Semi-supervised Learning）既用到了标签数据，又用到了非标签数据。

有一句骂人的话，说某个人"有妈生，没妈教"，抛开这句话中的骂人含义，其实它说的是"非监督学习"。但我们绝大多数人，不仅"有妈生，有妈教"，还有小学教、中学教、大学教，"有人教"的意思是，有人告诉我们事物的对与错（即对事物打标签），然后我们就可据此改善自己的性情，慢慢把自己调教得更有教养，这自然就属于"监督学习"。

但总有那么一天，我们会长大。而长大的标志之一，就是自立。何谓自立呢？就是远离父母、走出校园，没有人告诉你对与错，一切认知都要基于自己早期已获取的知识，并从社会中学习，扩大自己的认知体系，当遇到新事物时，我们能泰然自若地处理，而非六神无主。

从这个角度来看，现代人类成长学习的最佳方式当属"半监督学习"！它既不是纯粹的"监督学习"（如果是这样，我们的创造力和认知体系可能会被扼杀，我们也永远不可能超越父辈和师辈），也不属于完全的"非监督学习"（如果是这样，我们会如无根之浮萍，花很多时间重造轮子）。

那么到底什么是"半监督学习"呢？下面我们给出它的形式化定义。

给定一个来某个未知分布的有标记示例集 $\{(x_1, y_1), (x_2, y_2), ..., (x_k, y_k)\}$，其中 x_i 是输入数据，y_i 是标签。对于一个未标记示例集 $U = \{x_{k+1}, x_{k+2}, ..., x_{k+u}\}$，这里 u 为未标记样本数。我们期望通过学习得到某个函数 $f: X \to Y$，通过它准确地对未标记的数据 x_{l+i}，预测其标签 y_i。这里 $x_i \in X$，均为 d 维向量，$y_i \in Y$，为示例 x_i 的标签。半监督学习的示意图如图 9-11 所示。

形式化的定义比较抽象，下面我们列举一个现实生活中的例子来辅助说明这个概念。假设我们已经学到：

（a）马晓云同学（数据 1）是一个牛人（标签为牛人）；

（b）马晓腾同学（数据 2）是一个牛人（标签为牛人）。

假设我们并不知道李晓宏同学（数据 3）是谁，也不知道他是不是牛人，但考虑他经常和二马同学共同出入高规格大会，都经常会被上层人士接见（也就是说他们虽独立，但同分布），所以我们很容易根据"物以类聚，人以群分"的思想，给李晓宏同学打上"牛人"标签。

这样一来，我们的已知领域（标签数据）就扩大了（由两个扩大到三个），这也就完成了半监督学习的过程。事实上，**半监督学习就是以"已知之认知（标签化的分类信息）"扩大"未知之领域（通过聚类思想将未知事物归类为已知事物领域）"**。但这里隐含了一个基本假设——聚类假设

（Cluster Assumption），其核心要义就是，**相似的样本拥有相似的输出**。

(a) 少量标签数据集（两个标签数据）

(b) 根据标签数据，对未知数据打标签做归类（预测）

图 9-11　半监督学习示意图

常见的半监督学习算法有生成式方法、半监督支持向量机（Semi-supervised Support Vector Machine，简称 S^3VM，是 SVM 在半监督学习上的推广应用）、图半监督学习、半监督聚类等。

事实上，我们对半监督学习的现实需求是非常强烈的。原因很简单，因为人们能收集到的标签数据非常有限，而手动标记数据需要耗费大量的人力、物力，但非标签数据却大量存在且触手可得，这个现象在互联网数据中更为常见，因此半监督学习显得尤为重要 [1]。

9.5　机器学习的哲学视角

宏观上来分，基本上所有的机器学习算法都有两个层面的功效：面向过去（历史数据）找规律；根据归纳出来的规律面向未来（新样本）去预测，如图 9-12 所示。在哲学上，前者重在归纳，后者属于演绎。前者是基础，后者是核心。毋庸置疑，机器学习算法的核心价值，被锚定在对新样本的预测上。

---

[1]　周志华. 机器学习[M]. 清华大学出版社. 2016.

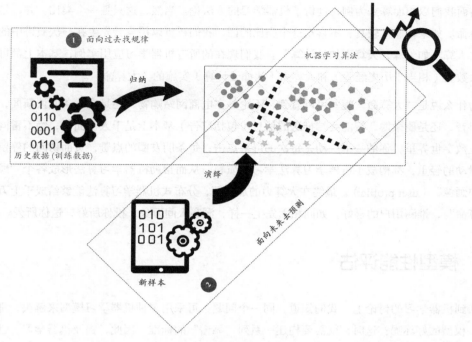

图 9-12　机器学习算法的两层功效

　　说到预测，我们日常生活中最常见的可能就是相面算卦了。抛开事物表象，它的逻辑同样适用于上述两个层面。很多算命先生能猜中（即预测）顾客的情况，这看上去很厉害，但实际上他们的秘诀并不是周易相术，而是归纳和演绎。

　　算命这个职业也是有门槛的，并不是每个人都能做的，算命先生同样需要学习。培训他们的秘传书籍之一，是一本叫作《玄关》的小册子。这本书里有很多好用的观察口诀，比如"父来问子，子必险"说的是，如果父亲来问孩子的情况，那么孩子的现状通常不好。再比如"老妇再嫁，谅必家贫子不孝"说的是，年纪大的妇女改嫁，差不多都是因为家穷且孩子不孝顺。这些所谓的口诀，实际上都是对世间人情世故的归纳。

　　大哲学家休谟说，归纳法是人类一切知识的基础。是的，归纳（从众多个体中抽象出一般特征）并不是知识的终点，通过演绎（从一般到个体）来实施预测，才能发挥知识的功效。

　　算命亦是如此。当一个顾客（新样本）来算命时，相面者通过观察、话术和一些实用的心理技巧，就能获得必要的信息，用机器学习的行话说，就是抽取特征。套用过去归纳出来的规律，就能比较准确地推测出来者的身份，用机器学习的行话说，就是分类。

前面我们以相面算卦为例，剖析了机器学习的方法论。当然，这只是一个类比，并不是让你去相信算命。如果你非常较真，不喜欢这个类比的话，我们还可以用马云先生在一次演讲中的话来辩护："人算不如天算，天算不如云计算"。我们现在的所有机器学习应用实例，基本上都可以算作依据大数据（相当于历史经验）和大算力（比如云计算）实施的"大算命"。

为什么说是"大算命"呢？可以看到，不论是在电商网站购物，还是在头条阅读新闻，不论是在刷抖音，还是刷微博，智能终端推送的信息（包括广告）基本上是千人千面的，绝不雷同。事实上，在数字世界里，你的一举一动，每次的屏幕点击，每条朋友圈的点赞，页面访问的停留时间，指尖滑动的轻重，都构成了机器学习算法学习的质料，从而帮助机器学习算法形成各个"顾客"的"用户画像"（user profile）。最终在大算力的加持下，分布式机器学习算法能够给成千上万的人同时"算命"，推测用户的喜好，如同相面先生一样，洞察人间万象，投你所好，送你所爱。

9.6 模型性能评估

回到机器学习的讨论上。我们知道，同一个问题，可采用多种机器学习模型来解决，那如何评价这些模型的好坏呢？这时，就需要构建一系列"靠谱"的标准。因此，提及机器学习，性能评估是一个绕不开的话题。

9.6.1 经验误差与测试误差

性能评估，主要用于反映所构建学习模型的效果。在预测问题中，要评估模型的性能，就得将预测结果和真实标注进行比较。

对于监督学习而言，假设我们有 m 个样本，其中有 a 个被模型错误分类，那么一种简易的评价标准——分类错误率（error rate）可以定义为 a/m。

通常，我们将学习模型在训练集上的误差称为训练误差（training error），将在测试集上的误差称为测试误差（test error），而将在新样本上的误差称为泛化误差（generalization error）。这里的"泛化"，是指模型在新情况、新样本上的性能表现，你也可以把它理解为"通用"。

显然，训练模型的终极目的，不仅是希望它在训练集上表现很好，还希望它在新环境中对新样本表现也不逊色。机器学习算法对于新样本的适应能力，称为泛化能力。

这就好比，如果在家里我们把孩子训练得服服帖帖，事事符合我们的预期，这可能并非好事，因为孩子最终还是要走出家门，踏上社会。如果在新环境下，孩子还能表现得适应能力很强（用机器学习的术语来说，就是泛化能力强），这才是我们想要的。

然而，在新样本到来之前，我们根本不知道它是什么模样。因此，借助所谓的"新样本"，提升模型的泛化能力，只是一个美好的梦想。通常，我们能做的就是，把所能拿到的数据一分为二，一部分用作训练，一部分用作测试。这里用作测试的集合，由于不参与训练，因此在功能上相当于新样本。

训练模型时，一开始的训练误差和测试误差都比较高，随着训练的次数增加（模型的复杂度也因此提升），训练误差会越来越小，但测试误差可能会越来越大，我们需要平衡（tradeoff）训练误差和测试误差，让它们达到一个取舍均衡点，如图 9-13 所示。

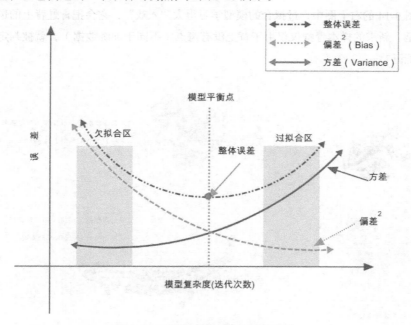

图 9-13　平衡训练误差与测试误差

为什么一开始训练误差和测试误差都很高，而后来二者会逐渐分道扬镳呢？这就涉及机器学习中的两个重要概念：欠拟合（underfitting）和过拟合（overfitting），下面我们分别介绍。

9.6.2　过拟合与欠拟合

先说什么是欠拟合。欠拟合的概念比较容易理解，就是样本不够，训练不精，连已有数据集（即训练集）中的特征都没有学好的一种表现，当它面对新样本做预测时，自然预测效果也好不到哪里去。有时，我们也把欠拟合称作高偏差（high bias）。

比如说，在图 9-14 的右下图中，如果仅把样本中的"4 条腿"当作青蛙的特征，这是"欠缺"的，这样分类器就会把所有 4 条腿的动物（比如壁虎）也当作青蛙，这显然是错误的。

那什么是过拟合呢？过拟合是指，模型"一丝不苟"地反映训练数据中的特征，从而在训练集中表现过于"卓越"。但这样一来，它对未知数据（新样本）的预测能力就会比较差，稍有"风吹草动"，分类器就不认识了。因此，有时我们也把过拟合称为高方差（high variance）。这里的高方差是指，模型在一个地方（训练集）很行，换个地方（测试集）就不行了，这说明模型的泛化能力很差。

比如在图 9-14 的右上图中，过拟合的模型学习得太"入戏"，它会把青蛙背上的斑点当作青蛙的特征。于是，新来的样本青蛙仅仅由于背上没有斑点（不同于训练数据），就被判定为非青蛙，这岂不是很荒诞?

图 9-14　过拟合与欠拟合的直观对比

此外，其实所谓的训练数据，本身也是有误差的。过于精准的拟合，可能会把这些数据的误差当作特征来学习，从而导致在训练集上拟合得越精确，面对新样本时预测的效果反而越糟糕。

欠拟合是比较容易克服的，比如在决策树算法中扩展分枝，再比如在神经网络中增加训练的轮数，这样就可以更加"细腻"地学习样本中蕴含的特征。

相比而言，要克服过拟合就困难得多。发生过拟合的一个重要原因是，模型过于复杂。而我们需要的是一个更为简化的模型，学习蕴含在数据中的特征。这种"返璞归真"的纠正策略，就是正则化（regularization）。

9.6.3 模型选择与数据拟合

从前面的图 9-13 中可以看出，如果我们一味地追求降低训练误差，那么所选模型的复杂度只能越来越高。因为只有这样，模型才能有较强的数据拟合能力。

但"过犹不及"，当模型足够复杂时，模型中的参数也会过多，发生过拟合的概率就会上升。在选择模型时，我们需要遵循一项基本原则：避免过拟合并提高泛化能力。

下面就以多项式函数的拟合问题为例，来说明模型选择与数据拟合的关系。对于这样的一个训练数据集 $T = \{(x_1, y_1), (x_2, y_2), ..., (x_n, y_n)\}$，其中 x_i 是样本的观测值（即特征），y_i 是对应的输出观测值（$i=1,2,...,n$）。现在我们的任务是，用 m 次多项式函数来拟合这些数据（由于观测值是连续值，所以这是一个回归任务而非分类任务）。此处的 m 是可变值，比如说一次多项式（$m=1$）、三次多项式（$m=3$）等。我们的目标是，选出一个对训练数据有较好拟合且能对新样本有较好预测能力的多项式函数。

设 m 次多项式的一般形式为：

$$f_m(x, w) = w_0 x^0 + w_1 x^1 + w_2 x^2 + ... + w_m x^m = \sum_{j=0}^{m} w_j x^j \tag{9-9}$$

对于公式(9-9)，解读如下。

- 目前有 $m+1$ 个特征：$x^0, x^1, x^2, ..., x^m$。
- 对应有 $m+1$ 个需要学习得到的权值参数：$w_0, w_1, w_2, ..., w_m$。
- 这些参数的正与负、大与小，就代表我们选择特征的"态度"，如果某个 w_i 是很大的值，则说明它对应的特征 x^i 很"位高权重"，值得重视。
- 如果某个 w_i 值接近于 0，就表明与这个权值相关联的特征 x^i "人微言轻"，可有可无。
- 有意识地让某些权值接近于 0，从而抛弃某些特征的训练方法，叫作权重衰减（weight decay），它在某种程度上避免了过拟合。

现在的问题是，如何学到"这是 $m+1$ 个参数"呢？常用的策略之一就是最小二乘法（Method of Least Squares，简称 MLS）。

通常，拟合出来的函数值 $f(x_i, w)$ 和预期标签 y_i 之间是有误差的，即残差（residual）：

$$e_i = f(x_i, w) - y_i \tag{9-10}$$

1829 年，伟大的数学家高斯已经证明，在误差 $e_0, e_1, ..., e_n$ 独立同分布的假定下，最小二乘方法拥有一个优势：在所有无偏线性估计类中方差最小（见高斯–马尔可夫定理，Gauss-Markov Theorem）。即残差平方和最小时，拟合函数 $f(x, w)$ 和预期标签 y 相似度最高。即当公式(9-11)中的 $L(w)$ 取得最小值时，$w_0, w_1, w_2, ..., w_n$ 便是最优的拟合参数。

$$L(w) = \frac{1}{2} \sum_{i=1}^{n} (f(x_i, w) - y_i)^2 \tag{9-11}$$

9.7 性能度量

我们常说，"是骡子是马，拉出来遛遛"。同样地，机器学习模型好不好，我们也要来比一比。但如果想比较模型的优劣，就得"画出个道道来"。确定一个"一较高低"的标准，这就是本节要讨论的主题——模型的性能度量。

9.7.1 二分类的混淆矩阵

二值分类器（Binary Classifier）是机器学习领域中应用最为广泛的分类器之一。在二分类的应用场景下，我们可以根据真实类别和预测类别的不同组合，将样本划分为如下四类。

- 真正类（True Positive，简称 TP）：实际为正类，且被模型预测为正类的样本。

- 假正类（False Positive，简称 FP）：实际为负类，但被模型预测为正类的样本。

- 真负类（True Negative，简称 TN）：实际为负类，且被模型预测为负类的样本。

- 假负类（False Negative，简称 FN）：实际为正类，但被模型预测为负类的样本。

显然，这四类样本是没有交集的，并且 TP+FP+TN+FN=样本总数。其中第一类和第三类是预测正确的样本，第二类和第四类是预测错误的样本。我们把样本实际为负类，但被模型预测为正类的错误称为误报（也称第 I 类错误）；把样本实际为正类，但被模型预测为负类的错误称为漏报（也称第 II 类错误）。

TP、FP、TN 和 FN 这四类样本，一起构成了一个混淆矩阵（confusion matrix），如图 9-15 所示。本质上，混淆矩阵会把实际样本分类值（true class）和模型预测分类值（predicted class）进行联列表分析。在二分类问题中，通常我们会把样本分为正类（或正例，常用"1"表示）和负类（负例，常用"-1"表示）。

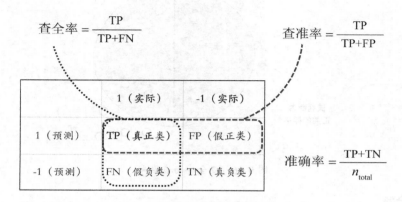

图 9-15　二分类结果的混淆矩阵

对于分类而言，评估分类器最简单、最直接的标准就是分类准确率（Accuracy），即分类正确的样本数占总样本数的比例：

$$\text{Accuracy} = \frac{n_{\text{correct}}}{n_{\text{total}}} \tag{9-12}$$

针对二分类，这个准确率可具体表示为：

$$\text{Accuracy} = \frac{\text{TP} + \text{TN}}{n_{\text{total}}} \tag{9-13}$$

但单纯用准确率来刻画分类算法的性能，不够严谨。有时我们还需要借助诸如查全率、查准率和 F1 分数更为细致地来评估性能。

9.7.2　查全率、查准率与 F1 分数

查全率、查准率都和正类样本密切相关。为了便于理解这几个概念，我们给出如图 9-16 所示的示意图。图中实心小圆圈代表正类样本，空心小圆圈代表负类样本，大圆形区域（由两个半圆区域构成）代表被分类系统判断为正类的样本。

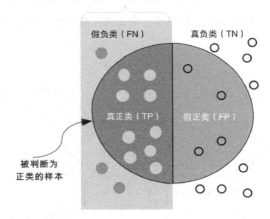

图 9-16 查全率与查准率

9.7.2.1 查全率

查全率（Recall，简称 R，又称召回率）表示分类准确的正类样本数占全部正类样本总数的比例。针对二分类有：

$$R = \frac{TP}{TP + FN} \tag{9-14}$$

举例来说，在信息检索领域，假设一个搜索引擎返回的相关页面只有 9 个，另外 3 个相关页面并没有返回而是散落在观测范围之外。那么此时，就查询系统而言，查全率就是指检索出来的相关页面占系统中全部相关页面的百分比。查全率可用图 9-17 中的子图(a)表示。查全率反映的是检索的全面性，其补数就是漏检率。

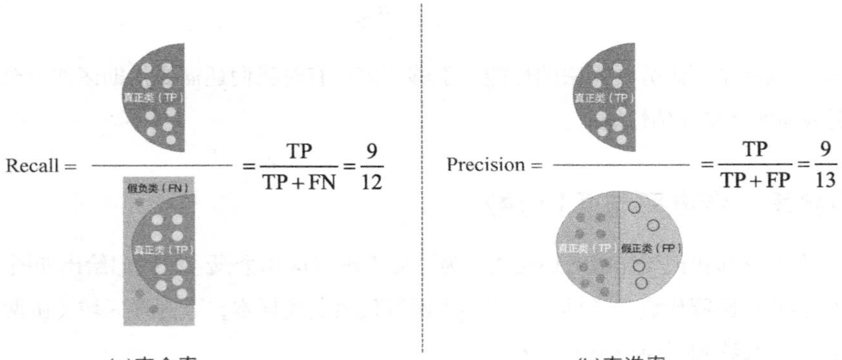

$$Recall = \quad\underline{} = \frac{TP}{TP + FN} = \frac{9}{12} \qquad\qquad Precision = \quad\underline{} = \frac{TP}{TP + FP} = \frac{9}{13}$$

(a)查全率   (b)查准率

图 9-17 查全率和查准率示意图

9.7.2.2 查准率

查准率（Precision，简称 P）表示被预测正确的正类样本数占分类器判定为正类样本总数的比例。针对二分类有：

$$P = \frac{TP}{TP + FP} \tag{9-15}$$

需要注意的是，查准率和准确率（Accuracy）是有区别的。不论是查准率，还是查全率，它们的分子部分都是 TP（真正类样本），但分母部分有所不同。而准确率说的是被正确分类的样本数占全体样本数的比例，它的分子部分是两种被正确分类的样本数，一种是真正类样本数，一种是真负类样本数，分母则是全体样本数。

回到查准率上，我们还用信息检索的案例来说明。假设搜索引擎一共返回 13 个页面，其中 9 个是真正相关的，而另外 4 个是搜索引擎"自以为"相关的（实际并不相关）。查准率反映的是检索的准确性，即真正相关页面数占全部检索出的相关页面数的比例，其补数是误检率。查准率可用图 9-17 中的子图(b)表示。

一般来说，查准率高时，查全率往往偏低；反之，查全率高时，查准率往往偏低。

举例来说，在历史上，有这么一句狠话："宁可错杀一千，不可放过一人"。这里我们不去追寻这句话的含义，单纯从机器学习的角度来看，它追求的就是查全率，为了查全，不惜错杀，这时查准率势必不高。请你思考一下，能否列举出追求查准率而牺牲查全率的应用场景呢？

9.7.2.3 F1 分数

为了兼顾查准率和查全率，人们还提出了另一个衡量标准——F1 分数：

$$F1 = 2 \times \frac{P \times R}{P + R} \tag{9-16}$$

本质上，F1 分数其实是 P 和 R 的调和平均数：

$$\frac{1}{F1} = \frac{1}{2}\left(\frac{1}{P} + \frac{1}{R}\right) \tag{9-17}$$

不同应用对查准率和查全率的重视程度不同，因此 F1 分数并不是对 P 和 R 的简单平均。例如，在商品推荐系统中，为了尽可能少地打搅用户，提升用户体验，往往希望检测出来的商品信息尽可能准确，这就要求查准率高。而在逃犯检索系统中，往往希望尽可能少地漏掉逃犯，此时查全率更重要。为了有所倾向，F1 分数更通用的表达形式 F_β 如下：

$$\frac{1}{F_\beta} = \frac{1}{1+\beta^2}(\frac{1}{P} + \frac{\beta^2}{R}) \tag{9-18}$$

其中，β 是衡量查全率和查准率相对重要性的比值。由公式(9-18)可进一步推导出：

$$F_\beta = (1+\beta^2)\frac{1}{\dfrac{1}{P} + \dfrac{\beta^2}{R}} \tag{9-19}$$

从公式(9-19)可以看出，当 $\beta > 1$ 时，$\dfrac{\beta^2}{R}$ 项占比较大，即查全率对 F_β 的影响更大；反之，当 $\beta < 1$ 时，查准率对 F_β 的影响更大；当 $\beta = 1$ 时，F_β 即为 $F1$。

9.7.3　P-R 曲线

在分类时，我们经常需要对学习模型的预测结果进行排序，排在前面的被认为"最可能"是正类样本，排在后面的被认为"最不可能"是正类样本。因此我们往往要在中间设定一个临界值（Threshold），当预测值大于这个临界值时，样本为正类样本，反之为负类样本。

按不同的临界值，将每个样本作为正类样本来预测，就会得到不同的查准率和查全率。如果以查准率为纵轴，以查全率为横轴，那么每设定一个临界值，就可以在坐标系上画出一个点。当设定多个临界值时，就可以在坐标系中画出一条曲线。这条曲线便是 P-R 曲线，如图 9-18 所示。

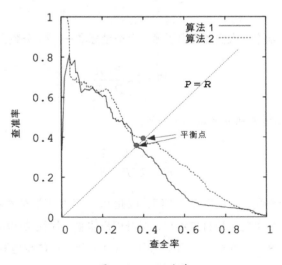

图 9-18　P-R 曲线

P-R 曲线能直观地显示分类算法在整体上的查准率和查全率。当对多个分类算法进行比较时，如果算法 1 的 P-R 曲线完全"外包围"算法 2 的 P-R 曲线，那么处于外侧的算法 1 有着更高的查准率和查全率（双高），这说明算法 1 比算法 2 有着更好的分类性能。

但更一般的情况是，算法之间的 P-R 曲线彼此犬牙交错（见图 9-18），很难断言二者孰优孰劣，只能在具体的查准率和查全率下做比较。但倘若非要比个高下，该怎么办呢？比较稳妥的办法是比较 P-R 曲线下的面积大小，谁的面积大，从某种程度上就说谁的"双高"比例大，即性能更优。但这个面积不容易估算，因此人们设计了一些综合考虑查准率和查全率的度量标准。

平衡点（Break-Even Pont，简称 BEP）就是这样的度量标准。当 $P=R$（可视为一条夹角为 45°的直线）时，这条直线与各个分类算法的 P-R 曲线会产生交点（即 BEP），哪个算法的 BEP 值更大，那个算法的分类性能就更优。比如说，在图 9-18 中，算法 2 的 BEP 大于算法 1 的 BEP，那么可以说，在某种程度上，算法 2 的性能优于算法 1。

P-R 曲线的优点是直观，缺点是受样本分布（如正类与负类的占比）的影响较大。相比而言，ROC 曲线则有更多的优点，因此经常作为二值分类器性能评估的重要指标之一。下面就来讨论一下 ROC 曲线，以及与其密切相关的 AUC。

9.7.4 ROC 曲线

ROC 曲线是英文"receiver operating characteristic curve"的简称，对应的中文含义是"受试者工作特征曲线"。从它略显古怪的名称可以看出，该曲线一开始并非为机器学习领域而设计的。ROC 曲线最早源于军事领域，后来逐渐应用于医学、心理学等领域。在机器学习领域内，ROC 曲线可视为混淆矩阵的改良版：通过不断调整阈值，从而给出不同版本的混淆矩阵，然后"连点成线"。

我们先追根溯源，看看ROC曲线是怎么来的，这样就能更加深刻地认识它的用途。据说在第二次世界大战期间，ROC曲线最先是由战线前沿的电子工程师和雷达工程师联合发明的。雷达兵的任务很明确，就是盯着雷达显示屏，查看是否有敌机来袭（显然，有敌机和没有敌机是一个典型的二分类问题）。理论上，只要敌机来袭，雷达就会检测出相应的信号[1]。

但是，捣蛋分子——各种高空飞鸟也会来凑热闹。当它们出现在雷达扫描区时，雷达屏幕同样也会显示异物来侵的信号。这时，考验雷达兵的时刻就到了。

如果但凡有信号就"草木皆兵"，确定敌机来袭，这显然会增加误报率。而如果将所有信号都

---

[1] ROC 中的"R"表示的是"Receiver"（接收者），其实就是接收雷达信号的雷达兵，后期 ROC 曲线被推广到医学领域，R 被普遍译为"受试者"。

认为是飞鸟，泰然处之，则会增加漏报率。每个恪尽职守的雷达兵都想竭尽所能提高敌机预报的准确率。但问题在于，有的雷达兵天性谨慎，倾向于误报；有的雷达兵天生草率，容易漏报。对于军方而言，该如何遴选出"靠谱"的雷达兵呢？

事实上，用机器学习的术语来说，每个雷达兵都可视为一个判断"敌机是否来袭"的分类器。于是问题就演化为，如何挑选性能卓越的分类器呢？

最稳妥的办法还是用数据说话。军方的电子工程师汇总了所有雷达兵的预报数据，特别是漏报和误报的概率，并把这些概率一一绘制到一个二维坐标系中。这个坐标系的纵坐标为真阳性率（True Positive Rate，简称 TPR），它表示敌机真的来袭时雷达兵能够预报正确的概率。横坐标为特异性（假阳性率，False Positive Rate，简称 FPR），它表示非敌机来袭（如飞鸟飞过）时，雷达兵将其误判为敌机来袭的概率。FPR 和 TPR 定义分别为：

$$FPR = \frac{FP}{N} \tag{9-20}$$

$$TPR = \frac{TP}{P} \tag{9-21}$$

N 为真实的负类样本数量，在如图 9-15 所示的混淆矩阵中，N 是 TN（真负类）和 FP（假正类）之和，FP 是负类样本中被分类器误判为正类样本的个数。

P 表示真实的正类样本数量。在如图 9-15 所示的混淆矩阵中，P 是 TP（真正类）和 FN（假负类）之和，TP 是正类样本中被分类器正确预测为正类样本的个数。

上面的定义理解起来有点抽象，下面举例说明。假设雷达兵检测到 10 个外物来袭的信号，其中有 4 个确实是敌机（$P=4$），另外 6 个是飞鸟（$N=6$）。现在假设某个雷达兵对这 10 个信号进行判断，判断有 3 个为敌机。而这 3 个敌机中有 1 个实际为飞鸟，但被误判为敌机（FP=1），飞鸟共触发 6 个警报信号，于是假阳性率 FPR=FP/N=1/6。

在这 3 个敌机判断中，有 2 个确实是敌机（即 TP=2），而实际共有 4 架敌机，那么该雷达兵的真阳性率 TPR=TP/P=2/4。如果把雷达兵看作一个分类器的话，那么他在 ROC 曲线上的坐标点应该是(1/6,2/4)。

事实上，ROC 曲线是通过不断移动分类器的"截断点"来生成曲线上一系列关键点的。下面我们来解释"截断点"。很多时候，我们在判断某个样本是正类样本还是负类样本时，并不能"斩钉截铁"地说它"是（100%）"或"不是（0%）"。

很多分类器（比如贝叶斯分类器、神经网络分类器）仅仅会输出一个分类概率，这时可以给定一个截断点（或说阈值概率），如果分类概率大于这个截断点就判断样本为是正类样本，否则就为负类样本。对于一个已经排序的分类概率，不断移动分类器的"截断点"就会生成曲线上的一系列关键点(FPR,TPR)。这些关键点连接起来恰好就是一条曲线，它就是我们正在学习的 ROC 曲线（见图 9-19）。

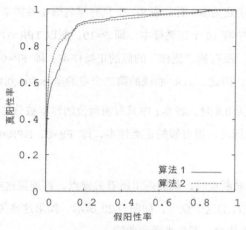

图 9-19 ROC 曲线

下面通过一个案例 [1] 来进一步说明"截断点"的概念。假设测试集有 20 个样本（真实的正负类样本各 10 个），表 9-1 为二值分类器的输出结果（p代表正类标签，n代表负类标签）。

表 9-1 二值分类器的输出结果（已排序）

样本编号	真实标签	模型输出概率	样本编号	真实标签	模型输出概率
1	p	0.9	11	p	0.4
2	p	0.8	12	n	0.39
3	n	0.7	13	p	0.38
4	p	0.6	14	n	0.37
5	p	0.55	15	n	036
6	p	0.54	16	n	0.35
7	n	0.53	17	p	0.34
8	n	0.52	18	n	0.33
9	p	0.51	19	p	0.30
10	n	0.505	20	n	0.10

[1] 案例源自文献： Fawcett T. An introduction to ROC analysis[J]. Pattern recognition letters, 2006, 27(8): 861-874.

下面来说明 ROC 曲线的绘制过程。当截断点选择正无穷（Infinity）时，分类模型会把所有样本全部判断为负类样本，那么 FP 和 TP 自然都是 0，于是 FPR 和 TPR 也都是 0，因此 ROC 曲线第一个点的坐标就是(0,0)。

当把截断点（输出概率）定为 0.9 时，表 9-1 中只有排名第 1 的样本被分类器判定为正类样本，此时 TP=1。而这 20 个样本中有 10 个正类样本，即 $P=10$，所以 TPR=1/10=0.1。与此同时，在所有被判定为正类样本的样本中，没有被"冤枉"的假的正类样本，即 FP=0。而负类样本也有 10 个，即 $N=10$，所以 NPR=0/10=0。因此，ROC 曲线的第二个点的坐标为(0,0.1)。

类似地，当把截断点定为 0.8 时，表 9-1 中只有前两位的样本被分类器判定为正类样本。因此，TP=2，TPR=2/10=0.2。与此同时，没有假的正类样本，即 FP=0，NPR=0/10=0。因此，曲线的第三个点的坐标为(0,0.2)。

以此类推，当不断调整截断点时，就能画出所有关键点，再连接这些关键点，就构成了最终的 ROC 曲线，曲线最终停留在(1,1)这个点上，如图 9-20 所示。如果这些关键点足够密集，图 9-20 所示的 ROC 曲线就不再是锯齿状的，而是光滑的曲线。

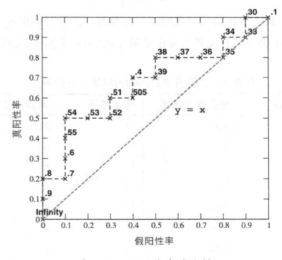

图 9-20　ROC 曲线的绘制

折腾半天，我们就介绍了 ROC 曲线的绘制。你可能会问，这 ROC 曲线到底有什么用呢？简单来说，ROC 曲线是用来评估不同二分类算法的性能的。那该如何评估某两个分类算法的优劣呢？这就要用到另一个概念 AUC 了。

9.7.5 AUC

AUC 是 Area Under Curve 的简称，顾名思义，它表示的是"曲线下的面积"。这里的"曲线"就是我们前面提到的 ROC 曲线。AUC 就是 ROC 曲线下的面积总和，该值能够量化反映分类算法的性能。

计算 AUC 的值并不复杂，只需要沿着 ROC 曲线的横轴做积分（或累加求和）即可。通常，ROC 曲线都位于 $y = x$ 这条线的上方（如果不是这样的，只需要把模型预测概率 P 反转成 $1-P$ 就能得到一个更好的分类器）。

因此，AUC 的取值范围一般是 0.5~1。通常来说，AUC 越大表明分类器性能越好，因为它可以把真正的正类样本排在前面，降低误判率。

9.8 本章小结

下面回顾一下本章学习的要点。

首先，我们介绍了学习和机器学习的内涵，关键在于学习一定要有性能的提升，否则就是"伪学习"。机器学习算法也需要通过编程实现，它和普通编程的区别在于，它是从训练数据中学习的，其功能的实现依赖于数据的特性，而不需要显式编程。

接着，我们主要讲解了机器学习的三种主要形式，根据有无"教师信号"和是否使用标签数据，可分为监督学习、非监督学习、半监督学习。简单来说，监督学习是一种利用标签数据进行分类的方法，它通常使用这些正确且已标记过的数据来训练神经网络。非监督学习是一种利用距离"亲疏远近"来衡量不同类的聚类方法。非监督学习使用未标记过的数据，即不知道输入数据对应的输出结果是什么，这样可以让学习算法自身发现数据的模型和规律。非监督学习之所以能进行"异常检测"，即判断某些点"不合群"，是因为它是聚类的反向应用。

在本章最后，我们系统学习了度量模型性能的几个常见指标：查全率、查准率、F1 分数、P-R 曲线、ROC 曲线等。它们在评估模型时各有侧重。查全率体现了分类模型对正类样本的识别能力，查全率越高，模型对正类样本的识别能力越强。查准率体现了模型对负类样本的区分能力，查准率越高，模型对负类样本的区分能力越强。F1 分数则是二者的权衡，它的值越大，说明模型越稳健。

本章已经把机器学习的主要概念讲解完毕，从下一章开始，我们会讨论机器学习的经典算法实战，部分机器学习概念也会在具体算法中得以体现。

9.9 思考与提高

通过前面的学习，请你思考以下问题。

1. 在机器学习中，准确率（Accuracy）的局限性体现在哪里？（机器学习面试题）

答：在分类任务中，准确率虽然是最简单、最直观的评价指标，但也存在不太适用的场景。比如，在负类样本占 99%的场景下，分类器会把所有样本"一股脑"地预测为负类样本，即使正类样本一个也没有预测对，这样也能达到 99%的分类正确率。这个正确率看起来很高，但实际上正类样本才是我们关心的样本。因此，当不同类别样本的比例相差悬殊时，占比大的类别往往是影响准确率的主要因素。比如，奢侈品用户占全体用户的 1%，普通用户占 99%，而我们的目标在于，遴选出真正的奢侈品用户，因为他们可能是平台创收的大户，所以即使分类准确率达到 99%，只要找不出奢侈品用户，分类算法就是失败的。

2. P–R 曲线和 ROC 曲线的差异体现在哪里？（机器学习面试题）

答：在正负类样本占比差距不是很大的情况下，ROC曲线和P-R曲线的趋势相差无几。但当负类样本占比很高时，两者刻画的性能就截然不同了。ROC曲线基本不变，但P-R曲线则变化剧烈。也就是说，用P-R曲线来刻画性能不够稳定，见图 9-21 上方的两个子图 [①]。

从图 9-21 下方的两个子图可以看出，在负类样本增加 10 倍以后，P-R 曲线发生了显著变化，而 ROC 曲线基本保持不变。这有什么实际的应用价值呢？这个特征让 ROC 曲线能够克服不同正负类样本占比带来的干扰，更客观地反映模型本身的性能。

在很多领域，正负类样本数量通常是很不均匀的。比如，在计算广告领域，人们通常非常在乎广告的转化率。

正类样本（对投放某类广告感兴趣的受众）往往是负类样本（对该广告无感的受众）的 1/1000（甚至 1/10000）。同一个广告推送算法，若选择正负类样本分布不同的测试集，利用 P-R 曲线来衡量转化率，差异可能非常大。也就是说，用 P-R 曲线来评估此类场景，很不客观，而用 ROC 曲线来评估，则相对客观得多。故此，ROC 曲线的应用场景更多，在排序、推荐和广告等领域应用广泛。

---

① 进一步阅读资料：

[1] Davis J, Goadrich M. The relationship between Precision-Recall and ROC curves[C]//Proceedings of the 23rd international conference on Machine learning. ACM, 2006: 233-240.

[2] Fawcett T. An introduction to ROC analysis[J]. Pattern recognition letters, 2006, 27(8): 861-874.

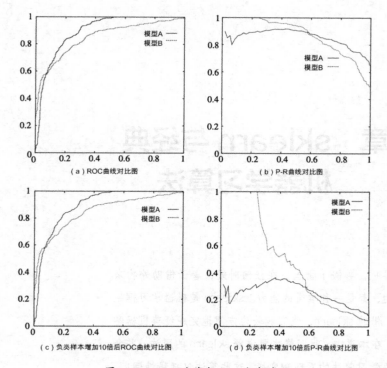

图 9-21 ROC 曲线与 P-R 曲线对比

第 10 章　sklearn 与经典机器学习算法

君子生非异也，善假于物也。在任何时候，善于借助外物来达成自己的目的，都是一种难得的能力。sklearn 是机器学习框架领域的佼佼者，借助 sklearn，我们能较为方便地完成经典机器学习算法的实战。在本章中，我们将主要讲解 sklearn 的用法，并介绍几种经典机器学习算法的原理和实战，这些算法包括线性回归、k-近邻算法、Logistics 回归、神经网络学习算法、k 均值聚类算法等。

本章要点（对于已掌握的内容，请在对应的方框中打钩）

☐ 掌握 sklearn 的基本用法

☐ 掌握线性回归的原理，并进行实践操作

☐ 理解监督学习经典算法，如 k-近邻算法

☐ 理解非监督学习经典算法

10.1　机器学习的利器——sklearn

如果能基于"自己动手，丰衣足食"的原则，自行实现机器学习的各种经典算法，固然是好的，且好处很明显：能让自己对机器学习算法的细节了然于胸。

但即使我们使用了简单而高效的 Python 来编写代码，实现起来，代码量依然不容小觑。何况我们写的代码可能并不专业，对很多意外情况可能考虑不足（如数值计算不够稳定等），算法的性能难以保证。

这时，我们可能会有这样的需求：是否有成熟的机器学习框架，能让我们更加关注算法的业务逻辑，而不必事无巨细地"重造轮子"呢？比如，求方差、求均方根误差这类通用函数可否不必自己编写？

《荀子·劝学》中有一句名言：君子生非异也，善假于物也。意思是说，君子的资质与一般人没有什么区别，君子之所以高人一等，是因为他善于利用外物。因此，善于利用已有条件，是成为君子的一个重要途径。

上面的断言，对于机器学习而言同样适用。只有分工，才能专业。它山之石，可以攻玉。善于利用第三方工具，提高自己的开发效率，或许也是算法工程师的必备技能之一。

事实上，对于一些经典的机器学习算法，一些专家或工程达人们早已将其实现。大概率上，由他们实现的算法，在各种条件下的完备性及数值计算的稳定性都要远胜我们自己实现的算法。在机器学习领域，scikit-learn（以下简称 sklearn）就是由专业人士开发的、久经考验的机器学习框架，其标识如图 10-1 所示。

图 10-1　scikit-learn 的标识

在本章中，我们将使用 sklearn 来实现经典机器学习算法，避免让读者掉入"只见代码，不见逻辑"的陷阱之中。

10.1.1　sklearn 简介

2007 年，数据科学家大卫·库尔纳佩（David Cournapeau）等人发起了机器学习的开源项目 sklearn，至今已逾十载。到目前为止，它已成为一款非常成熟的知名机器学习框架。

sklearn 是一款开源的 Python 机器学习库，它基于 NumPy 和 SciPy，提供了大量用于数据挖掘和分析的工具，以及支持多种算法的一系列接口。

和其他开源项目类似，sklearn 也是由社区成员自发组织和维护的。与其他开源项目不同的是，sklearn 更显"保守"。但这里的"保守"并非贬义，而是意味着"可靠"。sklearn 的可靠性主要体现在两个方面：sklearn 非常专一，从不做机器学习领域之外的扩展；sklearn 非常务实，从不轻易支持未经广泛验证的机器学习算法。比如，当下比较火热的"深度学习"，愣是不在它法眼之内，它想"让子弹飞一会"。一定程度上的"保守"并非坏事，这会使 sklearn 因专注而更加专业。

作为一款"成熟稳重"的机器学习框架，sklearn 提供了很多好用的 API（Application Programming Interface，应用程序接口）。通常，我们使用寥寥几行代码，就可以很好地完成机器学习的 7 个流程，具体如下。

1. 数据处理

从磁盘中读取数据，并对数据进行预处理，如归一化、标准化、正则化、属性缩放、特征编码、插补缺失值、生成多项式特征等。

2. 分割数据

将数据随机分割成三组：训练集、验证集（有时为可选项）、测试集。

3. 训练模型

针对选取好的特征，使用训练数据来构建模型，即拟合数据，寻找最优的模型参数。这里的拟合数据，主要是指使用各种机器学习算法来学习数据中的特征，拟合出损失函数最小化参数。

4. 验证模型

使用验证集的数据接入模型。我们将模型在验证集上的表现作为模型参数优化和选择的依据。常用的方法有 Holdout 验证、留一验证（leave-one-out cross-validation）等。

5. 测试模型

在优化模型的参数以后，使用测试数据验证模型的表现，可以评估模型的泛化性能。

这里需要展开说明的是，在有些场景下，测试模型和验证模型是有区别的。如果我们不设置验证集，而不断地使用相同的测试集来评估模型性能，久而久之，作为"裁判"的测试集，其角色慢慢就会"蜕变"成训练集，从而让模型陷入过拟合状态。为了解决这个问题，有时就把数据集一分为三：一部分用于训练，即作为训练集；一部分用于模型优化，即作为验证集；最后一部分用来评估模型的泛化误差，即作为测试集，通常不参与模型的优化。

6. 使用模型

正所谓"养兵千日，用兵一时"。模型训练完毕后，就该"上战场"了，在全新数据集上进行预测。所有机器学习算法的终极价值，都体现在对新数据的预测上。过往的历史数据（即训练数据）的价值，就在于"喂养"出一个靠谱的数据预言家，对我们从未接触过的新数据做出预测，从而指导我们未来的行为方向，实现基于数据的"洞察"。

7. 调优模型

当我们不断使用更多的数据（包括预测的新数据）时，就会得到反馈，然后根据反馈重新调整数据使用策略，包括收集更为全面的数据、使用不同的特征、调整过往模型参数等，以此来迭代优化模型。实际上，以上 1~7 可以算作一个无限循环、迭代升级的过程。

你可以思考一下，为何诸如今日头条、京东、淘宝等应用会不断地迭代升级，不光是为了软件缺陷的修复，App 界面的优化，更多的可能还是对深嵌其内的模型算法进行迭代升级。

sklearn 的功能主要分为六大部分：分类、回归、聚类、数据降维、模型选择和数据预处理。

简单来说，如果定性输出预测（预测变量是离散值），可称之为分类（classification），比如预测花的品类、顾客是否购买商品等。sklearn 中已实现的经典分类算法包括：支持向量机（SVM）、最近邻算法、Logistic 回归、随机森林、决策树，以及多层感知器（Multilayer Perceptron，MLP）等。

相比而言，如果定量输出预测（预测变量是连续值），则称之为回归（regression），比如预测花的长势、房价的涨势等。目前 sklearn 中已经实现的回归算法包括：线性回归、支持向量回归（SVR）、岭回归、Lasso 回归、贝叶斯回归等。常见的应用场景有股价预测等。

聚类（clustering）的功能是将相似的对象自动分组。sklearn 中常用的聚类算法包括：k 均值聚类、谱聚类（spectral clustering）、均值漂移（Mean shift）等。常见的应用场景有客户细分、实验结果分组及数据压缩等。

数据降维（dimension reduction）的目的在于，减少要考虑的随机变量的数量。sklearn 中常见的数据降维算法有主成分分析（Principal Components Analysis，PCA）、特征选择（feature selection）、非负矩阵分解（non-negative matrix factorization）等。常见的应用场景包括数据压缩、模型优化等。

模型选择是指评估与验证模型，对模型参数进行选择与平衡。sklearn 提供了很多有用的模块，可实现许多常见功能，包括模型度量（metrics）、网格搜索（grid search）、交叉验证（cross validation）等。其目的在于，通过调整模型参数来提高模型性能（预测准确度、泛化误差等）。

数据预处理的功能在于，把输入数据（如文本、图形图像等）转换为机器学习算法适用的数据，主要包括数据特征的提取和归一化。在 sklearn 中，常用的模块有数据预处理（preprocessing）、特征抽取（feature extraction）等。

sklearn 不仅功能强大，而且官方文档还很齐全，它针对每种算法都提供了简明扼要的参考用例，实在是机器学习爱好者应该常去的"游览胜地"。

10.1.2　sklearn 的安装

俗话说，光说不练假把式。下面我们就步入实战环节，先来讨论一下 sklearn 的安装。

如果我们仅安装 Python 语言包，作为第三方模块的 sklearn 是不会默认安装的（毕竟，不是每个学习 Python 的人都喜爱机器学习）。

但如果我们是利用 Anaconda 安装 Python 的，Anaconda 通常都会假设我们是数据分析的学习者或从业者，此时 sklearn 便是默认配置。这意味着，我们无须二次安装 sklearn，在使用前直接导入该模块即可。我们可在 IPython 环境下（或在 Jupyter 环境下）使用如下指令测试 sklearn 的版本号。

```
In [1]: import sklearn          #导入 sklearn 模块
In [2]: sklearn.__version__     #测试版本号，注意 version 左右各有两个下画线
0.24.1
```

如果正常输入 In [1]之后没有出现错误，则说明 sklearn 模块被成功导入。In [2]处输出的是当前集成安装的 sklearn 的版本号。

如果确实没有安装 sklearn，则可通过如下指令安装。需要注意的是，在安装时，命令行 scikit-learn 必须全部小写。

```
conda install scikit-learn
```

或者也可以利用 pip3 安装，命令如下。

```
pip3 install scikit-learn
```

如果当前使用的 sklearn 不是最新版本的，还可以通过如下命令进行版本升级。

```
conda update scikit-learn
```

如果不想再使用 sklearn，卸载它也很简单，命令如下。

```
conda remove scikit-learn
```

在安装sklearn之后，让我们回到经典机器学习算法的讨论上，我们会在实战中继续探索sklearn的使用要义。限于篇幅和本书的侧重点，下面将仅讨论几种具有代表性的机器学习算法，帮助大家熟悉sklearn的使用方法。如果想系统学习"机器学习"，还请参阅相关专业书籍 [1]。

10.2　线性回归

线性回归（Linear Regression）模型是最简单的线性模型之一，很具代表性，甚至有学者认为，线性回归模型是一切模型之母 [2]。所以，我们的机器学习之旅，也将从这个模型开始。

10.2.1　线性回归的概念

在现代统计学里，统计数据会给出大量的自变量（independent variable，即一系列的解释变量）[3]和相应的因变量（dependent variable，即输出结果），在回归分析中，其任务就是找到这两类变量之间的关系，并用某个模型描述出来。这样一来，如果我们再给出新的自变量，就能利用模型实现预测。

用形式化的语言来说，回归分析的核心任务在于，面对一系列输入、输出数据集 D，构建一个模型 T（其形式通常表现为某个函数 $f(x)$），使得 T 尽可能地拟合 D 中输入和输出数据之间的关系。然后，对新输入的 x_{new}，能应用模型 T，给出预测结果 $f(x_{new})$。

---

[1]　可参考的书籍包括但不限于：[1] 周志华.机器学习[M]. 清华大学出版社. 2016.1. [2] 雷明. 机器学习：原理、算法与应用[M]. 清华大学出版社. 2019.8.

[2]　唐亘. 精通数据科学：从线性回归到深度学习[M].人民邮电出版社.2018.6.

[3]　本质上，自变量和特征这两个术语，含义并无差别。不过，特征常用于机器学习领域，自变量多用于统计学中。而机器学习（特别是监督学习）中的很大一部分理论，就源自统计学，所以这两个领域中的专业术语时常是混搭使用的。

在几何意义上，回归就是找到一条具有代表性的直线或曲线（高维空间的超平面）来拟合输入数据点和输出数据点。

回归有很多种类。按照涉及变量的多少，可分为一元回归和多元回归。按照自变量和因变量之间的关系，可分为线性回归和非线性回归。我们这里先讨论线性回归。简单来说，线性回归就是假设输入变量（x）和单个输出变量（y）之间满足线性关系。让我们先考虑最简单的形式，输入变量（x）只有一个特征：

$$y = w_0 + w_1 x \tag{10-1}$$

这里，w_1 和 w_0 为回归系数。具体说来，权值 w_1 为变量 x 的系数，权值 w_0 为函数 $y = f(x)$ 在 y 轴上的截距。对于这个简易版的线性回归，我们的目标是在训练数据上进行学习，并通过拟合获得这两个权值。线性回归可看作求解样本点的最佳拟合直线，如图 10-2 所示。

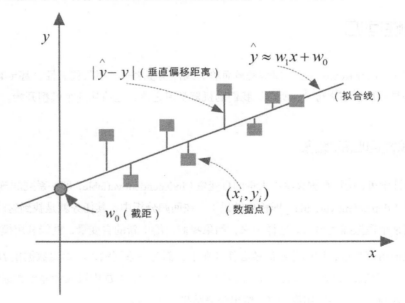

图 10-2　线性回归示意图

拟合而成的回归线与样本点之间的垂直线，就是"残差"（Residual），也就是预测值和实际值之间的误差，记为 ε_i：

$$\varepsilon_i = \left| \hat{y}_i - y_i \right| \tag{10-2}$$

于是，我们的目标变为，求得一条拟合线 $\hat{f}(x)$，使得误差之和 $\sum_{i=1}^{m}\varepsilon_i$ 最小。

那么如何找到这样一条直线呢？最常用的方法，就是普通最小二乘法（Ordinary Least Squares，简称 OLS）。普通最小二乘法的主要思想就是，选择一些未知参数（即权值），以某种策略使得实际值与预测值之差的平方和达到最小。这样一来，线性回归的损失函数可表示为：

$$H = \underset{(w_1,w_0)}{\arg\min} = \sum_{i=1}^{m}(\hat{y}_i - y_i)^2 = \sum_{i=1}^{m}(y_i - w_1 x_i - w_0)^2 \tag{10-3}$$

以上仅仅是求解两个参数，我们还可以给出方程的显式解。事实上，更常见的情况是，利用数值计算的方法（如迭代法）进行求解，也就是利用优化算法（如随机梯度下降法、牛顿迭代法）快速逼近最优参数。

10.2.2　使用 sklearn 实现波士顿房价预测

下面使用前面学到的回归分析的知识，借助机器学习框架 sklearn，实现波士顿房价的预测。

这个案例使用的数据集（Boston House Price Dataset）源自 20 世纪 70 年代中期美国人口普查局收集的美国马萨诸塞州波士顿住房价格有关信息。该数据集统计了当地城镇人均犯罪率、城镇非零售业务比例等共计 13 个指标（特征），第 14 个特征（相当于标签信息）给出了住房的中位数报价。

现在我们的任务是，找到这些指标（特征）与房价（目标）之间的关系。由于房价是连续变化的实数，很明显，这个任务属于回归分析。该数据集在卡耐基梅隆大学统计与数据科学实验室或 Kaggle 等网站均可下载 [①]。下载后，需要删除部分额外的数据描述信息，并将文件另存为 CSV 格式，然后利用前面章节介绍的 Pandas 来读取数据。

在诸如 sklearn 这样的机器学习框架中，有一个便利之处：它内置了很多经典的数据集，一旦安装了 sklearn，无须另外下载，只要调用专门的 API 函数即可导入数据，甚是方便。下面将 Jupyter 作为代码运行的平台，逐步加载数据并进行必要的回归分析。

10.2.2.1　利用 sklearn 加载数据

sklearn 中内置了多种数据集，其中一种就是自带的小数据集（packaged dataset）。在成功安装

---

① 进一步阅读资料：

[1] Belsley, Kuh & Welsch, 'Regression diagnostics: Identifying Influential Data and Sources of Collinearity', Wiley, 1980. 244-261.

[2] Quinlan,R. (1993). Combining Instance-Based and Model-Based Learning. In Proceedings on the Tenth International Conference of Machine Learning, 236-243, University of Massachusetts, Amherst. Morgan Kaufmann.

sklearn 后，只需调用对应的数据导入方法，即可完成数据的加载。这些数据导入方法的命名规则是 sklearn.datasets.load_<name>。这里的<name>就是对应的数据集名称。常见的数据集如表 10-1 所示。

表 10-1　sklearn 中常见的数据集

导入数据的函数名称	对应的数据集
load_boston()	波士顿房价数据集
load_breast_cancer()	乳腺癌数据集
load_iris()	鸢尾花数据集
load_diabetes()	糖尿病数据集
load_digits()	手写数字数据集
load_linnerud()	体能训练数据集
load_wine()	红酒品类数据集

通过表 10-1 可知，load_boston()就是专门用于导入波士顿房价数据集的。

```
In [1]:
from sklearn.datasets import load_boston
boston = load_boston()
```

需要注意的是，在上述代码中，当我们要导入某个方法时，不需要添加方法后面的那对圆括号。变量名boston[1]实际上是一个字典类型的对象，我们可以用它的keys()方法输出它所包含的属性值。

```
In [2]: boston.keys()
Out[2]:
dict_keys(['data', 'target', 'feature_names', 'DESCR', 'filename'])
```

在 sklearn 框架中，所有内置的数据集（如表 10-1 所示）都有这 5 个属性值。它们所代表的含义分别如下。

首先，**data** 并不泛指数据，而是特指除标签之外的特征数据，针对波士顿房价数据集，它指的是前面的 13 个特征。

---

① 需要说明的是，此处 boston 仅为我们临时采用的变量名，你可以用任何合法的名称代替它。

相对而言，target 的本意是"目标"，这里是指标签（label）数据。针对波士顿房价数据集，就是指房价。

属性值 feature_names 给出的实际上就是 data 对应的各个特征的名称。对于波士顿房价数据集而言，它指的就是影响房价的 13 个特征的名称。

属性值 DESCR 其实是英文单词"description"的简写。顾名思义，它是对当前数据集的详细描述，有点类似于数据集的说明文档。比如，这个数据从哪里来，它有什么特征，每个特征是什么数据类型，如果引用数据集该引用哪些论文，等等。

最后一个属性值就是 filename，它说明的是这个数据集的名称，以及在当前计算机中的存储路径。

我们可分别尝试输出这 5 个属性值，感性理解它们的含义。首先，我们输出 data。

```
In [3]:  boston.data
Out[3]:
array([[6.3200e-03, 1.8000e+01, 2.3100e+00, ..., 1.5300e+01, 3.9690e+02,
4.9800e+00],[2.7310e-02, 0.0000e+00, 7.0700e+00, ..., 1.7800e+01, 3.9690e+02,
9.1400e+00],
      ...,（省略大部分数据）
[4.7410e-02, 0.0000e+00, 1.1930e+01, ..., 2.1000e+01, 3.9690e+02, 7.8800e+00]])
```

从输出结果可以看出，boston.data 输出的是除 target 之外的所有特征数据，由于难以显示完全，所以 sklearn 会省略大部分数据。从输出样式可以看出，data 是用一个二维数组存储的。如果想输出第 0 条记录（从 0 开始计数，下同），那么就可以用 boston.data[0] 来获取。

```
In [4]: boston.data[0]
Out[4]:
array([6.320e-03, 1.800e+01, 2.310e+00, 0.000e+00, 5.380e-01, 6.575e+00,
      6.520e+01, 4.090e+00, 1.000e+00, 2.960e+02, 1.530e+01, 3.969e+02,
      4.980e+00])
```

很显然，上面一条完整的记录中包括 13 个特征，它是一维数组。所以，如果我们想接着输出第 0 条记录的第 2 个特征，就可以用 boston.data[0][2] 实现。

```
In [5]: boston.data[0][2]
```

```
Out[5]: 2.31
```

当然，如果你对 Python 语法比较熟悉，上述指令还有简单写法。

```
In [6]: boston.data[0, 2]
Out[6]: 2.31
```

如果我们想知道 data 中一共有多少条数据，每条数据中有多少个特征，可利用 shape 属性获得。

```
In [7]: boston.data.shape
Out[7]: (506, 13)
```

该属性返回行和列的数量，从输出结果可以看出，共有 506 条数据，每条数据共有 13 个特征。由于 shape 属性输出的是一个包括两个元素的元组，所以如果仅仅想知道有多少条记录，可以如下操作。

```
In [8]: boston.data.shape[0]
Out[8]: 506
```

类似地，如果我们仅仅想获取数据集共有多少个已知特征，也可以如下操作。

```
In [9]: boston.data.shape[1]
Out[9]: 13
```

下面，我们再输出 target（目标），看看它是什么样的数据，类似于 boston.data 的形式，用 boston.target 即可实现。

```
In [10]: boston.target
Out[10]:
array([24. , 21.6, 34.7, 33.4, 36.2, 28.7, 22.9, 27.1, 16.5, 18.9, 15. ,
       18.9, 21.7, 20.4, 18.2, 19.9, 23.1, 17.5, 20.2, 18.2, 13.6, 19.6,
       ,（手动省略大部分数据）
       20.6, 21.2, 19.1, 20.6, 15.2, 7. , 8.1, 13.6, 20.1, 21.8, 24.5,
       23.1, 19.7, 18.3, 21.2, 17.5, 16.8, 22.4, 20.6, 23.9, 22. , 11.9])
```

我们很容易猜到，上面输出的每条数据对应的 target（房价）共 506 个数据，因为每一组特征都对应一个目标变量（房价）。当然，我们也可以用 shape 属性来验证我们的猜想。

```
In [11]: boston.target.shape
Out[11]: (506,)
```

从输出来看，这是一个包含一个元素的元组。因为输出是一个元组对象，因此，即使内部只有一个元素，在通过 target 获取共有多少条数据时，也需要中规中矩地通过访问元组元素的语法实现，即通过元组的方括号和下标 0 来获取。

```
In [12]: boston.target.shape[0]
Out[12]: 506
```

接下来，如果我们想知道这 13 个特征分别是什么意思，就可以借助 feature_names 来输出各个特征的名称。通常来说，sklearn 中都有良好的命名规则，能够"见名知意"，因此，这个关键字能在一定程度上帮助我们理解数据。

```
In [13]:  boston.feature_names
Out[13]: array(['CRIM', 'ZN', 'INDUS', 'CHAS', 'NOX', 'RM', 'AGE', 'DIS', 'RAD',
       'TAX', 'PTRATIO', 'B', 'LSTAT'], dtype='<U7')
```

从输出结果看，我们可以得到波士顿房价数据集中 13 个特征的简写。如果对这些缩写并不了然，还是一头雾水，该如何是好呢？这时，属性值 DESCR 就起作用了，它会清楚"描述"这个数据集的详细信息。

```
In [14]: print(boston.DESCR)
Out[14]:
.. _boston_dataset:

Boston house prices dataset
---------------------------
**Data Set Characteristics:**
 :Number of Instances: 506
 :Number of Attributes: 13 numeric/categorical predictive. Median Value
(attribute 14) is usually the target.
```

```
:Attribute Information (in order):
- CRIM     per capita crime rate by town
- ZN       proportion of residential land zoned for lots over 25,000 sq.ft.
     - INDUS    proportion of non-retail business acres per town
…, （手动省略部分输出）
- B        1000(Bk - 0.63)^2 where Bk is the proportion of blacks by town
- LSTAT    % lower status of the population
- MEDV     Median value of owner-occupied homes in $1000's
```

这里需要注意的是，在 Jupyter 代码块中，我们使用的是 print(boston.DESCR)。在这里，print() 函数通常不可少，如果少了会发生什么呢？请读者自行尝试，并思考原因。

为了方便读者理解，这里给出缩写特征的中文描述，如表 10-2 所示。

表 10-2　波士顿房价数据集缩写特征的中文描述

名称	中文描述
CRIM	住房所在城镇的人均犯罪率
ZN	住房用地超过 25000 平方尺 [1] 的比例
INDUS	住房所在城镇非零售商用土地的比例
CHAS	有关查理斯河的虚拟变量（如果住房位于河边则为 1，否则为 0）
NOX	一氧化氮浓度
RM	每处住房的平均房间数
AGE	建于 1940 年之前的业主自住房比例
DIS	住房距离波士顿五大中心区域的加权距离
RAD	距离住房最近的公路入口编号
TAX	每 10000 美元的全额财产税金额
PTRATIO	住房所在城镇的师生比例
B	1000(Bk-0.63)^2，其中 Bk 指代城镇中黑人的比例
LSTAT	弱势群体人口所占比例
MEDV	业主自住房的中位数房价（以千美元计）

boston.DESCR 的输出中不仅包括 data 的 13 个特征描述，还包括第 14 个特征，即自住房屋的中位数房价，它作为目标变量（target）——我们使用前面的 13 个特征作为解释变量，建立一个回归模

---

[1]　1 平方尺 ≈ 0.093 平方米。

型，对其进行预测 [①]。

boston 对象的最后一个属性值是 filename，我们也可以用类似的方法将其输出。

```
In [15]: boston.filename
Out[15]: 'C:\\Users\\Yuhong\\Anaconda3\\lib \\site-packages \\sklearn
\\datasets \\data\\boston_house_prices.csv'
```

上述输出结果基于 Windows 系统（Anaconda 安装的路径不同，会有不同的输出）。输出结果为数据集的名称及所处的路径。知道了这些信息，我们就可以"按图索骥"地找到这个数据集，再也不用担心从哪里下载了 [②]。

需要注意的是，在 Windows 系统中，子目录之间的分隔符是两个反斜杠"\\"，其中第一个反斜杠"\"是转义字符。如果在 macOS、Linux 系统中，则不存在这个转义字符的困扰，因为它的子目录分隔符是 "/"，输出结果如下所示。

```
'/anaconda3/lib/python3.8/site-packages/sklearn/datasets/data/boston_house_p
rices.csv'
```

到现在为止，我们对如何利用 sklearn 加载内置数据已有所了解。接下来，结合 Pandas 来处理数据。

10.2.2.2　利用 Pandas 处理数据

如前介绍，boston.data 是仅包含特征信息的 NumPy 数组，它可直接作为 Pandas 的数据源。在使用 Pandas 之前，需要加载这个第三方工具包。

```
In [16]:
01   import pandas as pd
02   bos = pd.DataFrame(boston.data)
03   bos.head()    #验证语句，非必需
```

---

① 实际上，13 个特征未必全部"赤膊上阵"，如果涉及特征选择，可利用特征可能少于 13 个。
② 可以把本地路径直接复制到浏览器的地址栏中，然后按回车键，下载这个数据集。

【运行结果】

	0	1	2	3	4	5	6	7	8	9	10	11	12
0	0.00632	18.0	2.31	0.0	0.538	6.575	65.2	4.0900	1.0	296.0	15.3	396.90	4.98
1	0.02731	0.0	7.07	0.0	0.469	6.421	78.9	4.9671	2.0	242.0	17.8	396.90	9.14
2	0.02729	0.0	7.07	0.0	0.469	7.185	61.1	4.9671	2.0	242.0	17.8	392.83	4.03
3	0.03237	0.0	2.18	0.0	0.458	6.998	45.8	6.0622	3.0	222.0	18.7	394.63	2.94
4	0.06905	0.0	2.18	0.0	0.458	7.147	54.2	6.0622	3.0	222.0	18.7	396.90	5.33

简单解释一下上述代码。第 01 行的作用是加载 Pandas。第 02 行的作用是将由 sklearn 读取的特征数据作为 Pandas 的数据源，并将返回结果赋值给 bos（这是一个 DataFrame 对象）。第 03 行代码输出数据集的前 5 行，Pandas 中的 head()函数默认返回前 5 行数据。

从上面的运行结果可以看出，Pandas 并没有输出每列的特征名称，13 个特征名称是用阿拉伯数字 0~12 来表征的，这样的数字编号让用户难以理解各个特征的含义。这时，我们可以给 Pandas 的 columns 属性赋值，手动添加特征名称，代码如下所示。

```
In [17]:
01   bos.columns = boston.feature_names     #手动添加特征名称
02   bos.head()
```

【运行结果】

	CRIM	ZN	INDUS	CHAS	NOX	RM	AGE	DIS	RAD	TAX	PTRATIO	B	LSTAT
0	0.00632	18.0	2.31	0.0	0.538	6.575	65.2	4.0900	1.0	296.0	15.3	396.90	4.98
1	0.02731	0.0	7.07	0.0	0.469	6.421	78.9	4.9671	2.0	242.0	17.8	396.90	9.14
2	0.02729	0.0	7.07	0.0	0.469	7.185	61.1	4.9671	2.0	242.0	17.8	392.83	4.03
3	0.03237	0.0	2.18	0.0	0.458	6.998	45.8	6.0622	3.0	222.0	18.7	394.63	2.94
4	0.06905	0.0	2.18	0.0	0.458	7.147	54.2	6.0622	3.0	222.0	18.7	396.90	5.33

从上面的运行结果可以看出，Pandas 的各个列已成功拥有了特征名称，可读性增强了。

在前面的讨论中，我们已经提到，sklearn 是把数据集的特征和标签分开存储的。如果我们希望将这两类"合二为一"该怎么办呢？这在 Pandas 中是很容易做到的，增加一列存储标签信息即可。

```
In [18]:
01  bos['PRICE']= boston.target        #为 DataFrame 增加一列 PRICE
02  bos.head()                         #显示前 5 行
```

【运行结果】

	CRIM	ZN	INDUS	CHAS	NOX	RM	AGE	DIS	RAD	TAX	PTRATIO	B	LSTAT	PRICE
0	0.00632	18.0	2.31	0.0	0.538	6.575	65.2	4.0900	1.0	296.0	15.3	396.90	4.98	24.0
1	0.02731	0.0	7.07	0.0	0.469	6.421	78.9	4.9671	2.0	242.0	17.8	396.90	9.14	21.6
2	0.02729	0.0	7.07	0.0	0.469	7.185	61.1	4.9671	2.0	242.0	17.8	392.83	4.03	34.7
3	0.03237	0.0	2.18	0.0	0.458	6.998	45.8	6.0622	3.0	222.0	18.7	394.63	2.94	33.4
4	0.06905	0.0	2.18	0.0	0.458	7.147	54.2	6.0622	3.0	222.0	18.7	396.90	5.33	36.2

从上面的运行结果可以看到，DataFrame 中的确增加了一个新列 PRICE，它的值就代表波士顿的房价信息。

10.2.4.3　分割数据集

如前所述，通常我们至少要把整个数据集分割为两部分：训练集和测试集（在模型的初步阶段，验证集不是必需的）。训练集用于训练，测试集用于测试。为了保证数据分割的随机性和专业性，sklearn 提供了专门的分割函数 train_test_split()。

前面为了回顾 Pandas 的使用方法，我们利用 Pandas 把数据集的 data 和 target 合二为一了。这是因为，sklearn 之外的数据集，其特征数据和标签数据通常是共存在一个文件中的，这是一种更普遍的状态。

为了处理方便，train_test_split()要求特征数据和标签数据必须是分开的。那怎么能把一个原本完整的数据分开呢？如果我们利用 Pandas，可通过 drop()方法实现。

```
In [19]:
01  X = bos.drop('PRICE', axis = 1)    #把名为 PRICE 的列删除，将剩余特征赋值给 X
02  y = bos['PRICE']                   #把名为 PRICE 的列赋值给 y
```

在上述代码中，第 01 行的 drop()函数"指名道姓"地删除了名为 PRICE 的数据，为了准确起见，还指定了删除数据所处的坐标轴（axis），axis 值为 1，表示删除 PRICE 所在的列。

　　另外，在 sklearn 中还常有不成文的约定：通常用大写的 X 表示特征（这里共有 13 个），而用小写的 y 表示预测的目标（标签，这里有 1 个）。如果仅仅操作 sklearn 自带的数据集，那么我们无须这么折腾，上述代码可以简写为如下形式。

```
01   X = boston.data
02   y = boston.target
```

　　下面，我们就利用函数 train_test_split()分别把 X 和 y 分割为两个测试集和训练集。由于 X 和 y 都被分割为两个部分，因此需要四个变量分别来接收它们。

```
In [20]:
01   from sklearn.model_selection import train_test_split
02   X_train, X_test, y_train, y_test = train_test_split(X, y, test_size = 0.3,
random_state = 0)
```

　　上述代码的第 01 行导入了分割训练集与测试集的函数 train_test_split()。第 02 行表示实施分割操作，将 X（特征）和 y（标签）分割为两个部分，其中测试集占 30%（第 3 个参数的值可以自定义，默认值为 0.25）。第 4 个参数表示配合随机抽取数据的种子。有意思的是，设置这个随机状态（random_state）是为了保证数据集的"不随机"。

　　为什么这么说呢？因为设置 random_state 的目的就是确保每次运行分割程序时，获得完全一样的训练集和测试集。否则，同样的算法模型在不同的训练集和测试集上的效果不一样。如果每次都随机抽样，那么在确定模型和初始参数后，你会发现，模型每运行一次，就会得到不同的预测准确率（因为模型性能通常都对训练集敏感），从而使得调参无法有效进行。

　　你可以这样理解，每个随机状态（random_state，即某个整数值）都代表一批不同的训练集和测试集。如果它的值不变，无论程序运行多少次，获取的都是固定的一批训练集和测试集，这种稳定性为我们进行模型调参提供了方便。

　　一旦模型调参完毕，这个值就不需要设置了。如果不设置这个值，就会启用它的默认值 None。一旦这个值被设置为 None，就启用 np.random 作为随机种子，即默认以系统时间为随机种子。我们知道，时光荏苒，每时每刻的系统时间都不同，反而让样本的抽取更趋近随机抽样状态。

　　如前所述，train_test_split()函数同时返回四个值，分别赋给 X_train、X_test、y_train、y_test，这四个变量的名称自然可以不同，但它们的逻辑顺序一定要正确，它们依次为训练集的特征数据、测试集的特征数据、训练集的标签数据、测试集的标签数据。

在分割数据后，可以利用 shape 属性来验证训练集和测试集的尺寸。

```
In [21]:
01    print(X_train.shape)
02    print(X_test.shape)
03    print(y_train.shape)
04    print(y_test.shape)
Out[21]:
(354, 13)
(152, 13)
(354,)
(152,)
```

10.2.4.4　导入线性回归模型

在数据分割完成之后，就可以依次导入线性回归模型，训练模型并进行模型预测了。

```
In [22]:
01    from sklearn.linear_model import LinearRegression      #导入模型
02    LR = LinearRegression()                                #生成模型
03    LR.fit(X_train, y_train)                               #训练模型
04    y_pred = LR.predict(X_test)                            #模型预测
```

在上述代码中，第 01 行的作用是导入线性回归模型，它是由 sklearn 提供的，无须我们自己编写。第 02 行创建了一个线性回归模型实例 LR。第 03 行用于在训练集上拟合数据，在 sklearn 中，训练模型的方法统称为 fit()。由于回归分析属于监督学习，所以 fit() 函数提供两个参数，前者是特征数据，后者是标签数据。第 04 行的作用就是在测试集上实施模型预测。

10.2.4.5　查看线性回归模型的系数

获得线性回归模型的核心，就是找到关键参数：各个特征的权值（包括截距）。它们是支撑模型的关键，我们可以很容易地利用如下两行代码输出这些关键参数。事实上，输出这些参数并不是必需的，这么做仅仅是为了加深读者对线性回归模型的理解。

```
In [23]:
01    print("w0 = ",LR.intercept_)    #输出截距
```

```
02   print("W = ", LR.coef_)          #输出每个特征的权值
Out[23]:
w0 =  37.93710774183255
W = [-1.21310401e-01  4.44664254e-02  1.13416945e-02  2.51124642e+00
 -1.62312529e+01  3.85906801e+00 -9.98516565e-03 -1.50026956e+00
  2.42143466e-01 -1.10716124e-02 -1.01775264e+00  6.81446545e-03
 -4.86738066e-01]
```

我们知道，波士顿房价数据集中共计 13 个特征，所以至少有 13 个权值，外加一个截距，即应拟合出 14 个权值 [①]。从上面的代码输出结果可以看出，权值数量上符合预期。有了上述 14 个参数，利用公式(10-1)，我们就很容易把线性回归模型建立起来。一旦模型建立好，用这个模型来预测新样本（如测试集数据）就水到渠成了。

NumPy 输出的数组中包含 13 个权值，默认的输出格式为科学计数法。对普通人而言，这样的数组可能不太适合观察。事实上，我们可以通过设置 NumPy 的输出参数来改变输出格式，代码如下所示。

```
In [24]:
01   np.set_printoptions(precision = 3, suppress = True)
02   print('w0 = {0:.3f}'.format(LR.intercept_))
03   print('W = {}'.format(LR.coef_))
Out[24]:
w0 = 37.937
W = [ -0.121   0.044   0.011   2.511 -16.231   3.859  -0.01   -1.5     0.242
  -0.011  -1.018   0.007  -0.487]
```

在上述代码中，第 01 行表示设置参数，仅对第 03 行的代码有效。第 02 行用于为一个普通浮点数设置显示精度，保留 3 位小数。在第 01 行中，对于 set_printoptions()函数的两个参数，precision 用来控制小数点后面最多显示的位数，suppress=True 用来取消使用科学计数法。

从输出结果可以看出，截距（代码中的 w0）的作用主要是平移线性回归模型的超平面，它对特

[①] 细心的读者可能注意到了，sklearn 拟合出来的参数 intercept_和 coef_都以下画线（_）结尾。这是为什么呢？事实上，这是 sklearn 的一个内置特点，它总是用变量名加下画线的方式来命名来自训练集的特征，这种个性化（怪异）的命名方式是为了避免命名雷同。显然，这是一种"惹不起，还躲不起吗"的命名策略。

征选择的指导意义并不大。但权值则不同，它们对于特征选择具有很强的指导意义。通常来说，权值的符号为"–"，表明它和目标（如房价）是负相关的，针对波士顿房价数据集，这样的权值会抑制房价。负值的绝对值越大，对房价的抑制程度就越大。反之，如果权值的符号为"+"，则表明它与房价呈正相关，其值越大，表明它对房价的提升效果越好。

我们尝试解释代码中若干特征的权值。权值 w1=-0.121，对比表 10-2 可知，CRIM 表示的是住房所在城镇的人均犯罪率。这个很容易理解，犯罪率越高的地区，周边的房价越低，于是权值和目标呈现负相关。

随后的三个权值都是正值（分别是 0.044、0.011 和 2.511），说明它们多少都能提升房价，以此类推便可以解读全部权值与目标的关系。其中，抑制房价最明显的是特征 NOX，它表示一氧化氮的浓度，权值（抑制因子）达到-16.231。基于常识可知，一氧化氮浓度越高，说明住房所在地的环境污染越严重。不难理解，谁也不想在一个污染严重的地方"安居置业"。

对房价提升最明显的特征是 RM，权值为 3.859，查表 10-2 可知，RM 指的是每处住房的平均房间数量。这也是很容易理解的，房间越多，通常来说房屋总面积就越大，而面积越大，总房价就高，这也在情理之中。

通过前面的描述，可以看出，作为数据分析工程师，我们可以构建出模型，拟合出参数，但要想对数据进行解读，还需要领域背景知识，否则就容易贻笑大方。

10.2.4.6　绘制预测结果

由于可视化能给我们带来最直观的认知，所以下面将通过可视化的方法，来展示回归模型预测的效果。通过以下代码，可以得到针对波士顿房价数据集，预测房价和实际房价之间的对比图。

```
In [25]:
01   import matplotlib.pyplot as plt
02   import numpy as np
03
04   plt.scatter(y_test, y_pred)
05   plt.xlabel("Price: $Y_i$")
06   plt.ylabel("Predicted prices: $\hat{Y}_i$")
07   plt.title("Prices vs Predicted prices: $Y_i$ vs $\hat{Y}_i$")
08   plt.grid()
09
10   x = np.arange(0,50)
```

```
11    y = x
12    plt.plot(x,y, color = 'red', lw = 4)
13    plt.text(30,40, "predict line")
14    plt.savefig("price.eps")
```

【运行结果】

图 10-3　预测房价和实际房价的对比图

在代码层面，有两点需要说明：Matplotlib 允许添加包含 LaTeX 公式的标签；除了可在屏幕上显示图片，我们还可以利用 savefig 把图片保存为.eps 格式，这个格式是利用 LaTeX 撰写学术论文时常用的矢量图格式。

在代码功能实现层面，我们知道，如果预测房价和实际房价一致的话，那么所有的数据点都应该汇集在 $y=x$ 这条线上，但这并不是现实，于是可以看到，除了少数点，大部分点散落在 $y=x$ 附近，大趋势说明预测的结果还不错。

除了可以利用常规的 Matplotlib 绘制图形，还可以利用前面学习的 Seaborn 绘制更加"炫丽"的线性回归模型趋势图，这时就要用到 lmplot()方法了。该方法用以绘制回归趋势图，描述线性关系，拟合数据集回归模型。hue、col、row 参数可用来控制绘图变量，代码如下。

```
In [26]:
01    import numpy as np
02    import seaborn as sns
03    import matplotlib.pyplot as plt
04    #构造 DataFrame 数据集
05    data = pd.concat([pd.Series(y_test.values), pd.Series(y_pred)], axis = 1)
06    data.columns = ['实际房价', '预测房价']
07
08    #解决中文显示问题
09    plt.rcParams['font.sans-serif']=['SimHei']
10    sns.lmplot(x = '实际房价', y = '预测房价', data = data)
11    plt.show()
```

【运行结果】

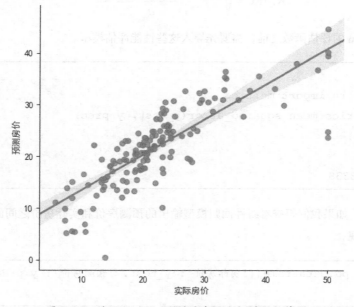

图 10-4　利用 Seaborn 绘制的线性回归模型趋势图

　　简单解释一下上述代码，由于 lmplot() 方法中需要导入一个 DataFrame 对象作为 data 的参数，而
y_test 和 y_pred 数据类型不统一（一个为 Series 对象，一个为 Array 对象），所以我们要先提取它们
的值（value），然后将它们拼接为一个 DataFrame 对象，接着将这两列数据分别赋值给 lmplot() 方法

中的 x 和 y，分别表示 *X* 轴和 *Y* 轴数据。

值得一提的是，这里有一个隐含的参数 ci（取值范围为 0~100），表示拟合曲线的置信区间。在默认情况下，lmplot() 方法返回的是一个散点图、线性回归曲线、95%置信区间的组合图。当然，如果我们调整置信区间的大小，如设置 ci=60，则表示置信区间为 60%。

预测的结果到底怎样，光靠感性的目测认知是不够的。下面就用 sklearn 提供的评估函数来实际测量一下。

10.2.4.7 预测效果的评估

由于回归分析的目标值是连续值，因此我们不能用准确率之类的评估标准来衡量模型的好坏，而应该比较预测值（Predict）和实际值（Actual）之间的差异程度。其中，均方根误差（root-mean-square error，简称 RMSE）是最常见的评估标准之一。

$$\text{RMSE} = \sqrt{\frac{\sum_{i=1}^{n}\left(\text{Predict}_i - \text{Actual}_i\right)^2}{n}} \qquad (10\text{-}4)$$

在使用 sklearn 的评估函数之前，需要先导入这些性能评估模型。

```
In [27]:
01    from sklearn import metrics
02    mse = metrics.mean_squared_error(y_test, y_pred)
03    print(mse)
Out[26]:
27.19596576688338
```

在测试集上，如果我们想查看线性回归模型输出的预测房价和实际房价之间的对比情况，利用 Pandas 很容易实现。

```
In [28]: df = pd.DataFrame({'实际房价': y_test, '预测房价': y_pred})
In [29]: df
```

【运行结果】

	实际房价	预测房价
329	22.6	24.935708
371	50.0	23.751632
219	23.0	29.326383
403	8.3	11.975346
78	21.2	21.372725
...	...	...
4	36.2	27.811077
428	11.0	14.506816
385	7.2	7.573699
308	22.8	28.334807
5	28.7	25.043412

152 rows × 2 columns

　　需要说明的是，本节中的案例是基于 Jupyter 平台演示的，前面每节的代码都是按 Ctrl+Enter 组合键执行过的。也就是说，执行过的变量或函数均已被加载到内存之中，代码从前到后，环环相扣。读者朋友们不可孤立看待某节的代码，否则将无法理解后面代码运行的结果。

　　为了帮助读者熟悉 sklearn 的使用方法，我们比较详尽地介绍了与线性回归没有太大关联的知识。在后面的实战中，这部分知识不会重复解释。抛开这些，我们发现使用 sklearn 使得代码非常简单，逻辑非常清晰。抽丝剥茧，我们给出简单版的【范例 10-1】。

【范例 10-1】利用 sklearn 预测波士顿房价（boston-housing-regression.py）

```
01   #(1)导入数据
02   from sklearn.datasets import load_boston
03   boston = load_boston()
04   #(2)分割数据
05   from sklearn.model_selection import train_test_split
06   X_train, X_test, y_train, y_test = train_test_split( boston.data,
     boston.target, test_size = 0.3, random_state = 0)
07   #(3)导入线性回归模型并训练模型
08   from sklearn.linear_model import LinearRegression
09   LR = LinearRegression()
```

```
10    LR.fit(X_train, y_train)
11    #(4)在测试集上预测
12    y_pred = LR.predict(X_test)
13    #(5)评估模型
14    from sklearn import metrics
15    mse = metrics.mean_squared_error(y_test, y_pred)
16    print("MSE = ", mse)                    #性能评估：模型的均方差
```

【运行结果】

```
MSE =  27.195965766883234
```

【代码分析】

从上面的代码可以看出，利用 sklearn 来做回归分析，除了注释部分，核心代码只有十几行，可谓 "言简意赅"，这就是利用机器学习框架的好处！

前面我们讨论了监督学习中的回归分析，下面再讨论一下监督学习中的分类算法。说到分类算法，最经典的莫过于 k-近邻算法，它虽然简单，但用途广泛。

10.3 k-近邻算法

k-近邻算法是经典的监督学习算法，位居十大数据挖掘算法之列 [1]。在本节中，我们将以 k-近邻算法为例，来说明sklearn是如何应用的。

10.3.1 算法简介

k-近邻算法的工作机制并不复杂：给定某个待分类的测试样本，基于某种距离（如欧氏距离）度量，找到训练集中与测试样本最接近的 k 个训练样本，然后基于这 k 个最近的 "邻居"（k 为正整数，通常较小）进行预测分类。

预测策略通常采用的是多数表决的 "投票法"。也就是说，将这 k 个训练样本中出现最多的类别，标记为预测结果，如公式（10-5）所示。

---

[1] Wu X, Kumar V, Quinlan J R, et al. Top 10 algorithms in data mining[J]. Knowledge and information systems, 2008, 14(1): 1-37.

$$y' = \arg\max_{v} \sum_{(x_i, y_i) \in D_z} I(v = y_i) \tag{10-5}$$

这里，v 表示分类标签，y_i 表示第 i 个训练样本的分类标签，$I(g)$ 是一个指示函数（Indicator Function），如果预测结果属于某个分类，则返回为 1，否则返回 0（实际上就是分类投票）。y' 表示的就是预测结果，哪个类的得票数最多，它就归属于哪个类。k-近邻算法示意图如图 10-5 所示。

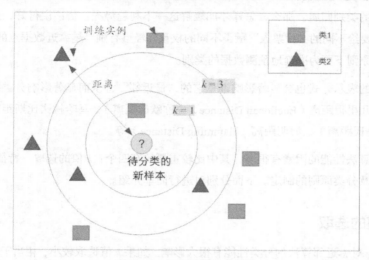

图 10-5　k-近邻算法示意图

k-近邻算法是一种基于实例的学习，也是惰性学习的典型代表。所谓惰性学习（Lazy Learning）是指，没有显式的训练过程。此方法在训练阶段仅将样本保存起来，所以训练时间为零。待收到测试样本后才开始处理。与之相反的是在训练阶段就"火急火燎"地从训练样本中建模、调参的学习方法——急切学习（Eager Learning）。

k-近邻算法算法虽然简单易用，但也有不足之处。首先，"多数表决"分类会在类别分布偏斜时出现缺陷。也就是说，k 的选取非常重要，因为出现频率较高的样本将会主导对测试样本的预测结果。从图 10-5 中可见，k 取值不同时，分类的结果明显不同。当 $k=1$ 时，待分类的样本属于第 1 类（即方块类）；而当 $k=3$ 时，遵循"少数服从多数"原则，待分类的样本属于第 2 类（三角形类）。自然，当继续扩大 k 值时，样本归属类也可能发生变化。

其次，"少数服从多数"原则也容易产生"多数人的暴政"（tyranny of the majority）问题。什么是"多数人的暴政"呢？最早提出"多数人的暴政"概念的是法国历史学家托克维尔（Tocqueville），他将这种以多数人名义行使无限权力的情况，称为"多数人的暴政"。

多数人的意见虽然代表了大多数人的利益，但"多数"可能恰恰就是平庸的多数，精英永远是少数。大众民主，并不一定能保证人类社会向正确的方向发展。"多数人的暴政"的历史渊源，最早可以追溯到古希腊时期的"苏格拉底之死"，如此智慧之人的死刑判决，竟然是由雅典人一人一票表决出来的。

类似地，k-近邻算法算法如果简单地实施"众（数据）点平等"的"少数服从多数"原则，也可能误判新样本的类别归属。那么，怎样才能缓解这一不利趋势呢？俗话说得好，远亲不如近邻。事实上，我们需要给不同的"投票人"赋予不同的权重，轻重有别，越靠近数据点的投票权重越高，这样才能在投票原则下更为准确地预测数据的类别。

最后，距离的表示方式也会显著影响谁是它的"最近邻"，从而显著影响分类结果。常用的距离表示方式有欧几里得距离（Euclidean Distance，也称欧氏距离）、马哈拉诺比斯距离（Mahalanobis Distance，也称马氏距离）、海明距离（Hamming Distance）等。

影响 k-近邻算法性能的因素有很多，其中比较重要的有四个：k 值的选取、特征数据的归一化、邻居距离的度量及分类原则的制定。下面分别对进行简单介绍。

10.3.2 k 值的选取

k 值的选取，对 k-近邻算法的分类性能有很大影响。如果 k 值选取较小，相当于利用较小邻域训练实例进行预测，"学习"而得的近似误差较小，但预测的结果对训练样本非常敏感。也就是说，k 值较小，分类算法的鲁棒性也较差，很容易发生过拟合现象。

倘若 k 值较大，则相当于在较大邻域中训练实例进行预测，它的分类错误率的确会有所下降，即学习的估计误差会有所降低。但随着 k 值的增大，分类错误率又会很快回升。这是因为，k 值增大带来的鲁棒性很快就会被多出来的邻居——"裹挟而来"的噪声点所抑制，也就是说，学习的近似误差会增大。此外，在样本空间中，相对较远的近邻所在的区域，很可能已经被其他类所占据，这样也会导致 k-近邻算法分类失准。对于 k 值的选取，过犹不及。

通常，人们采取交叉验证（Cross Validation，CV）[1]的方式来选取最优的 k 值，即对于每一个 k 值都做若干次交叉验证，然后计算出它们各自的平均误差，最后择其小者定之。

---

[1] 交叉验证有时亦称循环估计，在统计学上是一种将数据样本切割成较小子集的实用方法。该方法先在一个子集上进行分析，而其他子集则用来做后续对此分析及验证。比较有名的方法是十折交叉验证（10-fold cross validation）：将数据集分成十份，轮流将其中九份作为训练数据，一份作为测试数据，进行试验。

10.3.3 特征数据的归一化

计算不同样本之间的距离，需要考虑不同特征的取值范围。不同特征对距离计算的影响可谓大相径庭。比如，对于灰度而言，245 和 255 之间相差 10。对于气温而言，37℃ 和 27℃ 之间也相差 10。但这两个 10 实际的差距幅度是大不相同的。这是因为，灰度的值域是 0~255，而气温的年平均值在-40℃~40℃，前者的差距幅度是 10/256=3.9%，而后者的差距幅度是 10/80=12.5%。

为了公平起见，通常需要对样本的特征值进行数据预处理，归一化（Normalization）就是常见的处理方法之一，它会把所有特征值映射到[0,1]范围之内进行处理。

归一化机制有很多，最简单的方法是，对于给定的特征，首先找到它的最大值（MAX）和最小值（MIN），然后对于某一个特征值 x，它的归一化值 x' 可用公式（10-6）表示。

$$x' = \frac{x - \text{MIN}}{\text{MAX} - \text{MIN}} \tag{10-6}$$

下面用一个简单的例子来说明这个归一化值的求解过程。假设训练集中某个特征的值分别为 6、2、24、-6、10。我们使用如下 Python 程序，可方便求解它的归一化值。

```
In [1]:
01   import numpy as np
02   X_train = np.array([6,2,24,-6,10])              #构建一个矩阵
03   X_min,X_max = X_train.min(), X_train.max()      #求得最小值、最大值
04   print(X_min, X_max)
Out[1]: -6 24
In [2]:
01   X_nomal=( X_train - X_min) / (X_max - X_min)    #求得归一化矩阵
02   print(X_nomal)
Out[2]: [0.4  0.267 1.   0.   0.533]
```

从输出的结果可以看出，所有的值都落入[0,1]区间，这样就完成了归一化操作。

事实上，sklearn 提供了非常多数据预处理操作。导入相应的模块，我们就可以很方便地对数据进行适当的加工。

```
In [3]:
01   from sklearn.preprocessing import MinMaxScaler
```

```
02    import numpy as np
03    X_train = np.array([[6,2,24,-6,10]]).reshape(-1,1)
```

在上面代码中，第 1 行导入了 sklearn 中的极大极小归一化方法 MinMaxScaler。但需要注意的是，这个方法在计算极大较小归一化时，是以列为方向（axis=0）来计算的。

```
X_std = (X - X.min(axis=0)) / (X.max(axis=0) - X.min(axis=0))
```

所以，对于前面提供的数据[6,2,24,-6,10]，我们必须将其转置。此外，MinMaxScaler 操纵的数据必须是二维数组，所以我们必须"投其所好"，把数据提前转换为 sklearn 喜欢的模样。

上面代码第 03 行的 reshape(-1,1)值得说明一下，它表示将数据进行变形。其中第 2 个参数表示数据列数，因此"1"表示数据变形后只有 1 列。而第 1 个参数"-1"并不表示通常意义上的倒数第 1 个，而是表示当 $n-1$ 维度的信息确定后，决定让系统自动计算剩余 n 维数值。这是程序员常用的比较"讨巧"的方法。针对上述代码，reshape(-1,1)和 reshape(5,1)是完全等价的。现在的数据维度较小，你可以输出"5"这个维度的信息。当数据维度非常大时，你就可以感受到这种方法的好处。

事实上，针对上述第 03 行代码，它在功能上等价于如下代码。

```
03    X_train = np.array([[6,2,24,-6,10]]).T
```

每个 NumPy 数组对象都有一个转置（transposition，简称为 T）操作，可以直接使用。

在数据加工之后，我们就可以实施转换，将其转换为适合 sklearn 的样式。在 sklearn 中，如果要做一件事，基于面向对象编程的特征，你必须先生成做这件事情的对象。极大极小归一化也是这样。

```
In [4]: min_max_scaler = MinMaxScaler()
```

在上述代码中，min_max_scaler 就是要"做事"的对象，只有当这个对象存在，我们才可以调用它对应的方法来实施操作。

```
In [5]: min_max_scaler.fit(X_train)
Out[5]: MinMaxScaler(copy=True, feature_range=(0, 1))
```

在 sklearn 中，凡是想从数据中提取参数的操作，在宏观上都叫作拟合（fit），所以在上面代码的 In [5]处，虽然也用了 fit()这个方法，但并不是前面案例中的模型训练，而是求数据最大值和最小值的方法。有了这两个值，我们就可以利用归一化公式进行操作，sklearn 中将这种改变原始数据大小的行为，称为变换（transform）。

```
In [6]: min_max_scaler.transform(X_train)
Out[6]:
array([[0.4  ],
       [0.267],
       [1.   ],
       [0.   ],
       [0.533]])
```

可以看出，这个输出结果已经和我们自己动手编写的 Python 程序的输出结果非常类似了。只要稍微做一下转置即可获得一样的结果。

```
In [7]: X_nomal = min_max_scaler.transform(X_train).T
In [8]: X_nomal
Out[8]: [[0.4  0.267 1.   0.   0.533]]
```

如果我们不需要拟合过程中的参数，那么拟合和变换可以合并为一个方法：fit_transform。因此上述代码可以凝练为一行。

```
In [9]: min_max_scaler.fit_transform(X_train).T
Out[9]: array([[0.4  , 0.267, 1.   , 0.   , 0.533]])
```

从上面的操作可以看出，凡事有利必有弊，当我们想使用某个框架时，有时也需要付出代价，那就是必须"削足适履"，把数据转换为框架所需的模样，否则就无法利用框架的优势。

10.3.4　邻居距离的度量

不量化，无以度量远近。k-近邻算法要计算"远亲近邻"，就要令样本的所有特征都被量化，以便能进行比较。如果样本数据的某些特征是非数值类型的，那也要想办法将其量化。比如颜色，不同的颜色（红、绿、蓝）就是非数值类型的，它们之间好像没有什么距离可言。但如果将颜色转换为灰度值（0~255），就可以计算不同颜色之间的距离（差异度）。

在特征空间上，某两个点之间的距离也是它们相似度的反映。距离计算方式不同，也会显著影响谁是它的"最近邻"，从而显著影响分类结果。

一般情况下，我们常采用欧氏距离作为距离的度量指标。但如果不做归一化处理，欧氏距离很容易受量纲的影响，这时我们还可以采用马氏距离。马氏距离是由印度统计学家马哈拉诺比斯（P. C. Mahalanobis）提出的，它可以很方便地表示数据的协方差距离，也是一种有效呈现两个未知样本集相似度的方法。

在文本分类中，对于非连续变量，欧式距离、马氏距离就表现出了一定的局限性。在这种情况下，海明距离应用得更广。简单来说，海明距离就是两个字符串对应位置的不同字符的个数。换句话说，它表示将一个字符串变换成另外一个字符串所需要替换的字符个数。

在实际应用中，我们要根据不同的应用场景选择不同的距离进行度量。只有这样才能让基于距离计算的 k-近邻算法表现得更好。

10.3.5　分类原则的制定

k-近邻算法的分类原则通常有两类。一类是平等投票表决原则，投票多者从之。但这种"众生平等"的投票表决方式可能会产生问题。想象一下，假设让众多人投票判决"你是好人还是坏人"（此处的分类为好人或坏人），那么对你知根知底的人和与对你完全陌生的人，有一样的投票权，是不是对你很不公平呢？因此，多数人投票出来的结果，未必是最理想的。

为了纠正这种偏差，我们要对这些"邻居"赋予不同的投票权重，这也就是第二类分类原则——加权投票原则。对于距离越近的邻居，他的权重越大。

10.3.6　基于 sklearn 的 k-近邻算法实战

本节中的 k-近邻算法实战，使用的数据集是非常经典的鸢尾花数据集。该数据集最初是由美国植物学家埃德加·安德森（Edgar Anderson）整理出来的。在加拿大加斯帕半岛上，安德森通过观察采集了因地理位置不同而导致鸢尾属花性状发生变异的外显特征数据。鸢尾花数据集共包含 150 个样本，涵盖鸢尾花属下的三个亚属，分别是山鸢尾（Iris Setosa）、变色鸢尾（Iris Versicolor）和维吉尼亚鸢尾（Iris Virginica），如图 10-6 所示。

鸢尾花数据集使用四个特征对样本进行定量分析，分别是花萼长度（sepal_length）、花萼宽度（sepal_width）、花瓣长度（petal_width）、花瓣宽度（petal_width）。读者可以从 UCI（加州大学埃文分校）的机器学习库中下载这个数据集。

山鸢尾　　　　　　　　　　变色鸢尾　　　　　　　　　维吉尼亚鸢尾

图 10-6　鸢尾花的三个亚属

访问这个数据集的方式通常有两种。一种是利用 Pandas 库直接将这个数据集远程转换为 DataFrame 对象，并加载到内存中，Python 代码如下。

```
import pandas as pd
df = pd.read_csv('https://archive.ics.uci.edu/ml/machine-learning-databases/
iris/iris.data', header=None)
```

当然，我们也可以把上述网络连接的数据下载到本地，然后在本地计算机中读取，在前面的章节中，我们已经详细地讨论过，这里不再赘述。

由于这个数据集过于经典，已经内置于 sklearn，所以加载这个数据集最简单的方法，莫过于使用表 10-1 中介绍的专用加载方法 load_iris()。

参考【范例 10-1】，其实通过 sklearn 框架来完成 k-近邻算法实战，其流程与通过 sklearn 实现波士顿房价预测是类似的，具体请参考【范例 10-2】。

【范例 10-2】使用 sklearn 实现 k-近邻算法（scikit-learn-knn.py）

```
01  import pandas as pd
02  from sklearn.datasets import load_iris

03  #(1)加载鸢尾花数据集
04  iris = load_iris()
05  X = iris.data
06  y = iris.target
07  #(2)分割数据
08  from sklearn.model_selection import train_test_split
```

```
09   X_train, X_test, y_train, y_test = train_test_split(X, y, test_size = 0.3,
i.   random_state = 123)
10   #（3）选择模型
11   from sklearn.neighbors import KNeighborsClassifier
12   # （4）生成模型对象
13   knn = KNeighborsClassifier(n_neighbors = 3)
14   #（5）训练模型（数据拟合）
15   knn.fit(X,y)
16   #（6）模型预测
17   #(6)-A 单个数据预测
18   knn.predict([[4,3,5,3]])  #输出 array([2])
19   #(6)-B 大集合数据预测
20   y_predict_on_train = knn.predict(X_train)
21   y_predict_on_test = knn.predict(X_test)
22   #（7）模型评估
23   from sklearn.metrics import accuracy_score
24   print('训练集的准确率为: {:.2f}%'.format(100 * accuracy_score(y_train,
     y_predict_on_train)))
25   print('测试集的准确率为: {:.2f}%'.format(100 * accuracy_score(y_test,
     y_predict_on_test )))
```

【运行结果】

```
训练集的准确率为: 97.14%
测试集的准确率为: 93.33%
```

【代码分析】

下面从代码层面对【范例 10-2】进行简要说明。第 04 行用于加载鸢尾花数据集，由于 sklearn 库使用的是内置数据加载方法，这些内置数据集已存储在特定位置，sklearn 对此"了然于胸"，所以不需要用户指定路径。

代码第 10~15 行的功能分别是选择模型、生成模型对象、训练模型（数据拟合），它们环环相扣，缺一不可。其中，第 13 行生成 k-近邻分类器，我们把这个 k 值设定为 3。为什么这么设置，其实是没有多少道理可讲的。我们把这种基于设计者经验而非机器学习算法学习得来的参数，称为超参数。

此外，KneighborsClassifier()分类器中有多个参数可以选用，详情请参考 sklearn 的官方资料。我们可以用 print()很方便地打印这个分类器的参数。

```
In [1]: print(knn)
KNeighborsClassifier(algorithm='auto', leaf_size=30, metric='minkowski',
metric_params=None, n_jobs=None, n_neighbors=3, p=2, weights='uniform')
```

简单介绍一下其中的两个参数。

n_neighbors 表示的就是 k 值。k 值的选择与样本分布有关，一般要选择一个较小的 k 值，可以通过交叉验证来确定，默认是 5。

weights 用于指定投票权重类型，主要是标识每个样本的近邻样本的权重。如果取值为 uniform，就表示"众生平等"，即所有最近邻样本权重都一样（这也是默认值）。但这个设置可能会产生"多数人的暴政"问题，因此还可以取值为 distance，此时表明权重和距离成反比，即距离预测目标更近的近邻具有更高的权重。当然，我们还可以自定义权重，这时需要传入与距离同样维度的权重数组。

代码第 18 行给出了单个数据点的预测语句。需要注意的是，k-近邻分类器的预测方法为 predict()，其中的参数是一个类似于二维数组形式的数据。在 Python 中，通常将用方括号（[ ]）括起来的数据理解为列表。为避免歧义，我们还需要在外面多添加一对方括号，用[[特征 1，特征 2，…]]这种形式来表示二维数组。所以第 18 行代码的外层方括号（[ ]）是不可缺少的，否则不能通过编译。

此外，为了便于处理，sklearn 仅接纳数字类型的特征或标签。因此，【范例 10-2】对鸢尾花的三个亚属做了数值处理，比如用"0"表示山鸢尾，用"1"表示变色鸢尾，用"2"表示维吉尼亚鸢尾。因此，我们可以看到，在代码第 18 行，特征值为[4,3,5,3]的鸢尾花，其输出为一个数组形式 array([2])，其中的数字"2"表明预测结果为第 2 类，即维吉尼亚鸢尾。

我们已经使用 sklearn 对单个数据点进行了预测分类。由于样本寥寥，模型准确与否并不能得到很好的反应。难道预测准了，准确率就是 100%，而预测失误，准确率就是 0？自然不能这样草率判断。

其实，判断一个分类模型的好坏，需要用到一系列的数据，那就是测试集。由于测试集和训练集并没有本质的区别，所以在第 24 行和第 25 行中，我们在训练集和测试集中分别对模型做了预测。从运行结果上看，在训练集中，预测准确率能达到 97%以上，但在测试集中，预测准确率仅为 93%左右。之所以把训练集和测试集的准确率都输出出来，是因为，如果训练集中的准确率大大超过了测试集，就有理由怀疑我们的模型可能陷入了"过拟合"状态，这是应该避免的。

另一方面，如果看到在测试集上的预测准确率不是很高，我们也要做到"不以物喜，不以己悲"。

影响预测准确率的因素实在是太多了，当然有可能是模型设计有缺陷还有待提高，但如果大家的模型都是一样的呢？比如说我们都用 sklearn 的相同模型，为何偏偏我的预测精度比较低？这是因为，很多超参数也会影响预测准确率。比如，当我们改变本例的 k 值时，准确率可能大幅改变。我们可以修改代码第 13 行的参数，重新看一下结果是怎样的。

甚至，我们可以改变第 09 行的随机种子数值，它也能影响预测准确率。这是为啥呢？在前面我们已经提到，随机种子的选取可以影响训练集和测试集数据的提取，而分类算法通常是对数据敏感的。

很多算法之所以有很高的性能，在一定程度上，都是尝试过设置多种参数的结果。通常耗时不菲，这个过程称为"调参"。因此，当你看到某人论文里有非常高的预测准确率时，羡慕之余，也要捎带怜悯：这得需要多少精力调参啊！在人工智能领域就有这样的自我调侃：所谓人工智能，就是"有多少人工，就有多少智能"。

言归正传。如果我们想评估模型的性能，可利用 sklearn.metric 模块中提供的很多好用的评估函数。这里有一个常见的约定：以_score 结尾的函数返回一个最大值，值越大越好；以_error 结尾的函数返回一个最小值，值越小越好。

对于 accuracy_score()函数，它返回分类正确的百分比。它的原型如下。

```
accuracy_score(y_true, y_pred, normalize=True, sample_weight=None)
```

其参数的含义如下：y_true 表示真实的分类向量；y_pred 表示预测正确的向量；normalize 的默认值为 True，用于返回正确分类的百分比，如果为 False，则返回正确分类的样本数；sample_weight 表示样本的权值向量。

这个函数的实现原理非常简单，就是看预测结果和实际结果是否相同，将二者之中对应位置一致的数值加和，然后除以总预测样本数，便可以得到预测准确率。如果你对 Python 和 NumPy 的基础知识比较了解的话，这个函数实际上用一行代码即可实现。

我们以测试集的准确率为例来说明预测准确率是如何计算的。让我们先来看看预测的结果是什么。

```
In [2]: y_predict_on_test
Out[2]: array([2, 2, 2, 1, 0, 2, 1, 0, 0, 1, 2, 0, 1, 2, 2, 2, 0, 0, 1, 0, 0,
1,0, 2, 0, 0, 0, 2, 2, 0, 2, 1, 0, 0, 1, 1, 2, 0, 0, 1, 1, 0, 2, 2, 2])
```

以上结果输出了数组中的 0、1 或 2（各种鸢尾花类别的编号）。下面，我们再来看看实际的标签是什么。

```
In [3]:  y_test
Out[3]: array([1, 2, 2, 1, 0, 2, 1, 0, 0, 1, 2, 0, 1, 2, 2, 2, 0, 0, 1, 0, 0,
2, 0, 2, 0, 0, 0, 2, 2, 0, 2, 2, 0, 0, 1, 1, 2, 0, 0, 1, 1, 0, 2, 2, 2])
```

计算预测准确率，实际上就是求这两个数组之间相同位置的数值一致的比例，简单方法如下。

```
In [4]:  sum(y_predict_on_test == y_test) / y_test.shape[0] * 100
Out[4]:  93.33333333333333
```

这样计算得到的结果和利用 sklearn 的 accuracy_score 方法得到的结果完全一致，请读者朋友自行分析上述代码的语法意义。

10.4　Logistic 回归

下面，我们来讨论另外一种被广泛应用的分类算法——Logistic回归。在讲解这个概念之前，我们先来聊一个题外话——"Logistic regression"的中文译法。"regression"译作"回归"，并没有什么异议，而"Logistic"的翻译可谓五花八门。有译作"逻辑斯谛"的[1]，这种音译中规中矩，自然不能算错，但不够形象。更多文献直接将其译作"逻辑"，这种译法可能就有点误导大家了。"逻辑"（logic）本来是一个哲学概念，它注重的是推论和证明，而"Logistic"主要用于机器学习领域的分类。二者几乎无关联，如此翻译，至少违反了"信达雅"中的"信"——不够确切。

可能你要问了，我们是在讨论"机器学习"，为何要纠结"Logistic"一词的译法呢？并不是因为我们"好为人师"，而是这关系到对"Logistic 回归"内涵的理解。下面我们就从为什么需要 Logistic 回归开始说起。

10.4.1　为什么需要 Logistic 回归

首先，需要强调的是，Logistic 回归也属于监督学习之列，虽然带有"回归"二字，但它却是名副其实的"分类"算法。

---

[1]　李航. 统计学习方法[M]. 清华大学出版社. 2012.3

通过前面的学习，我们知道，分类与传统意义上的回归最大的不同在于，分类算法输出的是离散的标签值（比如花的品类），而回归输出的是连续的实数（比如花瓣长度）。

前面我们已经提到，线性回归模型的优点在于，数据拟合简单直观，输出结果解释力强，但在部分场景下，它也会捉"捉襟见肘"，难以胜任。

下面我们来看这样一个场景。比如说，在一家服装店里，商家想根据顾客的各类特征（自变量 x），包括但不限于性别、年龄、穿着习惯、谈吐、颜值等，来预测自己的销售额（因变量 y）。显然，销售额是连续的实数值，因此这个模型构建起来，就是一个地地道道的线性回归模型。

$$y = w_0 + w_1 x_1 + w_2 x_2 + ... + w_m x_m \tag{10-7}$$

式中，w_0 表示截距，w_i 表示与各个特征 x_i 相匹配的权值。相比于预测店铺销售额这类高层次问题，销售员可能更关注一个问题：光临店铺的顾客"买"还是"不买"商品。注意，此时目标输出变量只有两类值：0（代表不买）和 1（代表买），这显然是一个二分类问题[①]。

其实，这也是一个很重要的问题。拓展一下，在整个互联网电商世界，聪明的商家无不是通过收集大量的用户标签（如性别、年龄、购买力、页面停留时间等），来形成用户画像（User Profile）的。最终，商家面临的也都是一个二分类问题：用户要不要观看某个视频，用户要不要点击某条新闻，用户要不要购买某个商品等。究其本质，都是一样的。因此，对二分类问题实施建模，具有一定的普适意义。

但问题在于，我们观察到的样本特征，往往是连续的实数值，而我们输出的目标却是"非 0 即 1"这样的离散整数值，如果用简单的线性回归模型，那么无论 $\{w_i\}$ 怎么"上蹿下跳"，也难以有效达成"连续值→离散值"的映射。也就是说，简单的线性回归模型难以实现数据和目标数据之间的拟合。

如果直接拟合很难，那我们能不能转换一下思维方式呢？在输出值方面，我们暂时先做一点点妥协，不再考虑"非黑即白"的二分类（买或不买），而是考虑买或不买的概率。由于概率是一个连续值，这样一来，我们就重新回到了"连续值→连续值"的映射上，这似乎保持了"回归"的特性。

然后，我们给出一个阈值（θ），一旦概率大于 θ，就表示购买的可能性大。反之，低于 θ 表示购买的可能性小。可是，你可能会问，这个阈值该如何设定呢？

---

① 有的文献用"-1"和"1"代表二分类。事实上，只要用两个不同的数字来表示二分类，本质都一样。

事实上，这个阈值可以不直接设定。我们假设购买的概率为 P，显然，对于一个二分类，不购买的概率就是 $1-P$。我们只要保证购买的概率 P 大于不够买的概率（$1-P$）就可以了，用数学的语言描述就是：

$$\frac{P}{1-P} > 1 \tag{10-8}$$

公式（10-8）刻画的概念就是"odds"（几率）。如此一来，我们就把一个观察的连续值和一个输出的连续值关联起来了。但这似乎还不够，我们需要把二者用数学模型连接起来，即用到非常重要的 logit 变换。

10.4.2　Logistic 源头初探

在统计学领域，Logistic 的同义词是 logit。logit 常出现在很多机器学习框架的函数中 [1]。那么 logit 到底是什么意思呢？

在统计学里，概率（Probability，简称 P）描述的是某事件 A 出现的次数与所有事件出现的次数之比。很显然，概率 P 是一个介于 0~1 之间的实数；$P=0$，表示事件 A 一定不会发生，而 $P=1$ 则表示事件 A 一定会发生。以掷骰子为例，由于骰子有 6 面，任意一面的点数出现的概率都是相同的。于是，事件 A "掷出点数 1" 的概率 $P(A)=1/6$。

在英文中，odds 的本意是"几率""可能性"，它和我们常说的概率又有什么区别呢？相比于概率 P，odds 指的是事件发生的概率与事件不发生的概率之比：

$$odds(A) = \frac{\text{事件}A\text{发生的概率}}{\text{事件}A\text{不发生的概率}} \tag{10-9}$$

还拿掷骰子的例子来说，掷出点数 1 的 odds 为：

$$odds（\text{掷出点数}1） = \frac{1/6}{5/6} = \frac{1}{5} \tag{10-10}$$

很明显，odds 和 P 之间的关系为：

$$odds(A) = \frac{P(A)}{1-P(A)} \tag{10-11}$$

---

[1]　比如说，在深度学习框架 TensorFlow 中，常用的交叉熵损失函数为 tf.nn.softmax_cross_entropy_with_logits

进一步简化可知：

$$odds(A) = \frac{\text{事件}A\text{发生次数}}{\text{发生其他事件的次数（即事件}A\text{不发生的次数）}} \qquad (10\text{-}12)$$

很容易推导得知，$P(A)$ 和 $odds(A)$ 的值域是不同的。前者的值域是 $[0,1]$，而后者则是 $[0,+\infty)$。

那这和 logit 到底有什么关系呢？请注意 "logit" 一词的构成，它的含义是对它（it）取对数（log），这里 "it" 就是指 odds。下面我们就可以给出 logit 的定义了：

$$logit(odds) = \log\left(\frac{P}{1-P}\right) \qquad (10\text{-}13)$$

公式（10-13）实际上就是所谓 logit 变换，其曲线如图 10-7 所示。

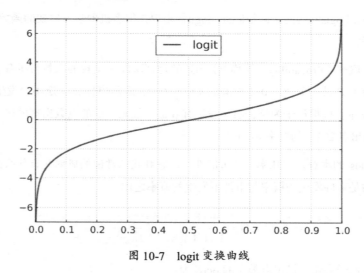

图 10-7　logit 变换曲线

或许你要问，那为什么要实施 logit 变换呢？简单来说，在机器学习领域，很多变换都是为了方便模型更好地拟合数据，logit 变换亦是如此。

从图 10-7 中可以看出，通过变换，logit 就具备了一个很重要的特性，即它的值域为 $(-\infty, +\infty)$，摆脱了上下限制，这就给数据的拟合提供了方便。当然，其优点并不局限于此，后面会继续讨论。

通常，logit 变换的对数底是自然对数 e，这里我们把 odds 用更简单的符号 z 表示，则有：

$$z = \ln\left(\frac{P}{1-P}\right) \qquad (10\text{-}14)$$

显然，通过公式（10-14），我们也容易反推出概率 P 的值：

$$P = \frac{e^z}{1+e^z} \qquad (10\text{-}15)$$

如果我们再将公式（10-15）做以简单变形，让分子和分母同时乘以 e^{-z}，并按分布函数的格式写出来，可得到：

$$P = (Z \leqslant z) = \frac{1}{1+e^z} \qquad (10\text{-}16)$$

这里，Z 表示随机变量，取值为实数。公式（10-16）正是在 Logistic 回归和神经网络中广泛使用的 Sigmoid 函数，又称 Logistic 函数（后续章节中不再区分这两种叫法）。该函数有很多优良的"品性"，如单调递增、处处可导等，如图 10-8 所示。

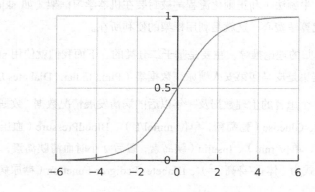

图 10-8　Logistic 函数

行文至此，或许你对"logit"的内涵已经有了更为准确的理解。追根溯源，Logistic regression比较"信达雅"的中文译法应该为"对数几率回归"。比如，在那本著名的"西瓜书"《机器学习》中，这个词就是这么翻译的 [①]。

Logistic 回归通过使用其固有的 Logistic 函数来估计概率，从而衡量因变量（即要预测的标签）与一个或多个自变量（特征）之间的关系。这些概率必须二值化，才能真正地实现分类预测。

从图 10-8 中可以看到，Logistic 函数是一个 S 形的曲线，它可以将任意实数值映射为 0~1 之间的值。这个特性，对于解决二分类问题十分重要。我们使用阈值（比如说 0.5）将 0~1 之间的概率转

① 周志华.机器学习[M]. 清华大学出版社. 2016.1

换为两个不同的类，通常用"0"表示一类（比如说概率小于 0.5），用"1"表示另外一类（概率大于 0.5）。

需要注意的是，选择概率值 0.5 作为阈值，仅是一种一般性的做法。在实际应用时，针对不同情况可选择不同的阈值。比如说，如果对正例的查准率要求高，可以选择更大一些的阈值（比如 0.6）。如果对正例的查全率（即召回率）要求高，则可以选择小一些的阈值（比如 0.4）。

此外，分类的标识"0"或"1"，和概率值的边界"0"或"1"，其实是没有任何关系的。我们完全可以用"-1"和"1"表示两个类，只要它们有区分度即可。

10.4.3　Logistic 回归实战

在掌握 Logistic 回归的基本原理之后，下面我们通过实战来感受一下这个模型。由于模型的求解过程（如梯度下降法、牛顿法）和正则化流程都被封装在机器学习框架（如 sklearn）之中，所以我们无须为这些底层优化算法费心，这就是利用框架的便利所在。

前面关于 Logistic 回归的理论推导，主要是基于二分类的。下面我们就使用 sklearn 进行二分类的实战。实战使用的数据集是皮马印第安人糖尿病数据集（Pima Indians Diabetes Data Set），

该数据集中包括 442 个患者的生理数据及一年以后的病情发展情况数据。数据集中的特征包括：Pregnancies（怀孕次数）、Glucose（葡萄糖，单位 mmol/L）、BloodPressure（血压，单位 mm Hg）、SkinThickness（皮层厚度，单位 mm）、Insulin（胰岛素，餐后 2 小时血清胰岛素，单位 mu U / ml）、BMI（体重指数，计算公式为（体重/身高）^{2}）、Diabetes Pedigree Function（糖尿病谱系功能）、Age（年龄）。

我们的要预测的目标是，一年后该患者还有没有糖尿病，有（标识为 1）或者没有（标识为 0）显然是一个分类问题。由于用于训练的数据集略有不同，所以我们并不能直接使用sklearn提供的内置数据集[①]。比较便捷的方法是，在Kaggle（一个数据竞赛网站）上下载预处理好的数据集。为了演示方便，我们还是用Jupyter来分开解读【范例 10-3】的运行流程。

【范例 10-3】Logistic 回归实战（LogisticRegression.py）

1. 导入数据集

首先我们要获取数据，即导入数据集，方法如下。

---

① 因为 sklearn 关于皮马印第安人糖尿病数据集的目标值是一年后的病情，这是一个连续值，只能用于回归分析。

```
01    #导入 Pandas
02    import pandas as pd
03    #构建属性名称列表
04    col_names = ['pregnant', 'glucose', 'bp', 'skin', 'insulin', 'bmi',
'pedigree', 'age', 'label']
05    #导入数据集
06    pima = pd.read_csv("diabetes.csv", header=None, names=col_names)
```

如果我们想对数据集有一个直观的认识，不妨使用 head()显示前 5 行（非必需步骤）。

```
07    pima.head()
```

显示结果如下。

	pregnant	glucose	bp	skin	insulin	bmi	pedigree	age	label
0	6	148	72	35	0	33.6	0.627	50	1
1	1	85	66	29	0	26.6	0.351	31	0
2	8	183	64	0	0	23.3	0.672	32	1
3	1	89	66	23	94	28.1	0.167	21	0
4	0	137	40	35	168	43.1	2.288	33	1

2. 选择特征和目标

由于前 8 个特征（即 data 部分）和第 9 个标签（即 target 部分）同处一个数据集，而 sklearn 需要将它们分开处理，所以下面的工作就是将这二者分割开。在 Pandas 的帮助下，这也是很容易做到的。

```
08    #分割特征和标签
09    feature_cols = ['pregnant', 'insulin', 'bmi', 'age', 'glucose', 'bp',
      'pedigree']
10    X = pima[feature_cols] # 提取特征
11    y = pima.label # 提取标签
```

3. 拆分训练集合和测试集合

下面我们使用 sklearn 中的 train_test_split()函数把数据集一分为二，一部分为测试集，剩余部分为训练集。默认分割比例为一比三，其中 25%为测试集，75%为训练集，即 test_size=0.25（这个参数是默认值，如果不需要修改，则可不提供此参数）。如果设置为其他比例，如 20%，可显式在该函数中设置参数 test_size=0.2。

```
12  from sklearn.model_selection import train_test_split
13  X_train,X_test,y_train,y_test=train_test_split(X,y,test_size=0.2,
    random_state=0)
```

4. 模型选择和训练

诸如 Logistic 回归这类经典算法，sklearn 已经帮我们设计好了，一般情况下可拿来即用。

```
14  # 导入 Logistic 回归模型
15  from sklearn.linear_model import LogisticRegression
16  # 创建模型实例
17  logreg = LogisticRegression(solver='newton-cg')
18  # 用数据拟合模型，即训练
19  logreg.fit(X_train,y_train)
20  # 模型预测
21  y_pred=logreg.predict(X_test)
```

这里需要说明的是第 17 行。Logistic 回归对应的目标函数（损失函数）是凸函数，也就是说理论上是有最优解的。这好比，我们攀登一座山峰，峰顶是我们的目标（最优解），但登上峰顶却不止一条道路。快速登上峰顶的方法，就对应机器学习的"优化算法"。

对于如何获得 Logistic 回归的最优解，也是有不同方法的，在 LogisticRegression()函数参数中，对应的 solver（解决方案）共有四个：newton-cg、lbfgs、liblinear、sag。不同方案适用范围不一样，效率和准确度都有差别，下面简单介绍。

- liblinear：使用开源的 liblinear 库（一种经典的线性分类器）实现，适用于小数据集。

- lbfgs：采用拟准牛顿法（quasi-Newton method）实现，利用损失函数二阶导数矩阵，即海森（Hessian）矩阵来迭代优化损失函数。

- newton-cg：牛顿迭代法家族中一个变种，采用非线性共轭梯度（conjugate gradient）算法实现，它需要通过事先预处理让各个特征处于同一个尺度之下。

- sag：随机平均梯度下降法（stochastic average gradient），属于梯度下降法的变种，和普通梯度下降法的区别是，每次迭代仅用一部分样本来计算梯度，适合用于样本数据多的场景。

5. 评估模型

对于二分类算法，我们可以很容易地用混淆矩阵来评估算法的性能。其中正对角线（TP+TN）是分类正确的样本数。

```
22   # import the metrics class
23   from sklearn import metrics
24   cnf_matrix = metrics.confusion_matrix(y_test, y_pred)
25   print(cnf_matrix)
```

【运行结果】

```
[[98  9]
 [18 29]]
```

从运行结果可以看出，共 127 个样本（98+29）被正确分类。

当然，我们也可以使用传统的性能指标（如准确率、查准率和查全率）来衡量分类结果。

```
26   print("准确率:{:.2f}".format(metrics.accuracy_score(y_test, y_pred)))
27   print("查准率:{:.2f}".format(metrics.precision_score(y_test, y_pred)))
28   print("查全率:{:.2f}".format(metrics.recall_score(y_test, y_pred)))
```

【运行结果】

```
准确率:0.82
查准率:0.76
查全率:0.62
```

6. ROC 曲线

通过第 9 章的讨论得知，相比于准确率、查准率和查全率而言，ROC 曲线有很多优点，经常作为二值分类器性能评估的重要指标之一。AUC 就是 ROC 曲线下的面积总和，该值能够量化反映模型的性能。这两个指标在 sklearn 中也很容易实现。

```
29   import matplotlib.pyplot as plt
30   # 为在 Matplotlib 中显示中文，设置特殊字体
31   plt.rcParams['font.sans-serif']=['SimHei']
```

```
32  fig = plt.figure(figsize=(9, 6), dpi=100)
33  ax = fig.add_subplot(111)
34  y_pred_proba = logreg.predict_proba(X_test)[::,1]
35  fpr, tpr, _ = metrics.roc_curve(y_test, y_pred_proba)
36  auc = metrics.roc_auc_score(y_test, y_pred_proba)
37  plt.plot(fpr,tpr,label="pima糖尿病, AUC={:.2f}".format(auc))
38  plt.legend(shadow=True, fontsize=13, loc = 4)
39  plt.show()
```

【运行结果】

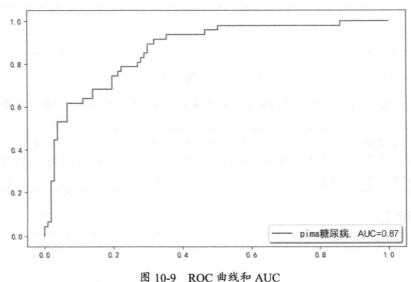

图 10-9　ROC 曲线和 AUC

从运行结果可以看出，AUC=0.87，这个分类性能还可以接受。

10.5　神经网络学习算法

我们知道，深度学习网络是目前非常热门的研究议题。但在本质上，深度学习网络就是层数较多的神经网络。虽然 sklearn 并不支持深度学习，但久经时间考验的多层感知机（浅层神经网络），它还是支持的。而浅层神经网络是深度学习网络的基础，因此，了解本节知识不仅能解决实际问题，还能为你的知识跃迁（学习深度学习）奠定基础。

10.5.1　人工神经网络的定义

什么是人工神经网络^①呢？有关人工神经网络的定义有很多。这里，我们给出芬兰计算机科学家托伊沃·科霍宁（Teuvo Kohonen）给出的定义：人工神经网络是一种由具有自适应性的简单单元构成的广泛并行互联的网络，它的组织结构能够模拟生物神经系统对真实世界所做出的交互反应。

在生物神经网络中，人类大脑通过增强或者弱化突触进行学习，最终会形成一个复杂的网络，形成一个分布式特征（Distributed Representation）表示。

作为处理数据的一种新模式，人工神经网络的强大之处在于，它拥有很强的学习能力。在得到一个训练集之后，它能通过学习提取所观察事物的各个部分的特征，将特征之间用不同网络节点连接，通过训练连接的网络权重，改变每一个连接的强度，直到顶层的输出得到正确的答案。

10.5.2　神经网络中的"学习"本质

在机器学习中，我们常常提到神经网络，实际上是指神经网络学习。作为机器学习的重要支脉，神经网络学习是怎么看待学习的呢？

由于神经网络是以"模仿"生物神经网络为己任的。所以，我们有必要先回顾一下生物神经网络中的学习是如何进行的。

说到生物神经网络，不能不提西班牙科学家、公认的神经科学之父卡哈尔。20 世纪之初，卡哈尔非常痴迷于脑科学结构研究。卡哈尔的工作在外人看来毫无乐趣，因为他的工作非常烦琐，而且没有太多创造性，无非是终日对着显微镜下细若游丝的神经纤维，观察它们的连接情况。

人们常说，"于无声处听惊雷，于无色处见繁花"。对于卡哈尔来说，亦是如此。通过观察和绘制成百上千的显微图片，卡哈尔敏锐地意识到，动物的大脑和人类的大脑一样，层层叠叠堆砌着数以百亿计的细小神经细胞（神经元）。于是，他天天对着显微镜观察标本，再用笔把它们一丝不苟地画出来。卡哈尔绘制的神经网络图水平之高，逾百年之后仍常出现在很多学术会议报告里，这些插图依然是常用的开场白，见图 10-10。

---

① 学术界通常简称"神经网络"，如果不做特殊说明，"神经网络"即指人工神经网络，全书同。

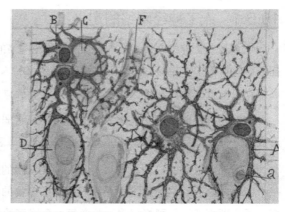

图 10-10　卡哈尔（左）与他绘制的神经网络图（右）

卡哈尔研究发现，生物神经元的结构和我们通常看到的细胞结构不太一样，它们不是规整的球形，而是从圆圆的细胞体处伸出不规则的突起（见图 10-11）。有的像树杈一样层层伸展——称为树突（dendrite），有的像章鱼的触手一样长长延伸——称为轴突（axon）。卡哈尔命名的术语，一直沿用至今。

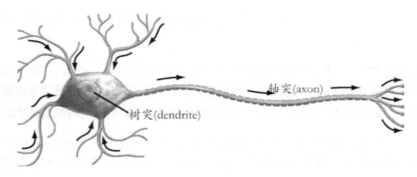

图 10-11　生物神经元结构

在卡哈尔看来，这些长相怪异的神经元，是靠突起彼此连接的。树突是信号接收端，轴突是信号输出端。它们彼此相连，形成了一张异常复杂的三维信号网络。

我们知道，人脑中的神经元大概能达到千亿数量级。任何一个神经元产生的生物电信号，平均要传递给上万个与之相连的神经元。神经元之间的信息传递，属于化学物质层面的传递。当它"兴奋"时，就会向与它相连的神经元发送化学物质（神经递质，Neurotransmitter），从而改变这些神经元的电位。如果某些神经元的电位超过一个阈值，它就会被"激活"，也就是"兴奋"起来，接着向其他神经元发送化学物质，犹如涟漪，一层接着一层传播，如图 10-12 所示。

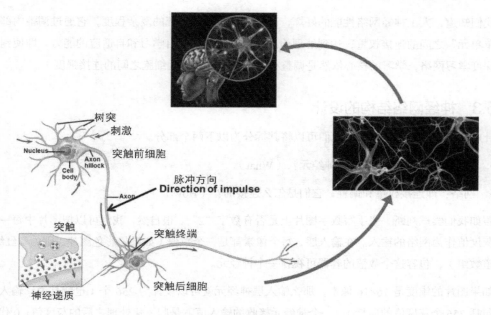

图 10-12 大脑神经元的工作流程

根据卡哈尔的观察，成年动物大脑中的神经元是比较稳定的，不论是在数量上，还是在形状上，都不会发生什么剧烈的变化。那么问题来了。学习的确发生在大脑里，但大脑形态是稳定的，而学习是动态的，还可能一日千里。那么学习的载体到底是什么？

卡哈尔并没能给出回答。数十年后的 1949 年，另一位学者唐纳德·赫布（Donald Hebb）试图给出一个合理的解释，提出了赫赫有名的赫布假说（Hebb Law）。

在《行为的组织》一书中，赫布认为：神经网络的学习过程，最终发生在神经元之间的突触部位，突触的连接强度会随着突触前后神经元的活动而变化，变化的幅度与两个神经元之间的活动性成正比。

换句话说，在学习过程中，神经元的数量、形状的确都没发生变化，但是神经元之间的联系强度（也称为权值）发生了变化。这种变化，才是学习的微观本质。

赫布假说可用于解释"联合学习"（associative learning），在这种学习中，由于对神经元重复刺激，使得神经元之间的突触强度增加。赫布理论也成了神经网络学习的生物学基础。

生物神经网络的工作机理，极大启发了人工智能领域的科研人员，在此基础上，他们提出了所谓的人工神经网络。

我们知道，人工神经网络性能的好坏，高度依赖于神经系统的复杂程度，它通过调整内部大量"简单单元"之间的连接权重，达到处理信息的目的，并具有自学习和自适应的能力。即使到了现在的深度学习网络，学习的核心依然是调整权重（即不同神经元细胞之间的连接强度）。

10.5.3 神经网络结构的设计

针对"神经网络"四个字，我们可以将其拆分为以下两个部分。

- 神经：即神经元，什么是神经元？（What）

- 网络：即连接权重和偏置，它们是怎么连接的？（How）

假如我们尝试判断一张手写数字图片上是否有数字"2"。很自然，我们可以把图片中每一个像素的灰度值作为网络的输入。在输入层，每个像素都是一个数值（如果是彩色图片，则为"红绿蓝"三通道数组），包容这个数值的容器可视作一个神经元。

如果图片的维度是 16×16 像素，那么输入层神经元就可以设计为 256 个（也就是说，输入层是一个包括 256 个灰度值的向量），一个神经元接收的输入值就是归一化处理之后的灰度值。0 代表白色像素点，1 代表黑色像素点，灰度值介于 0~1 之间。也就是说，输入向量的维度（像素个数）要和输入层神经元的个数相同。图 10-13 展示了神经网络输入层的拓扑结构。

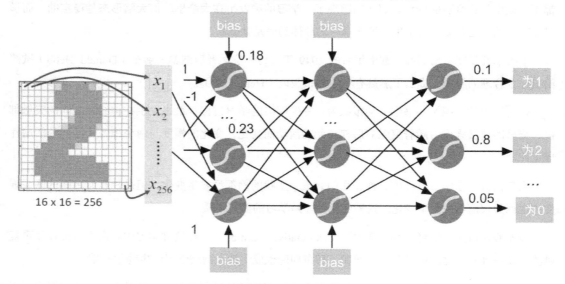

图 10-13　神经网络输入层的拓扑结构

而对输出层而言，它的神经元个数和输入神经元的个数是没有对应关系的，而与待分事物类别有一定的相关性。比如，对于图 10-13 所示的例子，如果我们的任务是识别手写数字，而数字包含 0~9 共 10 类。那么，输出神经元数量就仅为 10 个，分别对应数字 0~9 的分类概率。[①]

最终的分类结果，择其大者而判之。比如，如果判定为"2"的概率（如 80%）远远大于判定为其他数字的概率，那么神经网络的最终判定即为数字"2"，而非其他数字。

相比于输入层与输出层在设计上的明了直观，神经网络的隐含层设计可就没那么简单了。说好听一点，这是一门艺术，依赖于工匠的打磨。说句不好听的，这就是个体力活，需要不断地试错。

我们可以把隐含层暂定为一个黑箱，它负责实现输入和输出之间的非线性映射变化，具体功能有点"说不清、道不明"（这是神经网络理论的短板所在）。隐含层的层数不固定，每层的神经元个数也不固定，是人们根据实际情况不断调整选取的。

前面我们讨论了什么是神经元，即 What 问题。下面我们再讨论一下神经元之间是如何连接的，即 How 问题。我们把神经元与神经元之间的影响程度称为权重，权重的大小表明连接的强弱，它会"告诉"下一层相邻神经元应该更加关注哪些图案。

除了连接权重，神经元内部还有一个施加于自身的特殊权值，称为偏置（bias）。偏置表明神经元是否更容易被激活。也就是说，它决定"神经元的连接加权之和达到多大才能让激发变得有意义"。

设计神经网络结构的目的在于，让神经网络以更佳的性能来学习。而这里的"学习"，如前所言，就是找到合适的权重和偏置，让损失函数的值最小。

10.5.4　利用 sklearn 搭建多层神经网络

在本节中，我们将利用 sklearn 框架来搭建多层神经网络，带领大家通过实战对神经网络学习有更深的认识和理解。

10.5.4.1　认识所分析的数据集

俗话说，巧妇难为无米之炊。同样地，要想做机器学习任务，没有数据是寸步难行的。通过表 10-1 可知，load_wine() 就是专门用于导入红酒品类数据集的。该数据集中包含了由三种不同品种的葡萄所制成的红酒信息。

---

① 当然也可以尝试使用四个神经元，每个神经元的输出为 0 或 1，这样一来，这四个神经元序列可以表示 2^4=16 个数字，自然也能表达 0~9 这 10 个数字（其中 10~16 为冗余保留字）。但这种情况下的识别效果，不如直接使用 10 个神经元分别对应 0~9 这 10 个数字。因为用四个神经元时，神经元还要判断对应数字的最高位和最低位是 1 还是 0，明显增加了识别难度，难以构造损失函数。

我们当前的任务是，利用多层反馈神经网络学习算法，通过分析红酒中化学成分的含量（共计 13 个特征）对红酒进行分类。为了方便读者理解，我们将用 Jupyter 来分步实现，并辅以说明。下面先导入数据。

```
In [1]:
01    from sklearn.datasets import load_wine
02    wine = load_wine()
```

需要注意的是，在上述代码的第 01 行中，当我们要导入某个方法时，不需要添加方法后面的那对圆括号。

如前所述，在 sklearn 框架中，基本上所有内置的数据集都有 5 个属性值[①]。下面简单介绍一下它们所代表的含义。

首先，第一个关键字 data 并不泛指数据，而是特指除标签之外的特征数据。针对红酒品类数据集，它指的是前面的 13 个特征。第 0 条记录（从 0 开始计数）显示如下。

```
In [2]: wine.data[0]
Out[2]:
array([1.423e+01, 1.710e+00, 2.430e+00, 1.560e+01, 1.270e+02, 2.800e+00,
       3.060e+00, 2.800e-01, 2.290e+00, 5.640e+00, 1.040e+00, 3.920e+00,
       1.065e+03])
```

很显然，上面的一条完整记录中包括 13 个特征，在对象属性上，它是一维数组。如果我们想知道 wine 对象中一共有多少条数据，每条数据有多少个特征，可利用 shape 属性获得。

```
In [3]: wine.data.shape
Out[3]: (178, 13)
```

该属性返回行和列的数量，从输出结果可以看出，共有 178 条数据记录，每条记录中有 13 个特征。

下面，我们再输出目标（target）属性值，看看它是什么样的数据，类似于输出 wine.data，用 wine.target 即可实现输出。

---

① 部分数据集有 filename 属性，而没有 target_names 属性。

```
In [4]:  wine.target
Out[4]:
array([0, 0, 0, 0, 0, 0, 0, 0, 0, 0, 0, 0, 0, 0, 0, 0, 0, 0, 0, 0, 0, 0,
       0, 0, 0, 0, 0, 0, 0, 0, 0, 0, 0, 0, 0, 0, 0, 0, 0, 0, 0, 0, 0, 0,
       0, 0, 0, 0, 0, 0, 0, 0, 0, 0, 0, 0, 0, 1, 1, 1, 1, 1, 1, 1,
       1, 1, 1, 1, 1, 1, 1, 1, 1, 1, 1, 1, 1, 1, 1, 1, 1, 1, 1, 1,
       1, 1, 1, 1, 1, 1, 1, 1, 1, 1, 1, 1, 1, 1, 1, 1, 1, 1, 1, 1,
       1, 1, 1, 1, 1, 1, 1, 1, 1, 1, 1, 1, 1, 1, 1, 1, 1, 1, 2, 2,
       2, 2, 2, 2, 2, 2, 2, 2, 2, 2, 2, 2, 2, 2, 2, 2, 2, 2, 2, 2,
       2, 2, 2, 2, 2, 2, 2, 2, 2, 2, 2, 2, 2, 2, 2, 2, 2, 2, 2, 2,
       2, 2])
```

上面输出的每条数据对应的红酒的品类（由于 sklearn 倾向于支持数值特征，因此红酒的三个品类被数字化为第 0 类、第 1 类和第 2 类）。有了前面的基础，我们很容易猜到，共有 178 个数据。

如果我们想知道标签名称到底是什么，可以用 wine 对象的 target_names 来查看。

```
In [5]:  wine.target_names
Out[5]: array(['class_0', 'class_1', 'class_2'], dtype='<U7')
```

可能 sklearn 想让用户专注于算法的设计，所以只给出了红酒的笼统分类：class_0、class_1 和 class_2。但实际上，这三类红酒都是"享有盛名"的，它们分别是巴罗洛（Barolo）、格里诺利诺（Grignolino）和巴贝拉（Barbera）。如果你具备一些红酒领域常识，就会知道，Barolo 自古以来就一直被视为贵族饮用酒，在意大利被冠以"红酒的国王和国王的红酒"（King of the wine and wine for Kings）称号。

为什么我们要介绍上述背景呢？其实是有原因的。我们知道，品酒的人要有品味。同样，作为数据分析师，"品"数据，我们也要对数据有一定的认知。缺少必要的领域知识，可能会给出明显错误的分析结果，却不自知。

回到红酒分类的例子上。我们想知道作为红酒分类依据的 13 个特征分别是什么，这时我们可以借助 feature_names 来输出各个特征名。通常，sklearn 中都有良好的命名规则，能够"见名知意"，在一定程度上帮助我们理解数据。

```
In [6]: wine.feature_names
Out[6]: ['alcohol', 'malic_acid', 'ash', 'alcalinity_of_ash', 'magnesium',
 'total_phenols', 'flavanoids', 'nonflavanoid_phenols', 'proanthocyanins',
 'color_intensity', 'hue', 'od280/od315_of_diluted_wines', 'proline']
```

为了加深读者的理解，我们给出这些特征的中文描述，如表 10-3 所示。

表 10-3　红酒的各个特征

序号	特征	中文描述
1	Alcohol	酒精浓度
2	Malic acid	果酸含量（g/L）
3	Ash	灰分
4	Alcalinity of ash	灰分碱度
5	Magnesium	镁（元素）含量
6	Total phenols	总酚类化合物含量（mg/L）
7	Flavanoids	黄酮类化合物含量（mg/L）
8	Nonflavanoid phenols	非黄酮类化合物含量（mg/L）
9	Proanthocyanins	原花青素含量（mg/L）
10	Color intensity	色泽深度
11	Hue	色调
12	OD280/OD315	经稀释后红酒的吸光度
13	Proline	脯氨酸

为了增强读者的领域知识，我们简单介绍表 10-3 中的各个特征。

Alcohol 为红酒中的酒精浓度；Malic acid 为红酒中的果酸含量，其浓度会随葡萄成熟而下降；Ash 为灰分，即红酒加热蒸发水分后的矿物质；Alkalinity of ash 为灰分的碱度；Magnesium 为镁含量，即葡萄摄取土壤中镁元素的含量；Total phenols 为苯酚浓度，根据特定的葡萄栽培和酿造方式，它会影响红酒的品质和风味；Flavanoids 和 Nonflavanoid 为红酒中黄酮类化合物及非黄酮类化合物含量，酚类化合物中有 90% 的黄酮类化合物。

Proanthocyanins 为原花青素含量，它是一种特别的黄酮类化合物，能有效促进血液循环，预防心脏疾病；Color intensity 为红酒的色泽深度；Hue 为红酒的色调；OD280/OD315 为稀释后红酒的吸光度；Proline 为脯氨酸含量，是 24 种氨基酸之一，常用于检测红酒是否为纯葡萄酿造，有无掺杂糖。

到现在为止，我们对如何利用 sklearn 加载内置数据已有所了解。接下来，我们结合 Pandas 来处理数据。

10.5.4.2　分割数据集

如前所述，通常我们至少要把整个数据集分割为两部分：训练集和测试集。训练集用于训练，测试集用于测试。为了保证数据分割的随机性和专业性，sklearn 提供了专门的函数 train_test_split()。

在 sklearn 中常有一个不成文的约定：通常用大写的 X 表示特征向量（这里共有 13 个），用小写的 y 表示预测的目标值（这里有 1 个）。

```
In [7]:
01  X = wine.data
02  y = wine.target
```

如果你对 Python 语法熟悉，上述语句还能合并为一行。

```
X, y = wine.data, wine.target
```

下面，我们就利用函数 train_test_split()分别把 X 和 y 分割为两个测试集和训练集。由于 X 和 y 都被分割为两个部分，因此需要四个变量分别来接收它们。

```
In [8]:
01  from sklearn.model_selection import train_test_split
02  X_train, X_test, y_train, y_test = train_test_split(X, y, test_size = 0.3,
random_state = 0)
```

上述代码第 01 行导入训练集与测试集的分割函数 train_test_split()。第 02 行表示实施分割任务，将 X（特征）和 y（目标）分割为两个部分，其中测试集占 30%（可以自定义，默认值为 25%）。

10.5.4.3　构造多层神经网络

在完成数据分割之后，我们就可以构造多层感知机分类器模型了，即构造多层神经网络。

```
In [9]:
01  from sklearn.neural_network import MLPClassifier    #导入多层感知机分类器
02  #构造多层感知机分类器模型
03  model = MLPClassifier(solver = "lbfgs",hidden_layer_sizes=(100,))
```

上述代码第 01 行导入多层感知机分类器（Multi-layer Perceptron classifier，简称 MLPClassifier），这里的"多层"通常不超过七层，即浅度神经网络。这个模型是由 sklearn 提供的，无须自己编写。

第 02 行构造了一个多层感知机分类器模型。该模型共有 20 多个参数。这里我们仅给出两个参数。如果不显式给这些参数赋值，通常会启用默认值。

第一个参数是 solver，其含义为"解题者"，表示的是某种快速找到解的优化算法。

第二个参数是 hidden_layer_sizes，该参数非常重要，因为它决定着神经网络的拓扑结构。我们知道，神经网络通常由三部分构成：输入层、隐含层和输出层。设置这个参数是有技巧的，因为输入层和输出层神经元的数量取决于特性和目标的数量。比如，针对当前判定红酒品类的例子，我们要依据 13 个特征来判定，那么输入层就要设置 13 个神经元。而输出的是某红酒的品类，因此输出层神经元的个数为 1 即可。

我们通过设置 hidden_layer_sizes 来决定神经网络的拓扑结构，它的值是一个元组对象。元组内的元素个数就是隐含层的层数，每个元素的具体值就是某个隐含层神经元的个数，元素的先后顺序表示隐含层的先后顺序。

例如 hidden_layer_sizes=(100,)，它表示隐含层有一层，该层有 100 个神经元。加上输入层和输出层，这个神经网络就有三层。再如 hidden_layer_sizes=(5,2,)，它表示隐含层有两个，第一个隐含层有 5 个神经元，第二个隐含层有 2 个神经元。加上输入层和输出层，这个神经网络就有四层（如图 10-14 所示）。

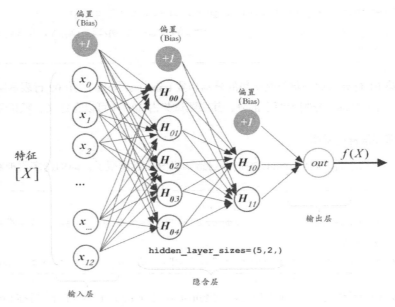

图 10-14 神经网络的层数

10.5.4.5　训练模型与预测数据

当多层神经网络构造好之后，下面的工作（训练模型和使用模型预测数据）就水到渠成了。

```
In [10]: model.fit(X_train, y_train)  #训练模型
```

由于神经网络多用于解决分类问题，也属于典型的监督学习范畴，所以 fit() 函数提供了两个参数，前者 X_train 是特征数据，后者 y_train 是目标数据。

模型训练完毕后，我们就可以测试模型的性能了。下面代码的功能是，分别在训练集和测试集上利用训练得到的模型实施数据预测。

```
In [11]:
01   #在训练集和测试集上进行预测
02   y_predict_on_train = model.predict(X_train)
03   y_predict_on_test = model.predict(X_test)
04   #模型评估
05   from sklearn.metrics import accuracy_score
06    print('训练集的准确率为: {:.2f}%'.format(100 * accuracy_score(y_train,
          y_predict_on_train)))
07    print('测试集的准确率为: {:.2f}%'.format(100 * accuracy_score(y_test,
          y_predict_on_test )))
```

【运行结果】

```
训练集的准确率为: 32.26%
测试集的准确率为: 35.19%
```

从运行结果可以看出，预测的效果非常不好。一开始，模型的性能不好，这很正常，下面我们开始调参，或进行数据预处理。

首先，我们尝试用两层隐含层，每层设置 10 个神经元，其他代码不变，看看效果是不是有所改善。

```
In [12]:
……
model = MLPClassifier(solver = "lbfgs",hidden_layer_sizes=(10,10,))
……
```

【运行结果】

训练集的准确率为：39.52%

测试集的准确率为：40.74%

从运行结果可以看到，性能稍有改善，但还是不尽如人意。其实主要原因在于，我们没有对数据进行预处理。

我们知道，影响红酒品类的因素共有 13 个，它们的量纲可能不在同一个数量级上。比如说，Proline（脯氨酸）的取值都是超过 1000 的，而 Malic acid（果酸含量）的取值小于 3。同样取值变化1，对两者而言，取值浮动相差甚远。取值范围大的特征，其变化很容易将取值范围小的特征的变化"覆盖"。

为了公平起见，通常要对样本的不同特征做一些预处理，其中归一化（Normalization）处理就是常见的方法之一，它会将所有特征值映射到[0,1]内，这也是常见的数据预处理手段。

数据预处理对模型性能影响甚大。下面我们对数据进行缩放预处理，这时需要导入标准缩放模块 StandardScaler。

```
In [13]:
01   from sklearn.preprocessing import StandardScaler
02   scaler = StandardScaler()
03   scaler.fit(X_train)
04   #对训练集和测试集均做缩放处理
05   X_train = scaler.transform(X_train)
06   X_test = scaler.transform(X_test)
```

其他参数均保持不变，我们再次看看模型的性能如何。为了让读者对代码有全局的掌握，我们把简化和优化后的代码集中放在【范例 10-3】中。

【范例 10-3】利用神经网络构建红酒分类系统(nn-wine.py)

```
01   from sklearn.datasets import load_wine
02   from sklearn.model_selection import train_test_split
03   #（1）导入数据
04   wine = load_wine()
05   X, y = wine.data, wine.target
```

```
06    #（2）分割数据
07    X_train, X_test, y_train, y_test = train_test_split(X, y, test_size = 0.3,
      random_state = 0)
08    #（3）数据预处理
09    from sklearn.preprocessing import StandardScaler
10    scaler = StandardScaler().fit(X_train)
11    X_train = scaler.transform(X_train)
12    X_test = scaler.transform(X_test)
13    #（4）导入神经网络模型
14    from sklearn.neural_network import MLPClassifier
15    #（5）构建模型：设置一层隐含层
16    model = MLPClassifier(solver = "lbfgs",hidden_layer_sizes=(100,))
17    #（6）训练神经网络模型
18    model.fit(X_train, y_train)
19    #（7）在训练集和测试集上做预测
20    y_predict_on_train = model.predict(X_train)
21    y_predict_on_test = model.predict(X_test)
22    #（8）模型评估：查看预测准确率
23    from sklearn.metrics import accuracy_score
24    print('训练集的准确率为：{:.2f}%'.format(100 * accuracy_score(y_train,
      y_predict_on_train)))
25    print('测试集的准确率为：{:.2f}%'.format(100 * accuracy_score(y_test,
      y_predict_on_test )))
```

【运行结果】

训练集的准确率为：100.00%
测试集的准确率为：100.00%

从运行结果可以看出，经过预处理之后，模型性能达到完美状态，预测准确率为 100%。这给我们的启示是，重视数据预处理非常重要。因此，有人指出，数据预处理和特征工程决定了机器学习的上限，而模型和算法不过是逼近这个上限而已。

在本例中，由于机器学习任务相对简单，我们并没有使用特征工程。其实，在传统的机器学习任务中，特征工程也是一道非常重要的"工序"，它的核心任务是，将原始数据转化为有用的特征，以便更好地表示预测模型处理的实际问题，提升对未知数据的预测准确性。

10.5.4.5　查看模型参数

构造神经网络模型的核心，就是找到各个神经元连接的权重（包括偏置），它们是支撑模型的关键。我们可以很容易地输出这些关键参数。事实上，这种输出并不是必需的，这么做仅仅是为了加深读者对模型的理解。

```
In [14]: model.coefs_[0]    #输出偏置参数权重，共 13 个
Out[14]:
array([[ 0.17798393, -0.36654496, 0.16594866, ..., 0.2636895 ,
        -0.11608851, 0.04236262],
       ……（手动删除大部分输出）


       [ 0.11228491, -0.13218683, -0.17687496, ..., 0.03586755,
        -0.04372992, 0.10494191]])
In [15]: model.coefs_[1]    #输出特征参数权重，共 13 组，每组 100 个
Out[15]:
array([[-1.26675870e-01, -1.04478871e-01, -5.89352607e-03],
       [-4.38184749e-01, 4.14986656e-01, -3.85983596e-01],
       [-2.66283325e-01, 6.97096981e-03, -1.87502942e-01],
       ……（手动删除大部分输出）
       [-7.55132807e-02, 1.66824857e-01, -4.14050105e-02],
       [ 6.04796639e-02, 1.72572687e-01, -9.87014511e-03]])
```

至此，我们将利用 sklearn 构造神经网络解决分类问题的流程，详细执行了一遍。为了辅助读者理解，我们添加了很多额外的代码。实际上，当我们对这个流程熟稔于心之后，本例相关核心代码不过 20 几行而已（参见随书源代码），这就是利用机器学习框架给我们带来的便捷。

前面我们讨论了监督学习的四种算法，下面我们来讨论一下非监督学习中的算法。非监督学习的算法代表之作，莫过于 k 均值聚类。

10.6　非监督学习的代表——k 均值聚类

聚类分析在模式识别、机器学习及图像分割领域有着重要作用。k 均值聚类（k-means）是一种

重要的聚类算法。由于算法时间复杂度较低，因此它被广泛应用在各类数据信息挖掘业务中。

k 均值聚类是詹姆斯·麦奎因（James Macqueen）于 1967 年提出来的。时至今日，它仍然是很多改进版聚类模型的基础。聚类算法的最终目的之一，是将集合划分为若干个簇。

10.6.1　聚类的基本概念

俗语有云："人以群分，物以类聚"。简单来说，聚类指的是将物理或抽象对象集合分成由相似对象组成的多个类的过程。从这个简单的描述中可以看出，聚类的关键是如何度量对象间的相似性。

较为常见的用于度量对象相似性的指标有距离、密度等。由聚类所生成的簇（Cluster）是一组数据对象的集合，这些对象的特性是，同一个簇（Intra-cluster）中的对象彼此相似，而与其他簇（Inter-cluster）中的对象尽可能相异，且没有预先定义的类（即属于非监督学习的范畴）。聚类示意图如图 10-15 所示。

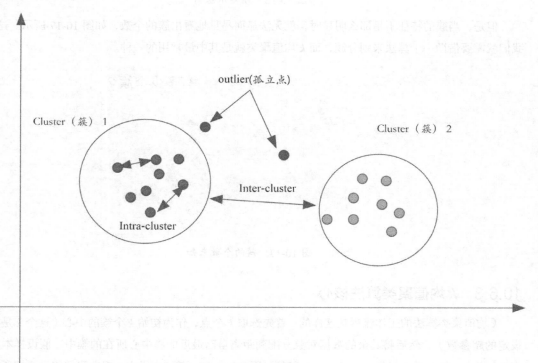

图 10-15　聚类示意图

10.6.2 簇的划分

在聚类过程中，我们规定同一簇中的对象特征相似，有别于其他簇。那么簇的划分一定是直观可见的吗？在图 10-16 所示的分类示意图中，我们可以很直观地看出，左图中有两个簇，右图中有四个簇。

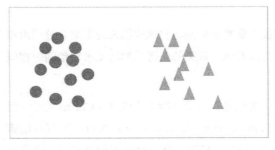

两个 Cluster（簇）   四个 Cluster（簇）

图 10-16　分类示意图

但是，当簇的特征不是那么明显时，就无法显而易见地看出簇的个数，如图 10-17 所示。这时，我们就需要借助一个算法来划分簇，而 k 均值聚类就是其中最常用的一种。

有多少个簇？

图 10-17　簇的个数未知

10.6.3　k 均值聚类算法核心

k 均值聚类算法的工作流程是这样的：首先选取 k 个点，作为初始 k 个簇的中心（这个 k 是人为设定的超参数），然后将其余的数据对象分配到距离自己最近的簇中心所在的簇中。假设样本集中有 l 个样本，每个样本都是一个具备 n 个特征，用向量 x_i 表示第 i 个样本。现在我们假设要把所有样本划分为 k 个簇，即：

$$S = \{S_1, S_2, ..., S_k\}$$

这里 $S_l(1 \leqslant l \leqslant k)$ 表示第 l 个簇，S 是由若干簇构成的簇集合。

那么，最优的分配方案就是优化如下目标函数的解：

$$\min_{S} \sum_{i=1}^{k} \sum_{x \in S_i} \|x - \mu_i\|^2 \qquad （10\text{-}17）$$

其中，μ_i 簇中的均值向量，有的文献也称之为质心（centroid），共有 k 个，因此这个算法叫作 k 均值聚类算法。由于公式（10-17）所示的组合优化问题是一个 NP 难题，通常难以求得最优解，只能求得近似解。因此在实现过程中，通常采用循环迭代的方式，逐步收敛到局部最优解处。

当所有的点均被划分到某一个簇后，要再对各个簇中心（μ_i）进行更新。更新的依据是，根据每个聚类对象的均值，计算每个对象到簇中心的距离最小值，直到满足一定的条件才停止计算。这个条件一般为函数收敛（比如前后两次迭代的簇中心足够接近）或计算达到一定的迭代次数。k 均值聚类算法的过程如图 10-18 所示。

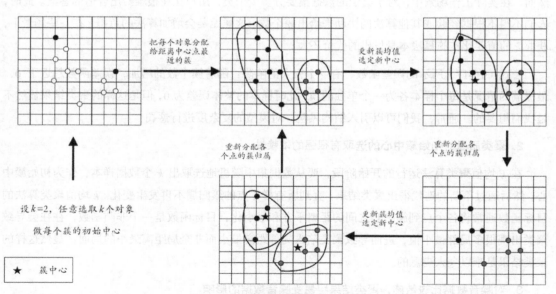

图 10-18　k 均值聚类算法的过程

在 k 均值聚类算法中，我们主要需要考虑两个关键问题：初始簇中心（也称质心）的选取及距离的度量。常见的选取初始簇中心的方法是随机挑选 k 个点，但这样形成的簇质量往往很差。因此，我们采用其他常用方法挑选初始簇中心，具体如下。

- 多次运行调优。每次使用一组不同的随机初始簇中心，最后从中选取具有最小平方误差的簇集。这种方法简单，但效果难料，主要取决于数据集的大小和簇的个数 k。

- 根据先验知识（即历史经验）来决定 k 值。

对于另一个因素——如何确定对象之间的距离，根据问题场景不同，度量方式也是不同的。在欧式空间中，我们可以通过欧氏距离来度量两个样本之间的距离，而对于非欧式空间，可以选择 Jaccard 距离、Cosine 距离或 Edit 距离等度量方式。

10.6.4　k 均值聚类算法优缺点

k 均值聚类算法的优点很明显，那就是原理简单、易于操作，并且执行效率非常高，因此该算法得到了广泛的应用。但它也有不足，大体上有以下四点。

1. k 值需要事先给出

通过对 k 均值聚类算法的流程分析，不难看出，在执行该算法之前需要给出聚类个数（簇个数）。然而，在实际工作场景中，对于给定的数据集要分多少个类，用户往往很难给出合适的答案。此时，人们不得不根据经验或其他算法的协助来给出簇个数。这样无疑会增加算法的负担。在一些场景下，获取 k 的值要比实施算法本身付出的代价还大。

公式（10-17）所示的误差函数，有一个很大的陷阱：随着簇个数的增加，误差函数趋近于 0，最极端的情况是每个样本各为一个单独的簇，此时样本的整体误差为 0，但是这样的聚类结果显然不是我们想要的。通常，我们可以引入结构风险，对模型的复杂度进行惩罚。

2. 聚类质量对初始簇中心的选取有很强的依赖性

在 k 均值聚类算法运行的开始阶段，要从数据集中随机地选取出 k 个数据样本，作为初始簇中心，然后通过不断的迭代得出聚类结果，直到所有样本点的簇归属不再发生变化。k 均值聚类算法的目标函数通常将各个点到簇中心之间的距离平方和最小化，目标函数是一个非凸函数，往往会导致聚类出现很多局部最小值，进而导致聚类陷入局部距离最小而非全局距离最小的局面。显然这样的聚类结果是难以令人满意的。

3. 对噪音数据比较敏感，聚类结果容易受噪音数据的影响

在 k 均值聚类算法中，需要通过对每个簇中的数据点求均值来获得簇中心。如果数据集中存在噪音数据，那么在计算均值点（簇中心）时，会导致均值点远离样本密集区域，甚至出现均值点向噪音数据靠近的现象。自然，这样的聚类效果是不甚理想的。

4. 只能发现球形簇，对于其他任意形状的簇无能为力

k 均值聚类算法常采用欧式距离来度量不同点之间的距离，这样只能发现数据点分布较均匀的球形簇。在聚类过程中，将距离平方和作为目标，是为了令目标函数能够取到极小值，算法会趋向于将包含数据较多的类分解为包含数据较少的类。一种极端情况是，算法把一个数据点视为一个类，这时数据点就是簇中心，距离误差达到最小（为 0），这种算法偏好也会导致聚类效果不甚理想。

尽管 k 均值聚类算法有各种"不尽如人意"的小毛病，但算法简单，容易实现，瑕不掩瑜，它依然被广泛用在各种场景下。

10.6.5　基于 sklearn 的 k 均值聚类算法实战

下面，我们来讲解基于 sklearn 的 k 均值聚类实战。聚类操作得有数据才行，这里我们先用 sklearn 的数据生成工具 make_blobs() 来合成所需的数据。make_blobs() 方法常被用来生成聚类算法的测试数据，简单来说，make_blobs() 会根据用户指定的样本数量、特征数量、簇中心数量、生成数据的波动范围等来生成数据，这些数据可用于测试聚类算法的效果。

make_blobs() 方法的原型如下。

```
sklearn.datasets.make_blobs(n_samples=100, n_features=2, centers=None,
cluster_std=1.0, center_box=(-10.0, 10.0), shuffle=True, random_state=None)
```

主要参数 n_samples 是待生成的样本总数，默认值为 100；n_features 是每个样本的特征数量，默认值为 2；centers 表示要生成的样本中心（类别）数，或是确定的中心点数量，默认值为 3；cluster_std 是每个类别的方差。

该方法有两个返回值。X 返回维度为[n_samples, n_features]的特征数据；y 返回维度为[n_samples]的标签数据。从返回的数据可以看出，make_blobs() 同样可用于监督学习的分类算法中，因为它也提供了标签（分类）信息。

对这个方法有了基本的认知之后，下面我们就"牛刀小试"，生成一些数据并将它们可视化输出，看看它们长成什么模样。

我们先导入必要的包或方法，包括绘图的 Matplotlib 和生成数据的 make_blobs。

```
In [1]:
import matplotlib.pyplot as plt
```

```
#导入生成数据的方法
from sklearn.datasets import make_blobs
```

然后生成数据，方法如下。

```
In [2]:
#生成合成数据
blobs = make_blobs(n_samples = 200, random_state = 1, centers = 4)
```

需要注意的是，make_blobs()方法返回两个数据，实际上这两个数据会被打包成一个匿名的元组。如果我们用一个变量来接收它，那么这个变量就是一个包含两个元素的元组，上面的 blobs 就是这样的。所以，如果我们想提取特征数据，必须按照提取元组元素的方式来完成。

```
In [3]:
X_blobs = blobs[0]    # 提取特征数据
```

在 In [2]处，由于我们并没有设置 make_blobs()的特征数 n_features，参考该方法的原型可知，n_features 的默认值为 2，即合成的数据是二维的。二维数据是很容易被绘制出来的。

```
In [4]:
plt.scatter(X_blobs[:, 0], X_blobs[:, 1])
plt.show()
```

运行结果如图 10-19 所示，可以看到所有簇都被渲染成了同一种颜色，辨识度不是很高。

事实上，make_blobs()还返回了标签信息，对于聚类算法而言，它基本没有用。但在绘制图形时，标签信息可用于区分不同簇。例如，如果我们把上述代码稍微修改一下，用不同的标签信息来标识不同簇，就会发现这些簇的颜色泾渭分明，清晰可辨。

```
In [5]:
plt.scatter(X_blobs[:, 0], X_blobs[:, 1], c = blobs[1])
plt.show()
```

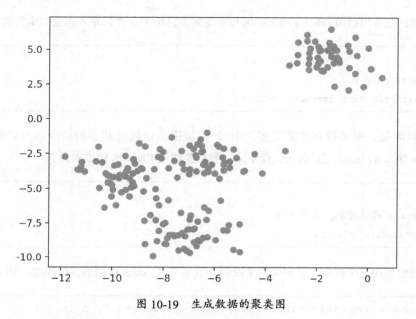

图 10-19　生成数据的聚类图

上述代码中，散点图绘制方法 scatter()中的参数 c 表示颜色（color）。blobs[1]表示的是标签信息 y。运行结果如图 10-20 所示。

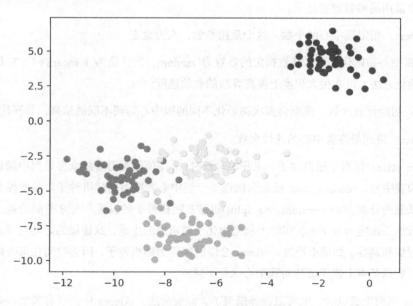

图 10-20　用标签信息染色的聚类图

有了数据，就可用利用 sklearn 的标准流程实施聚类分析了。首先导入相应的聚类模型。

```
In [6]:
#(1)导入 KMeans 工具包
from sklearn.cluster import KMeans
```

需要说明的是，聚类模型非常之多，而 k 均值聚类仅仅是其中的一种。所以我们是通过 sklearn.cluster 导入 KMeans 工具包的。接下来，我们要构建 KMeans 模型对象。

```
In [7]:
#(2)构建 KMeans 模型对象，设定 k=4
kmeans = KMeans(n_clusters = 4)
```

为了更好地使用这个模型，下面我们来说明一下实现 KMeans 模型的方法原型，如下所示。

```
sklearn.cluster.KMeans(n_clusters=8, init='k-means++', n_init=10,
max_iter=300, …, random_state=None, …)
```

KMeans 中常用的参数解释如下。

- n_clusters：指定簇中心的个数。这个是超参数，人为设定。

- init：簇中心初始化方法。任意指定的参数为 random，默认值为 k-means++，它是一种特殊的初始化方法，可在很大程度上提高算法的收敛速度。

- n_init：初始化的次数。模型会多次初始化不同的簇中心得到不同的结果，并择优选定。

- max_iter：得到最终簇中心的迭代次数。

- random_state：相当于随机种子。在开始运行时，k 均值聚类需要从众多数据中随机挑选 k 个点作为簇中心，random_state 就是为挑选 k 个簇中心而准备的随机种子。前面提及的训练集和测试集的分割方法——train_test_split()也涉及随机种子的设置。与之类似的是，如果我们将随机种子指定为某个值，实际上就是固化了随机数的生成，这样做的好处在于，便于进行性能评估和调参。如果不设置，sklearn 会以时间作为随机种子，因为时间在每时每刻都是不同的，所以基本上能保证初始簇中心也是不同的。

当 KMeans 模型生成以后，就可以训练模型了。如前所述，sklearn 中的所有模型训练都称为拟合（fit）。

```
In [8]:
#（3）训练模型（拟合，懒惰算法）
kmeans.fit(X_blobs)
```

下面，我们就可以用可视化的方式绘制出每个簇的边界（势力范围）及簇中心了。为了便于说明，我们把下面的代码进行编号。

```
In [9]:
01  #(4)绘制可视化图
02  import numpy as np
03  x_min, x_max = X_blobs[:, 0].min() - 0.5, X_blobs[:, 0].max() + 0.5
04  y_min, y_max = X_blobs[:, 1].min() - 0.5, X_blobs[:, 1].max() + 0.5

05  #(5)生成网格点矩阵
06  xx, yy = np.meshgrid(np.arange(x_min, x_max, 0.02), np.arange(y_min, y_max,
    0.02))
07  Z = kmeans.predict(np.c_[xx.ravel(), yy.ravel()])
08  Z = Z.reshape(xx.shape)
09  plt.figure(1)
10  plt.clf()
11  plt.imshow(Z, interpolation = 'hermite', extent = (xx.min(), xx.max(),
    yy.min(), yy.max()),cmap = plt.cm.winter, aspect = 'auto', origin = 'lower')
12  plt.plot(X_blobs[:, 0], X_blobs[:, 1], 'w.', markersize = 5)

13  #用红色的×表示簇中心
14  centroids = kmeans.cluster_centers_
15  plt.scatter(centroids[:, 0], centroids[:, 1], marker = "x", s = 150,
    linewidths = 3, color = 'r', zorder = 10)
16  plt.xlim(x_min, x_max)
17  plt.ylim(y_min, y_max)
18  plt.xticks()
19  plt.yticks()
20  plt.show()
```

运行结果如图 10-21 所示。

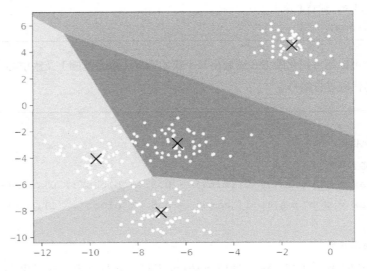

图 10-21　k 均值聚类的簇边界和簇中心

我们简单解析一下上述代码。上述代码的核心功能就是实现聚类，特别之处是画出了每个簇的"势力范围"（用不同的颜色标识），也就是说，落到这个所谓的"势力范围"内的点，就属于这个簇。

如何画出这个"势力范围"呢？首先，找到数据集的最大值、最小值，并稍稍扩展这个极值边界，即比最小值还要小 0.5，比最大值还要大 0.5（代码 03~04 行）。

然后利用 NumPy 中的 meshgrid()方法返回一个网格矩阵，它就像一张密集的网，覆盖整个坐标轴（代码第 06 行）。然后，我们把这个密集的网格坐标点当作一个测试集，把这些坐标点一一拿去预测，看它们分别属于哪个簇（代码第 07 行）。

而后，根据每个网格点所属的簇不同，渲染不同的颜色，如果这样的网格点分布足够密集，那么不同簇的"势力范围"就生动地展现出来了（代码第 11 行）。

然后，我们就利用常规方法画出数据的散点图（代码第 12 行），接着根据拟合得到各个簇中心的坐标（代码第 14 行）。如前所述，簇中心坐标属于 sklearn 拟合而出的重要参数，它有自己专门的命名规则，即常规英文单词后面加一个下画线，如 cluster_centers_。然后我们用标记"×"将簇中心标识出来即可（代码第 15 行）。

以上就是利用 sklearn 实施 k 均值聚类的流程。在上述范例中，为了辅助说明，我们添加了很多解释性的代码。而实际上，如果我们有了预处理好的数据，并熟悉 sklearn 框架的用法，实现一个 k 均值聚类算法，只需要 10 几行代码就够了。

10.7　本章小结

在本章中，我们首先讨论了 sklearn 的基本使用方法，sklearn 是一个非常实用的机器学习框架，值得我们好好掌握。

然后，我们介绍了几个具有代表性的机器学习算法。第一个算法就是线性回归。线性回归是一种常用的回归分析方法，有万模之母的称号。它利用最小二乘法来逼近拟合数据，对一个或多个自变量和因变量之间关系进行建模。

相比于回归算法的目标值为连续值，分类算法的目标值为离散值。我们讨论了一个经典的分类算法——k 近邻算法。该算法采用多数表决的"投票法"进行数据预测，将 k 个样本中出现最多的类别标记为预测结果。

随后，我们又讨论了另外一种监督学习算法——Logistic 回归。虽然名字中带有"回归"二字，但它是一个标准的分类算法。Logistic 回归通过使用固有的 Logistic 函数（即 Sigmoid 函数）估计概率，进而衡量因变量（标签）与一个或多个自变量（特征）之间的关系。这些概率必须经过二值化才能真正用于预测。Logistic 函数是一个 S 形曲线，它可以将任意实数值映射到 0~1 之间。然后使用阈值分类器将 0~1 之间的值转换为 0 或 1，实现二分类。

深度学习网络，在实质上就是层数较多的神经网络。追根溯源，什么是神经网络呢？简单来说，它是一种模仿动物神经网络行为特征，实施分布式并行处理的信息模型。在本章中，我们以多层感知机（即一种浅层神经网络）为例，结合红酒分类的案例，说明了神经网络模型的设计。

最后，我们讨论了非监督学习的代表算法——k 均值聚类算法。聚类算法要求，同一个簇中的对象彼此相似，而与其他簇中的对象尽可能相异，且没有预先定义的簇中心。获得 k 均值聚类算法的目标函数是一个 NP 难题，在实现过程中通常采用循环迭代的方式，逐步收敛到局部最优解处。

以上算法，均结合机器学习框架 sklearn 进行了实战。很显然，机器学习包含范围非常之广，不是一个章节所能涵盖的，所以本章的学习更像是"抛砖引玉"。

10.8 思考与提高

1. 线性回归与 Logistic 回归有什么相似和不同？（算法工程师面试题）

答：虽然两者的名称之中都用了"回归"二字，但它们有显著的不同。线性回归的因变量（即目标变量）是连续的实数，而 Logistic 回归的因变量是离散值，它实际上属于分类算法。

线性回归和 Logistic 回归也有类似的地方，它们都是一种广义线性模型。Logistic 回归假设因变量服从伯努利分布，而线性回归假设因变量服从高斯分布。因此，去除 Sigmoid 映射函数，Logistic 回归就是一个线性回归。某种程度上，Logistic 回归是以线性回归为理论支持的，但是 Logistic 回归通过 Sigmoid 函数引入了非线性因素，配合选取合理的阈值，可以轻松处理二分类问题。

在算法实现上，二者都可使用极大似然估计来对训练样本进行建模，不过 Logistic 回归使用了对数似然估计。此外，在求解超参数过程中，它们都支持使用梯度下降法。

2. 基于 sklearn，请使用 Logistic 回归实现手写数字识别。

提示：0~9 共 10 个数字，我们要识别手写数字，实际上就是为输入的图片实施分类，10 个数字就是 10 类，这明显是一个多分类问题，sklearn 的 LogisticRegression 是支持多分类的。答案请参考随书源代码。

3. 基于本章学习到的机器学习知识，利用 sklearn 框架完成泰坦尼克幸存者预测（Kaggle 入门赛题）。

【案例分析】

在前面的章节中，我们一直以这个案例说明 NumPy、Pandas 或 Matplotlib 的使用方法，所以相信大家对泰坦尼克幸存者数据集并不陌生。本题需要我们利用机器学习算法来完成预测，这显然是一个二分类（0/1）问题。本章中介绍的 Logistics 回归恰能完成这个任务。

（1）导入数据

```
import pandas as pd
import numpy as np
# 导入数据，随书源代码中附有如下两个数据集
data_train_original = pd.read_csv('./10/train.csv')
data_test_original = pd.read_csv('./10/test.csv')
```

需要说明的是，在本例中，train.csv 为训练集，test.csv 为测试集，但为了衡量算法的性能，这

个 test.csv 文件中保留了目标标签（即是否幸存），如果你在 Kaggle 竞赛平台参加比赛，那么 test.csv 文件里是没有标签的。

（2）验证数据

```
data_train_original.head()    #显示训练集中的前 5 条数据
```

	PassengerId	Survived	Pclass	Name	Sex	Age	SibSp	Parch	Ticket	Fare	Cabin	Embarked
0	1	0	3	Braund, Mr. Owen Harris	male	22.0	1	0	A/5 21171	7.2500	NaN	S
1	2	1	1	Cumings, Mrs. John Bradley (Florence Briggs Th...	female	38.0	1	0	PC 17599	71.2833	C85	C
2	3	1	3	Heikkinen, Miss. Laina	female	26.0	0	0	STON/O2. 3101282	7.9250	NaN	S
3	4	1	1	Futrelle, Mrs. Jacques Heath (Lily May Peel)	female	35.0	1	0	113803	53.1000	C123	S
4	5	0	3	Allen, Mr. William Henry	male	35.0	0	0	373450	8.0500	NaN	S

```
data_test_original.head()        #显示原始数据的前 5 行
```

	PassengerId	Survived	Pclass	Name	Sex	Age	SibSp	Parch	Ticket	Fare	Cabin	Embarked
0	892	0	3	Kelly, Mr. James	male	34.5	0	0	330911	7.8292	NaN	Q
1	893	1	3	Wilkes, Mrs. James (Ellen Needs)	female	47.0	1	0	363272	7.0000	NaN	S
2	894	0	2	Myles, Mr. Thomas Francis	male	62.0	0	0	240276	9.6875	NaN	Q
3	895	0	3	Wirz, Mr. Albert	male	27.0	0	0	315154	8.6625	NaN	S
4	896	0	3	Hirvonen, Mrs. Alexander (Helga E Lindqvist)	female	22.0	1	1	3101298	12.2875	NaN	S

为了让读者对数据有一个直观认识，我们给出了训练集和测试集的验证过程，实际上，这并不是一个必需的环节。

（3）数据预处理

人们常说，数据和特征决定了机器学习的上限，而模型和算法不过是逼近这个上限而已。这里"数据和特征"通常就是通过数据预处理获得的。

数据预处理涉及的内容很多，它是机器学习中任务量最大的一部分，占据了整个项目的 70% 以上。数据预处理的结果，直接决定数据的质量。数据的质量又直接决定了模型的预测和泛化能力。特征工程就是将原始数据转化为有用的特征，更好地表示预测模型处理的实际问题，提升对于未知数据的预测准确性。

```
# 提取训练集中的类别，即标签 y
target_train = data_train_original['Survived']
```

通过观察数据可知，乘客的名字与幸存与否基本没有任何关系，且每个人的名字均不相同，即使想填充，也无从填起。而 Cabin 属性缺失值比例太大，难以填充。此外，由于训练集中不能包含标签（即 Survived）信息，因此要将两个特征（即 Name 和 Cabin）和标签这三列一并剔除。

```
data_train = data_train_original.drop(columns=['Name','Survived','Cabin'])
```

由于 sklearn 不支持字符串特征，所以要对 Sex、Embarked、Ticket 进行数字化处理。比如将 male 置换为 0，将 female 置换为 1。完成这个任务，至少有两个方案。

```
#方案1
data_train['Sex'].replace('male', '0', inplace=True)
data_train['Sex'].replace('female', '1', inplace=True)

#方案2：使用 lambad 表达式
data_train.Sex = data_train.Sex.map(lambda x: 0 if x == 'male' else 1)
```

我们还要将三个登船港口分别置换为 0、1、2。同样，我们至少有两种置换方案。

```
# 方案1
data_train['Embarked'].replace('S', '0', inplace=True)
data_train['Embarked'].replace('C', '1', inplace=True)
data_train['Embarked'].replace('Q', '2', inplace=True)

#方案2：使用 map()和字典
data_train['Embarked'] = data_train['Embarked'].map({'S': 0,'C': 1, 'Q': '2' })
```

下面，我们将票名称进行数字化，这里采用的方法是，先查看一共有多少种票，将所有票形成一个列表，然后把票名称替换为它所在的列表索引。这么处理其实意义并不大，主要是"迎合"sklearn 对特征的处理要求。

```
#用 set()过滤相同票号，获取票种类
index_Ticket = list(set(data_train['Ticket']))
```

　　将票的名称换成它所在的列表索引，这一步也有多种实现方法。

```
#方案1：利用列表表达式
[data_train['Ticket'].replace(x, index_Ticket.index(x), inplace=True) for x in
index_Ticket]
```

```
#方案2：利用 map()函数配合 lambda 表达式
data_train['Ticket'] = data_train['Ticket'].map(lambda x: index_Ticket.index(x))
```

　　由于 Age 和 Embarked 这两个特征中存在缺失值，因此我们分别采取两种不同的缺失值填充策略：对 Age 用平均年龄填充，对 Embarked 用众数填充。

```
data_train['Age'].fillna(data_train['Age'].mean(), inplace=True)
data_train['Embarked'].fillna(data_train['Embarked'].mode()[0], inplace=True)
```

　　经过上面的一番数据预处理之后，我们来看看训练集"长成"什么样子。

```
data_train    #显示并非必需
```

	PassengerId	Pclass	Sex	Age	SibSp	Parch	Ticket	Fare	Embarked
0	1	3	0	22.000000	1	0	362	7.2500	0
1	2	1	1	38.000000	1	0	348	71.2833	1
2	3	3	1	26.000000	0	0	668	7.9250	0
3	4	1	1	35.000000	1	0	614	53.1000	0
4	5	3	0	35.000000	0	0	139	8.0500	0
...	...	...	...	...	...	...	...	...	...
886	887	2	0	27.000000	0	0	125	13.0000	0
887	888	1	1	19.000000	0	0	47	30.0000	0
888	889	3	1	29.699118	1	2	397	23.4500	0
889	890	1	0	26.000000	0	0	605	30.0000	1
890	891	3	0	32.000000	0	0	622	7.7500	2

891 rows × 9 columns

　　然后，我们对测试集进行类似的数据预处理。

```
# 对测试集进行数据预处理，同上
target_test = data_test_original['Survived']
```

```
data_test = data_test_original.drop(columns=['Name','Survived','Cabin'])
data_test.Sex = data_test.Sex.map(lambda x: 0 if x == 'male' else 1)
data_test['Embarked'] = data_test['Embarked'].map({'S': 0,'C': 1, 'Q': '2' })
index_Ticket = list(set(data_test['Ticket']))
data_test['Ticket'] = data_test['Ticket'].map(lambda x: index_Ticket.index(x))
data_test['Age'].fillna(data_test['Age'].mean(), inplace=True)
# 测试集中的 Fare 含有一个缺失值，使用均值填充
data_test['Fare'].fillna(data_test['Fare'].mean(), inplace=True)
data_test['Embarked'].fillna(data_test['Embarked'].mode()[0], inplace=True)
```

我们同样来看看测试集中的数据模样。

```
data_test
```

	PassengerId	Pclass	Sex	Age	SibSp	Parch	Ticket	Fare	Embarked
0	892	3	0	34.50000	0	0	144	7.8292	2
1	893	3	1	47.00000	1	0	283	7.0000	0
2	894	2	0	62.00000	0	0	343	9.6875	2
3	895	3	0	27.00000	0	0	206	8.6625	0
4	896	3	1	22.00000	1	1	353	12.2875	0
...	...	...	...	...	...	...	...	...	...
413	1305	3	0	30.27259	0	0	334	8.0500	0
414	1306	1	1	39.00000	0	0	212	108.9000	1
415	1307	3	0	38.50000	0	0	325	7.2500	0
416	1308	3	0	30.27259	0	0	226	8.0500	0
417	1309	3	0	30.27259	1	1	175	22.3583	1

418 rows × 9 columns

至此，数据预处理告一段落。事实上，数据预处理涉及很多流程，包括但不限于数据清洗（如缺失值、异常值和一致性处理）、特征编码（如标签编码）、特征分箱（如等频、等距、聚类等）、衍生变量（如虚拟编码）、特征区间缩放（如极大极小缩放等）、特征选择（包括方差选择、卡方选择、正则化等）。

为了简单起见，本例中我们仅涉及部分数据清洗和特征选择，即使这样，我们依然能"管中窥豹，可见一斑"。数据预处理完成后，我们就可以请出分类模型了。

（4）利用模型实施数据分类

我们先用最简单的分类模型 *k*-近邻来尝试一下，并查看分类效果。

```
# 模型训练、测试、评估
from sklearn.metrics import accuracy_score
from sklearn.neighbors import KNeighborsClassifier
model = KNeighborsClassifier(n_neighbors = 4)
model_fit = model.fit(data_train, target_train)
pre = model_fit.predict(data_test)
print('预测准确率为：{0:2f}%'.format(accuracy_score(target_test, pre)*100))
```

【运行结果】

预测准确率为：64.354067%

从上面的输出可以看出，预测的准确率勉强及格，其中 n_neighbors 是一个超参数，可以不断尝试对其调优。

可能 *k*-近邻算法不太适合这个数据集，我们还可以尝试其他模型，例如前面提到的 Logistic 回归，代码如下。

```
from sklearn.linear_model import LogisticRegression
model = LogisticRegression(random_state=33, solver='lbfgs')
model_fit = model.fit(data_train, target_train)
pre = model_fit.predict(data_test)
print('预测准确率为：{0:2f}%'.format(accuracy_score(target_test, pre)*100))
```

【运行结果】

预测准确率为：93.062201%

换了一个模型之后，预测的准确率从 60% 多陡然上升至 90% 多，这个提升效果非常可观。从中可以看出，对于不同的数据特性，需要选择不同的模型，模型对性能的提升至关重要。

针对这个入门竞赛题目，有非常多的网络资源可参考。事实上，这个预测准确率还有一定的提升空间。这里我们仅仅给出了这个问题的一般解法，读者朋友可自行深入研究。